机械工程前沿著作系列 HEP MEF

HEP Series in Mechanical Engineering Frontiers

机械系统动力学原理与应用

JIXIE XITONG DONGLIXUE YUANLI YU YINGYONG

Mechanical System Dynamics Principles and Applications

覃文洁　王国丽　编著

高等教育出版社·北京

内容简介

本书首先介绍了有关机械系统动力学的一些基本概念、常用动力学方程以及相关的数学理论基础；然后按照研究对象由集中质量到刚体再到柔性体的思路，阐述了离散系统的弹性振动、多刚体系统动力学和多柔体系统动力学的基本原理和方法；最后介绍了基于通用机械系统动力学仿真软件 ADAMS 平台进行机械系统动力学建模分析的基本步骤及其方法，特别是结合作者的科研教学实践，给出了机械系统动力学的应用实例，以培养读者综合运用所学的数学、力学以及有关专业课程知识进行机械系统设计分析的能力，适应当前机械设计工作的需要。

本书可作为高等院校机械、汽车、内燃机、宇航等相关专业研究生或高年级本科生的教学参考书，也可作为从事相关工作的工程技术人员和科研人员的参考用书。

图书在版编目（CIP）数据

机械系统动力学原理与应用 / 覃文洁，王国丽编著. -- 北京：高等教育出版社，2021. 3

ISBN 978-7-04-055685-8

Ⅰ. ①机… Ⅱ. ①覃… ②王… Ⅲ. ①机械动力学－高等学校－教材 Ⅳ. ① TH113

中国版本图书馆 CIP 数据核字（2021）第 030965 号

策划编辑 刘占伟　责任编辑 刘占伟 任辛欣　封面设计 杨立新　版式设计 杜微言
插图绘制 邓 超　责任校对 高 歌　责任印制 耿 轩

出版发行	高等教育出版社	咨询电话	400-810-0598
社　　址	北京市西城区德外大街4号	网　　址	http://www.hep.edu.cn
邮政编码	100120		http://www.hep.com.cn
印　　刷	北京信彩瑞禾印刷厂	网上订购	http://www.hepmall.com.cn
开　　本	787mm×1092mm 1/16		http://www.hepmall.com
印　　张	19.5		http://www.hepmall.cn
字　　数	420 千字	版　　次	2021 年 3 月第 1 版
插　　页	2	印　　次	2021 年 3 月第 1 次印刷
购书热线	010-58581118	定　　价	89.00 元

本书如有缺页、倒页、脱页等质量问题，请到所购图书销售部门联系调换

物 料 号　55685-00

前　言

机械系统的设计一般包括机构设计和结构设计两部分内容, 机构指的是在运行过程中构件间存在相对运动的系统。常规的机构分析方法 (如图解法、解析法) 只能用于系统中物体个数不多的情况, 并且精度有限。现代科学以及计算机技术的发展使得分析含有大量物体和铰的复杂系统成为可能。本书正是以复杂机械系统的分析原理及其应用为主要内容进行介绍的, 可为进行机械系统动力学研究的研究生或相关研究人员提供理论及技术基础。

考虑到机械系统动力学分析中有时仅需要考察构件间的弹性运动 (如轴系的振动), 而这时系统往往被模型化为离散的质量系统, 因此本书内容涵盖了离散系统的弹性振动和多体系统动力学, 包括理论介绍和应用实例。本书内容除了第 1 章绪论以外共分为 4 篇:

第一篇为基础篇, 包括第 2 ~ 4 章, 介绍了离散系统的弹性振动和多体系统动力学通用的力学和数学基础, 以求整书在知识体系上的完整性和连贯性。

第二篇为离散系统的弹性振动, 包括第 5 ~ 7 章。第 5 章介绍了单自由度系统的振动; 它是研究复杂振动的基础, 许多机械振动的概念和研究方法都将在此章进行介绍。第 6 章介绍了二自由度系统的振动; 二自由度系统是多自由度系统最简单的特例, 力学直观性比较明显, 本章主要介绍振动系统的固有频率和主振型等概念以及运动微分方程的耦合问题。第 7 章介绍了多自由度系统的振动; 相较于二自由度系统, 由于自由度数目的增加, 分析工作量加大, 需要采用与之相适应的数学工具和分析方法, 本章主要介绍模态分析法, 它是多自由度系统振动分析的基本方法。

第三篇为多体系统动力学, 包括第 8 ~ 11 章, 是本书内容分量最重的部分。第 8 章介绍了刚体运动学、动力学的基础知识。第 9 章介绍了基于笛卡儿数学模型的多刚体系统运动学原理; 与传统的运动学分析不同, 多刚体系统运动学是以系统中连接物体之间的运动副为出发点、基于运动副对应的约束方程来进行分析的, 因此本章着重介绍了系统约束方程的建立及求解方法。第 10 章介绍了采用笛卡儿数学模型的多刚体系统动力学原理, 主要包括建立约束多刚体系统动力学方程 (是一个微分–代数混合方程组) 及其求解的方法, 以及动力学逆问题、约束反力的分析方法。第 11 章介绍了柔性多体系统动力学建模方法, 主要针对含小变形柔性体的多体系统, 介绍了采用相对描述法进行动力学建模的基本原理, 这部分内容是多刚体系统动力学建模的自然延伸和发展。

第四篇为应用篇, 包括第 12 和 13 章。第 12 章介绍了基于通用机械系统动力学仿真软件 ADAMS 平台进行机械系统动力学建模分析的基本步骤及其方法。第 13 章给出了机械系统动力学的分析实例, 是作者在科研和教学实践中的一些成果, 涉及多自由度系统的振动分析、多刚体系统以及含柔性体的多体系统动力学的建模分析。

本书作者均为从事机械系统动力学应用研究及教学的科研人员, 其中, 绪论、第一篇和第三篇由覃文洁撰写, 第二篇由王国丽撰写, 第四篇由覃文洁和王国丽共同撰写。由于作者水平有限, 书中难免存在疏漏之处, 诚请读者批评指正。

覃文洁　王国丽

2020 年 8 月 14 日

符　号　表

$\boldsymbol{A}(\boldsymbol{A}^{\mathrm{rb}})$	$=\boldsymbol{e}^{\mathrm{r}}\cdot\boldsymbol{e}^{\mathrm{bT}}$, 矢量基 $\boldsymbol{e}^{\mathrm{b}}$ 关于 $\boldsymbol{e}^{\mathrm{r}}$ 的方向余弦矩阵
A	振幅
$\boldsymbol{A}_\theta$	$=\dfrac{\partial\boldsymbol{A}}{\partial\theta}$
$\widehat{\boldsymbol{A}}$	为单元的节点位移列矩阵在单元局部坐标系与物体坐标系之间的转换矩阵
$\boldsymbol{a}$	质点的加速度矢量
$\boldsymbol{a}_{\mathrm{r}}^{P}$	P 点相对于连体基 $\boldsymbol{e}^{\mathrm{b}}$ 的相对加速度
$\overline{\boldsymbol{a}}$	$=[a_1\quad a_2\quad a_3]^{\mathrm{T}}$, 矢量 $\boldsymbol{a}$ 在某基矢量上的坐标列矩阵
$\widetilde{\boldsymbol{a}}$	$=\begin{bmatrix}0 & -a_3 & a_2\\ a_3 & 0 & -a_1\\ -a_2 & a_1 & 0\end{bmatrix}$, 矢量 $\boldsymbol{a}$ 在某基矢量上的反对称方阵
$\boldsymbol{B}$	物体上任意一点 P 的速度在总体参考基下的坐标列矩阵 $\dot{\overline{\boldsymbol{r}}}^{P}=\boldsymbol{B}\dot{\boldsymbol{q}}$, $\dot{\boldsymbol{q}}$ 为以物体质心笛卡儿坐标和欧拉角为广义坐标的广义速度列矩阵。对于刚体 $\boldsymbol{B}=[\boldsymbol{I}\quad-\widetilde{\boldsymbol{u}}^{P}\boldsymbol{G}^{\mathrm{r}}]=[\boldsymbol{I}\quad-\boldsymbol{A}\widetilde{\boldsymbol{u}}_{\mathrm{b}}^{P}\boldsymbol{G}^{\mathrm{b}}]$; 对于柔性体, $\boldsymbol{B}=[\boldsymbol{I}\quad-\boldsymbol{A}\widetilde{\boldsymbol{u}}^{P'}\boldsymbol{G}^{b}\quad\boldsymbol{A}\boldsymbol{\Psi}]$
$\boldsymbol{C}$	阻尼矩阵
$\boldsymbol{C}_i$	$=\begin{bmatrix}\boldsymbol{\Phi}_{\mathrm{di}}\\ \boldsymbol{I}\end{bmatrix}$
$\boldsymbol{C}_k$	固结于刚体上的铰坐标系到连体坐标系的坐标转换矩阵
$\boldsymbol{C}_{\mathrm{p}}$	模态阻尼矩阵
C_r	第 r 阶模态阻尼 (振型阻尼)
C_ψ	$=\cos\psi$
c, C	阻尼系数
c_{c}	临界阻尼系数
c_{r}	扭簧的阻尼系数
$\boldsymbol{D}$	由位移计算应变的微分算子矩阵
D	系统的能量耗散函数
$\dfrac{^{\mathrm{r}}\mathrm{d}}{\mathrm{d}t}\boldsymbol{a}$	矢量 $\boldsymbol{a}$ 在某一参考基 $\boldsymbol{e}^{\mathrm{r}}=[\boldsymbol{e}_1^{\mathrm{r}}\quad\boldsymbol{e}_2^{\mathrm{r}}\quad\boldsymbol{e}_3^{\mathrm{r}}]^{\mathrm{T}}$ 上对时间的导数
$\boldsymbol{E}$	弹性矩阵
E	杨氏弹性模量

$\boldsymbol{e}$	矢量基
$\boldsymbol{e}_1$、$\boldsymbol{e}_2$、$\boldsymbol{e}_3$	矢量基 $\boldsymbol{e}$ 的基矢量
$\boldsymbol{e}^{\mathrm{b}}$	连体基
$\boldsymbol{e}^{\mathrm{r}}$	参考基
$\boldsymbol{F}$	作用于质点 (物体) 上的集中主动力矢量
$\boldsymbol{F}^* = -m\boldsymbol{a}$	惯性力矢量
$\widehat{F}$	力 $F(t)$ 的冲量 $\widehat{F} = \int_{-\varepsilon}^{\varepsilon} F(t)\,\mathrm{d}t$
f_{a}	致动器产生的力
f_{d}	衰减振动的频率
f_{n}	固有频率
$\boldsymbol{G}^{\mathrm{b}}$	$= \boldsymbol{e}^{\mathrm{b}} \cdot [\boldsymbol{e}_3^{\mathrm{r}} \quad \boldsymbol{e}_1^{\mathrm{u}} \quad \boldsymbol{e}_3^{\mathrm{b}}], \overline{\boldsymbol{\omega}}^{\mathrm{b}} = \boldsymbol{G}^{\mathrm{b}}\dot{\overline{\boldsymbol{\pi}}}$
$\boldsymbol{G}^{\mathrm{r}}$	$= \boldsymbol{e}^{\mathrm{r}} \cdot [\boldsymbol{e}_3^{\mathrm{r}} \quad \boldsymbol{e}_1^{\mathrm{u}} \quad \boldsymbol{e}_3^{\mathrm{b}}], \overline{\boldsymbol{\omega}}^{\mathrm{r}} = \boldsymbol{C}^{\mathrm{r}}\dot{\overline{\boldsymbol{\pi}}}$
g	重力加速度
$\boldsymbol{H}$	$= \boldsymbol{A}_\theta \overline{\boldsymbol{u}}^{P'}$
$\boldsymbol{h}_{ij}$	连接两个物体上的两点的矢量
$\boldsymbol{J}$	物体在物体坐标系中的惯性张量或系统相对于质心连体坐标系的惯性张量矩阵
J	$= \int_V \rho[(x_i^{\mathrm{b}})^2 + (y_i^{\mathrm{b}})^2]\mathrm{d}V$, 刚体相对于质心的极转动惯量
J_i'	刚体相对于连体基基点的极转动惯量
$\boldsymbol{J}^D$	刚体相对于 D 点的惯性张量
$\overline{\boldsymbol{J}}^{D'}$	$= \begin{bmatrix} J_1 & 0 & 0 \\ 0 & J_2 & 0 \\ 0 & 0 & J_3 \end{bmatrix}$, J_1、J_2、J_3 为主转动惯量
$\overline{\boldsymbol{J}}_i$	刚体 i 相对于质心的惯性张量在连体基下的坐标矩阵
$\boldsymbol{K}$	弹性体的刚度矩阵
$\boldsymbol{K}^{ff}$	物体对应于 $\boldsymbol{q}_{\mathrm{f}}$ 的刚度矩阵
$\boldsymbol{K}^{ffj}$	单元 j 的刚度矩阵
$\boldsymbol{K}_{\mathrm{p}}$	模态刚度矩阵或主刚度矩阵
K_r	第 r 阶模态刚度或主刚度
k, K	刚度系数
k_{r}	扭簧的刚度系数
$\boldsymbol{L}$	物体上的矢量 $\boldsymbol{d}$ 的速度在总体惯性参考系中的坐标列矩阵可表示为 $\dot{\overline{\boldsymbol{d}}} = \boldsymbol{L}\dot{\boldsymbol{q}}$, 对于刚体 $\boldsymbol{L} = [\boldsymbol{0} \quad -\widetilde{\boldsymbol{d}}\boldsymbol{G}^{\mathrm{r}}]$; 对于柔性体, $\boldsymbol{L} = [\boldsymbol{0} \quad -\widetilde{\boldsymbol{d}}\boldsymbol{G}^{\mathrm{r}} \quad \boldsymbol{A}\boldsymbol{\Psi}^{\theta}]$
L	拉格朗日函数
$\boldsymbol{L}_D$	质点系或刚体对点 D 的动量矩
$\boldsymbol{L}_i^j$	将单元 j 组装到变形体 i 中时布尔指示矩阵
$\boldsymbol{M}$	质量矩阵

$\widehat{\boldsymbol{M}_i}$ $= \boldsymbol{C}_i^{\mathrm{T}}\boldsymbol{M}\boldsymbol{C}_i$

$\boldsymbol{M}_{\mathrm{p}}$ 模态质量矩阵或主质量矩阵

M_r 第 r 阶模态质量或主质量

m 物体的质量

$\boldsymbol{m}$ $= \begin{bmatrix} m_1\boldsymbol{I}_{3\times3} & & & & & \\ & m_2\boldsymbol{I}_{3\times3} & & & \boldsymbol{0} & \\ & & \ddots & & & \\ & & & m_i\boldsymbol{I}_{3\times3} & & \\ & \boldsymbol{0} & & & \ddots & \\ & & & & & m_N\boldsymbol{I}_{3\times3} \end{bmatrix}$

$\boldsymbol{N}$ 单元在物体坐标系下的形函数矩阵

N 质点或物体的个数

n 自由度的个数

n_{e} 物体的单元个数

$\boldsymbol{p}$ 动量

$\boldsymbol{Q}$ 系统的广义力列矩阵

Q^{e} 广义弹性力

$\boldsymbol{Q}^{\mathrm{F}}$ 除变形引起的弹性力以外的全部主动力对应的广义力

$\boldsymbol{Q}^{f}$ 对应于物体弹性变形广义坐标的广义主动力

$\boldsymbol{Q}^{r}$ 对应于物体移动广义坐标的广义主动力

$\boldsymbol{Q}^{\mathrm{v}}$ 系统的耦合惯性力

$\boldsymbol{Q}^{\pi}$ 对应于物体转动广义坐标的广义主动力

$\boldsymbol{Q}_i^{k'}$ 铰的约束反力在铰坐标系下的坐标列矩阵

Q_i 对应于广义坐标 q_i 的广义力

$\boldsymbol{q}$ $= [q_1 \quad q_2 \quad \cdots \quad q_n]^{\mathrm{T}}$, 广义坐标列矩阵

$\boldsymbol{q}_{\mathrm{d}}$ 非独立坐标列矩阵

$\boldsymbol{q}_{\mathrm{f}}$ 对应于物体弹性变形的广义坐标

$\boldsymbol{q}_{\mathrm{i}}$ 独立坐标列矩阵

$\boldsymbol{q}_i$ 物体 i 的广义坐标列矩阵

q_i 第 i 个广义坐标

$\dot{q}_i$ 第 i 个广义速度

$\boldsymbol{R}_i$ 作用于质点 i 上的约束反力

$\boldsymbol{r}$ 点的矢径

$\boldsymbol{r}^P$ 物体上 P 点的位置矢量

$\dot{\boldsymbol{r}}^P$ 物体上 P 点的速度矢量

$\ddot{\boldsymbol{r}}^P$ 物体上 P 点的加速度矢量

$\boldsymbol{S}$ $= \int_V \rho\boldsymbol{\Psi}\mathrm{d}V$

$\boldsymbol{S}^{\mathrm{t}}$	柔性体的质量子块 $\boldsymbol{m}^{r\pi}=-\boldsymbol{A}\widetilde{\boldsymbol{S}}^{\mathrm{t}}\boldsymbol{G}^{\mathrm{b}}, \boldsymbol{S}^{\mathrm{t}}=-\int_V \rho(\overline{\boldsymbol{u}}^P+\boldsymbol{\Psi}\boldsymbol{q}_{\mathrm{f}})\mathrm{d}V$
S_ψ	$=\sin\psi$
s	约束的个数
$\boldsymbol{T}$	外力矩矢量
T	动能
T_{a}	致动器产生的扭矩
T_{d}	衰减振动的周期
$\boldsymbol{T}_i$	作用于刚体 i 上的外力矩
T_{n}	固有周期
t	时间
U	势能
$\boldsymbol{u}^P$	P 点在连体 (物体) 坐标系中的位置矢量
$\boldsymbol{u}^{P'}$	物体变形后 P 点在连体 (物体) 坐标系中的位置矢量
$\overline{\boldsymbol{u}}_{\mathrm{b}}^P$	P 点在连体坐标系下的坐标列矩阵
V	体积
$\boldsymbol{v}$	质点的速度矢量
$\boldsymbol{v}_{\mathrm{r}}^P$	P 点相对于连体基的相对速度
W	功
x	点在笛卡儿坐标系中的 X 坐标
y	点在笛卡儿坐标系中的 Y 坐标
$\boldsymbol{Z}$	$=\boldsymbol{M}\ddot{\boldsymbol{q}}+\boldsymbol{\Phi}_q^{\mathrm{T}}\lambda$
$\widehat{\boldsymbol{Z}}_i$	$=\boldsymbol{C}_i^{\mathrm{T}}\boldsymbol{Z}-\boldsymbol{C}_i^{\mathrm{T}}\boldsymbol{M}\boldsymbol{\beta}$
z	点在笛卡儿坐标系中 Z 方向的坐标
$\boldsymbol{\alpha}$	$=\begin{bmatrix}-\boldsymbol{\Phi}_{q_{\mathrm{d}}}^{-1}\boldsymbol{\Phi}_t\\ \boldsymbol{0}\end{bmatrix}$
$\boldsymbol{\beta}$	$=\begin{bmatrix}\boldsymbol{\Phi}_{q_{\mathrm{d}}}{}^{-1}\gamma\\ \boldsymbol{0}\end{bmatrix}$
β	放大因子
$\boldsymbol{\gamma}$	$=-(\boldsymbol{\Phi}_q\dot{q})_q\dot{q}-2\boldsymbol{\Phi}_{qt}\dot{\boldsymbol{q}}-\boldsymbol{\Phi}_{tt}$, 加速度方程的右项
γ	频率比
$\delta_{\alpha\beta}$	Kronecher (克罗内克) 符号
$\delta(t)$	$\begin{cases}\delta(t)=0 \quad t\neq 0\\ \displaystyle\int_{-\infty}^{+\infty}\delta(t)\,\mathrm{d}t=1\end{cases}$
$\boldsymbol{\delta r}$	虚位移
δW	虚功
δW^{c}	作用在物体上的广义约束力所做的虚功
δW^{e}	物体弹性变形引起的内力虚功

δW^{F}	作用在物体上的广义外力所做的虚功
δW^{in}	惯性力的虚功
$\boldsymbol{\varepsilon}(\boldsymbol{\varepsilon}^{\mathrm{rb}})$	刚体连体基 $\boldsymbol{e}^{\mathrm{b}}$ 相对于参考基 $\boldsymbol{e}^{\mathrm{r}}$ 的角加速度矢量
ε_1	$\lvert\Delta\boldsymbol{q}^{(k)}\rvert$ 的允许迭代误差
ε_2	$\lvert\boldsymbol{\Phi}(\boldsymbol{q}^{(k)},t)\rvert$ 的允许迭代误差
$\varepsilon_{\alpha\beta\gamma}$	Levi-Civita (列维–奇维塔) 符号
θ	转角
$\boldsymbol{\lambda}$	拉格朗日乘子矢量
ν	泊松比
$\boldsymbol{\zeta}$	对于刚体, $\boldsymbol{\zeta}=-\widetilde{\boldsymbol{u}}^{P}\dot{\boldsymbol{G}}^{\mathrm{r}}\dot{\overline{\boldsymbol{\pi}}}+\widetilde{\boldsymbol{\omega}}^{\mathrm{r}}\widetilde{\boldsymbol{\omega}}^{\mathrm{r}}\overline{\boldsymbol{u}}^{P}=-\boldsymbol{A}\widetilde{\boldsymbol{u}}_{\mathrm{b}}^{P}\dot{\boldsymbol{G}}^{\mathrm{b}}\dot{\overline{\boldsymbol{\pi}}}+\boldsymbol{A}\widetilde{\boldsymbol{\omega}}^{\mathrm{b}}\widetilde{\boldsymbol{\omega}}^{\mathrm{b}}\overline{\boldsymbol{u}}_{\mathrm{b}}^{P}$ 对于柔性体, $\boldsymbol{\zeta}=-\boldsymbol{A}\widetilde{\boldsymbol{u}}^{P'}\dot{\boldsymbol{G}}^{\mathrm{b}}\dot{\overline{\boldsymbol{\pi}}}+\boldsymbol{A}\widetilde{\boldsymbol{\omega}}^{\mathrm{b}}\widetilde{\boldsymbol{\omega}}^{\mathrm{b}}\overline{\boldsymbol{u}}^{P'}+2\boldsymbol{A}\widetilde{\boldsymbol{\omega}}^{\mathrm{b}}\boldsymbol{\Psi}\dot{\boldsymbol{q}}_{\mathrm{f}}$
ζ	阻尼比, 或相对阻尼系数
ζ_r	第 r 阶阻尼比
$\overline{\boldsymbol{\pi}}$	$=[\psi \quad \theta \quad \varphi]^{\mathrm{T}}$, 欧拉角 (进动角、章动角、自转角)
$\dot{\overline{\boldsymbol{\pi}}}$	$=[\dot{\psi} \quad \dot{\theta} \quad \dot{\varphi}]^{\mathrm{T}}$
ρ	密度
$\boldsymbol{\rho}$	点的矢径
$\boldsymbol{\Phi}$	$=[\Phi_1 \quad \Phi_2 \quad \cdots \quad \Phi_s]^{\mathrm{T}}$, 约束方程列矩阵
$\Phi(\boldsymbol{q},t)=0$	约束方程
$\boldsymbol{\Phi}_{\mathrm{di}}$	$=-\boldsymbol{\Phi}_{q_{\mathrm{d}}}^{-1}\boldsymbol{\Phi}_{q_{\mathrm{i}}}$
$\boldsymbol{\Phi}_t$	$=\left[\dfrac{\partial\boldsymbol{\Phi}_1}{\partial t} \quad \dfrac{\partial\boldsymbol{\Phi}_2}{\partial t} \quad \cdots \quad \dfrac{\partial\boldsymbol{\Phi}_n}{\partial t}\right]^{\mathrm{T}}$
$\boldsymbol{\Phi}_{\boldsymbol{q}}$	$=\dfrac{\partial\boldsymbol{\Phi}}{\partial\boldsymbol{q}}=\left(\dfrac{\partial\Phi_i}{\partial q_j}\right)_{m\times n}$
φ	初相位
ϕ	相位差
$\boldsymbol{\Omega}_i$	$=\begin{bmatrix}\boldsymbol{I} & \widetilde{\boldsymbol{u}}_i^{P} \\ \boldsymbol{0} & \boldsymbol{G}_i^{\mathrm{r}-1}\end{bmatrix}$
$\boldsymbol{\omega}(\boldsymbol{\omega}^{\mathrm{rb}})$	连体基 $\boldsymbol{e}^{\mathrm{b}}$ 相对于参考基 $\boldsymbol{e}^{\mathrm{r}}$ 的角速度矢量或系统的角速度列矩阵
ω_{d}	衰减振动的圆频率
ω_{n}	固有圆频率
$\boldsymbol{\Psi}$	采用瑞利–里茨法来描述柔性体变形时的里茨基函数矩阵, 采用模态分析法为模态矩阵, 采用有限元法为形函数矩阵

目 录

第四篇　应用篇

第 1 章　绪　论

1.1　机械系统

系统是由一组相互作用、相互关联的实体组成的一个整体[1], 具有一定的结构和功能。机械系统是由一些机械元件组成的系统, 其功能是将动力转换成所需的力和运动, 一般由动力装置、执行装置和操控系统等组成。其中: 动力装置是力和运动的来源, 它可以是水力装置、风力装置、电动机、发动机或核能装置; 执行装置是将输入的动力输出成特定形式的力和运动的、由机械元件构成的系统, 其中用以实现可控运动的子系统通常称为机构[2], 如凸轮机构、齿轮机构、连杆机构、制动器、离合器等; 操控系统是用来保持系统性能的装置, 包括传感器、控制逻辑单元和执行器等, 如控制机器人的计算机系统、汽车的巡航控制系统等。

如图 1.1 所示的 “好奇号” 火星车——一个用于调查火星维持生命可能性的移动机器人[3], 是一个典型的机械系统。其动力装置是一个多任务放射性同位素热电发生器。执行装置包括 10 种探测仪器及其执行机构, 由特制的主控计算机控制。比如: 安装在车身上方的桅杆相机就是其执行装置之一, 它可以环顾四周, 让地面控制人员引导火星车行进的方向; 手持成像仪安装在机器人手臂末端, 可以让地球上的科学家更细致地观察火星上的岩石和土壤; 特别地, 该火星车的机动系统是一个六轮全时驱动系统, 可以 360° 转向, 悬架是专门为 6 个轮子设计的摇臂–转向架式悬架 (如图 1.2 所示), 能很好地保证六轮都能实时附着于地面。整个火星车可以被看作一个机械系统, 如果把其中的某一个装置作为研究对象, 这个装置也可以看作一个机械系统, 如悬架和轮子组成的机动系统。

图 1.1　“好奇号” 火星车[4]

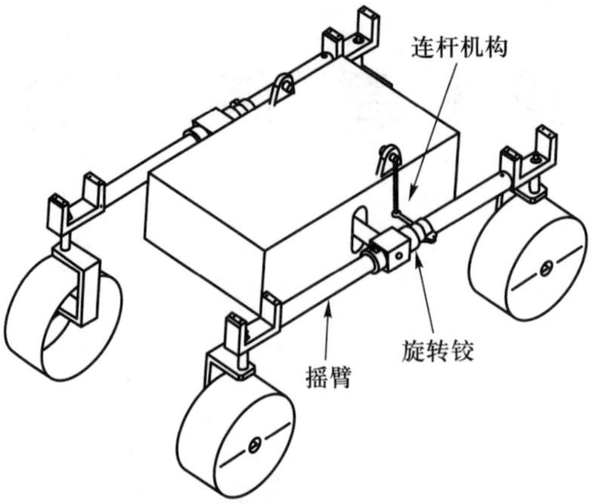

图 1.2 摇臂–转向架式悬架系统[5]

1.2 机械系统动力学

机械系统动力学是研究机械系统中物体运动的变化与产生这些变化的各种因素及其关系的理论, 或者说是研究作用于物体的力与物体运动关系的理论[6]。比如在飞机飞行动力学分析中, 利用飞机的姿态 (俯仰、翻滚、偏航, 如图 1.3 所示) 与空气作用在机身上的力的关系, 就可以通过操纵升降舵, 改变飞机俯仰姿态和升力; 通过操纵副翼, 可改变飞机倾斜姿态和升力方向; 通过操纵方向舵, 可改变飞机偏航姿态和侧力; 当同时改变飞机的俯仰、倾斜和偏航姿态时, 则升力和侧力会同时变化, 就可以实现对飞机在任意空间方向的操纵[7]。

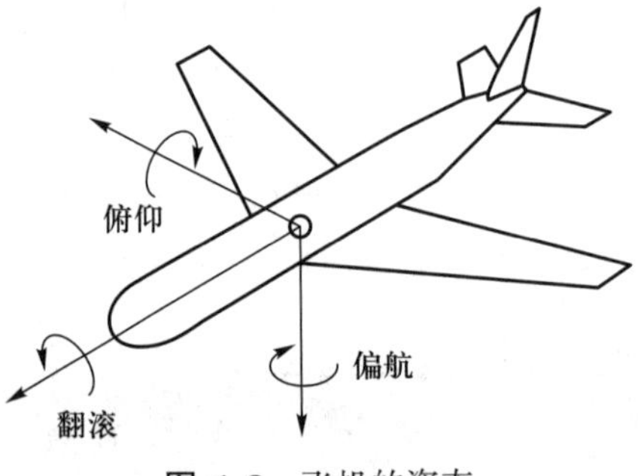

图 1.3 飞机的姿态

如果不考虑运动的环境 (如施加在物体上的力和物体的质量), 仅研究系统中物体的几何运动, 则属于运动学研究的范畴[8]。如对于凸轮机构 (如图 1.4 所示), 研究在凸轮驱动下从动件的运动规律 (位移、速度、加速度等) 或者研究使从动件获得所需运动规律的凸轮型线就是运动学分析。由于动力学是研究系统中作用于物体的力与物体运动关系的理论, 因此运动学分析是动力学分析的一部分。

动力学以牛顿运动定律以及其后产生的拉格朗日力学和哈密顿力学为基础, 研究系统的描述方法、动力学原理及运动微分方程的建立和求解方法, 内容包括经典的质点系统动力学、刚体动力学, 以及后来发展出来的振动力学、多体系统动力学等。

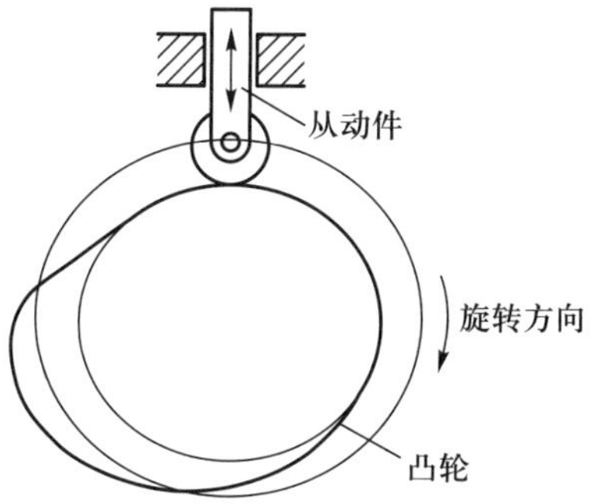

图 1.4 凸轮机构

振动力学是研究系统振动的力学分支, 包括: 振动分析——已知激励 (输入) 和系统特性 (或物理参数) 求系统的响应 (输出); 系统识别——已知激励和响应求系统的特性参数, 又称为系统设计; 环境预测——已知特性参数和响应求系统的激励[9]。

当物体 (或物体的一部分) 在其平衡位置 (物体静止时的位置) 附近做往复运动时, 我们称之为振动。如图 1.5 所示的单摆, 常被用作计时工具, 其周期近似为 $2\pi\sqrt{L/g}$ (其中, L 为细绳的长度, g 为重力加速度)。通过动力学分析振动系统的激励、响应和系统动态特性三者之间的关系, 就可以对振动进行利用或控制。

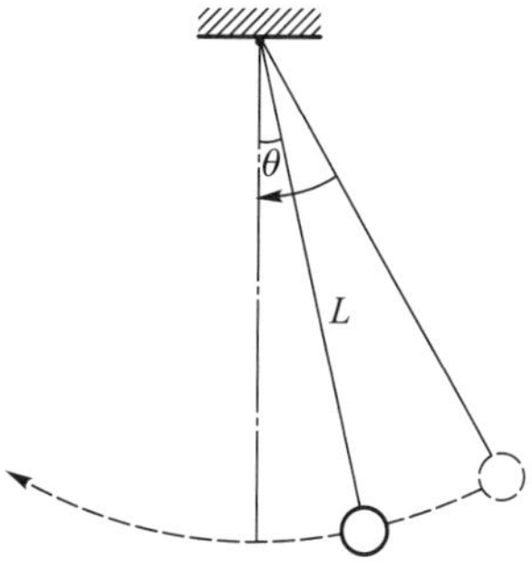

图 1.5 单摆

多体系统动力学是研究由若干个柔性和刚性物体相互连接所组成的多体系统 (如图 1.6 所示的旋翼飞行机器人) 经历大位移运动时所产生的动力学行为的力学分支, 包

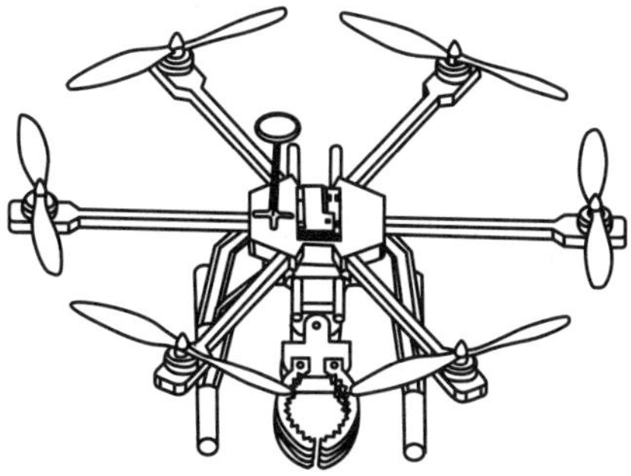

图 1.6 旋翼飞行机器人[10]

括多刚体系统动力学和多柔体系统动力学。主要研究内容包括: 建立复杂机械系统运动学和动力学程式化的数学模型, 开发和实现能有效处理数学模型的计算机数值分析方法, 进而得到系统的运动学规律和动力学响应。

1.3 机械系统动力学的模型及分析方法

机械系统动力学分析的一般过程是: 首先建立系统的物理模型 (力学模型), 然后运用相关力学原理建立系统的数学模型, 最后求解数学模型, 进行结果分析。其中建立系统的物理模型是进行动力学分析的首要任务, 它是对系统本质或关键问题的抽象, 可以依据对系统本身运动规律的理论分析来建模, 也可以通过对系统实验或统计数据的处理来建模。根据对系统的不同抽象, 机械系统动力学模型可分为离散系统模型和多体系统(包括多刚体系统和多柔体系统) 模型, 而相应于不同的动力学模型则会产生不同的分析方法。

1.3.1 离散系统模型及分析方法

*离散系统模型*是由集中参数元件 (如质量、刚度、阻尼等) 组成的系统, 又称为*集中参数模型*。其中, 各参数元件含义说明如下。

*质量*是度量物体平动惯性大小的物理量, 反映了物体抵抗运动状态变化的能力。

*刚度*是物体在外力作用下抵抗变形的能力, 对于只有一个自由度的系统来说, 刚度大小等于在这个自由度上产生单位位移所需要的力。

*阻尼*一般指在振荡系统中减小或阻止物体振荡运动的阻力作用, 在机械系统中, 常用的一种阻尼模型是线性黏性阻尼, 其阻尼力的大小与物体的运动速度成正比, 方向与运动方向相反。

实际上机械系统中物体的这些参数是连续分布的, 属于*连续系统*, 其变化一般用偏微分方程来描述, 在工程实际运用中这些方程往往不能求出封闭形式的精确解, 因而需要把连续系统离散为有限个参数元件组成的系统——离散系统来求解。如齿轮副系统 [图 1.7(a)] 的动力学模型就可建立成如图 1.7(b) 所示的由两个质量 (m_1, m_2) 和一个弹簧阻尼器 $[K(t), C]$ 组成的离散系统, 其中 n_1、n_2 是两个齿轮的转速, T_1、T_2 是两个齿轮所受的转矩, 而弹簧的刚度 $K(t)$ 是由于接触齿对数量波动引起的时变啮合刚度[11]。

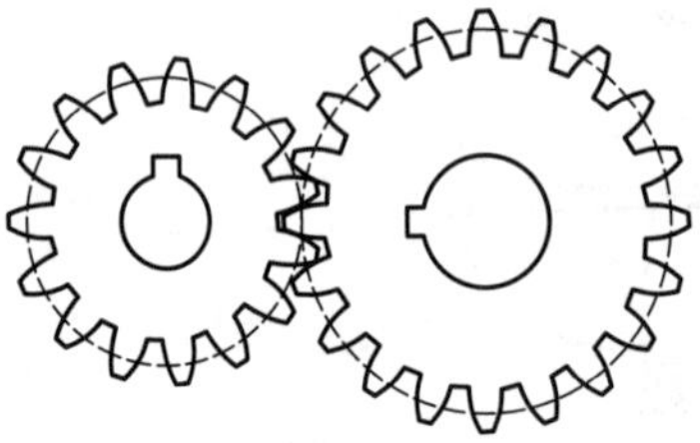

(a) 齿轮副系统

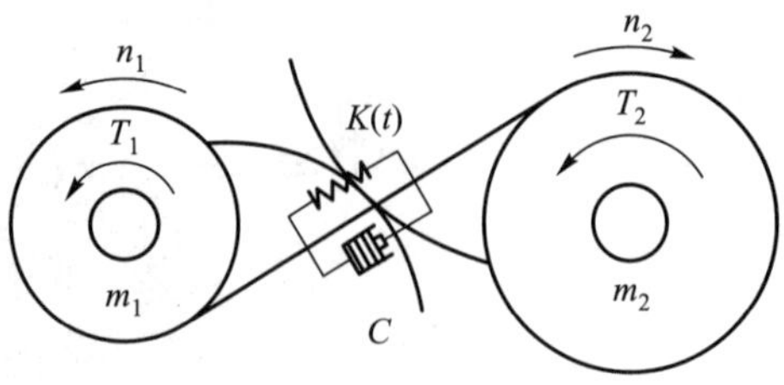

(b) 离散系统模型

图 1.7 齿轮副系统动力学模型

离散系统的动力学数学模型是常微分方程组[12], 进行动力学分析就是求解常微分方程组的初值问题, 通常采用数值计算方法获得其近似解, 只有在简单情况下才可求得其解析解。对于非线性系统, 还可以利用等效线性化法、多尺度法、摄动法等求出其近似解[13], 如摄动法的基本思想就是利用小参数把一个非线性问题变换成无限个线性子问题来处理[14, 15]。对于线性离散系统的振动分析, 其核心是求解系统的特征值问题 (求固有频率和模态), 除了采用数值计算方法以外, 还有几种近似解法: 邓克利法可给出系统基频的下限; 瑞利法可给出系统基频的上限; 里茨法可同时计算几个低阶固有频率和模态; 矩阵迭代法适宜依次计算系统的最低几阶固有频率和模态; 子空间迭代法是矩阵迭代法和里茨法的结合, 收敛速度通常比矩阵迭代法快, 计算精度也比里茨法高。在求得系统固有频率和模态的基础上, 可进一步运用模态分析方法求解系统的响应。

1.3.2 多体系统模型及分析方法

离散系统用于描述质量在某些特定方向的运动 (如轴系的扭振考察的是系统在扭转方向上的弹性振动), 但当系统经历大位移的运动时, 系统中物体的位置和方位都会发生变化, 就需要采用既能表达物体位置又能描述物体方位的刚体模型。

刚体是在受力和运动过程中内部各点的相对位置不变即形状和大小不变的物体。绝对刚体实际上是不存在的, 在很多情况下, 物体在受力和运动过程中的变形很小, 在研究物体运动时可以忽略不计, 则可视为刚体。此时的系统模型为*多刚体系统*模型, 如机械手臂、飞机起落架、汽车转向机构等。

如果系统中物体在受力和运动过程中的变形不能忽略, 如涡轮机叶片、直升机旋翼以及带有柔性附件的人造卫星等, 则建立这类系统的动力学模型需要考虑大范围刚体运动与小位移变形运动的耦合问题[16, 17], 那么物体就需要采用柔性体模型来描述, 此时的系统模型为*多柔体系统*模型。图 1.8(a) 所示是一个曲柄滑块机构多刚体系统模型, 而图 1.8(b) 所示则是该机构考虑连杆变形的刚–柔耦合多体系统模型。

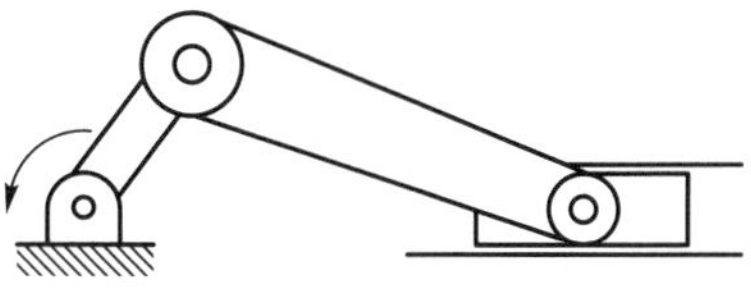

(a) 多刚体系统模型

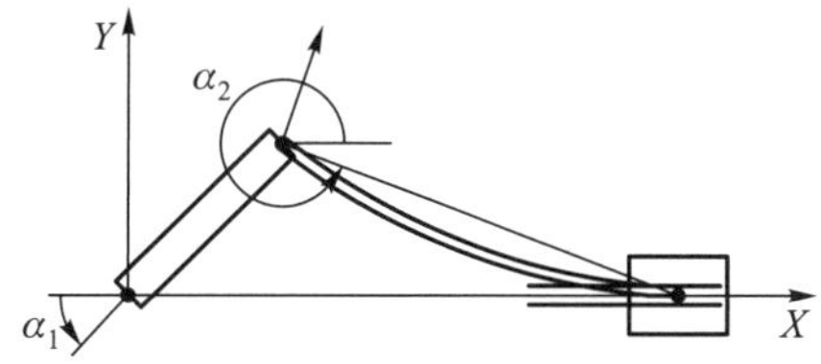

(b) 考虑连杆变形的刚–柔耦合多体系统模型

图 1.8 曲柄滑块机构多体系统模型

一个多体系统模型一般具有以下几个要素。

物体: 刚体或柔性体。多体系统模型中的物体不一定与机械系统中的零部件一一对应, 而是与分析的目的有关。比如在动力学分析中, 对于那些惯量很小且可以忽略不计的零件, 就可以不作为物体定义[18]。

铰: 铰是多体系统中物体之间的运动约束, 它定义了系统中某些物体的位置或相对位置与时间之间的关系。铰是对机械系统中约束构件相对运动关系的运动副的抽象, 比

如转动铰使被约束的两个物体之间只有一个绕旋转轴的转动自由度, 螺纹铰约束了两个物体之间的两个移动自由度和两个转动自由度, 使这两个物体之间只有一个移动自由度和一个转动自由度。铰有时并不与某个具体的运动副对应, 而仅仅是定义系统中物体间的相对运动约束关系, 如限制一个物体的运动轨迹与另一个物体运动轨迹平行。

力元: 包括作用在系统物体上的外力, 如重力; 还有系统中物体与周围介质相互作用产生的力, 如空气动力、摩擦力、阻尼力等; 还有一类力与柔性零部件 (如弹簧、轮胎、减振器等) 有关, 这些零部件产生的力是物体相对位置和相对速度的函数。

图 1.9 所示就是一个包含这几个要素的多体系统模型。

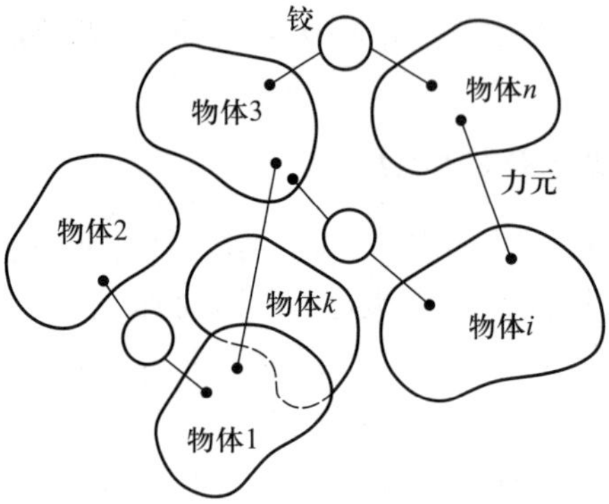

图 1.9 多体系统模型[19]

多体系统动力学的数学模型是微分–代数混合方程组, 从多刚体系统动力学分析开始, 已经形成了一些系统的方法, 主要有: 牛顿–欧拉方法、拉格朗日方法、罗伯逊–维登伯格方法、凯恩方法以及高斯最小拘束原理方法等[20]。

(1) 牛顿–欧拉方法。

在进行刚体动力学分析时, 可以将刚体的一般运动分解为随其上某点的平动 (移动) 和绕此点的转动, 分别采用牛顿定律和欧拉方程进行分析。这种方法被自然地推广到多刚体系统, 通常称为牛顿–欧拉方法。

用牛顿–欧拉方法建立的动力学方程会含有大量的、未知的理想约束反力, 因此一个重要的问题就是如何消除这些约束反力。德国学者 W. O. Schiehlen 在这方面做了大量的工作, 其方法是在列出系统的以笛卡儿广义坐标表示的牛顿–欧拉方程后, 对完整系统用达朗贝尔 (d′ Alembert) 原理消除约束反力, 对非完整系统采用 Jourdain 原理消除约束反力, 最后得到与系统自由度数目相同的动力学方程。Schiehlen 等还编制了相应的计算机程序 NEWEUL。

(2) 拉格朗日方法。

18 世纪法国著名的数学家、力学家拉格朗日运用数学分析的方法建立了以广义坐标表示的受理想约束的完整系统的动力学方程——第二类拉格朗日方程。该方程被广泛运用到多刚体系统动力学分析中。在建立系统的动力学方程时, 由于采用传统的独立拉格朗日广义坐标十分困难, 人们转而采用比较方便的、不独立的笛卡儿广义坐标, 具有代表性的是美国学者 M. A. Chace 和 E. J. Haug 的工作。Chace 选取每个刚体质心在总体基中的 3 个直角坐标和确定刚体方位的 3 个欧拉角作为笛卡儿广义坐标, 对于所得到的混合微分–代数动力学方程, Chace 等应用了吉尔 (Gear) 刚性积分算法, 采用稀疏矩阵技术提高计算效率, 并编制了计算机程序 ADAMS。Haug 选取的笛卡儿广义坐标中采用 4 个欧拉参数来确定刚体的方位, 研究了广义坐标分类、奇异值分解等算法, 并编制了计算机程序 DADS。

(3) 罗伯逊–维登伯格方法。

美国学者罗伯逊 (E. R. Roberson) 和德国学者维登伯格 (J. Wittenburg) 创造性地应用图论的一些概念来描述多刚体系统的结构特征, 使得不同结构的系统能用统一的数学模型来描述。他们采用铰链的相对运动变量作为广义坐标, 导出可适用于任意结构的多刚体系统动力学方程的一般形式, 这是一组非线性运动方程。Wittenburg 和 Wolz 还编写了相应的计算机程序 MESA VERDE。

(4) 凯恩方法。

凯恩方法是建立一般多自由度离散系统动力学方程的一种普遍方法。该方法以伪速度作为独立变量来描述系统的运动, 既适用于完整系统, 也适用于非完整系统, 在动力学方程中不出现理想约束的反力, 计算过程规格化, 便于实现计算机计算。

(5) 高斯最小拘束原理方法。

该方法并不直接描述系统运动的规律——不需要建立系统的动力学方程, 而是以加速度作为变量, 把真实发生的运动和可能发生的运动加以比较, 根据称之为拘束的泛函的极值条件, 确定系统的运动规律。这种方法的优点是可以利用数学规划法求解泛函极值, 同时动力学分析还可与系统的优化结合进行。

多柔体系统动力学是在多刚体系统动力学基础上考虑物体变形的自然延伸和发展, 其分析方法仍然是牛顿–欧拉方法、拉格朗日方法、凯恩方法以及高斯最小拘束原理方法等, 但由于考虑柔性部件的大范围运动与部件变形的相互耦合, 给多柔体系统动力学分析带来了巨大的挑战性。对具有小变形、小转动或低转速假设的多柔体动力学问题已有较为完善的建模与计算方法。现有多体动力学商业软件 ADAMS、RecurDyn 等已经可以很好地处理这类动力学问题, 有限元分析商业软件 ANSYS、ABAQUS 等也逐步引入了多体动力学分析模块[21]。

参考文献

[1] Backlund A. The definition of system [J]. Kybernetes, 2000, 29(4): 444-451.

[2] Uicker J J, Pennock G R, Shigley J E. Theory of Machines and Mechanisms [M]. New York: Oxford University Press, 2003.

[3] NASA. https:// www.jpl.nasa.gov/ missions/ mars-science-laboratory-curiosity-rover-msl/.

[4] NASA/JPL-Caltech [EB/OL]. (2007-2-1) [2018-11-14].

[5] Giulio R, Mario F. On the mobility of all-terrain rovers [J]. Industrial Robot: An International Journal, 2013, 40(2): 121-131.

[6] Lanczos C. The Variational Principles of Mechanics [M]. New York: Dover Publications

Inc., 2012.

[7] 方振平. 飞机飞行动力学 [M]. 北京: 北京航空航天大学出版社, 2005.

[8] Teodorescu P P. Kinematics. Mechanical Systems, Classical Models, Volume 1: Particle Mechanics [M]. New York: Springer, 2007.

[9] 刘延柱, 陈立群, 陈文良. 振动力学 [M]. 北京: 高等教育出版社, 2011.

[10] 丁力, 吴洪涛, 李兴成, 等. 旋翼飞行机器人的结构设计与动力学建模研究 [J]. 组合机床与自动化加工技术, 2019 (9): 4-7.

[11] Ding H, Kahraman A. Interactions between nonlinear spur gear dynamics and surface wear [J]. Journal of Sound and Vibration, 2007, 307(3-5): 662-679.

[12] 杨国来, 郭锐, 葛建立. 机械系统动力学建模与仿真 [M]. 北京: 国防工业出版社, 2015.

[13] 闻邦椿, 刘树英, 张纯宇. 机械振动学 [M]. 北京: 冶金工业出版社, 2011.

[14] 尚汉冀. 内燃机配气凸轮机构——设计与计算 [M]. 上海: 复旦大学出版社, 1988.

[15] Marinca V, Herisanu N. A modified iteration perturbation method for some nonlinear oscillation problems [J]. Acta Mechanica, 2006, 184: 231-242.

[16] 胡振东, 洪嘉振. 刚柔耦合系统动力学建模及分析 [J]. 应用数学和力学, 1999, 20(10): 1087-1093.

[17] Simeon B. On Lagrange multipliers in flexible multibody dynamics [J]. Computer Methods in Applied Mechanics and Engineering, 2006, 195: 6993-7005.

[18] 洪嘉振. 计算多体系统动力学 [M]. 北京: 高等教育出版社, 1999.

[19] Shabana A A. Dynamics of Multibody Systems [M]. Cambridge: Cambridge University Press, 2013.

[20] 袁士杰, 吕哲勤. 多刚体系统动力学 [M]. 北京: 北京理工大学出版社, 1992.

[21] 田强, 刘铖, 李培, 等. 多柔体系统动力学研究进展与挑战 [J]. 动力学与控制学报, 2017, 15(5): 385-405.

第一篇 基础篇

第 2 章　有关机械系统动力学的一些基本概念

2.1　广义坐标与自由度

质点是力学中的一种理想模型, 是只有质量、没有大小的物体。质点系就是由若干质点组成的、有内在联系的集合。设有一个由 N 个质点组成的系统, 各质点在空间位置的集合或在空间位置分布所构成的几何图像称为系统的*位形*[1]。用来确定系统位形的参数就称为系统的*广义坐标*。假设一个系统的参考位形已经给定 (如运动的起始位形或静力平衡位形), 那么广义坐标就必须能够唯一地描述系统相对于参考位形的任意可能位形, 而确定系统位形的最少广义坐标数目就是系统的*自由度*, 它是系统独立广义坐标的数目。

如图 2.1(a) 所示的固定在梁上的电动机系统, 考虑其在电动机激励下的上下振动, 可等效为图 2.1(b) 所示的质量–弹簧系统, 取其在 x 方向的位移为广义坐标, 系统的自由度为 1。

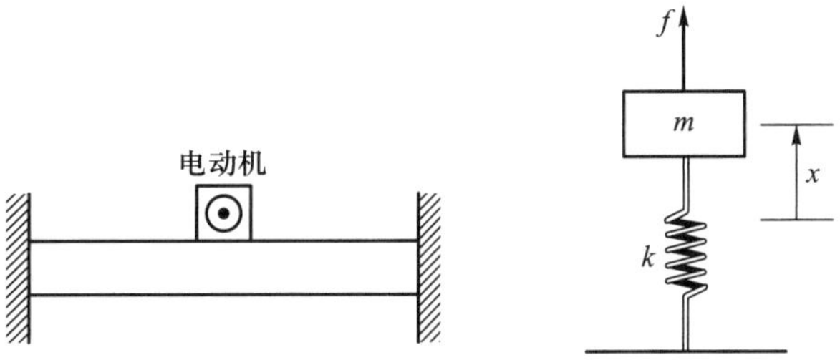

(a) 电动机系统　　(b) 等效质量–弹簧系统

图 2.1　电动机系统模型

广义坐标不是唯一的, 如研究图 2.2 所示的由弹簧连接的连杆滑块系统的运动, 可以选两根连杆与 x 轴的夹角 θ、ϕ 和滑块 C 的位置 x_C 为广义坐标 (θ, ϕ, x_C), 系统的自由度是 3。也可以用 θ 和 D 点的位置坐标 (x_D, y_D) 作为广义坐标, 此时系统的广义坐标为 (θ, x_D, y_D)。另外还可以采用 (θ, ϕ, x_D, y_D) 作为系统的广义坐标, 但各变量不是独立的, y_D 和 ϕ 之间存在约束关系 $y_D = L\sin\phi$[2]。虽然不同的广义坐标都可以描述系统的位形, 但得到的运动方程的耦合形式及繁简会有所不同。

对于有 N 个质点组成的质点系统, 设广义坐标为 $q_1, q_2, \cdots, q_n$, 则各质点相对于

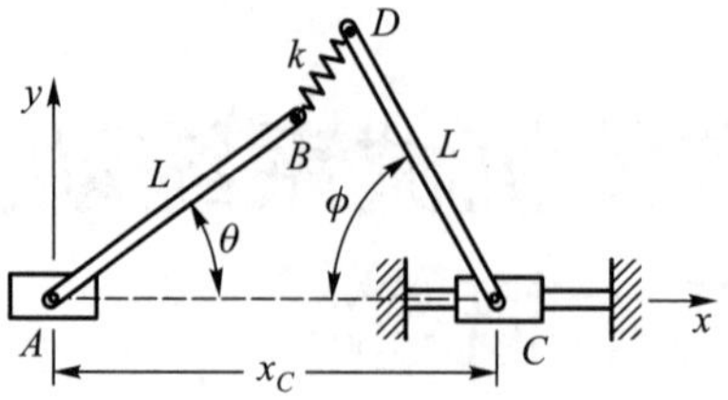

图 2.2 连杆滑块系统

参考坐标系原点的矢径可表示为

$$\boldsymbol{r}_i=\boldsymbol{r}_i(q_1,q_2,\cdots,q_n,t)\quad(i=1,2,\cdots,N) \tag{2.1}$$

质点在笛卡儿参考坐标系中的坐标为

$$\begin{aligned}x_i&=x_i(q_1,q_2,\cdots,q_n,t)\\y_i&=y_i(q_1,q_2,\cdots,q_n,t)\quad(i=1,2,\cdots,N)\\z_i&=z_i(q_1,q_2,\cdots,q_n,t)\end{aligned} \tag{2.2}$$

对式 (2.1) 中的质点矢径求导得

$$\dot{\boldsymbol{r}}_i=\sum_{j=1}^{n}\frac{\partial \boldsymbol{r}_i}{\partial q_j}\dot{q}_j+\frac{\partial \boldsymbol{r}_i}{\partial t}\quad(i=1,2,\cdots,N) \tag{2.3}$$

式中, $\dot{q}_j$ 为广义坐标对时间的导数, 称为广义速度。

2.2 约束及其分类

当一个系统的运动受到某些限制时, 此系统就称为非自由系统, 而那些限制系统位形和速度的运动学条件就是约束。约束可以用数学方程表示出来, 这种用数学方程表示的约束关系就称为约束方程。其一般形式为

$$f(x_1,y_1,z_1;\cdots;x_N,y_N,z_N;\dot{x}_1,\dot{y}_1,\dot{z}_1;\cdots;\dot{x}_N,\dot{y}_N,\dot{z}_N;t)=0 \tag{2.4}$$

比如在平面内运动的单摆 (如图 2.3 所示), 通过一根长度为 l 的细杆连接在固定架上, 如果把摆球看作一个质点, 则其约束方程可写为

$$x^2+y^2-l^2=0 \tag{2.5}$$

这是一个简单的定常位置约束方程 (不显含时间和坐标的导数)。通常约束可按下面几种情况进行分类。

1. 单面约束与双面约束

若系统虽然受到约束, 但在某些方向可以脱离约束的限制, 则这类约束称为单面约束。单面约束的约束方程是不等式。如图 2.4 所示的球摆, 其摆线为软绳 (绳长为 l),

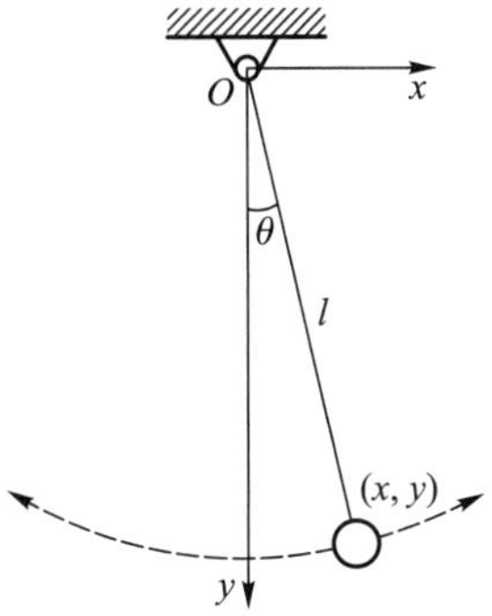

图 2.3 做平面运动的单摆

则摆锤 A 就被限制在以铰点 O 为球心、l 为半径的球面上或球面内运动, 是单面约束, 其约束方程可用不等式表示:

$$x^2 + y^2 + z^2 \leqslant l^2 \tag{2.6}$$

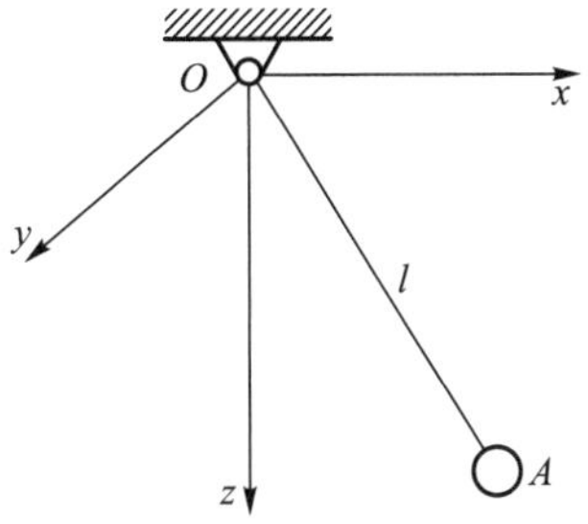

图 2.4 球摆

若系统受到在任何方向上都不能脱离的约束, 则这种约束称为*双面约束*。如将图 2.4 中的球摆的摆线改为刚性直杆, 则摆锤所受的约束为

$$x^2 + y^2 + z^2 = l^2 \tag{2.7}$$

即双面约束的约束方程是等式。

2. 定常约束与非定常约束

根据约束是否与时间有关, 可把约束分为定常约束和非定常约束。所谓*定常约束*, 是指约束方程中不显含时间参数 t 的约束, 如式 (2.7)。

*非定常约束*是指约束方程中显含时间参数 t 的约束。如果图 2.4 中球摆的摆长是时间 t 的函数, 即 $l = l(t)$, 那么约束方程变为 $x^2 + y^2 + z^2 = l^2(t)$, 就是一个非定常约束。

3. 完整约束与非完整约束

根据约束限制的是系统的位形还是速度, 约束可分为完整约束与非完整约束。

*完整约束*是指约束只限制系统的位形, 而对速度没有限制, 约束方程可表示为

$$f(x_1, y_1, z_1; x_2, y_2, z_2; \cdots; x_N, y_N, z_N; t) = 0 \tag{2.8}$$

用广义坐标可表示为

$$\Phi(\boldsymbol{q},t)=0 \tag{2.9}$$

式中, $\boldsymbol{q}=[q_1,q_2,\cdots,q_n]^{\mathrm{T}}$。

如果约束是对系统速度的限制, 这样的约束就称为非完整约束, 式 (2.4) 就是其一般形式，但最常见的情形是方程中只含速度的一次项，即

$$\sum_{i=1}^{N}(a_i\dot{x}_i+b_i\dot{y}_i+c_i\dot{x}_i)+e_i=0 \tag{2.10}$$

写成广义坐标的形式为

$$\sum_{j=1}^{n}\alpha_j\dot{q}_j+\alpha_0=0 \tag{2.11}$$

式中, α_j 和 α_0 都是广义坐标 $\boldsymbol{q}$ 和时间 t 的函数, 该式还可写成

$$\sum_{j=1}^{n}\alpha_j\mathrm{d}q_j+\alpha_0\mathrm{d}t=0 \tag{2.12}$$

如果约束是定常的, 那么 $\alpha_0=0$, 且 α_j 仅是广义坐标 $\boldsymbol{q}$ 的函数。

对于式 (2.12), 如果

$$\frac{\partial\alpha_0}{\partial q_j}=\frac{\partial\alpha_j}{\partial t},\quad \frac{\partial\alpha_j}{\partial q_k}=\frac{\partial\alpha_j}{\partial q_l}\quad(j,k,l=1,2,\cdots,n)$$

那么式 (2.12) 就是某一函数 $F(q_1,q_2,\cdots,q_n,t)$ 的全微分[3], 可积分成有限形式, 即约束还是对系统位形的限制, 属于完整约束。

比如式 (2.5) 表示的约束就是完整约束, 其中摆球质点的位置 x、y 都是时间的函数, 将该方程对时间求导, 得

$$x\dot{x}+y\dot{y}=0 \tag{2.13}$$

如果令质点的矢径为 $\boldsymbol{r}=x\boldsymbol{i}+y\boldsymbol{j}$, 则速度为 $\dot{\boldsymbol{r}}=\dot{x}\boldsymbol{i}+\dot{y}\boldsymbol{j}$, 那么式 (2.13) 表示的其实就是 $\dot{\boldsymbol{r}}\cdot\boldsymbol{r}=0$, 即质点的速度始终与它的位置矢径垂直。约束方程 (2.13) 中虽然含有速度项, 是微分约束, 但它是可积分的, 仍然是完整约束。

又如图 2.5 所示的圆盘在水平面上沿直线做纯滚动, 其位形可用盘心 C 的坐标 x_C、y_C 和转角 φ 来描述, 约束方程包括:

$$y_C=r$$

$$\dot{x}_C-r\dot{\varphi}=0$$

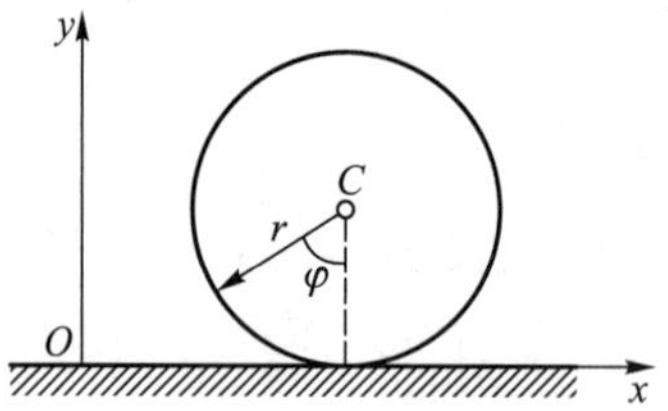

图 2.5 圆盘的纯滚动

其中第二个方程表示圆盘在滚动中不打滑, 即圆盘上与水平面相接触的点是圆盘的速度瞬心, 这个方程虽然含有对物体速度的限制, 但可积分成以下的有限形式, 还是完整约束:

$$x_C - r\varphi = 0$$

再考虑图 2.6 所示冰刀在冰面上滑过时的情况, 设冰刀与冰面的接触点为 P, 那么冰刀的位置可由该点的坐标 x_P、y_P 以及冰刀与 x 轴的夹角 θ 确定, 广义坐标可选为 (x_P, y_P, θ), 考虑触点的速度必须与冰刀平行, 由此得约束方程[2] 为

$$\dot{x}_P \sin\theta - \dot{y}_P \cos\theta = 0$$

这个方程不可积分成有限形式, 因此冰刀的这个约束是非完整约束。

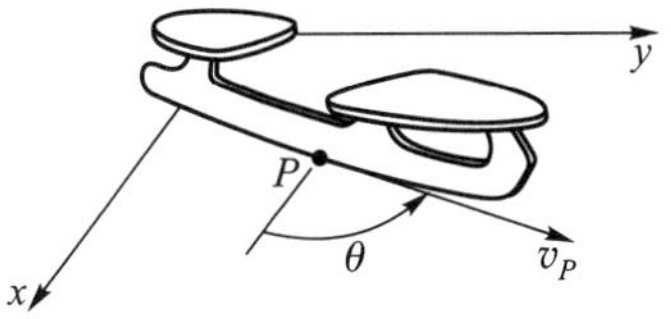

图 2.6 冰刀的约束

一个机械系统, 如果只受到完整约束的作用, 这个系统就称为完整系统。如果受到的约束有非完整约束, 则称为非完整系统。

2.3 虚位移原理与广义力

2.3.1 虚位移原理

1. 虚位移

如果系统有 s 个完整约束

$$\Phi_k(q_1, q_2, \cdots, q_n, t) = 0 \quad (k = 1, 2, \cdots, s) \tag{2.14}$$

取微分得

$$\sum_{j=1}^{n} \frac{\partial \Phi_k}{\partial q_j} \mathrm{d}q_j + \frac{\partial \Phi_k}{\partial t} \mathrm{d}t = 0 \quad (k = 1, 2, \cdots, s) \tag{2.15}$$

系统还有 r 个非完整约束

$$\sum_{j=1}^{n} \alpha_{lj} \mathrm{d}q_j + \alpha_{l0} \mathrm{d}t = 0 \quad (l = 1, 2, \cdots, r) \tag{2.16}$$

这 s 个完整约束方程和 r 个非完整约束方程可以写成统一的形式

$$\sum_{j=1}^{n} A_{mj} \mathrm{d}q_j + A_{m0} \mathrm{d}t = 0 \quad (m = 1, 2, \cdots, s + r) \tag{2.17}$$

满足约束方程 (2.17) 的无限小位移称为系统的可能位移。*虚位移*是在约束允许的条件下质点可能发生的、与时间无关的微小位移, 相当于时间突然停滞、约束被“凝固”时系统可能发生的微小位移[3]。而真实位移是在系统中力的作用下且满足系统约束的位移, 即

$$\mathrm{d}\boldsymbol{r}_i=\sum_{j=1}^{n}\frac{\partial \boldsymbol{r}_i}{\partial q_j}\mathrm{d}q_j+\frac{\partial \boldsymbol{r}_i}{\partial t}\mathrm{d}t \quad (i=1,2,\cdots,N)$$

相对于真实位移, 虚位移实际上就是广义坐标的等时变分 (这里用 δ 来表示), 则第 i 个质点的虚位移

$$\begin{aligned}\delta\boldsymbol{r}_i&=\sum_{j=1}^{n}\frac{\partial \boldsymbol{r}_i}{\partial q_j}\delta q_j+\frac{\partial \boldsymbol{r}_i}{\partial t}\delta t\\&=\sum_{j=1}^{n}\frac{\partial \boldsymbol{r}_i}{\partial q_j}\delta q_j \quad (i=1,2,\cdots,N)\end{aligned} \tag{2.18}$$

令式 (2.17) 中 $\mathrm{d}t=0$, 并将 $\mathrm{d}q_j$ 换成 δq_j, 虚位移应满足以下条件

$$\sum_{j=1}^{n}A_{mj}\delta q_j=0 \quad (m=1,2,\cdots,s+r) \tag{2.19}$$

对于定常约束系统, 有

$$\sum_{j=1}^{n}A_{mj}\mathrm{d}q_j=0 \quad (m=1,2,\cdots,s+r) \tag{2.20}$$

对比式 (2.19) 和式 (2.20) 可以看出, 对于定常约束系统, 虚位移就是可能位移。

2. 理想约束

作用在质点系上的约束反力在系统的任一虚位移上所做的虚功之和为 0 的约束就称为*理想约束*, 其数学表达式为

$$\sum_{i=1}^{N}\boldsymbol{R}_i\cdot\delta\boldsymbol{r}_i=0 \tag{2.21}$$

式中, $\boldsymbol{R}_i$ 是作用于质点 i 上的约束反力。

常见的理想约束有: 光滑固定面、光滑运动面、刚性连接 (如无重刚杆约束)、柔索连接、无滑动的滚动约束等[4]。

3. 虚位移原理

具有双面、定常、理想约束的静止质点系, 能够继续保证静止的必要和充分条件是所有主动力在质点系的任意虚位移中所作的虚功之和为 0。其数学表达式为

$$\sum_{i=1}^{N}\boldsymbol{F}_i\cdot\delta\boldsymbol{r}_i=0 \tag{2.22}$$

式中, $\boldsymbol{F}_i$ 是作用于质点 i 上的主动力。这个方程称为*虚功方程*。

虚位移原理可以推广运用到刚体系统，只要系统的约束是理想约束。如果需要考虑摩擦，只要把摩擦力视为主动力，虚位移原理仍然适用。

[例 2–1] 如图 2.7 所示的匀质杆 AB, A 端在水平地板上, B 端靠在垂直墙面上, 并由一根弹簧与天花板相连, 杆长为 l, 质量为 m。已知弹簧刚度为 k, 杆的重力 $mg < 2kl$, 且当杆直立时, 弹簧不受力。忽略摩擦和弹簧的质量, 求杆平衡时与地面的夹角 φ。

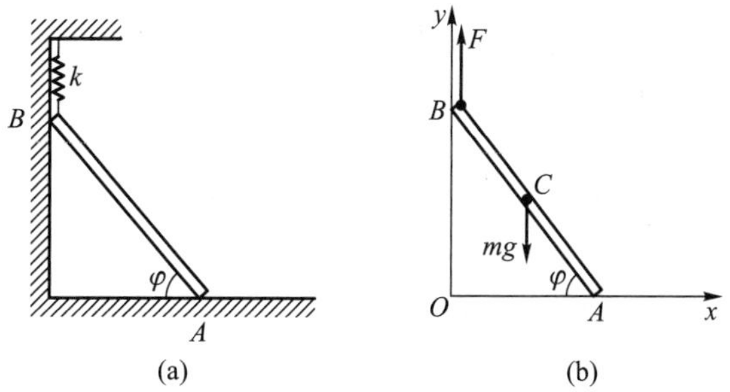

图 2.7 例 2–1 图

解: 此匀质杆只有一个自由度, 取其与水平地面的夹角 φ 为广义坐标, 其上作用着两个主动力, 即作用在杆质心 C 上的杆的重力 mg 和作用在杆 B 端的弹簧力 F。弹簧力 F 的大小为

$$F = kl(1 - \sin\varphi)$$

取墙与地面的交点 O 为原点, 建立参考坐标系 Oxy, 则 B、C 两点的纵坐标为

$$y_B = l\sin\varphi$$
$$y_C = 0.5l\sin\varphi$$

给系统以虚位移 $\delta\varphi$, B、C 两点的虚位移分别为

$$\delta y_B = l\cos\varphi\delta\varphi$$
$$\delta y_C = 0.5l\cos\varphi\delta\varphi$$

将弹簧力和重力代入虚功方程:

$$F\delta y_B + (-mg)\delta y_C = 0$$

得

$$[kl(1 - \sin\varphi) - 0.5mg]\, l\cos\varphi\delta\varphi = 0$$

考虑 $\delta\varphi$ 的任意性, 因此

$$\cos\varphi = 0$$
$$kl(1 - \sin\varphi) - 0.5mg = 0$$

由此得到杆的两个平衡位置

$$\varphi=\frac{\pi}{2}$$

$$\varphi=\arcsin\left(1-\frac{mg}{2kl}\right)$$

2.3.2 广义力

对于由 N 个质点组成的系统, 描述系统运动的广义坐标有 n 个, $\boldsymbol{q}=[q_1,q_2,\cdots,q_n]^{\mathrm{T}}$, 则第 i 个质点的虚位移可以写为

$$\delta\boldsymbol{r}_i=\frac{\partial\boldsymbol{r}_i}{\partial q_1}\delta q_1+\frac{\partial\boldsymbol{r}_i}{\partial q_2}\delta q_2+\cdots+\frac{\partial\boldsymbol{r}_i}{\partial q_n}\delta q_n=\sum_{j=1}^{n}\frac{\partial\boldsymbol{r}_i}{\partial q_j}\delta q_j$$

设 $\boldsymbol{F}_i$ 为作用在质点 i 上的外力, 其虚功为

$$\delta W=\sum_{i=1}^{N}\boldsymbol{F}_i\cdot\delta\boldsymbol{r}_i=\sum_{i=1}^{N}\left(\boldsymbol{F}_i\cdot\sum_{j=1}^{n}\frac{\partial\boldsymbol{r}_i}{\partial q_j}\delta q_j\right)=\sum_{j=1}^{n}\left(\sum_{i=1}^{N}\boldsymbol{F}_i\cdot\frac{\partial\boldsymbol{r}_i}{\partial q_j}\right)\delta q_j$$

定义对应于广义坐标 q_j 的广义力 Q_j 为[5]

$$Q_j=\sum_{i=1}^{N}\boldsymbol{F}_i\cdot\frac{\partial\boldsymbol{r}_i}{\partial q_j}\quad(j=1,2,\cdots,n)\tag{2.23}$$

则

$$\delta W=\sum_{i=1}^{N}\boldsymbol{F}_i\cdot\delta\boldsymbol{r}_i=\sum_{j=1}^{n}Q_j\delta q_j\tag{2.24}$$

[例 2–2] 图 2.8 是一个由质量为 m_1、m_2 的两个质点组成的系统, 两个质点用不可伸长、不计质量的细绳悬住, 在质点 2 上作用有水平力 F, 假定系统在铅直平面内运动, 且细绳始终保持在张紧状态。选取 θ_1 和 θ_2 作为系统位形的广义坐标, 试求对应的广义力。

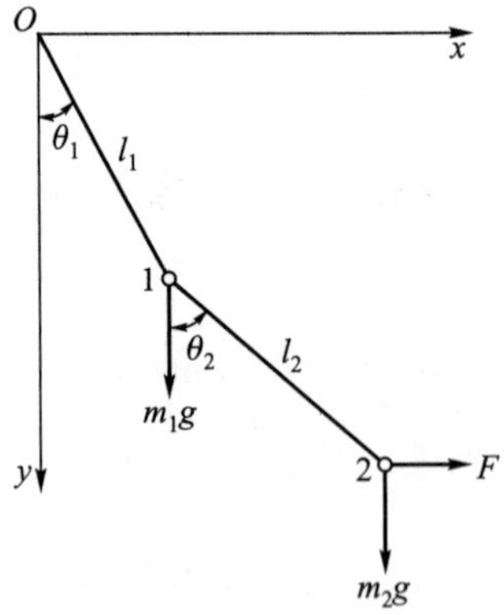

图 2.8 例 2–2 图

解: 质点 1 的直角坐标为

$$
\begin{aligned}
x_1 &= l_1 \sin\theta_1 \\
y_1 &= l_1 \cos\theta_1
\end{aligned}
$$

质点 2 的直角坐标为

$$
\begin{aligned}
x_2 &= l_1 \sin\theta_1 + l_2 \sin\theta_2 \\
y_2 &= l_1 \cos\theta_1 + l_2 \cos\theta_2
\end{aligned}
$$

作用在系统上所有外力的虚功之和为

$$
\begin{aligned}
\delta W &= m_1 g \delta y_1 + m_2 g \delta y_2 + F \delta x_2 \\
&= m_1 g \delta(l_1 \cos\theta_1) + m_2 g \delta(l_1 \cos\theta_1 + l_2 \cos\theta_2) + F\delta(l_1 \sin\theta_1 + l_2 \sin\theta_2) \\
&= l_1(F\cos\theta_1 - m_1 g \sin\theta_1 - m_2 g \sin\theta_1)\delta\theta_1 + l_2(F\cos\theta_2 - m_2 g \sin\theta_2)\delta\theta_2
\end{aligned}
$$

由此可以得到对应于广义坐标 θ_1、θ_2 的广义力分别为

$$
\begin{aligned}
Q_1 &= l_1(F\cos\theta_1 - m_1 g \sin\theta_1 - m_2 g \sin\theta_1) \\
Q_2 &= l_2(F\cos\theta_2 - m_2 g \sin\theta_2)
\end{aligned}
$$

第 3 章 动力学方程

3.1 质点运动学/动力学

3.1.1 质点运动学

质点是被假设为没有大小的物体, 因此在空间中可以被当作一个点来处理。质点运动学主要考虑的是点在给定坐标系下的移动。如质点 P 在三维笛卡儿坐标系中的位置矢量 (图 3.1) 可以写为

$$\boldsymbol{r} = x_1\boldsymbol{e}_1 + x_2\boldsymbol{e}_2 + x_3\boldsymbol{e}_3 \tag{3.1}$$

式中, x_1、x_2、x_3 是质点的笛卡儿坐标; $\boldsymbol{e}_1$、$\boldsymbol{e}_2$、$\boldsymbol{e}_3$ 是沿坐标轴 X_1、X_2、X_3 的单位矢量。

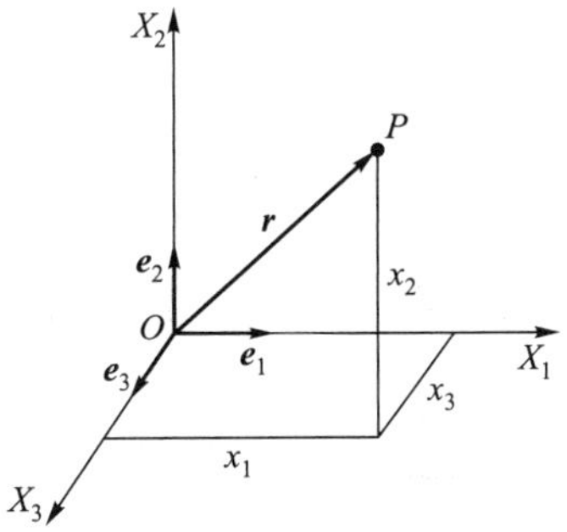

图 3.1 质点 P 的位置

质点的速度矢量定义为位置矢量对时间的导数, 假设坐标轴 X_1、X_2、X_3 是固定的 (不随时间变化), 则质点的速度矢量可以写为

$$\boldsymbol{v} = \dot{\boldsymbol{r}} = \frac{\mathrm{d}\boldsymbol{r}}{\mathrm{d}t} = \dot{x}_1\boldsymbol{e}_1 + \dot{x}_2\boldsymbol{e}_2 + \dot{x}_3\boldsymbol{e}_3 \tag{3.2}$$

质点的加速度矢量定义为速度矢量对时间的导数, 可以写为

$$\boldsymbol{a} = \frac{\mathrm{d}\boldsymbol{v}}{\mathrm{d}t} = \ddot{\boldsymbol{r}} = \ddot{x}_1\boldsymbol{e}_1 + \ddot{x}_2\boldsymbol{e}_2 + \ddot{x}_3\boldsymbol{e}_3 \tag{3.3}$$

3.1.2 达朗贝尔原理

设作用在质点上的力矢量为 $\boldsymbol{F}$, 质点质量为 m, 质点的速度矢量为 $\boldsymbol{v}$, 根据牛顿第二定律, 可以得到

$$\boldsymbol{F} = m\frac{\mathrm{d}\boldsymbol{v}}{\mathrm{d}t} = m\boldsymbol{a}$$

如果令 $F^* = -m\boldsymbol{a}$ 为惯性力矢量, 则

$$\boldsymbol{F} + \boldsymbol{F}^* = 0 \tag{3.4}$$

这就是达朗贝尔 (d′ Alembert) 原理, 简单地说, 就是质点上作用的外力与惯性力之和为 0。

达朗贝尔原理可以推广运用到质点系统或刚体系统。从形式上看, 达朗贝尔原理只是牛顿第二运动定律的移项, 但却具有更深刻的意义, 它通过引入惯性力的概念将动力学问题转化为了静力学中的平衡关系。

3.1.3 动量和动量矩

1. 动量

对于由 N 个质点组成的系统, 其中任一质点 i 的质量是 m_i, 它相对于固定参考坐标系原点的矢径为 $\boldsymbol{r}_i$。令系统质心相对于参考坐标系原点的矢径为 $\boldsymbol{r}$, 系统总质量为 $m = \sum_{i=1}^{N} m_i$, 则

$$m\boldsymbol{r} = \sum_{i=1}^{N} m_i \boldsymbol{r}_i \tag{3.5}$$

质点系的动量定义为

$$\boldsymbol{p} = \sum_{i=1}^{N} m_i \dot{\boldsymbol{r}}_i = m\dot{\boldsymbol{r}} \tag{3.6}$$

设作用在质点 i 上的力矢量为 $\boldsymbol{F}_i$, 根据牛顿第二定律可得

$$\sum_{i=1}^{N} m_i \ddot{\boldsymbol{r}}_i = \sum_{i=1}^{N} \boldsymbol{F}_i \tag{3.7}$$

令 $\boldsymbol{F} = \sum_{i=1}^{N} \boldsymbol{F}_i$, 由此导出质点系的动量定理:

$$\dot{\boldsymbol{p}} = \boldsymbol{F} \tag{3.8}$$

或

$$m\ddot{\boldsymbol{r}} = \boldsymbol{F} \tag{3.9}$$

2. 动量矩

设 D 为任意动点, 相对于固定参考坐标系原点的矢径为 $\boldsymbol{r}_D$ (图 3.2); $\boldsymbol{r}_i$、$\boldsymbol{r}_C$ 分别为质点 i 和系统质心 C 相对于参考坐标系原点的矢径; $\boldsymbol{\rho}_i$、ρ_C 分别为质点 i 和系统质心 C 相对于 D 点的矢径, 那么

$$m\boldsymbol{\rho}_C = \sum_{i=1}^{N} m_i \boldsymbol{\rho}_i \tag{3.10}$$

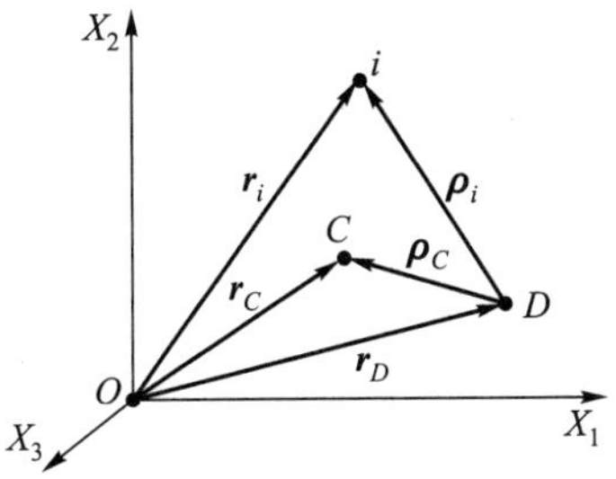

图 3.2 质点 i 的位置矢量

而

$$\boldsymbol{r}_i = \boldsymbol{r}_D + \boldsymbol{\rho}_i \tag{3.11}$$

定义质点系相对于 D 点的动量矩为

$$\boldsymbol{L}_D = \sum_{i=1}^{N} \boldsymbol{\rho}_i \times m_i \dot{\boldsymbol{r}}_i \tag{3.12}$$

将式 (3.11) 求导后代入式 (3.12) 得

$$\boldsymbol{L}_D = \boldsymbol{L}'_D + m\boldsymbol{\rho}_C \times \dot{\boldsymbol{r}}_D \tag{3.13}$$

其中

$$\boldsymbol{L}'_D = \sum_{i=1}^{N} \boldsymbol{\rho}_i \times m_i \dot{\boldsymbol{\rho}}_i \tag{3.14}$$

称为系统相对于 D 点的相对动量矩。

设作用在系统各质点的外力对 D 点的力矩为

$$\boldsymbol{T}_D = \sum_{i=1}^{N} \boldsymbol{\rho}_i \times \boldsymbol{F}_i \tag{3.15}$$

将式 (3.12) 对时间求导可得对动点的绝对动量矩定理:

$$\dot{\boldsymbol{L}}_D + \dot{\boldsymbol{r}}_D \times \boldsymbol{p} = \boldsymbol{T}_D \tag{3.16}$$

将式 (3.13) 对时间求导可得对动点的相对动量矩定理:

$$\dot{\boldsymbol{L}}'_D + m\boldsymbol{\rho}_C \times \ddot{\boldsymbol{r}}_D = \boldsymbol{T}_D \tag{3.17}$$

3.2 动力学普遍方程

对于受理想约束的由 N 个质点组成的系统, 其中质点 i 的质量是 m_i, 它所受的主动力为 $\boldsymbol{F}_i$, 约束力为 $\boldsymbol{R}_i$, 相对于总体参考系的加速度为 $\boldsymbol{a}_i$, 根据牛顿第二定律有

$$m_i\boldsymbol{a}_i = \boldsymbol{F}_i + \boldsymbol{R}_i \quad (i = 1, 2, \cdots, N) \tag{3.18}$$

则

$$\boldsymbol{R}_i = -(\boldsymbol{F}_i - m_i\boldsymbol{a}_i) \quad (i = 1, 2, \cdots, N) \tag{3.19}$$

由于系统受理想约束, 因此

$$\sum_{i=1}^{N} \boldsymbol{R}_i \cdot \delta\boldsymbol{r}_i = 0 \tag{3.20}$$

式中, $\delta\boldsymbol{r}_i$ 是质点 i 的虚位移。最后可得

$$\sum_{i=1}^{N} (\boldsymbol{F}_i - m_i\boldsymbol{a}_i) \cdot \delta\boldsymbol{r}_i = 0 \tag{3.21}$$

式 (3.21) 就是动力学普遍方程, 也称拉格朗日–达朗贝尔 (Lagrange-d′Alembert) 原理, 是分析力学中最基本的原理。它可以表述为: 受理想约束的系统在运动的任意瞬时, 主动力与惯性力在任意虚位移上所做的虚功之和等于 0[6]。

动力学普遍方程的适用范围很广, 只限定了约束是理想约束, 而不限定系统是完整系统或是非完整系统。当系统静止时, 动力学普遍方程退化为虚功方程 $\sum_{i=1}^{N} \boldsymbol{F}_i \cdot \delta\boldsymbol{r}_i = 0$。

[例 3–1] 如图 3.3 所示, 瓦特离心调速器以匀角速度 ω 绕 z 轴旋转, 球 A、B 的质量均为 m, 4 根细杆的长度均为 l, 质量可忽略不计。套筒 C 可沿 z 轴上下移动, 其质量为 M。忽略套筒和各铰链的摩擦, 求稳态运动时杆的张角 α。

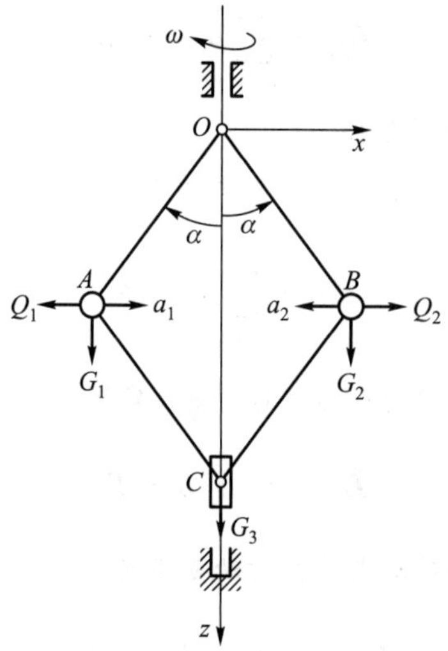

图 3.3 例 3–1 图

解: 建立与调速器所在平面重合的参考坐标系 Oxz, 在稳态运动时, 杆的张角 α 为常量, 球 A、B 在水平面内做匀速圆周运动, 其加速度大小为

$$a_1 = a_2 = l\omega^2 \sin\alpha$$

选球 A、B 的 x、z 方向的坐标以及套筒 C 的 z 方向的坐标为广义坐标, 由图 3.3

可知

$$
\begin{aligned}
x_1 &= -l\sin\alpha \\
z_1 &= l\cos\alpha \\
x_2 &= l\sin\alpha \\
z_2 &= l\cos\alpha \\
z_3 &= 2l\cos\alpha
\end{aligned}
$$

取变分得

$$
\begin{aligned}
\delta x_1 &= -l\cos\alpha\delta\alpha \\
\delta z_1 &= -l\sin\alpha\delta\alpha \\
\delta x_2 &= l\cos\alpha\delta\alpha \\
\delta z_2 &= -l\sin\alpha\delta\alpha \\
\delta z_3 &= -2l\sin\alpha\delta\alpha
\end{aligned}
$$

对应的广义主动力和惯性力为

$$
\begin{gathered}
G_1 = G_2 = mg \\
G_3 = Mg \\
Q_1 = -ml\omega^2\sin\alpha \\
Q_2 = ml\omega^2\sin\alpha
\end{gathered}
$$

根据动力学普遍方程可得

$$G_1\delta z_1 + Q_1\delta x_1 + G_2\delta z_2 + Q_2\delta x_2 + G_3\delta z_3 = 0$$

代入广义力、惯性力和相应的虚位移, 整理后得

$$2l(ml\omega^2\cos\alpha - mg - Mg)\sin\alpha\,\delta\alpha = 0$$

考虑 $\delta\alpha$ 的任意性, 则

$$2l(ml\omega^2\cos\alpha - mg - Mg)\sin\alpha = 0$$

从而解出

$$\alpha = 0 \quad 或 \quad \alpha = \arccos\frac{(m+M)g}{ml\omega^2}$$

第一个解是不稳定的, 稳态运动时杆的张角应该平衡在第二个解给出的位置上。

3.3 第二类拉格朗日方程

对于具有 N 个质点、受理想约束的系统，描述该系统的独立广义坐标用 $q_1, q_2, \cdots, q_n$ 来表示，则系统中任一质点 i 相对于总体参考系的矢径为 $\boldsymbol{r}_i$

$$\boldsymbol{r}_i = \boldsymbol{r}_i(q_1, q_2, \cdots, q_n, t) \quad (i = 1, 2, \cdots, N) \tag{3.22}$$

将式 (3.22) 对时间求导，得

$$\dot{\boldsymbol{r}}_i = \sum_{j=1}^{n} \frac{\partial \boldsymbol{r}_i}{\partial q_j}\dot{q}_j + \frac{\partial \boldsymbol{r}_i}{\partial t} \quad (i = 1, 2, \cdots, N) \tag{3.23}$$

式中，$\dot{q}_j$ 为广义速度。

由于 $\dfrac{\partial \boldsymbol{r}_i}{\partial q_j}$ 和 $\dfrac{\partial \boldsymbol{r}_i}{\partial t}$ 只是广义坐标和时间的函数，与广义速度无关，所以将式 (3.23) 对 $\dot{q}_j$ 求偏导得到拉格朗日的第一个关系式:

$$\frac{\partial \dot{\boldsymbol{r}}_i}{\partial \dot{q}_j} = \frac{\partial \boldsymbol{r}_i}{\partial q_j} \quad (i = 1, 2, \cdots, N; \quad j = 1, 2, \cdots, n) \tag{3.24}$$

将式 (3.23) 改写为

$$\dot{\boldsymbol{r}}_i = \sum_{l=1}^{n} \frac{\partial \boldsymbol{r}_i}{\partial q_l}\dot{q}_l + \frac{\partial \boldsymbol{r}_i}{\partial t} \quad (i = 1, 2, \cdots, N)$$

将上式对 q_j 求偏导，得

$$\frac{\partial \dot{\boldsymbol{r}}_i}{\partial q_j} = \sum_{l=1}^{n} \frac{\partial^2 \boldsymbol{r}_i}{\partial q_l \partial q_j}\dot{q}_l + \frac{\partial^2 \boldsymbol{r}_i}{\partial t \partial q_j} \quad (i = 1, 2, \cdots, N; \quad j = 1, 2, \cdots, n) \tag{3.25}$$

由于 $\dfrac{\partial \boldsymbol{r}_i}{\partial q_j}$ 是 $q_1, q_2, \cdots, q_n$ 和 t 的函数，将式 (3.25) 对 t 求导得

$$\frac{\mathrm{d}}{\mathrm{d}t}\left(\frac{\partial \boldsymbol{r}_i}{\partial q_j}\right) = \sum_{l=1}^{n} \frac{\partial^2 \boldsymbol{r}_i}{\partial q_j \partial q_l}\dot{q}_l + \frac{\partial^2 \boldsymbol{r}_i}{\partial q_j \partial t} \quad (i = 1, 2, \cdots, N; \quad j = 1, 2, \cdots, n) \tag{3.26}$$

设式 (3.22) 具有连续的二阶偏导数，因此

$$\frac{\partial^2 \boldsymbol{r}_i}{\partial q_j \partial q_l} = \frac{\partial^2 \boldsymbol{r}_i}{\partial q_l \partial q_j} \quad (i = 1, 2, \cdots, N; \quad j = 1, 2, \cdots, n; \quad l = 1, 2, \cdots, n)$$

$$\frac{\partial^2 \boldsymbol{r}_i}{\partial q_j \partial t} = \frac{\partial^2 \boldsymbol{r}_i}{\partial t \partial q_j} \quad (i = 1, 2, \cdots, N; \quad j = 1, 2, \cdots, n)$$

考虑式 (3.25) 和式 (3.26) 可得拉格朗日的第二个关系式:

$$\frac{\partial \dot{\boldsymbol{r}}_i}{\partial q_j} = \frac{\mathrm{d}}{\mathrm{d}t}\left(\frac{\partial \boldsymbol{r}_i}{\partial q_j}\right) \quad (i = 1, 2, \cdots, N; \quad j = 1, 2, \cdots, n) \tag{3.27}$$

将式 (3.22) 取变分, 得

$$\delta \boldsymbol{r}_i = \sum_{j=1}^{n} \frac{\partial \mathbf{r}_i}{\partial q_j} \delta q_j \quad (i = 1, 2, \cdots, N) \tag{3.28}$$

将动力学普遍方程展开为

$$\sum_{i=1}^{N} \boldsymbol{F}_i \cdot \delta \boldsymbol{r}_i - \sum_{i=1}^{N} m_i \ddot{\boldsymbol{r}}_i \cdot \delta \boldsymbol{r}_i = 0 \tag{3.29}$$

左端第一项可写为

$$\sum_{i=1}^{N} \boldsymbol{F}_i \cdot \delta \boldsymbol{r}_i = \sum_{i=1}^{N} \left(\boldsymbol{F}_i \cdot \sum_{j=1}^{n} \frac{\partial \boldsymbol{r}_i}{\partial q_j} \delta q_j \right) = \sum_{j=1}^{n} \left(\sum_{i=1}^{N} \boldsymbol{F}_i \cdot \frac{\partial \boldsymbol{r}_i}{\partial q_j} \right) \delta q_j = \sum_{j=1}^{n} Q_j \delta q_j$$

即

$$\sum_{i=1}^{N} \boldsymbol{F}_i \cdot \delta \boldsymbol{r}_i = \sum_{j=1}^{n} Q_j \delta q_j \tag{3.30}$$

式中, Q_j 为对应于广义坐标 q_j 的广义力。

式 (3.29) 左端第二项可写为

$$-\sum_{i=1}^{N} m_i \ddot{\boldsymbol{r}}_i \cdot \delta \boldsymbol{r}_i = -\sum_{i=1}^{N} \left(m_i \ddot{\boldsymbol{r}}_i \cdot \sum_{j=1}^{n} \frac{\partial \boldsymbol{r}_i}{\partial q_j} \delta q_j \right) = \sum_{j=1}^{n} \left(-\sum_{i=1}^{N} m_i \ddot{\boldsymbol{r}}_i \cdot \frac{\partial \boldsymbol{r}_i}{\partial q_j} \right) \delta q_j \tag{3.31}$$

定义对应于广义坐标 q_j 的广义惯性力 Q'_j 为

$$Q'_j = -\sum_{i=1}^{N} m_i \ddot{\boldsymbol{r}}_i \cdot \frac{\partial \boldsymbol{r}_i}{\partial q_j} \quad (j = 1, 2, \cdots, n) \tag{3.32}$$

则式 (3.31) 可以写成

$$-\sum_{i=1}^{N} m_i \ddot{\boldsymbol{r}}_i \cdot \delta \boldsymbol{r}_i = \sum_{j=1}^{n} Q'_j \delta q_j \tag{3.33}$$

根据求导运算规则, 式 (3.32) 可以写成

$$\begin{aligned} Q'_j &= -\sum_{i=1}^{N} m_i \frac{\mathrm{d}}{\mathrm{d}t} \left(\dot{\boldsymbol{r}}_i \cdot \frac{\partial \boldsymbol{r}_i}{\partial q_j} \right) + \sum_{i=1}^{N} m_i \dot{\boldsymbol{r}}_i \cdot \frac{\mathrm{d}}{\mathrm{d}t} \left(\frac{\partial \boldsymbol{r}_i}{\partial q_j} \right) \\ &= -\sum_{i=1}^{N} m_i \frac{\mathrm{d}}{\mathrm{d}t} \left(\dot{\boldsymbol{r}}_i \cdot \frac{\partial \dot{\boldsymbol{r}}_i}{\partial \dot{q}_j} \right) + \sum_{i=1}^{N} m_i \dot{\boldsymbol{r}}_i \cdot \frac{\partial \dot{\boldsymbol{r}}_i}{\partial q_j} \\ &= -\sum_{i=1}^{N} \frac{\mathrm{d}}{\mathrm{d}t} \left[\frac{\partial}{\partial \dot{q}_j} \left(\frac{1}{2} m_i \dot{\boldsymbol{r}}_i \cdot \dot{\boldsymbol{r}}_i \right) \right] + \sum_{i=1}^{N} \frac{\partial}{\partial q_j} \left(\frac{1}{2} m_i \dot{\boldsymbol{r}}_i \cdot \dot{\boldsymbol{r}}_i \right) \\ &= -\frac{\mathrm{d}}{\mathrm{d}t} \left[\frac{\partial}{\partial \dot{q}_j} \left(\sum_{i=1}^{N} \frac{1}{2} m_i \dot{\boldsymbol{r}}_i \cdot \dot{\boldsymbol{r}}_i \right) \right] + \frac{\partial}{\partial q_j} \left(\sum_{i=1}^{N} \frac{1}{2} m_i \dot{\boldsymbol{r}}_i \cdot \dot{\boldsymbol{r}}_i \right) \\ &= -\frac{\mathrm{d}}{\mathrm{d}t} \left(\frac{\partial T}{\partial \dot{q}_j} \right) + \frac{\partial T}{\partial q_j} \quad (j = 1, 2, \cdots, n) \end{aligned} \tag{3.34}$$

其中

$$T=\sum_{i=1}^{N}\frac{1}{2}m_i\dot{\boldsymbol{r}}_i\cdot\dot{\boldsymbol{r}}_i$$

为系统的动能。

将式 (3.30)、式 (3.33) 和式 (3.34) 代入式 (3.29) 可得广义坐标形式的动力学普遍方程:

$$\sum_{j=1}^{n}\left[Q_j-\frac{\mathrm{d}}{\mathrm{d}t}\left(\frac{\partial T}{\partial\dot{q}_j}\right)+\frac{\partial T}{\partial q_j}\right]\delta q_j=0 \tag{3.35}$$

对于受理想约束的完整系统, δq_j 是任意的、相互独立的, 因此

$$\frac{\mathrm{d}}{\mathrm{d}t}\left(\frac{\partial T}{\partial\dot{q}_j}\right)-\frac{\partial T}{\partial q_j}=Q_j\quad(j=1,2,\cdots,n) \tag{3.36}$$

这就是第二类拉格朗日方程[7]。关于这个方程, 需要注意以下几点:

(1) 第二类拉格朗日方程适用于受理想约束的完整系统。对于含非理想约束的完整系统, 解除所有的非理想约束, 并把相应的非理想约束力看作主动力, 仍然可以运用第二类拉格朗日方程来建立系统的动力学方程。

(2) 第二类拉格朗日方程的形式对坐标变换具有不变性, 即与广义坐标的选取无关。

(3) 第二类拉格朗日方程中不出现未知的理想约束反力, 便于求解。

(4) 第二类拉格朗日方程中方程的个数等于独立的广义坐标数, 即系统的自由度数。

对于保守系统, 广义力均为有势力, 可由势能函数 U 确定, 即

$$Q_j=-\frac{\partial U}{\partial q_j}\quad(j=1,2,\cdots,n) \tag{3.37}$$

代入式 (3.36) 可得

$$\frac{\mathrm{d}}{\mathrm{d}t}\left(\frac{\partial T}{\partial\dot{q}_j}\right)-\frac{\partial T}{\partial q_j}=-\frac{\partial U}{\partial q_j}\quad(j=1,2,\cdots,n) \tag{3.38}$$

考虑到系统的势能 U 与广义速度 $\dot{q}_j(j=1,2,\cdots,n)$ 无关, 所以

$$\frac{\partial U}{\partial\dot{q}_j}=0\quad(j=1,2,\cdots,n)$$

这样式 (3.38) 就可以改写为

$$\frac{\mathrm{d}}{\mathrm{d}t}\left(\frac{\partial(T-U)}{\partial\dot{q}_j}\right)-\frac{\partial(T-U)}{\partial q_j}=0\quad(j=1,2,\cdots,n) \tag{3.39}$$

定义

$$L=T-U \tag{3.40}$$

为拉格朗日函数, 式 (3.39) 又可以写为

$$\frac{\mathrm{d}}{\mathrm{d}t}\frac{\partial L}{\partial \dot{q}_j}-\frac{\partial L}{\partial q_j}=0 \quad (j=1,2,\cdots,n) \tag{3.41}$$

这就是主动力均为有势力、受理想约束的完整系统的第二类拉格朗日方程。

运用第二类拉格朗日方程建立系统运动微分方程的一般步骤如下:

(1) 确定系统的自由度数 n, 选择合适的广义坐标;

(2) 将系统的动能表示成广义坐标、广义速度和时间的函数;

(3) 求广义力, 可采用式 (2.23) 来求广义力;

(4) 如果主动力是有势力, 计算出拉格朗日函数;

(5) 将广义力、动能或拉格朗日函数代入第二类拉格朗日方程, 得到系统的运动微分方程。

[例 3–2] 如图 3.4 所示, 质量为 M、半径为 R 的滑轮可绕 O 点旋转, 一根不可伸长的细绳跨过该滑轮, 细绳的一端悬挂着质量为 m 的物体, 另一端固结在铅垂的弹簧上, 弹簧的刚度为 k。设滑轮质量均匀分布在轮缘上, 忽略细绳与滑轮之间的摩擦, 求物体的振动周期。

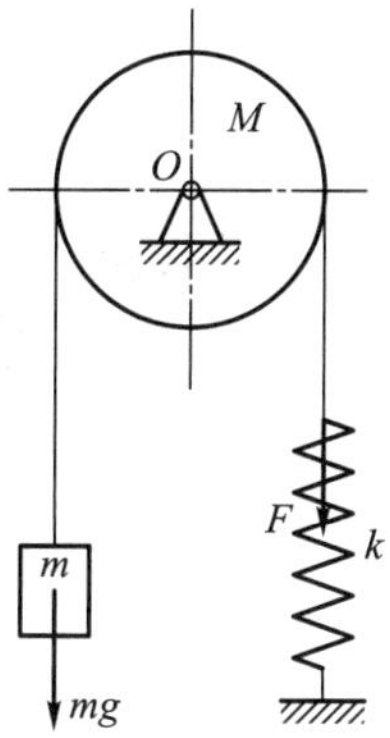

图 3.4 例 3–2 图

解: 该系统只有一个自由度，可取滑轮的转角 φ 为广义坐标，则系统的动能表示为

$$T=\frac{1}{2}MR^2\dot{\varphi}^2+\frac{1}{2}m(R\dot{\varphi})^2=\frac{1}{2}(M+m)R^2\dot{\varphi}^2$$

设 $\varphi=0$ 时, 系统处于平衡状态, 此时弹簧伸长量 δ_0 应满足

$$mg=k\delta_0$$

取系统平衡时的位置为 0 势能点, 滑轮转过 φ 角时系统的势能为

$$U=-mgR\varphi+\left[\frac{1}{2}k(\delta_0+R\varphi)^2-\frac{1}{2}k\delta_0^2\right]=\frac{1}{2}kR^2\varphi^2$$

系统的拉格朗日函数为

$$L=T-U=\frac{1}{2}(M+m)R^2\dot{\varphi}^2-\frac{1}{2}kR^2\varphi^2$$

代入第二类拉格朗日方程 (3.41) 得

$$(M+m)\ddot{\varphi}+k\varphi=0$$

即

$$\ddot{\varphi}+\frac{k}{M+m}\varphi=0$$

于是得物体的振动周期为

$$T_n=2\pi\sqrt{\frac{M+m}{k}}$$

当主动力中既有有势力又有非有势力时, 可将广义力分为两个部分, 一部分是有势力 $-\dfrac{\partial U}{\partial q_j}$, 另一部分是非有势力的广义力 Q_j, 这时第二类拉格朗日方程变为

$$\frac{\mathrm{d}}{\mathrm{d}t}\frac{\partial L}{\partial \dot{q}_j}-\frac{\partial L}{\partial q_j}=Q_j \quad (j=1,2,\cdots,n) \tag{3.42}$$

[例 3–3] 如图 3.5 所示的圆桌在水平面上绕位于圆心的轴承 A 旋转, 已知施加在桌上的转矩为 M, 圆桌的质量为 m_1, 其回转半径为 r。桌上有一质量为 m_2 的滑块可在滑套 BC 内移动, 受到两个弹簧的约束 (在图示位置中两个弹簧均未被拉伸), 试推导该系统的动力学方程。

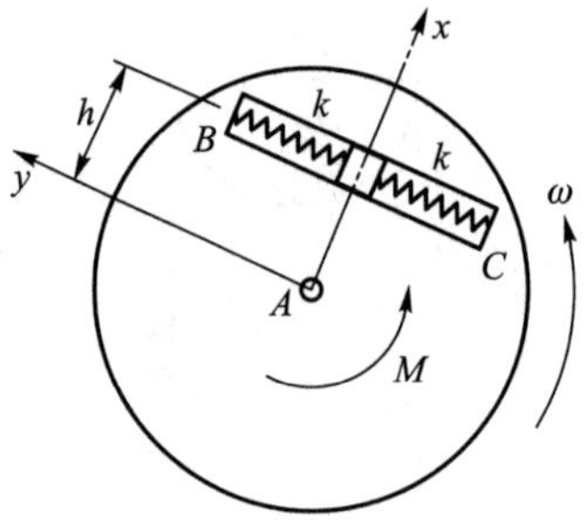

图 3.5 例 3–3 图

解: 系统的运动由圆桌的转角 φ 和滑块的位移 d 就可以确定, 因此选 φ 和 d 为广义坐标, 建立如图所示参考坐标系, 则滑块的速度矢量可表示为

$$\boldsymbol{v}_2=\dot{d}\boldsymbol{j}+\dot{\varphi}\boldsymbol{k}\times(h\boldsymbol{i}+d\boldsymbol{j})=-d\dot{\varphi}\boldsymbol{i}+(\dot{d}+h\dot{\varphi})\boldsymbol{j}$$

系统的动能为

$$\begin{aligned}T&=\frac{1}{2}m_1r^2\dot{\varphi}^2+\frac{1}{2}m_2\left|\boldsymbol{v}_2\right|^2\\&=\frac{1}{2}m_1r^2\dot{\varphi}^2+\frac{1}{2}m_2\left[d^2\dot{\varphi}^2+(\dot{d}+h\dot{\varphi})^2\right]\\&=\frac{1}{2}(m_1r^2+m_2d^2+m_2h^2)\dot{\varphi}^2+\frac{1}{2}m_2\dot{d}^2+m_2h\dot{\varphi}\dot{d}\end{aligned}$$

系统的势能为两个弹簧的势能, 即

$$U=2\times\left(\frac{1}{2}kd^2\right)=kd^2$$

根据外力的虚功

$$\delta W = M\delta\varphi$$

可得对应于两个广义坐标 φ 和 d 的广义力为

$$Q_1 = M$$
$$Q_2 = 0$$

由于 $L = T - U$, 根据拉格朗日方程得

$$\begin{aligned}\frac{\mathrm{d}}{\mathrm{d}t}\left(\frac{\partial L}{\partial \dot{\varphi}}\right) &= \frac{\mathrm{d}}{\mathrm{d}t}\left[(m_1 r^2 + m_2 d^2 + m_2 h^2)\dot{\varphi} + m_2 h\dot{d}\right] \\ &= (m_1 r^2 + m_2 d^2 + m_2 h^2)\ddot{\varphi} + 2m_2 d\dot{d}\dot{\varphi} + m_2 h\ddot{d} \\ \frac{\mathrm{d}}{\mathrm{d}t}\left(\frac{\partial L}{\partial \dot{d}}\right) &= \frac{\mathrm{d}}{\mathrm{d}t}(m_2\dot{d} + m_2 h\dot{\varphi}) = m_2(\ddot{d} + h\ddot{\varphi})\end{aligned}$$

$$\frac{\partial L}{\partial \varphi} = 0$$
$$\frac{\partial L}{\partial d} = m_2 d\dot{\varphi}^2 - 2kd$$

代入式 (3.42) 得系统的动力学方程为

$$(m_1 r^2 + m_2 d^2 + m_2 h^2)\ddot{\varphi} + 2m_2 d\dot{d}\dot{\varphi} + m_2 h\ddot{d} = M$$
$$m_2(\ddot{d} + h\ddot{\varphi} - d\dot{\varphi}^2) + 2kd = 0$$

第 4 章　矩阵、矢量及张量

4.1　矩阵及其求导运算

4.1.1　矩阵

由一组数 (或符号) 按一定次序排列成的 m 行 n 列的表, 称为 $m \times n$ 阶矩阵, 如矩阵 $\boldsymbol{A}$ 一般记为

$$\boldsymbol{A}=\begin{bmatrix} a_{11} & a_{12} & \cdots & a_{1n} \\ a_{21} & a_{22} & \cdots & a_{2n} \\ \cdots & \cdots & \cdots & \cdots \\ a_{m1} & a_{m2} & \cdots & a_{mn} \end{bmatrix}$$

对于一个矩阵, 有以下一些定义。

(1) 当矩阵的行数与列数相同, 即 $m=n$ 时, 则称为 n 阶矩阵或 n 阶方阵。

(2) 如果矩阵 $\boldsymbol{A}$ 中的元素满足 $a_{ij}=a_{ji}$, 则称方阵 $\boldsymbol{A}$ 为对称阵。

(3) 如果矩阵 $\boldsymbol{A}$ 中的元素满足 $a_{ij}=-a_{ji}$, 则称方阵 $\boldsymbol{A}$ 为反对称阵。

(4) 将矩阵的行列互换得到的新矩阵称为转置矩阵, 矩阵 $\boldsymbol{A}$ 的转置矩阵记为 $\boldsymbol{A}^{\mathrm{T}}$, 转置矩阵的行列式不变。

(5) 一个矩阵最大的线性无关的行 (列) 的个数为该矩阵的行 (列) 秩。任何矩阵的行秩和列秩相等, 故行秩或列秩又称为该矩阵的秩。

(6) 行 (列) 阵线性无关的方阵称为满秩方阵。不满秩的方阵又称为奇异阵。

(7) 对于非奇异的 n 阶矩阵 $\boldsymbol{A}$, 如果另一 n 阶矩阵 $\boldsymbol{B}$ 满足 $\boldsymbol{AB}=\boldsymbol{BA}=\boldsymbol{I}$ ($\boldsymbol{I}$ 为单位矩阵), 则称 $\boldsymbol{B}$ 为 $\boldsymbol{A}$ 的逆矩阵, 记作 $\boldsymbol{A}^{-1}$, 即 $\boldsymbol{B}=\boldsymbol{A}^{-1}$。

4.1.2　矩阵的特征值与特征向量

设 $\boldsymbol{A}$ 是 n 阶矩阵, 如果存在常数 λ 和非零向量 $\boldsymbol{X}=[x_1 \quad x_2 \quad \cdots \quad x_n]^{\mathrm{T}}$, 使得

$$\boldsymbol{AX}=\lambda\boldsymbol{X}$$

或

$$(\lambda\boldsymbol{I}-\boldsymbol{A})\,\boldsymbol{X}=\boldsymbol{0}$$

则称 λ 为 $\boldsymbol{A}$ 的特征值, $\boldsymbol{X}$ 为 $\boldsymbol{A}$ 的对应于 λ 的特征向量。

设 $\boldsymbol{A}$、$\boldsymbol{B}$ 是两个 n 阶矩阵, 如果存在 n 阶矩阵 $\boldsymbol{P}$, 使得 $\boldsymbol{B}=\boldsymbol{P}^{-1}\boldsymbol{AP}$, 则称 $\boldsymbol{A}$ 相似于 $\boldsymbol{B}$, $\boldsymbol{P}$ 称为 $\boldsymbol{A}$ 到 $\boldsymbol{B}$ 的相似变换矩阵。相似矩阵具有相同的特征值。

如果矩阵 $\boldsymbol{A}$ 的元素 a_{ij} 都是实数, 而且满足 $a_{ij}=a_{ji}$, 则称矩阵 $\boldsymbol{A}$ 为实对称矩阵。实对称矩阵具有以下性质:

(1) 实对称矩阵的特征值都是实数;

(2) 实对称矩阵不同特征值的特征向量是正交的;

(3) 实对称矩阵相似于对角形矩阵。

4.1.3 矩阵求导

若矩阵 $\boldsymbol{A}$ 的元素 a_{ij} $(i=1,2,\cdots,m;j=1,2,\cdots,n)$ 为时间 t 的函数, 则它对时间的导数定义为

$$\frac{\mathrm{d}}{\mathrm{d}t}\boldsymbol{A}=\dot{\boldsymbol{A}}=\left[\frac{\mathrm{d}a_{ij}}{\mathrm{d}t}\right]_{m\times n} \tag{4.1}$$

根据这个定义可得到如下几个基本运算:

$$\frac{\mathrm{d}}{\mathrm{d}t}(\alpha\boldsymbol{A})=\dot{\alpha}\boldsymbol{A}+\alpha\dot{\boldsymbol{A}} \tag{4.2}$$

$$\frac{\mathrm{d}}{\mathrm{d}t}(\boldsymbol{A}+\boldsymbol{B})=\dot{\boldsymbol{A}}+\dot{\boldsymbol{B}} \tag{4.3}$$

$$\frac{\mathrm{d}}{\mathrm{d}t}(\boldsymbol{A}\boldsymbol{B})=\dot{\boldsymbol{A}}\boldsymbol{B}+\boldsymbol{A}\dot{\boldsymbol{B}} \tag{4.4}$$

设一 n 阶列矩阵为 $\boldsymbol{q}=[q_1\quad q_2\quad\cdots\quad q_n]^{\mathrm{T}}$, $a(\boldsymbol{q})$ 为以该列矩阵元素为自变量的标量函数, 定义函数 $a(\boldsymbol{q})$ 对变量阵 $\boldsymbol{q}$ 的偏导数为

$$\frac{\partial a}{\partial\boldsymbol{q}}=a_q=\left[\frac{\partial a}{\partial q_j}\right]_{1\times n} \tag{4.5}$$

又有一 m 阶列矩阵 $\boldsymbol{\varPhi}=[\varPhi_1(\boldsymbol{q})\quad\varPhi_2(\boldsymbol{q})\quad\cdots\quad\varPhi_m(\boldsymbol{q})]^{\mathrm{T}}$, 其元素为以变量阵 $\boldsymbol{q}$ 的元素为自变量的函数, 定义列矩阵 $\boldsymbol{\varPhi}$ 对变量矩阵 $\boldsymbol{q}$ 的偏导数为

$$\frac{\partial\boldsymbol{\varPhi}}{\partial\boldsymbol{q}}=\boldsymbol{\varPhi}_q=\left[\frac{\partial\varPhi_i}{\partial q_j}\right]_{m\times n} \tag{4.6}$$

[例 4–1] 有一 2 阶列矩阵为 $\boldsymbol{x}=[x_1\quad x_2]^{\mathrm{T}}$, 函数 $y=x_1^2+x_2^2$ 的自变量是该列矩阵的元素, 另有一个 3 阶列矩阵 $\boldsymbol{\varPhi}=[\sin x_1\quad\cos x_2\quad x_1+x_2]^{\mathrm{T}}$, 求它们对 $\boldsymbol{x}$ 的偏导数。

解: 函数 $y=x_1^2+x_2^2$ 对 $\boldsymbol{x}$ 的偏导数为

$$\frac{\partial y}{\partial\boldsymbol{x}}=\left[\frac{\partial y}{\partial x_1}\quad\frac{\partial y}{\partial x_2}\right]=[2x_1\quad 2x_2]$$

列矩阵 $\boldsymbol{\varPhi}$ 对 $\boldsymbol{x}$ 的偏导数为

$$\frac{\partial\boldsymbol{\varPhi}}{\partial\boldsymbol{x}}=\begin{bmatrix}\cos x_1 & 0\\ 0 & -\sin x_2\\ 1 & 1\end{bmatrix}$$

[例 4–2] 有 m 个以 $\boldsymbol{q}=[q_1 \quad q_2 \quad \cdots \quad q_n]^{\mathrm{T}}$ 中元素为自变量的标量函数

$$\begin{cases} f_1 = f_1(q_1, q_2, \cdots, q_n, t) \\ f_2 = f_2(q_1, q_2, \cdots, q_n, t) \\ \qquad\cdots \\ f_m = f_m(q_1, q_2, \cdots, q_n, t) \end{cases}$$

其中 $q_i = q_i(t)(i=1,2,\cdots,n)$。令 $\boldsymbol{f}=[f_1 \quad f_2 \quad \cdots \quad f_m]^{\mathrm{T}}$, 求 $\dfrac{\mathrm{d}\boldsymbol{f}}{\mathrm{d}t}$。

解:

$$\begin{aligned}\frac{\mathrm{d}\boldsymbol{f}}{\mathrm{d}t} &= \frac{\partial \boldsymbol{f}}{\partial \boldsymbol{q}}\frac{\mathrm{d}\boldsymbol{q}}{\mathrm{d}t} + \frac{\partial \boldsymbol{f}}{\partial t} \\ &= \begin{bmatrix} \dfrac{\partial f_1}{\partial q_1} & \dfrac{\partial f_1}{\partial q_2} & \cdots & \dfrac{\partial f_1}{\partial q_n} \\ \dfrac{\partial f_2}{\partial q_1} & \dfrac{\partial f_2}{\partial q_2} & \cdots & \dfrac{\partial f_2}{\partial q_n} \\ \vdots & \vdots & \vdots & \vdots \\ \dfrac{\partial f_m}{\partial q_1} & \dfrac{\partial f_m}{\partial q_2} & \cdots & \dfrac{\partial f_m}{\partial q_n} \end{bmatrix} \begin{bmatrix} \dfrac{\mathrm{d}q_1}{\mathrm{d}t} \\ \dfrac{\mathrm{d}q_2}{\mathrm{d}t} \\ \vdots \\ \dfrac{\mathrm{d}q_n}{\mathrm{d}t} \end{bmatrix} + \begin{bmatrix} \dfrac{\partial f_1}{\partial t} \\ \dfrac{\partial f_2}{\partial t} \\ \vdots \\ \dfrac{\partial f_m}{\partial t} \end{bmatrix}\end{aligned}$$

4.2 矢量及其求导运算

4.2.1 矢量

矢量是一个具有方向与大小的量, 它的大小称为模。对于矢量 $\boldsymbol{a}$, 它的模记为 $|\boldsymbol{a}|$。矢量有以下一些基本性质。

(1) 模相等、方向一致的两个矢量相等。

(2) 标量 α 与矢量 $\boldsymbol{a}$ 的积为一个矢量, 记为 $\boldsymbol{c}$ 其方向与矢量 $\boldsymbol{a}$ 一致, 模是它的 α 倍, 即

$$\boldsymbol{c} = \alpha \boldsymbol{a} \tag{4.7}$$

(3) 两矢量 $\boldsymbol{a}$ 与 $\boldsymbol{b}$ 的和为一矢量 (如图 4.1 所示), 记为 $\boldsymbol{c}$

$$\boldsymbol{c} = \boldsymbol{a} + \boldsymbol{b} \tag{4.8}$$

(4) 两矢量 $\boldsymbol{a}$ 与 $\boldsymbol{b}$ 的点积为一标量, 它的大小为

$$\boldsymbol{a} \cdot \boldsymbol{b} = |\boldsymbol{a}|\,|\boldsymbol{b}| \cos\theta \tag{4.9}$$

式中, θ 为矢量 $\boldsymbol{a}$ 与 $\boldsymbol{b}$ 的夹角。

(5) 两矢量 $\boldsymbol{a}$ 与 $\boldsymbol{b}$ 的叉积为一矢量, 记为 $\boldsymbol{c}$

$$\boldsymbol{c} = \boldsymbol{a} \times \boldsymbol{b} \tag{4.10}$$

它的方向按右手法则确定 (如图 4.2 所示), 大小为

$$|\boldsymbol{c}| = |\boldsymbol{a}||\boldsymbol{b}| \sin\theta \tag{4.11}$$

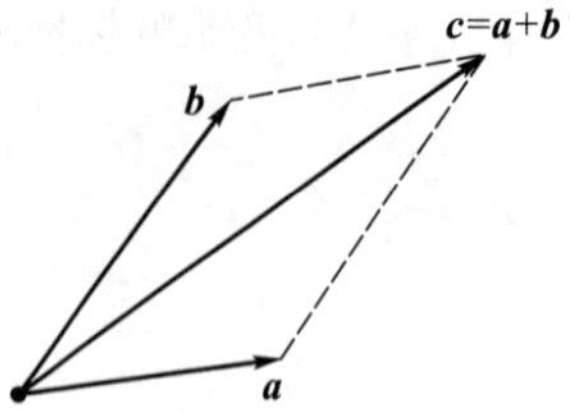

图 4.1　矢量的和

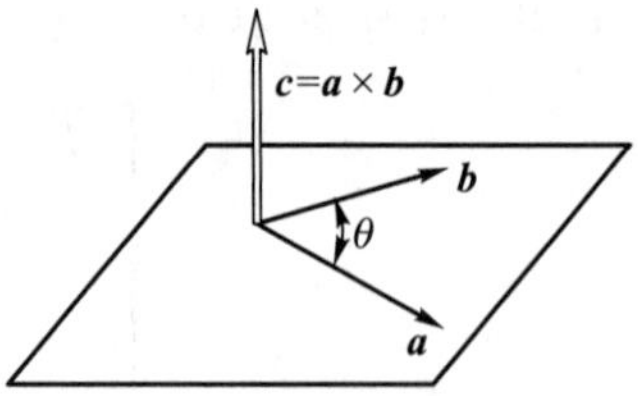

图 4.2　矢量的叉积

(6) 矢量的点积具有交换律

$$\boldsymbol{a}\cdot\boldsymbol{b}=\boldsymbol{b}\cdot\boldsymbol{a} \tag{4.12}$$

(7) 矢量的叉积无交换律

$$\boldsymbol{a}\times\boldsymbol{b}=-\boldsymbol{b}\times\boldsymbol{a} \tag{4.13}$$

(8) 矢量的点积和叉积具有分配律

$$\boldsymbol{a}\cdot(\boldsymbol{b}+\boldsymbol{c})=\boldsymbol{a}\cdot\boldsymbol{b}+\boldsymbol{a}\cdot\boldsymbol{c} \tag{4.14}$$

$$\boldsymbol{a}\times(\boldsymbol{b}+\boldsymbol{c})=\boldsymbol{a}\times\boldsymbol{b}+\boldsymbol{a}\times\boldsymbol{c} \tag{4.15}$$

(9) 由上述基本运算还可得到如下常用的二重积关系式

$$\boldsymbol{a}\cdot(\boldsymbol{b}\times\boldsymbol{c})=\boldsymbol{c}\cdot(\boldsymbol{a}\times\boldsymbol{b})=\boldsymbol{b}\cdot(\boldsymbol{c}\times\boldsymbol{a}) \tag{4.16}$$

$$\boldsymbol{a}\times(\boldsymbol{b}\times\boldsymbol{c})=\boldsymbol{b}(\boldsymbol{a}\cdot\boldsymbol{c})-(\boldsymbol{b}\cdot\boldsymbol{a})\boldsymbol{c} \tag{4.17}$$

4.2.2　基矢量

用 3 个正交的单位矢量 $\boldsymbol{e}_1$、$\boldsymbol{e}_2$、$\boldsymbol{e}_3$ 构成一个参考空间, 称为矢量基 (简称基) 或坐标系, 这 3 个正交的单位矢量称为基的基矢量, 它们存在如下的关系:

$$\boldsymbol{e}_\alpha\cdot\boldsymbol{e}_\beta=\delta_{\alpha\beta} \tag{4.18}$$

$$\boldsymbol{e}_\alpha\times\boldsymbol{e}_\beta=\varepsilon_{\alpha\beta\gamma}\boldsymbol{e}_\gamma \tag{4.19}$$

式中, $\delta_{\alpha\beta}$ 为 Kronecher (克罗内克) 符号, 规定为

$$\delta_{\alpha\beta}=\begin{cases}1 & \alpha=\beta\\ 0 & \alpha\neq\beta\end{cases}\quad(\alpha,\beta=1,2,3) \tag{4.20}$$

$\varepsilon_{\alpha\beta\gamma}$ 为 Levi-Civita (列维–奇维塔) 符号, 规定为

$$\varepsilon_{\alpha\beta\gamma}=\begin{cases}0 & i=j\ \text{或}\ j=k\ \text{或}\ i=k\\ 1 & \alpha,\beta,\gamma\ \text{依次循环时}\\ -1 & \text{其他}\end{cases}\qquad(\alpha,\beta,\gamma=1,2,3) \tag{4.21}$$

矢量基可以用基矢量 $\boldsymbol{e}_1$、$\boldsymbol{e}_2$、$\boldsymbol{e}_3$ 构成的列矩阵矢量 $\boldsymbol{e} = [\boldsymbol{e}_1 \quad \boldsymbol{e}_2 \quad \boldsymbol{e}_3]^{\mathrm{T}}$ 来表示, 且

$$\boldsymbol{e} \cdot \boldsymbol{e}^{\mathrm{T}} = \boldsymbol{I} \tag{4.22}$$

$$\boldsymbol{e} \times \boldsymbol{e}^{\mathrm{T}} = \begin{bmatrix} 0 & \boldsymbol{e}_3 & -\boldsymbol{e}_2 \\ -\boldsymbol{e}_3 & 0 & \boldsymbol{e}_1 \\ \boldsymbol{e}_2 & -\boldsymbol{e}_1 & 0 \end{bmatrix} \tag{4.23}$$

4.2.3 矢量的坐标矩阵

矢量的几何描述很难处理复杂的运算问题, 通常用得比较多的是矢量的代数表达方式。在某个矢量基 $\boldsymbol{e}$ 上, 任意矢量 $\boldsymbol{a}$ 可表示成

$$\boldsymbol{a} = a_1\boldsymbol{e}_1 + a_2\boldsymbol{e}_2 + a_3\boldsymbol{e}_3 \tag{4.24}$$

式中, a_1、a_2、a_3 称为矢量 $\boldsymbol{a}$ 在 3 个基矢量上的坐标, 它们构成的列矩阵称为矢量 $\boldsymbol{a}$ 在该基矢量上的坐标列矩阵。

$$\overline{\boldsymbol{a}} = [a_1 \quad a_2 \quad a_3]^{\mathrm{T}} \tag{4.25}$$

这样矢量 $\boldsymbol{a}$ 又可表示成

$$\boldsymbol{a} = \overline{\boldsymbol{a}}^{\mathrm{T}}\boldsymbol{e} = \boldsymbol{e}^{\mathrm{T}}\overline{\boldsymbol{a}} \tag{4.26}$$

以矢量在基矢量上的 3 个坐标为元素, 还可构成一个反对称方阵:

$$\widetilde{\boldsymbol{a}} = \begin{bmatrix} 0 & -a_3 & a_2 \\ a_3 & 0 & -a_1 \\ -a_2 & a_1 & 0 \end{bmatrix} \tag{4.27}$$

此方阵称为矢量 $\boldsymbol{a}$ 在该基矢量上的坐标方阵。

对于矢量的点积, 其坐标列矩阵形式为

$$\boldsymbol{c} = \boldsymbol{a} \cdot \boldsymbol{b} = \overline{\boldsymbol{a}}^{\mathrm{T}}\boldsymbol{e} \cdot \boldsymbol{e}^{\mathrm{T}}\overline{\boldsymbol{b}} = \overline{\boldsymbol{a}}^{\mathrm{T}}\overline{\boldsymbol{b}} = \overline{\boldsymbol{b}}^{\mathrm{T}}\overline{\boldsymbol{a}} \tag{4.28}$$

对于 $\boldsymbol{c} = \boldsymbol{a} \times \boldsymbol{b}$, 由于

$$\begin{aligned} \boldsymbol{c} = \boldsymbol{a} \times \boldsymbol{b} &= \begin{bmatrix} \boldsymbol{e}_1 & \boldsymbol{e}_2 & \boldsymbol{e}_3 \\ a_1 & a_2 & a_3 \\ b_1 & b_2 & b_3 \end{bmatrix} \\ &= (a_2b_3 - a_3b_2)\boldsymbol{e}_1 + (a_3b_1 - a_1b_3)\boldsymbol{e}_2 + (a_1b_2 - a_2b_1)\boldsymbol{e}_3 \end{aligned}$$

所以

$$\overline{\boldsymbol{c}} = \begin{bmatrix} a_2b_3 - a_3b_2 \\ a_3b_1 - a_1b_3 \\ a_1b_2 - a_2b_1 \end{bmatrix} = \begin{bmatrix} 0 & -a_3 & a_2 \\ a_3 & 0 & -a_1 \\ -a_2 & a_1 & 0 \end{bmatrix} \begin{bmatrix} b_1 \\ b_2 \\ b_3 \end{bmatrix}$$

$$\overline{\boldsymbol{c}} = \widetilde{\boldsymbol{a}}\overline{\boldsymbol{b}} \tag{4.29}$$

[例 4–3] 矢量 $\boldsymbol{a}$、$\boldsymbol{b}$ 的坐标列矩阵分别为 $\overline{\boldsymbol{a}}=[0\quad -5\quad 1]^{\mathrm{T}}$、$\overline{\boldsymbol{b}}=[1\quad -2\quad 3]^{\mathrm{T}}$，求 $\boldsymbol{c}=\boldsymbol{a}\times\boldsymbol{b}$.

解:

$$\widetilde{\boldsymbol{a}}=\begin{bmatrix}0 & -1 & -5\\ 1 & 0 & 0\\ 5 & 0 & 0\end{bmatrix}$$

$\boldsymbol{c}=\boldsymbol{a}\times\boldsymbol{b}$ 的坐标列矩阵为

$$\overline{\boldsymbol{c}}=\widetilde{\boldsymbol{a}}\overline{\boldsymbol{b}}=\begin{bmatrix}0 & -1 & -5\\ 1 & 0 & 0\\ 5 & 0 & 0\end{bmatrix}\begin{bmatrix}1\\ -2\\ 3\end{bmatrix}=\begin{bmatrix}-13\\ 1\\ 5\end{bmatrix}$$

4.2.4 矢量对时间的导数

定义矢量 $\boldsymbol{a}$ 在某一参考基 $\boldsymbol{e}^{\mathrm{r}}=[\boldsymbol{e}_1^{\mathrm{r}}\quad \boldsymbol{e}_2^{\mathrm{r}}\quad \boldsymbol{e}_3^{\mathrm{r}}]^{\mathrm{T}}$ 上对时间的导数是另一矢量，记为 $\dfrac{{}^{\mathrm{r}}\mathrm{d}}{\mathrm{d}t}\boldsymbol{a}$。由于参考基 $\boldsymbol{e}^{\mathrm{r}}$ 的 3 个基矢量固结于该基上，因此

$$\frac{{}^{\mathrm{r}}\mathrm{d}}{\mathrm{d}t}\boldsymbol{e}^{\mathrm{r}}=\boldsymbol{0}$$

则

$$\frac{{}^{\mathrm{r}}\mathrm{d}}{\mathrm{d}t}\boldsymbol{a}=\frac{{}^{\mathrm{r}}\mathrm{d}}{\mathrm{d}t}(\overline{\boldsymbol{a}}^{\mathrm{rT}}\boldsymbol{e}^{\mathrm{r}})=\dot{\overline{\boldsymbol{a}}}^{\mathrm{rT}}\boldsymbol{e}^{\mathrm{r}} \tag{4.30}$$

$$\frac{{}^{\mathrm{r}}\mathrm{d}}{\mathrm{d}t}\boldsymbol{a}=\frac{{}^{\mathrm{r}}\mathrm{d}}{\mathrm{d}t}(\boldsymbol{e}^{\mathrm{rT}}\overline{\boldsymbol{a}}^{\mathrm{r}})=\boldsymbol{e}^{\mathrm{rT}}\dot{\overline{\boldsymbol{a}}}^{\mathrm{r}} \tag{4.31}$$

式中，$\overline{a}^{\mathrm{r}}$ 是矢量 $\boldsymbol{a}$ 在参考基 $\boldsymbol{e}^{r}$ 上的坐标列矩阵。

4.3 并矢与张量

4.3.1 并矢

两矢量 $\boldsymbol{a}$ 与 $\boldsymbol{b}$ 间运算

$$\boldsymbol{D}=\boldsymbol{a}\boldsymbol{b} \tag{4.32}$$

定义为矢量 $\boldsymbol{a}$、$\boldsymbol{b}$ 的并矢。并矢在基 $\boldsymbol{e}$ 中定义为

$$\boldsymbol{D}=\boldsymbol{e}^{\mathrm{T}}\overline{\boldsymbol{a}}\overline{\boldsymbol{b}}^{\mathrm{T}}\boldsymbol{e}=\boldsymbol{e}^{\mathrm{T}}\overline{\boldsymbol{D}}\boldsymbol{e} \tag{4.33}$$

其中

$$\overline{\boldsymbol{D}}=\begin{bmatrix}a_1b_1 & a_1b_2 & a_1b_3\\ a_2b_1 & a_2b_2 & a_2b_3\\ a_3b_1 & a_3b_2 & a_3b_2\end{bmatrix}$$

是并矢 $\boldsymbol{D}$ 在基 $\boldsymbol{e}$ 中的坐标矩阵。

4.3.2 张量

只要在一个坐标系中给出分量, 同时给出坐标变换时分量的变换规律, 就能定义一个与坐标系选择无关的物理量, 这就是张量的定义方法。有 n 个脚标的张量称为 n 阶张量, 一个 n 阶张量的完整定义包括在一个坐标系中的 3^n 个数, 以及规定这些数在坐标变换时的变换规律两个部分[8-9]。

如有一个三维坐标系, 其基矢量为 $\boldsymbol{e}=[\boldsymbol{e}_1 \quad \boldsymbol{e}_2 \quad \boldsymbol{e}_3]^{\mathrm{T}}$, 矢量 $\boldsymbol{a}$ 在该基矢量上的坐标列矩阵为 $\overline{\boldsymbol{a}}=[a_1 \quad a_2 \quad a_3]^{\mathrm{T}}$。当基矢量按

$$\boldsymbol{e}'=\boldsymbol{A}\boldsymbol{e}$$

变换时 (其中 $\boldsymbol{A}$ 为 3×3 阶的坐标变换矩阵), 矢量 $\boldsymbol{a}$ 的坐标列矩阵也按相同的规律变换

$$\overline{\boldsymbol{a}}'=\boldsymbol{A}\overline{\boldsymbol{a}}$$

因此矢量是 1 阶张量。常见的标量是 0 阶张量, 而并矢是 2 阶张量。

4.3.3 张量的运算

常用的张量运算有以下几个[10]。

(1) 并矢与标量的乘积仍为并矢。

(2) 并矢与并矢的和为一并矢:

$$\boldsymbol{C}=\boldsymbol{D}+\boldsymbol{G} \tag{4.34}$$

(3) 并矢与矢量的点积是矢量, 且有

$$\begin{aligned}\boldsymbol{D}\cdot\boldsymbol{d}&=\boldsymbol{ab}\cdot\boldsymbol{d}=\boldsymbol{a}(\boldsymbol{b}\cdot\boldsymbol{d})\\ \boldsymbol{d}\cdot\boldsymbol{D}&=\boldsymbol{d}\cdot\boldsymbol{ab}=(\boldsymbol{d}\cdot\boldsymbol{a})\boldsymbol{b}\end{aligned} \tag{4.35}$$

可以证明这个变换是线性的, 因此 2 阶张量与矢量的点积实际上是通过线性变换把一个矢量变成另外一个矢量, 而张量的坐标矩阵就是此线性变换矩阵。

(4) 并矢与矢量的叉积是一并矢, 且有

$$\begin{aligned}\boldsymbol{D}\times\boldsymbol{d}&=\boldsymbol{ab}\times\boldsymbol{d}=\boldsymbol{a}(\boldsymbol{b}\times\boldsymbol{d})\\ \boldsymbol{d}\times\boldsymbol{D}&=\boldsymbol{d}\times\boldsymbol{ab}=(\boldsymbol{d}\times\boldsymbol{a})\boldsymbol{b}\end{aligned} \tag{4.36}$$

此外还可以证明以下两个运算规律。

(1) 两个矢量 $\boldsymbol{d}$ 和 $\boldsymbol{r}$ 的叉积可以用某个张量 $\boldsymbol{D}$ 和矢量 $\boldsymbol{r}$ 的点积代替

$$\boldsymbol{d}\times\boldsymbol{r}=\boldsymbol{D}\cdot\boldsymbol{r} \tag{4.37}$$

证明: 根据式 (4.29) 可得

$$\boldsymbol{d}\times\boldsymbol{r}=\boldsymbol{e}^{\mathrm{T}}\widetilde{\boldsymbol{d}}\overline{\boldsymbol{r}}$$

定义一个矢量 $\boldsymbol{d}$ 对应的张量 $\boldsymbol{D}$, 其坐标矩阵为矢量 $\boldsymbol{d}$ 的反对称方阵, 即

$$\overline{\boldsymbol{D}} = \widetilde{\boldsymbol{d}}$$

考虑式 (4.33), 有

$$\boldsymbol{D} \cdot \boldsymbol{r} = \boldsymbol{e}^{\mathrm{T}} \overline{\boldsymbol{D}} \boldsymbol{e} \cdot \boldsymbol{e}^{\mathrm{T}} \overline{\boldsymbol{r}} = \boldsymbol{e}^{\mathrm{T}} \widetilde{\boldsymbol{d}} \overline{\boldsymbol{r}} = \boldsymbol{d} \times \boldsymbol{r}$$

式 (4.37) 得证。

(2) 刚体动力学中常用的关系式:

$$\boldsymbol{a} \times (\boldsymbol{b} \times \boldsymbol{c}) = [\boldsymbol{b}\boldsymbol{a} - (\boldsymbol{b} \cdot \boldsymbol{a})\boldsymbol{I}] \cdot \boldsymbol{c} \tag{4.38}$$

$$(\boldsymbol{a} \times \boldsymbol{b}) \cdot (\boldsymbol{c} \times \boldsymbol{d}) = \boldsymbol{a} \cdot [\boldsymbol{b} \times (\boldsymbol{c} \times \boldsymbol{d})] = \boldsymbol{a} \cdot [\boldsymbol{c}\boldsymbol{b} - (\boldsymbol{c} \cdot \boldsymbol{b})\boldsymbol{I}] \cdot \boldsymbol{d} \tag{4.39}$$

式中, $\boldsymbol{I}$ 为单位并矢。

证明: 根据式 (4.17) 和式 (4.35), 有

$$\begin{aligned}
\boldsymbol{a} \times (\boldsymbol{b} \times \boldsymbol{c}) &= \boldsymbol{b}(\boldsymbol{a} \cdot \boldsymbol{c}) - (\boldsymbol{b} \cdot \boldsymbol{a})\boldsymbol{c} \\
&= \boldsymbol{b}\boldsymbol{a} \cdot \boldsymbol{c} - (\boldsymbol{b} \cdot \boldsymbol{a})\boldsymbol{I} \cdot \boldsymbol{c} \\
&= [\boldsymbol{b}\boldsymbol{a} - (\boldsymbol{b} \cdot \boldsymbol{a})\boldsymbol{I}] \cdot \boldsymbol{c}
\end{aligned}$$

式 (4.38) 得证。

根据式 (4.16), 有

$$(\boldsymbol{a} \times \boldsymbol{b}) \cdot (\boldsymbol{c} \times \boldsymbol{d}) = \boldsymbol{a} \cdot [\boldsymbol{b} \times (\boldsymbol{c} \times \boldsymbol{d})]$$

再根据式 (4.38) 得

$$(\boldsymbol{a} \times \boldsymbol{b}) \cdot (\boldsymbol{c} \times \boldsymbol{d}) = \boldsymbol{a} \cdot [\boldsymbol{c}\boldsymbol{b} - (\boldsymbol{c} \cdot \boldsymbol{b})\boldsymbol{I}] \cdot \boldsymbol{d}$$

式 (4.39) 得证。

思考题

1. 图 T1.1 为一质量均匀分布 (质量为 m、长度为 $2l$) 的曲柄, 绕支座 O 以角速度 ω 旋转, 不考虑曲柄与支座的摩擦力, 请写出该曲柄做平面运动的约束方程。

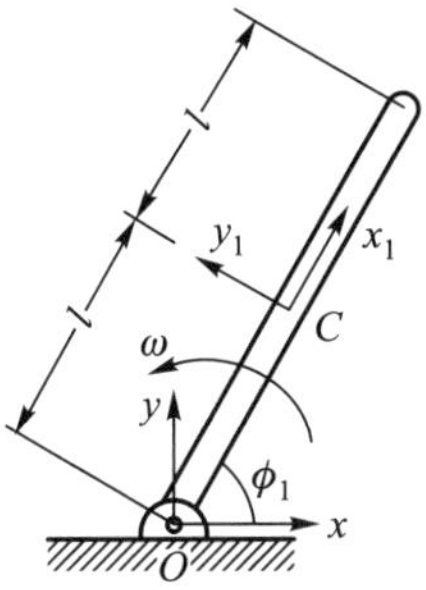

图 T1.1

2. 如图 T1.2 所示的滑块机构, B 点上作用着一个外力 F, 请分别以杆 BC 与竖杆的夹角 θ 和 C 点到 A 点的距离 y 为广义坐标, 写出外力 F 对应的广义力。

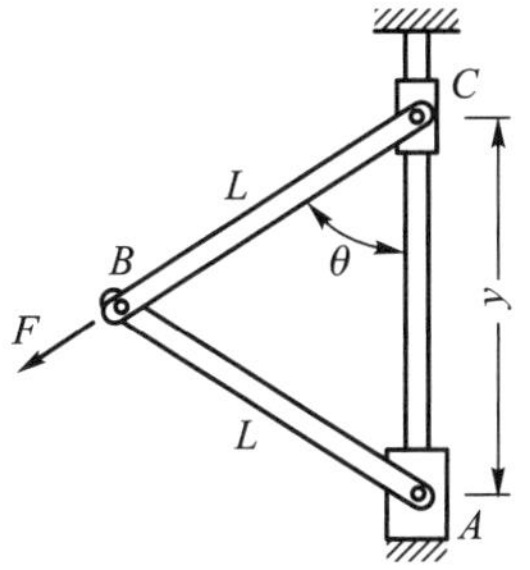

图 T1.2

3. 图 T1.3 所示的质量为 m_1 的匀质圆柱体 A 上绕着一根细绳, 细绳的一端绕过

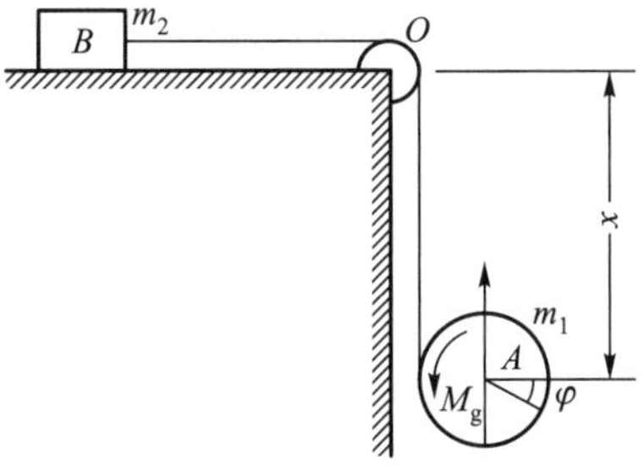

图 T1.3

滑轮与质量为 m_2 的物体 B 相连, 已知物体 B 与水平台面间的滑动摩擦系数为 f, 忽略滑轮质量, 开始时刻系统处于静止状态, 求 A、B 两物体质心的加速度。

4. 对于图 2.8 所示的由两个质点 (质量为 m_1、m_2) 组成的系统, 两个质点用不可伸长、不计质量的细绳悬住, 在 m_2 上作用有水平力 F, 假定系统在铅直平面内运动, 且细绳始终保持在张紧状态, 用第二类拉格朗日方程建立系统的运动微分方程。

5. 图 T1.4 中的两根杆用一根弹簧连接在一起, 已知: 两根杆的长度都为 L, 每根杆的质量为 m_1; 弹簧的刚度为 k, 可以承受压缩和拉伸, 且其未拉伸时长度为 $L/2$; 杆 BC 的 C 端连接着质量为 m_2 的滑块。请使用拉格朗日方程导出系统的运动方程。

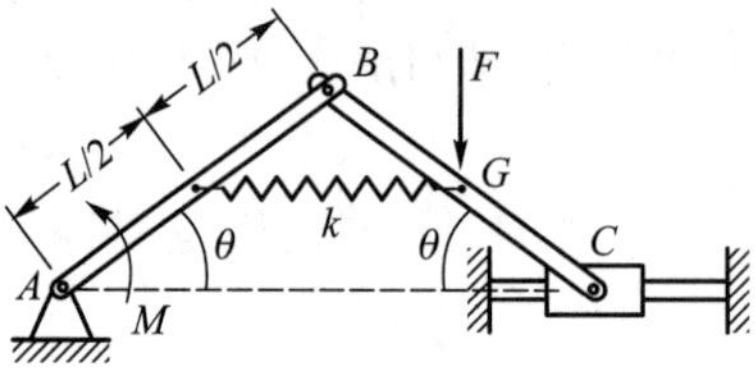

图 T1.4

6. 有一个由两个变量组成的列矩阵 $\boldsymbol{q}=[\theta_1 \quad \theta_2]^{\mathrm{T}}$, 及标量函数 $a=\sin\theta_1\cos\theta_2$ 和一个 3 阶列矩阵 $\boldsymbol{\Phi}=[\sin(\theta_1+\theta_2) \quad \sin(\theta_1-\theta_2) \quad \cos(2\theta_1+2\theta_2)]^{\mathrm{T}}$, 求它们对 $\boldsymbol{q}$ 的偏导数。

7. 已知以 $\boldsymbol{q}=[q_1 \quad q_2]^{\mathrm{T}}$ 中元素和时间 t 为自变量的函数列矩阵 $\boldsymbol{f}=\begin{bmatrix} f_1=2q_1^2+3q_2^3-4t^2 \\ f_2=5q_1^3+2q_2^2+2t \\ f_2=q_1-8q_2-q_1q_2 \end{bmatrix}$, 试求 $\dfrac{\mathrm{d}\boldsymbol{f}}{\mathrm{d}t}$。

8. 已知两个三维矢量 $\boldsymbol{a}$、$\boldsymbol{b}$ 的坐标列矩阵分别为 $\overline{\boldsymbol{a}}=[-1 \quad 7 \quad 1]^{\mathrm{T}}$、$\overline{\boldsymbol{b}}=[0 \quad 3 \quad 8]^{\mathrm{T}}$, 求 $\boldsymbol{c}=\boldsymbol{a}\times\boldsymbol{b}$。

9. 试写出矢量二重积运算 $\boldsymbol{d}=\boldsymbol{a}\times(\boldsymbol{b}\times\boldsymbol{c})$ 所对应的坐标列矩阵形式。

参考文献

[1] 张劲夫, 秦卫阳. 高等动力学 [M]. 北京: 科学出版社, 2004.

[2] Ginsberg J. Engineering Dynamics [M]. New York: Cambridge University Press, 2008.

[3] 毕学涛. 高等动力学 [M]. 天津: 天津大学出版社, 1994.

[4] 叶敏, 肖龙翔. 分析力学 [M]. 天津: 天津大学出版社, 2001.

[5] Torby B J. Advanced Dynamics for Engineers [M]. New York: CBS College Publishing, 1984.

[6] Sommerfeld A. Mechanics Lectures on Theoretical Physics, Vol. 1 [M]. New York: Academic Press, 1953.

[7] Hand L, Finch J. Analytical Mechanics [M]. Cambridge: Cambridge University Press, 1998.

[8] 黄克智, 薛明德, 陆明万. 张量分析 [M]. 北京: 清华大学出版社, 2003.

[9] 刘连寿, 郑小平. 物理学中的张量分析 [M]. 北京: 科学出版社, 2008.

[10] 洪嘉振. 计算多体系统动力学 [M]. 北京: 高等教育出版社, 1999.

第二篇　离散系统的弹性振动

第 5 章　单自由度系统的振动

振动是自然界及工程上一种普遍存在的运动方式，它是围绕某一固定位置的来回往复并随时间变化的运动。机械振动是指机械系统的振动，一般来说，任何具有弹性和惯性的力学系统均可以产生振动，称为振动系统。振动系统有 3 个要素：激励、系统和响应。外界对振动系统的作用，称为振动系统的激励或输入，系统对外界影响的反映，称为振动系统的响应或输出，二者由系统的振动特性相联系。

大多数系统的质量和刚度都是连续分布的，通常需要无限多个自由度才能描述它们的振动，这就是连续系统。在结构的质量和刚度分布很不均匀时，或者为了方便解决实际问题，往往把连续结构简化为由若干个集中参数 (质量、刚度等) 组成的离散系统。离散系统只有有限个自由度。单自由度系统是只用一个独立坐标就能确定系统在振动过程中任何瞬时几何位置的系统，是最简单的离散系统。在理论分析中，利用它的直观性、简单性，可以把握振动系统的许多基本性质；同时，单自由度系统的振动理论又是多自由度系统和连续系统振动理论和分析方法的基础[1]。

5.1　单自由度无阻尼自由振动

5.1.1　运动微分方程

自由振动是系统在初始激励下或外加激励消失后的一种振动形态。下面建立如图 5.1 所示的单自由度无阻尼自由振动的质量–弹簧系统运动微分方程 (动力学方程)，图中，x 为物体的位移，k 为弹簧的刚度系数。

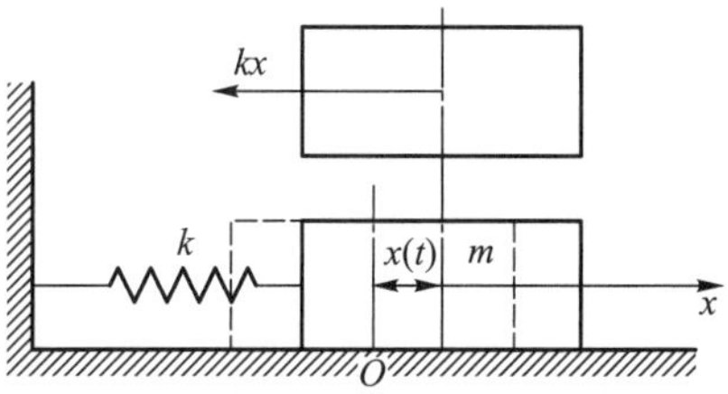

图 5.1　单自由度无阻尼自由振动的质量–弹簧系统

质量为 m 的物体上所受的外力只有弹簧力 $-kx$，运用牛顿第二定律就可得到系统的运动微分方程为

$$m\ddot{x} + kx = 0 \tag{5.1}$$

令 $\omega_{\mathrm{n}}=\sqrt{\dfrac{k}{m}}$, 则式 (5.1) 可以写为

$$\ddot{x}+\omega_{\mathrm{n}}^{2}x=0 \tag{5.2}$$

这是一个二阶齐次常微分方程, 其通解为

$$\begin{aligned} x&=A_1\cos\omega_{\mathrm{n}}t+A_2\sin\omega_{\mathrm{n}}t\\ &=A\cos(\omega_{\mathrm{n}}t-\varphi) \end{aligned} \tag{5.3}$$

式中, A 和 φ 分别为振动的幅值和初相位, 由运动的初始条件确定。当 $t=0$ 时, 初始位移为 x_0, 初始速度为 $\dot{x}_0$, 则初始条件为

$$x(0)=x_0,\quad \dot{x}(0)=\dot{x}_0 \tag{5.4}$$

代入通解中可得

$$A_1=A\cos\varphi=x_0,\quad A_2=A\sin\varphi=\frac{\dot{x}_0}{\omega_{\mathrm{n}}}$$

式中

$$A=\sqrt{x_0^2+\left(\frac{\dot{x}_0}{\omega_{\mathrm{n}}}\right)^2} \tag{5.5}$$

$$\varphi=\arctan\frac{\dot{x}_0}{\omega_{\mathrm{n}}x_0} \tag{5.6}$$

因此单自由度无阻尼自由振动是一种简谐振动, 系统的位移响应还可写为

$$x=x_1+x_2=x_0\cos\omega_{\mathrm{n}}t+\frac{\dot{x}_0}{\omega_{\mathrm{n}}}\sin\omega_{\mathrm{n}}t \tag{5.7}$$

可以看出, 系统的响应是系统在初始位移 x_0 单独作用下的自由振动 $x_1=x_0\cos\omega_{\mathrm{n}}t$ 和在初始速度 $\dot{x}_0$ 单独作用下的自由振动 $x_2=\dfrac{\dot{x}_0}{\omega_{\mathrm{n}}}\sin\omega_{\mathrm{n}}t$ 的叠加。

系统振动的幅值 A 和初相位 φ 完全由初始条件确定, 而系统振动的频率 $\omega_{\mathrm{n}}=\sqrt{\dfrac{k}{m}}$——固有圆频率由系统的参数确定, 与初始条件无关, 是系统的固有特性。由固有圆频率可以得到固有周期 T_{n} 和固有频率 f_{n}, 如式 (5.8) 和式 (5.9) 所示, 都是系统的固有特性。在以后不致混淆的场合下, 本书将圆频率简称为频率。

$$T_{\mathrm{n}}=\frac{2\pi}{\omega_{\mathrm{n}}}=2\pi\sqrt{\frac{m}{k}} \tag{5.8}$$

$$f_{\mathrm{n}}=\frac{1}{T_{\mathrm{n}}}=\frac{\omega_{\mathrm{n}}}{2\pi}=\frac{1}{2\pi}\sqrt{\frac{k}{m}} \tag{5.9}$$

[例 5–1] 图 5.2(a) 所示的是由弹簧悬挂做垂直振动的物体, 物体的质量为 m, 弹簧刚度为 k。试写出该物体做无阻尼自由振动的运动微分方程[2]。

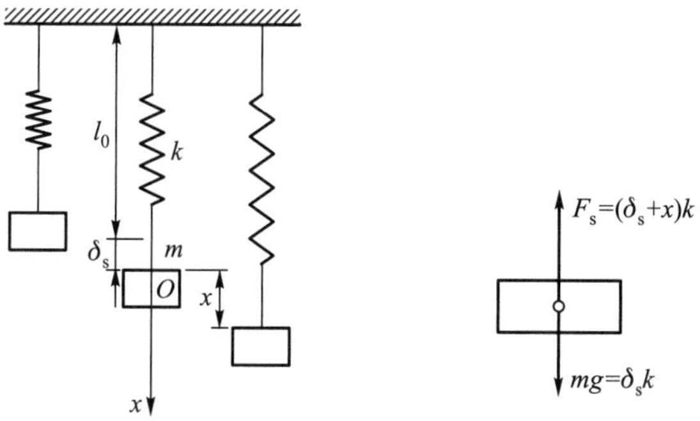

(a) 由弹簧悬挂做垂直振动的物体　　(b) 受力分析示意图

图 5.2　例 5–1 图

解: 以物体的平衡位置为坐标原点, 建立如图 5.2(a) 所示的坐标系。弹簧的自由长度为 l_0, 物体在重力作用下弹簧伸长 δ_s。当物体从平衡位置离开时, 弹簧伸长 $\delta_s + x$, 则物体的受力如图 5.2(b) 所示。运用牛顿第二定律就可得到系统的动力学方程为

$$m\ddot{x} = mg - k(\delta_s + x)$$

由于

$$mg = k\delta_s$$

系统动力学方程简化的结果仍然是

$$m\ddot{x} + kx = 0$$

因此, 系统的固有频率仍然是

$$f_n = \frac{1}{2\pi}\sqrt{\frac{k}{m}}$$

由 $mg = k\delta_s$ 可得 $k = \dfrac{mg}{\delta_s}$, 因此

$$f_n = \frac{1}{2\pi}\sqrt{\frac{g}{\delta_s}}$$

可见对于由弹簧悬挂做垂直振动的物体, 由弹簧的静变形可以计算出系统的固有频率, 在建立微分方程的时候, 可以以物体的静平衡位置为坐标原点, 而不必考虑物体重力造成的弹簧静变形。

5.1.2　用拉格朗日方程建立系统运动微分方程

对于简单的系统, 可以应用牛顿第二定律建立系统的运动微分方程, 但对于复杂的系统, 应用拉格朗日方程建立系统运动微分方程则较为方便。下面针对图 5.1 所示的单自由度无阻尼自由振动的质量–弹簧系统, 运用第二类拉格朗日方程建立其运动微分方程。

该系统的主动力为弹簧力, 是有势力, 对于这样的受理想约束的保守系统, 可以采用式 (3.41) 这种形式的第二类拉格朗日方程

$$\frac{\mathrm{d}}{\mathrm{d}t}\frac{\partial L}{\partial \dot{q}_j}-\frac{\partial L}{\partial q_j}=0 \quad (j=1,2,\cdots,n)$$

来建立其动力学方程, 其中

$$L=T-U$$

式中, L 为拉格朗日函数; q_j 为广义坐标; T 为系统的动能; U 为系统的势能。

图 5.1 所示的质量–弹簧系统, 广义坐标为 x, 系统的动能为

$$T=\frac{1}{2}m\dot{x}^2$$

系统的势能为弹簧变形的势能, 选择物体的平衡位置为势能为 0 的基准位置, 则系统的势能为

$$U=\int_0^x kx\mathrm{d}x=\frac{1}{2}kx^2$$

则

$$L=T-U=\frac{1}{2}m\dot{x}^2-\frac{1}{2}kx^2$$

代入第二类拉格朗日方程就可得到系统的运动微分方程为

$$m\ddot{x}+kx=0$$

[例 5–2] 如图 5.3 所示, 半径为 r 的匀质圆柱可在半径为 R 的圆弧轨面内无滑动地、以圆弧轨面最低位置 S 为平衡位置左右微摆, 试导出圆柱体的摆动方程, 求其固有频率。

解: 圆柱体只有一个自由度, 是完整系统。取摆动角位移 θ 为广义坐标, 圆柱的中心为 O, 则圆柱体的动能为

$$T=\frac{1}{2}mv_O^2+\frac{1}{2}J_O\omega^2$$

其中

$$v_O=(R-r)\dot{\theta}$$

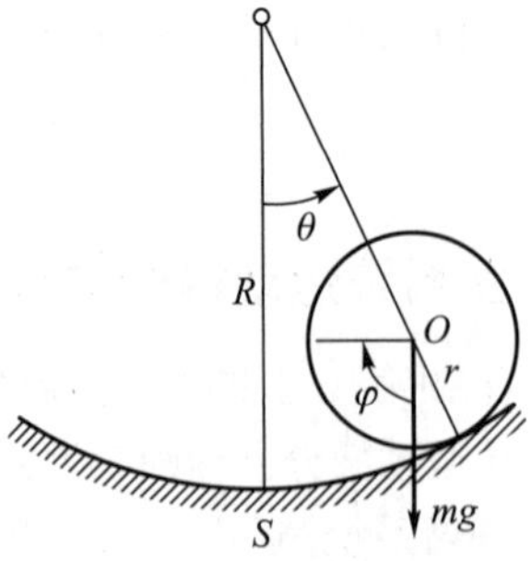

图 5.3 例 5–2 图

圆柱与圆弧轨面的接触点为瞬心, 则

$$\dot{\varphi} = \frac{v_O}{r} = \frac{R-r}{r}\dot{\theta}$$

于是

$$T = \frac{1}{2}m(R-r)^2\dot{\theta}^2 + \frac{1}{4}mr^2\frac{(R-r)^2}{r^2}\dot{\theta}^2 = \frac{3}{4}m(R-r)^2\dot{\theta}^2$$

主动力有势, 取 S 点为 0 势能位置, 则系统的势能为

$$U = mg\left[R-(R-r)\cos\theta\right]$$

将上式代入拉格朗日方程, 得到系统的动力学方程为

$$\frac{3}{2}m(R-r)^2\ddot{\theta} + mg(R-r)\sin\theta = 0$$

即

$$3(R-r)\ddot{\theta} + 2g\sin\theta = 0$$

考虑到摆动幅度很小, 可得

$$\ddot{\theta} + \frac{2g}{3(R-r)}\theta = 0$$

则固有频率为

$$\omega_{\mathrm{n}} = \sqrt{\frac{2g}{3(R-r)}}$$

5.1.3 等效质量

振动系统通常由多个构件组成, 且其质量是分散的, 这给振动分析带来困难。对于那些相关的质量, 可以采用等效质量来代替实际的分散质量, 从而简化力学模型。计算等效质量时, 应遵循能量守恒的原则, 保持系统转换前后的振动能量不变。

[例 5–3] 图 5.4(a) 所示的杠杆–弹簧系统, 杠杆是一根长度为 l 的均质杆, 质量为 m, 弹簧刚度为 k。试将该杠杆–弹簧系统简化为图 5.4(b) 所示的质量–弹簧系统[3]。

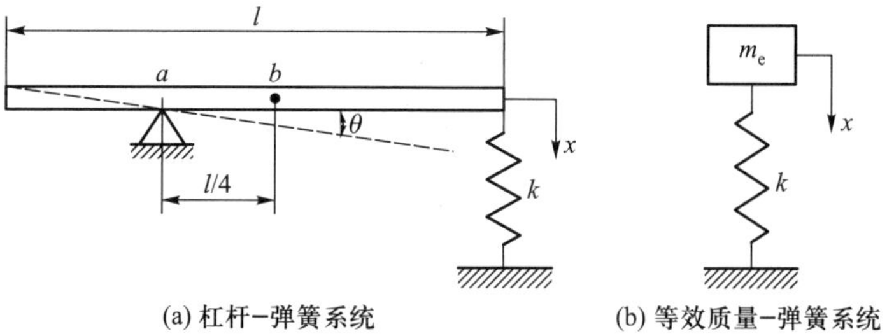

图 5.4 例 5–3 图

解: 系统等效前的动能为

$$T = \frac{1}{2}J_a\dot{\theta}^2 = \frac{1}{2}\left[\frac{1}{12}ml^2 + m\left(\frac{l}{4}\right)^2\right]\dot{\theta}^2 = \frac{7}{96}ml^2\dot{\theta}^2$$

式中, J_a 为杠杆绕 a 点的转动惯量。

系统等效后的动能为

$$T_{\mathrm{e}}=\frac{1}{2}m_{\mathrm{e}}\dot{x}^2$$

而

$$\dot{x}=\frac{3}{4}l\dot{\theta}$$

因此, 由 $T_{\mathrm{e}}=T$ 可得

$$m_{\mathrm{e}}=\frac{7}{27}m$$

对于 n 个离散分布的质量, 其等效质量的计算方法为[4]

$$m_{\mathrm{eq}}=\sum_{i=1}^{n}m_i\left(\frac{v_i}{v_{\mathrm{e}}}\right)^2+\sum_{i=1}^{n}J_i\left(\frac{\omega_i}{v_{\mathrm{e}}}\right)^2 \tag{5.10}$$

式中, v_{e} 为等效质量的运动速度; v_i 为质量 m_i 的运动速度; ω_i 为转动惯量; J_i 为角速度。

同理, 等效转动惯量的计算方法为

$$J_{\mathrm{eq}}=\sum_{i=1}^{n}m_i\left(\frac{v_i}{\omega_{\mathrm{e}}}\right)^2+\sum_{i=1}^{n}J_i\left(\frac{\omega_i}{\omega_{\mathrm{e}}}\right)^2 \tag{5.11}$$

式中, ω_{e} 为等效转动惯量的角速度。

为了提高精度, 有时需要考虑弹簧元件的质量。对于图 5.5 所示的质量–弹簧系统, 弹簧的长度是 l, 单位长度的质量为 ρ。假设系统的变形是线性的, 速度分布也满足线性要求, 即当弹簧末端的位移为 x 时, 在距离弹簧固定端距离为 u、长度为 $\mathrm{d}u$ 的微元的动能为 $\frac{1}{2}\rho\mathrm{d}u\left(\frac{u}{l}\dot{x}\right)^2$, 整个弹簧的动能为

$$T_{\mathrm{s}}=\frac{1}{2}\int_0^l\rho\left(\frac{u}{l}\dot{x}\right)^2\mathrm{d}u=\frac{1}{2}\times\frac{1}{3}\rho l\dot{x}^2$$

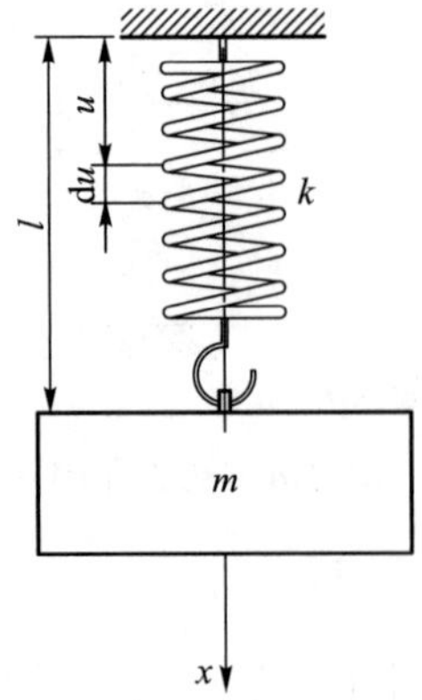

图 5.5 考虑弹簧质量的质量–弹簧系统

系统的总动能为

$$T=\frac{1}{2}\times\frac{1}{3}\rho l\dot{x}^2+\frac{1}{2}m\dot{x}^2=\frac{1}{2}\left(m+\frac{1}{3}\rho l\right)\dot{x}^2$$

而等效质量的动能为 $T_e=\frac{1}{2}m_e\dot{x}^2$, 由 $T_e=T$ 可得

$$m_e=m+\frac{1}{3}\rho l$$

可见本系统弹性元件的等效质量为 $\frac{1}{3}\rho l$。

5.1.4 等效刚度

在振动系统中, 经常会有几个弹性元件组合起来使用的情况。建立动力学模型时, 需要简化这些组合形式的弹性元件, 即用一个等效弹簧来替代组合的弹性元件, 等效弹簧的刚度与原来组合弹性元件的刚度要相等, 这个等效弹簧的刚度就是等效刚度, 其值可以直接利用刚度特性或采用势能相等的原则进行计算得到。下面通过几个例题来说明等效刚度的具体计算方法。

[例 5–4] 图 5.6(a) 所示为两个弹簧串联的系统, 试求将该系统等效为图 (b) 所示力学模型的等效刚度。

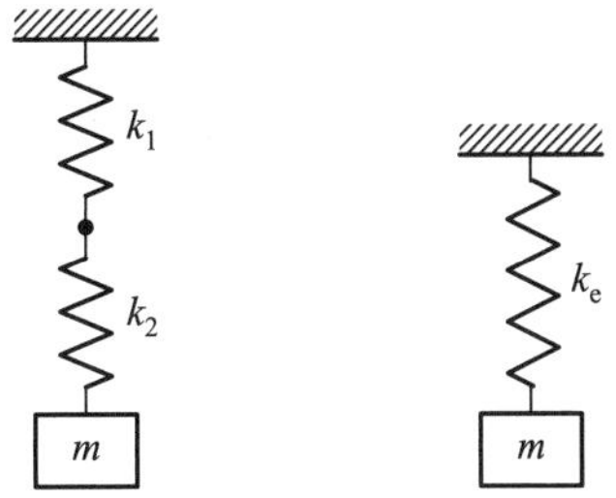

(a) 两个弹簧串联的系统 (b) 等效系统

图 5.6 例 5–4 图

解: 设物体 m 上的作用力为 P, 则两个弹簧的伸长量分别为 $s_1=\frac{P}{k_1}$ 和 $s_2=\frac{P}{k_2}$, 总伸长量为

$$s=s_1+s_2=P\left(\frac{1}{k_1}+\frac{1}{k_2}\right)$$

等效弹簧的刚度为

$$k_e=\frac{P}{s}=\frac{1}{\frac{1}{k_1}+\frac{1}{k_2}}=\frac{k_1k_2}{k_1+k_2}$$

推论 n 个串联弹簧的等效刚度为

$$k_e=\frac{1}{\sum\limits_{i=1}^{n}\frac{1}{k_i}} \tag{5.12}$$

[例 5–5] 图 5.7(a) 所示为两个弹簧并联的系统, 试求将该系统等效为图 (b) 所示力学模型的等效刚度。

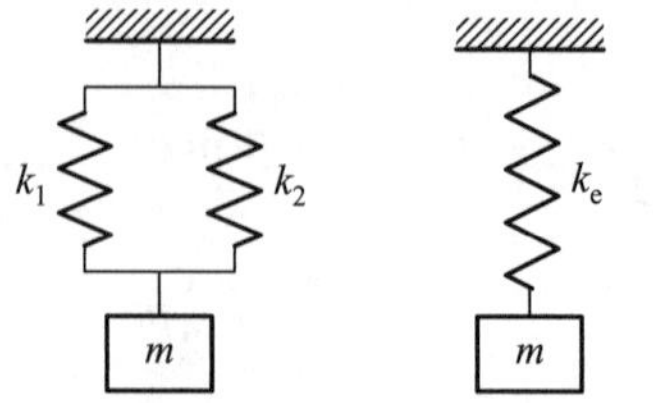

(a) 两个弹簧并联的系统　(b) 等效系统

图 5.7　例 5–5 图

解: 若使并联的两根弹簧的下端都伸长 s, 所需要的力为

$$P = k_1 s + k_2 s = (k_1 + k_2)s$$

则并联弹簧的等效刚度为

$$k_{\mathrm{e}} = \frac{P}{s} = k_1 + k_2$$

推论: n 个并联弹簧的等效刚度为

$$k_{\mathrm{e}} = \sum_{i=1}^{n} k_i \tag{5.13}$$

[例 5–6] 图 5.8(a) 所示为一附着有质量为 $2m$ 和 m 的两个质量块的水平杆, 水平杆长度为 $3l$, 一端铰支, 试求将该系统质量等效到 C 端 [见图 5.8(b)] 的等效刚度[5]。

解: 该系统的两个质量块都由同一水平杆相连, 杆只能绕支点 O 转动, 因此可以简化为单自由度系统。选 θ 为广义坐标, 质量等效到 C 端, 则系统的等效刚度 k_{e} 可由势能相等的原则进行计算。由

$$\frac{1}{2}k_{\mathrm{e}}x_C^2 = \frac{1}{2}kx_B^2 + \frac{1}{2} \times 2kx_A^2$$

得

$$k_{\mathrm{e}} = k\left(\frac{x_B}{x_C}\right)^2 + 2k\left(\frac{x_A}{x_C}\right)^2 = \frac{2}{3}k$$

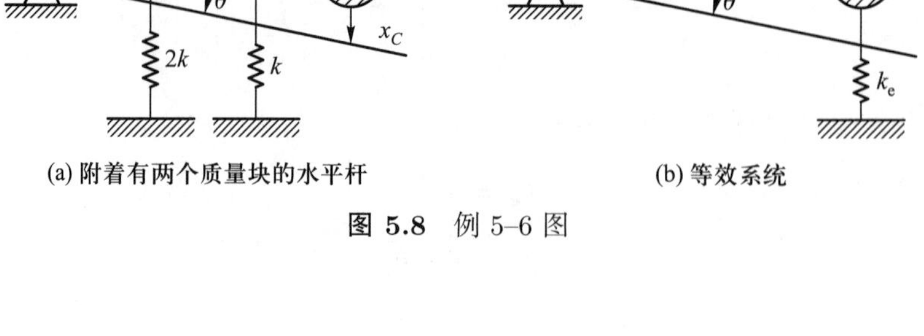

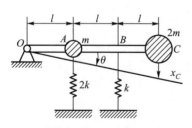

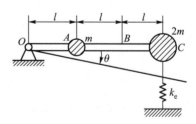

(a) 附着有两个质量块的水平杆　　(b) 等效系统

图 5.8　例 5–6 图

5.2 单自由度阻尼自由振动

无阻尼自由振动只是一种理想状态。由于没有能量耗散, 系统的机械能保持守恒, 在受到激励后, 物体将在平衡位置附近按照其固有频率进行无限期的简谐振动, 这显然是与实际情况不符的。在实际的振动系统中, 不可避免地存在各种阻力, 它们对系统做负功, 消耗系统的机械能, 造成振幅衰减, 以致最后振动完全停止。在振动中, 这些阻力统称为阻尼。

阻尼是用来衡量系统自身消耗振动能量能力的物理量。阻尼的来源是多方面的, 比如物体间的摩擦力、物体在气体或液体等介质中运动的阻力等。实际系统中存在多种类型的阻尼, 在线性振动理论中通常假设系统的阻尼为黏性阻尼 (或线性阻尼), 其阻尼力的大小与相对速度成正比, 方向与速度方向相反。这种假设对阻尼较小的振动系统是比较接近实际情况的。对于非线性阻尼, 通常将阻尼进行线性化, 方法是按照在运动过程中线性阻尼和原非线性阻尼吸收能量相等的原则进行等效。

5.2.1 运动微分方程

与 5.1.1 节的方法类似, 考虑初始条件, 图 5.9 所示的单自由度有阻尼自由振动的质量–弹簧系统的运动微分方程为

$$\begin{cases} m\ddot{x}+c\dot{x}+kx=0 \\ x(0)=x_0, \quad \dot{x}(0)=\dot{x}_0 \end{cases} \tag{5.14}$$

式中, c 为黏性阻尼系数。

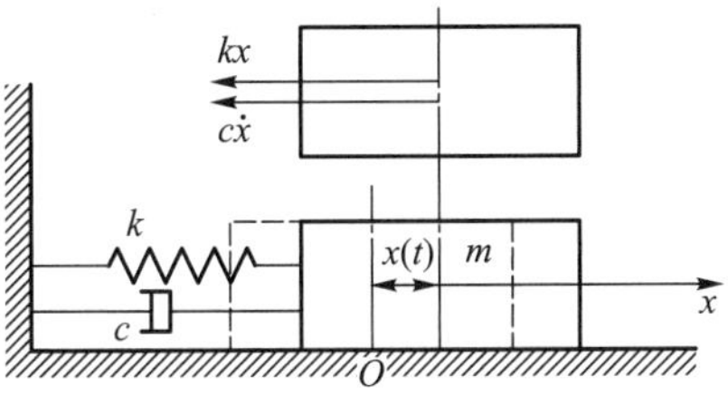

图 5.9 单自由度有阻尼自由振动的质量–弹簧系统

式 (5.14) 是一个二阶齐次常系数线性微分方程, 其特解为 $x=\mathrm{e}^{st}$, 代入微分方程中可得

$$\left(s^2+\frac{c}{m}s+\frac{k}{m}\right)\mathrm{e}^{st}=0 \tag{5.15}$$

由于 $\mathrm{e}^{st}\neq 0$, 因此

$$s^2+\frac{c}{m}s+\frac{k}{m}=0 \tag{5.16}$$

该方程称为特征方程, 它的两个根:

$$s_{1,2}=-\frac{c}{2m}\pm\sqrt{\left(\frac{c}{2m}\right)^2-\frac{k}{m}} \tag{5.17}$$

称为特征根。

微分方程 (5.14) 的通解为

$$x = A_1 \mathrm{e}^{s_1 t} + A_2 \mathrm{e}^{s_2 t} \tag{5.18}$$

式中, A_1、A_2 为任意常数, 由运动的初始条件决定。而解的形式则取决于 s_1、s_2 的值, 随着阻尼系数的不同, 特征方程可以有两个不等的负实根, 相等的负实根和一对共轭复根。使特征方程有两个相等负实根的阻尼系数值, 称为临界阻尼系数, 记为 c_c, 且

$$c_{\mathrm{c}} = 2\sqrt{km} = 2m\omega_{\mathrm{n}} \tag{5.19}$$

令

$$\zeta = \frac{c}{c_{\mathrm{c}}} = \frac{c}{2\sqrt{km}} = \frac{c}{2m\omega_{\mathrm{n}}} \tag{5.20}$$

为阻尼比或者相对阻尼系数。ζ 是一个无量纲的参数, 可表征一个振动系统阻尼的大小: $\zeta > 1$ 表示大阻尼状态, $\zeta = 1$ 表示临界阻尼状态, $\zeta < 1$ 表示小阻尼状态。
这样原微分方程就可改写为

$$\ddot{x} + 2\zeta\omega_{\mathrm{n}}\dot{x} + \omega_{\mathrm{n}}^2 x = 0 \tag{5.21}$$

特征根可表示为

$$s_{1,2} = \left(-\zeta \pm \sqrt{\zeta^2 - 1}\right)\omega_{\mathrm{n}} \tag{5.22}$$

5.2.2 不同阻尼情况的讨论

1. 大阻尼的情况

当 $\zeta > 1$ 时, 特征根 $s_{1,2} = \left(-\zeta \pm \sqrt{\zeta^2 - 1}\right)\omega_{\mathrm{n}}$ 均为负实数, 微分方程的通解为

$$x = \mathrm{e}^{-\zeta\omega_{\mathrm{n}} t}\left(A_1 \mathrm{e}^{\sqrt{\zeta^2-1}\cdot\omega_{\mathrm{n}} t} + A_2 \mathrm{e}^{-\sqrt{\zeta^2-1}\cdot\omega_{\mathrm{n}} t}\right) \tag{5.23}$$

其中, A_1、A_2 由运动的初始条件决定:

$$A_{1,2} = \frac{1}{2}\left(x_0 \pm \frac{\dot{x}_0 + \zeta\omega_{\mathrm{n}} x_0}{\sqrt{\zeta^2 - 1}\cdot\omega_{\mathrm{n}}}\right) \tag{5.24}$$

可见大阻尼系统受到初始扰动离开平衡位置后, 不会产生振动, 而是缓慢地停止运动, 如图 5.10 所示, 这是一种非周期性运动。

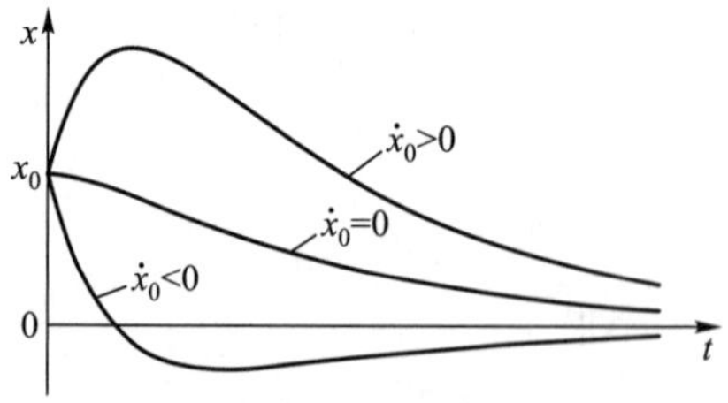

图 5.10 大阻尼系统的位移

2. 临界阻尼的情况

当 $\zeta = 1$ 时, 特征根 $s_{1,2} = -\zeta\omega_{\rm n} = -\omega_{\rm n}$, 微分方程的通解为

$$x = A_1 {\rm e}^{-\omega_{\rm n} t} + A_2 t {\rm e}^{-\omega_{\rm n} t} \tag{5.25}$$

其中

$$A_1 = x_0, \quad A_2 = \dot{x}_0 + \omega_{\rm n} x_0 \tag{5.26}$$

可见临界阻尼下的系统的运动也不是振动, 但在相同的条件下, 临界阻尼系统的自由运动最先停止, 如图 5.11 所示。因此, 仪表都将系统的阻尼设置为临界阻尼。

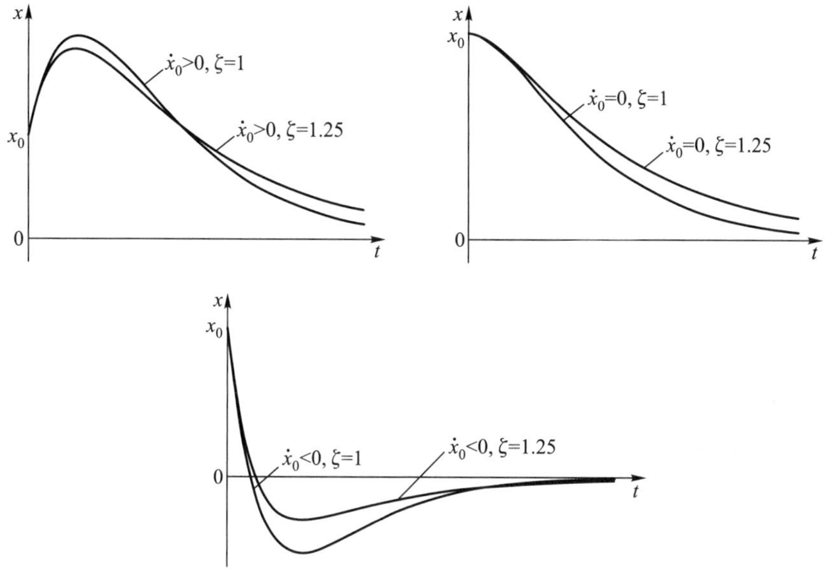

图 5.11 临界阻尼系统的位移

3. 小阻尼的情况

当 $\zeta < 1$ 时, 特征根 $s_{1,2} = -\zeta\omega_{\rm n} \pm {\rm i}\sqrt{1-\zeta^2} \cdot \omega_{\rm n}$。令

$$\omega_{\rm d} = \sqrt{1-\zeta^2} \cdot \omega_{\rm n} \tag{5.27}$$

微分方程的通解为

$$\begin{aligned} x &= A_1 {\rm e}^{s_1 t} + A_2 {\rm e}^{s_2 t} = A_1 {\rm e}^{(-\zeta\omega_{\rm n} + {\rm i}\omega_{\rm d})t} + A_2 {\rm e}^{(-\zeta\omega_{\rm n} - {\rm i}\omega_{\rm d})t} \\ &= {\rm e}^{-\zeta\omega_{\rm n} t}\left[A_1 \cos(\omega_{\rm d} t) + {\rm i}A_1 \sin(\omega_{\rm d} t) + A_2 \cos(\omega_{\rm d} t) - {\rm i}A_2 \sin(\omega_{\rm d} t)\right] \\ &= {\rm e}^{-\zeta\omega_{\rm n} t}\left[C_1 \cos(\omega_{\rm d} t) + C_2 \sin(\omega_{\rm d} t)\right] \end{aligned} \tag{5.28}$$

式中, $C_1 = A_1 + A_2$; $C_2 = {\rm i}\,(A_1 - A_2)$。

式 (5.28) 可以进一步写成

$$x = A{\rm e}^{-\zeta\omega_{\rm n} t} \cos(\omega_{\rm d} t - \varphi) \tag{5.29}$$

其中 A 和 φ 由运动的初始条件确定:

$$A=\sqrt{x_0^2+\left(\frac{\dot{x}_0+\zeta\omega_{\mathrm{n}}x_0}{\omega_{\mathrm{d}}}\right)^2} \tag{5.30}$$

$$\varphi=\arctan\frac{\dot{x}_0+\zeta\omega_{\mathrm{n}}x_0}{\omega_{\mathrm{d}}x_0} \tag{5.31}$$

可见此时系统的运动不再是等幅的简谐振动, 而是幅值为 $Ae^{-\zeta\omega_{\mathrm{n}}t}$、随时间按指数规律衰减的衰减振动, 如图 5.12 所示。随着时间 t 趋于无穷, 振幅逐渐衰减为 0, 系统趋于静止。

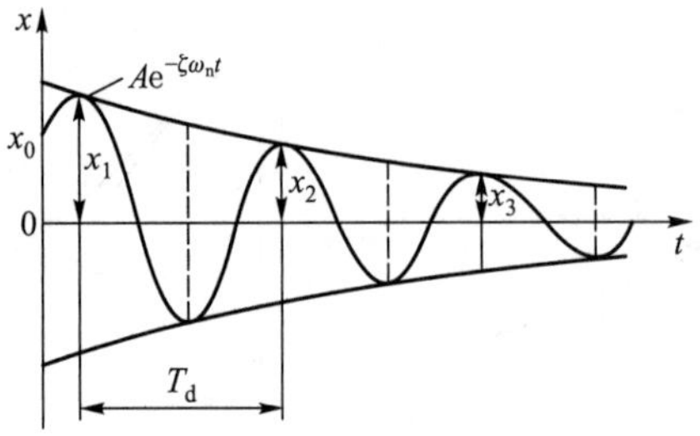

图 5.12 小阻尼系统的位移

讨论:

(1) 阻尼对频率和周期的影响。

习惯上, 将函数 $\cos(\omega_{\mathrm{d}}t-\varphi)$ 的周期称为衰减振动的周期, 故衰减振动的周期和频率分别为

$$T_{\mathrm{d}}=\frac{2\pi}{\omega_{\mathrm{d}}}=\frac{T_{\mathrm{n}}}{\sqrt{1-\zeta^2}}=\frac{2\pi}{\sqrt{1-\zeta^2}\cdot\omega_{\mathrm{n}}} \tag{5.32}$$

$$f_{\mathrm{d}}=\frac{\omega_{\mathrm{d}}}{2\pi}=\sqrt{1-\zeta^2}f_{\mathrm{n}}=\frac{\sqrt{1-\zeta^2}\cdot\omega_{\mathrm{n}}}{2\pi} \tag{5.33}$$

可见, 阻尼的存在使系统的振动频率降低, 振动周期延长。但在 ζ 很小的情况下, 阻尼的存在对周期和频率的影响可以忽略不计。通常当 $\zeta\leqslant 0.3$ 时, 就可忽略阻尼对固有频率和周期的影响。

(2) 阻尼对振幅的影响。

阻尼对振幅的影响非常大。设 x_1 和 x_2 分别是相邻的两个振幅, 对应的时间分别为 t_1 和 t_1+T_{d}, 则

$$\frac{x_1}{x_2}=\frac{Ae^{-\zeta\omega_{\mathrm{n}}t_1}}{Ae^{-\zeta\omega_{\mathrm{n}}(t_1+T_{\mathrm{d}})}}=e^{\zeta\omega_{\mathrm{n}}T_{\mathrm{d}}} \tag{5.34}$$

在一个周期后, 幅值缩减到原来的 $\dfrac{1}{e^{\zeta\omega_{\mathrm{n}}T_{\mathrm{d}}}}$。

令前后相邻的任意两次振动的振幅之比的自然对数为对数缩减率, 记为

$$\delta=\ln\left(\frac{x_1}{x_2}\right)=\zeta\omega_{\mathrm{n}}T_{\mathrm{d}} \tag{5.35}$$

由于 $T_{\mathrm{d}}=\dfrac{T_{\mathrm{n}}}{\sqrt{1-\zeta^2}}$, 则

$$\delta=\frac{2\pi\zeta}{\sqrt{1-\zeta^2}} \tag{5.36}$$

当 $\zeta\ll 1$ 时, $\delta\approx 2\pi\zeta$, 则

$$\zeta=\frac{\delta}{2\pi} \tag{5.37}$$

因此由对数缩减率 δ 就可以求得阻尼比 ζ。

根据式 (5.34), 可以推出相隔 n 个周期的振幅比为

$$\frac{x_i}{x_{i+n}}=\frac{x_i}{x_{i+1}}\frac{x_{i+1}}{x_{i+2}}\cdots\frac{x_{i+n-1}}{x_{i+n}}=\mathrm{e}^{n\delta}$$

两边取自然对数得

$$\ln\frac{x_i}{x_{i+n}}=n\delta$$

为了便于测量, 在实际中通常由测得的相隔 n 个周期的振动的振幅比求得

$$\delta=\frac{1}{n}\ln\frac{x_i}{x_{i+n}} \tag{5.38}$$

再根据式 (5.37) 可进一步得到系统的阻尼比 ζ。

[例 5–7] 一个具有黏性阻尼的单自由度振动系统, 质量 $m=4$ kg, 弹簧刚度 $k=5$ kN/m。经过 5 个连续振动后振幅衰减到原来的 0.25 倍, 求系统中阻尼器的阻尼系数。

解: 由式 (5.38) 可得

$$\delta=\frac{1}{5}\times\ln\frac{1}{0.25}=0.277$$

代入式 (5.37) 得

$$\zeta=\frac{\delta}{2\pi}=\frac{0.277}{2\pi}=0.044$$

再由 $\zeta=\dfrac{c}{2\sqrt{km}}$ 可得阻尼系数为

$$c=2\zeta\sqrt{km}=2\times0.044\times\sqrt{5\ 000\times4}(\mathrm{N\cdot s/m})=12.4\,(\mathrm{N\cdot s/m})$$

5.3 简谐激励下的强迫振动

系统在持续性外激励作用下的振动称为*强迫振动*。作用在系统上的激励按其随时间变化的规律可分为以下 3 种。

(1) 简谐激励: 可用正弦或余弦函数表达的激励, 如 $F(t)=F_0\sin(\omega t)$。

(2) 非简谐周期性激励: $F(t+T)=F(t)$。

(3) 任意激励: 随时间任意变化的激励。

5.3.1 无阻尼强迫振动

1. 运动微分方程

考虑图 5.13 所示的单自由度无阻尼质量–弹簧系统, 受到扰力 (激励力) $F(t)$ 的作用, 考虑

$$F = F_0 \sin(\omega t)$$

其中, F_0 称为扰力的力幅, 为常值; ω 为扰力的频率, 简称扰频, 也为常值。

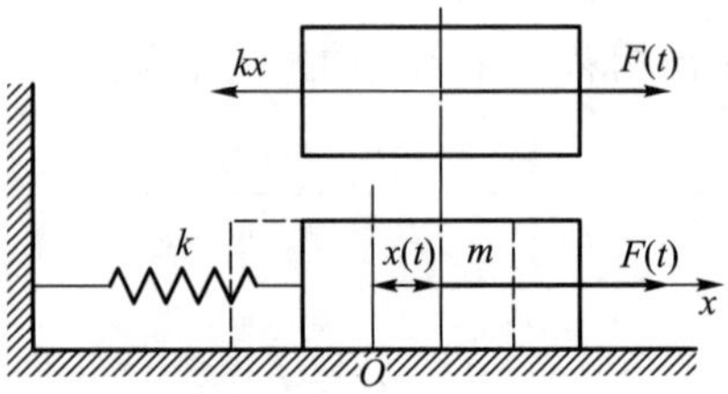

图 5.13 单自由度无阻尼受迫振动的质量–弹簧系统

运用牛顿第二定律建立系统的运动微分方程为

$$m\ddot{x} + kx = F_0 \sin(\omega t) \tag{5.39}$$

令 $A = \dfrac{F_0}{k}$ 表示在静力条件下系统受到一个大小为 F_0 的力作用时的位移, 考虑 $\omega_{\mathrm{n}} = \sqrt{\dfrac{k}{m}}$, 系统的运动微分方程可变为

$$\ddot{x} + \omega_{\mathrm{n}}^2 x = \omega_{\mathrm{n}}^2 A \sin(\omega t) \tag{5.40}$$

这是一个二阶非齐次常系数微分方程, 它的解由两部分组成

$$x = x_1 + x_2$$

其中 x_1 代表齐次微分方程 $\ddot{x} + \omega_{\mathrm{n}}^2 x = 0$ 的解, 简称齐次解。由前面的单自由度无阻尼自由振动可得

$$x_1 = B_1 \cos(\omega_{\mathrm{n}} t) + B_2 \sin(\omega_{\mathrm{n}} t) = B \sin(\omega_{\mathrm{n}} t + \varphi) \tag{5.41}$$

x_2 代表方程 $\ddot{x} + \omega_{\mathrm{n}}^2 x = \omega_{\mathrm{n}}^2 A \sin \omega t$ 的一个特解, 由激扰力的形式可知方程的特解可以表示为

$$x_2 = X \sin(\omega t) \tag{5.42}$$

代入微分方程 (5.40), 得

$$\left(-\omega^2 + \omega_{\mathrm{n}}^2\right) X \sin(\omega t) = \omega_{\mathrm{n}}^2 A \sin(\omega t)$$

令 $\dfrac{\omega}{\omega_{\mathrm{n}}} = \gamma$ 为频率比, 则

$$X = \frac{\omega_{\mathrm{n}}^2 A}{-\omega^2 + \omega_{\mathrm{n}}^2} = \frac{A}{1 - \gamma^2} \tag{5.43}$$

最后, 得到微分方程 (5.40) 的通解为

$$x = B_1 \cos(\omega_{\mathrm{n}} t) + B_2 \sin(\omega_{\mathrm{n}} t) + \frac{A}{1-\gamma^2} \sin(\omega t) \tag{5.44}$$

考虑初始条件 $x(0) = x_0, \dot{x}(0) = \dot{x}_0$, 得

$$B_1 = x_0, \quad B_2 = \frac{\dot{x}_0}{\omega_n} - \frac{A\gamma}{1-\gamma^2}$$

代入式 (5.44), 方程的解可以写成

$$x = x_0 \cos(\omega_{\mathrm{n}} t) + \frac{\dot{x}_0}{\omega_{\mathrm{n}}} \sin(\omega_{\mathrm{n}} t) + \frac{A}{1-\gamma^2} [\sin(\omega t) - \gamma \sin(\omega_{\mathrm{n}} t)] \tag{5.45}$$

可以看出, 该解的前两项是由初始条件引起的自由振动, 频率为系统的无阻尼自由振动的固有频率 ω_{n}; $\dfrac{A}{1-\gamma^2} \sin(\omega t)$ 表示系统在简谐激励下的强迫振动, 与激扰力的频率相同, 是一种持续的等幅振动, 振幅和初始条件无关; $-\dfrac{A\gamma}{1-\gamma^2} \sin(\omega_{\mathrm{n}} t)$ 则表示激扰力引起的自由振动。可见, 激扰力不但会引起强迫振动, 同时还会引起自由振动, 二者都是简谐振动, 但频率不相等的两个简谐振动之和已经不再是简谐振动。

2. 频率比对振幅的影响

对于周期扰动作用下的振动, 我们关心的主要是激扰力引起的强迫振动 $\dfrac{A}{1-\gamma^2} \cdot \sin(\omega t)$。在 $\gamma < 1$ 时, 强迫振动的振幅随着 γ 的增大而无限增大, 直到 $\gamma = 1$ 时, 即激扰力的频率和系统的固有频率相等时, 理论上的振幅趋于无穷大, 这种现象称为共振。

在 $\gamma > 1$ 时, 将 $\dfrac{A}{1-\gamma^2} \sin(\omega t)$ 写成 $\dfrac{A}{\gamma^2 - 1} \sin(\omega t + \pi)$, 从而保证振幅为正值。可以看出, 质量 m 的位移与扰力正好反向, 振幅随着 γ 的增大而无限减小。

在静力作用下, 系统的静挠度为 A, 可见 $\dfrac{1}{1-\gamma^2}$ 体现了扰力的动力作用, 这个量的绝对值定义为*放大率*:

$$\beta = \frac{1}{|1-\gamma^2|} \tag{5.46}$$

放大率和频率比之间的关系可以用 $\beta - \gamma$ 曲线 (如图 5.14 所示) 来描述

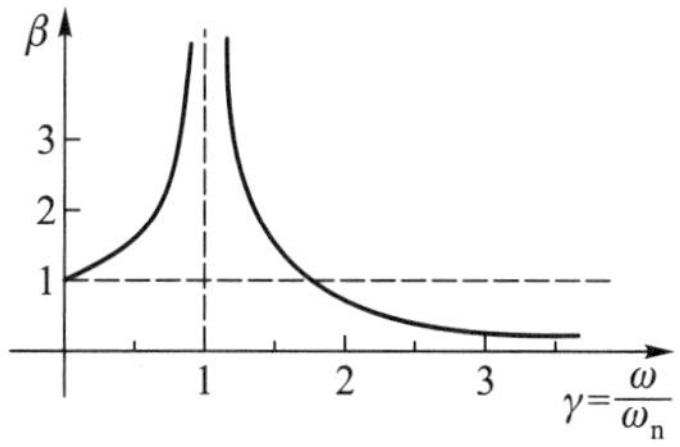

图 5.14 $\beta - \gamma$ 曲线

需要指出的是, $\beta - \gamma$ 曲线只表示振动系统稳态运动的情形, 亦即激扰固定在某一频率时, 系统振幅达到定值后的情形。

3. 共振时微分方程的特解

在共振时, 理论上系统的振幅将达到无穷大, 事实上, 这是不可能的。首先, 系统存在阻尼, 微小的阻尼就会限制振幅的无限增大; 其次, 在振幅无限增大的过程中, 线性弹簧的假设也不再成立; 此外, 在 $\omega=\omega_{\mathrm{n}}$ 的时候, 方程的特解也不再为 $x_2=X\sin(\omega t)$, 而应取求极限[6]

$$
\begin{aligned}
x_2 &= \lim_{\omega\to\omega_{\mathrm{n}}} A\frac{\sin(\omega t)-\sin(\omega_{\mathrm{n}}t)}{1-\left(\dfrac{\omega}{\omega_{\mathrm{n}}}\right)^2} = A\lim_{\omega\to\omega_{\mathrm{n}}}\left\{\frac{\dfrac{\mathrm{d}}{\mathrm{d}\omega}\left[\sin(\omega t)-\sin(\omega_{\mathrm{n}}t)\right]}{\dfrac{\mathrm{d}}{\mathrm{d}\omega}\left(1-\dfrac{\omega^2}{\omega_{\mathrm{n}}^2}\right)}\right\} \\
&= -\frac{\omega_{\mathrm{n}}At}{2}\cos(\omega_{\mathrm{n}}t)
\end{aligned}
\tag{5.47}
$$

可见, 共振时, 强迫振动的振幅随着时间的增大成比例增大。对于许多机器, 在正常运转时, 其扰频都远远超过系统的固有频率, 所以在启动和停止的过程中, 都要通过共振区。由于共振的振幅随时间线性增大, 只要缩短通过共振区的时间, 就可以顺利通过共振区。

5.3.2 阻尼强迫振动

实际的振动系统都是有阻尼的, 下面来讨论有黏性阻尼的系统在简谐扰力作用下的强迫振动。考虑图 5.15 所示的单自由度有阻尼质量–弹簧系统, 在受到扰力 $F=F_0\sin(\omega t)$ 作用时, 其运动微分方程为

$$
m\ddot{x}+c\dot{x}+kx=F_0\sin(\omega t) \tag{5.48}
$$

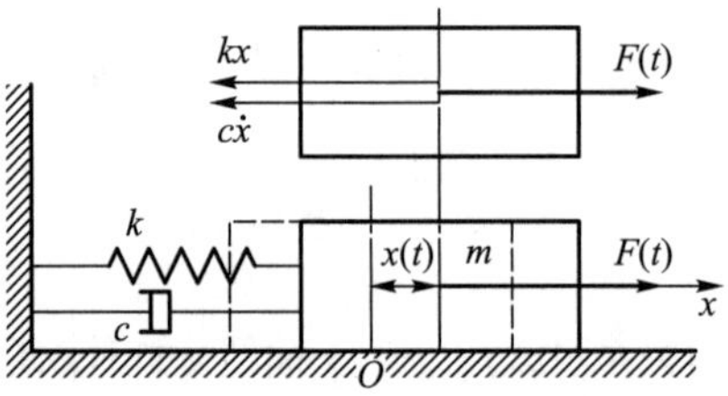

图 5.15 单自由度有阻尼受迫振动的质量–弹簧系统

考虑 $A=\dfrac{F_0}{k}$, $c_{\mathrm{c}}=2\sqrt{km}=2m\omega_{\mathrm{n}}$, $\omega_{\mathrm{n}}=\sqrt{\dfrac{k}{m}}$, $\zeta=\dfrac{c}{c_{\mathrm{c}}}=\dfrac{c}{2\sqrt{km}}=\dfrac{c}{2m\omega_{\mathrm{n}}}$, 式 (5.48) 变为

$$
\ddot{x}+2\zeta\omega_{\mathrm{n}}\dot{x}+\omega_{\mathrm{n}}^2x=\omega_{\mathrm{n}}^2A\sin(\omega t) \tag{5.49}
$$

这是一个二阶非齐次常系数微分方程, 它的解由两部分组成 $x=x_1+x_2$, 其中 x_1 是齐次微分方程 $\ddot{x}+2\zeta\omega_{\mathrm{n}}\dot{x}+\omega_{\mathrm{n}}^2x=0$ 的解, 即齐次解, 代表有阻尼的自由振动。由于阻尼的存在, 这部分振动会随着时间的增长衰减为 0, 只有强迫振动会持续下去, 形成振动的稳态过程, 称为*稳态振动*。在研究稳态振动时, 可以忽略 x_1 部分。

x_2 代表微分方程 (5.49) 的一个特解, 又称稳态解。对于简谐激励 $F = F_0 \sin(\omega t)$, 微分方程 (5.49) 有如下形式的特解

$$x_2 = X \sin(\omega t - \phi)$$

代入微分方程中, 可以得到

$$X = \frac{A}{\sqrt{(1-\gamma^2)^2 + (2\zeta\gamma)^2}}, \quad \phi = \arctan \frac{2\zeta\gamma}{(1-\gamma^2)} \tag{5.50}$$

令

$$\beta = \frac{X}{A} = \frac{1}{\sqrt{(1-\gamma^2)^2 + (2\zeta\gamma)^2}} \tag{5.51}$$

为系统的放大因子, 表示系统稳态振幅与静位移之比, 也是稳态振动时, 激振力幅值与弹簧力之比。

对于不同的阻尼比 ζ, 以频率比 γ 为横坐标, 以放大因子 β 为纵坐标, 绘制的曲线族如图 5.16 所示, 称为幅频响应曲线。

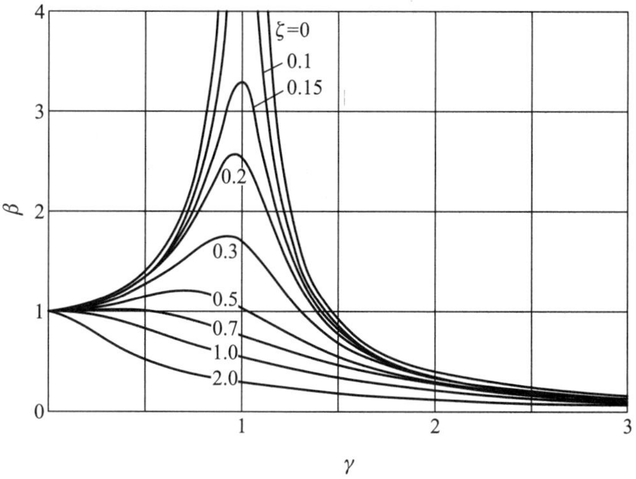

图 5.16 幅频响应曲线

由图 5.16 可见, 当 $\gamma \ll 1$ 且 $\beta \approx 1$ 时, 稳态振幅几乎与激振力幅值引起的弹簧静变形相等, 说明激振力频率很低时, 其动力影响不大, 强迫振动的振幅与静变形差别很小。当 $\gamma \gg 1$ 时, β 趋于 0, 此时稳态振幅很小。当 $\gamma \approx 1$ 即 $\omega \approx \omega_{\text{n}}$ 时 (称为“共振区”), 强迫振动的振幅可能很大, 其大小取决于系统阻尼的大小, 阻尼越大, 幅值越小。

由 $\dfrac{\partial \beta}{\partial \gamma} = 0$ 可得 β 的极值点为

$$\gamma = 0, \quad \gamma = \sqrt{1 - 2\zeta^2}$$

当 $\gamma = \sqrt{1-2\zeta^2}$ 时, β 达到其极大值

$$\beta_{\max} = \frac{1}{2\zeta\sqrt{1-\zeta^2}}$$

可见，共振区最大振幅对应的频率比 γ 随 ζ 的增大而左移。当 ζ 较小时，可近似地认为 $\omega \approx \omega_{\mathrm{n}}$ 时的振幅为最大振幅，此时 $\beta = \dfrac{1}{2\zeta}$, $\phi = \dfrac{\pi}{2}$。

由 $\phi = \arctan\dfrac{2\zeta\gamma}{(1-\gamma^2)}$ 可知，强迫振动位移与激振力的相位差 ϕ 也与频率比 γ 和阻尼比 ζ 有关。对于不同的阻尼比 ζ，以 γ 为横坐标，以 ϕ 为纵坐标，绘制的曲线族如图 5.17 所示，称为相频响应曲线。

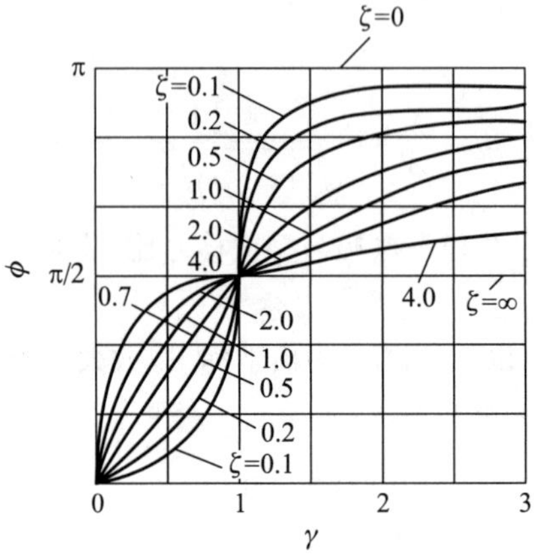

图 5.17 相频响应曲线

由图 5.17 可以看出，ϕ 始终为正值，故强迫振动的位移总是滞后于激励力。当 $\gamma = 1$ 即 $\omega \approx \omega_n$ 时，强迫振动位移与激励力的相位差总是 $\pi/2$。当 $\zeta \neq 0$ 时，若 $\gamma < 1$，则相位差 ϕ 在 $0 \sim \pi/2$ 之间；若 $\gamma > 1$，则 ϕ 在 $\pi/2 \sim \pi$ 之间。当 $\zeta = 0$ 时，相位差在 $\gamma = 1$ 时有一个突变，即 $\gamma < 1$ 时，$\phi = 0$；$\gamma > 1$ 时 $\phi = \pi$。

5.3.3 等效黏性阻尼

对于有阻尼系统的强迫振动，当系统进入稳态响应后，系统的振幅保持稳定，此时系统消耗的能量和激扰力对振动系统输入的能量相等。

稳态响应时 $x = X\sin(\omega t - \phi)$，外力在振动的一个周期 $\dfrac{2\pi}{\omega}$ 内对系统做的功为

$$
\begin{aligned}
W_{\mathrm{f}} &= \oint F_0 \sin(\omega t)\mathrm{d}x = \int_0^{\frac{2\pi}{\omega}} F_0 \sin(\omega t)\cdot \dot{x}\mathrm{d}t \\
&= \int_0^{\frac{2\pi}{\omega}} F_0 \sin(\omega t)\left[X\omega\cos(\omega t - \phi)\right]\mathrm{d}t = \pi F_0 X \sin\phi
\end{aligned}
$$

黏性阻尼在振动的一个周期内消耗的能量为

$$
W_{\mathrm{c}} = \oint c\dot{x}\mathrm{d}x = \int_0^{\frac{2\pi}{\omega}} c\left[X\omega\cos(\omega t - \phi)\right]\left[X\omega\cos(\omega t - \phi)\right]\mathrm{d}t = \pi c\omega X^2
$$

可见具有黏性阻尼的系统在简谐强迫振动时的能量消耗正比于阻尼系数、激振频率及响应振幅的平方，稳态振动时 $W_{\mathrm{f}} = W_{\mathrm{c}}$，可求得稳态振幅为 $\dfrac{F_0\sin\phi}{c\omega}$。

对于其他非黏性阻尼的振动系统, 为了简化微分方程的求解, 工程上常把其他类型的阻尼等效成黏性阻尼, 称为等效阻尼。等效的方法是: 假定系统做简谐振动, 令原系统耗散的能量与黏性阻尼耗散的能量相等, 从而求出等效阻尼系数。

计算非黏性阻尼在一个周期内消耗的能量 W_c', 以及等效的黏性阻尼在一个周期内消耗的能量 $W_c = \pi c_e \omega X^2$。

令 $W_c = W_c'$, 即可求出等效阻尼:

$$c_e = \frac{W_c'}{\pi\omega X^2} \tag{5.52}$$

[例 5–8] 设物体和摩擦面的摩擦阻力为 $F_q = \mu N$, 其中 μ 是摩擦系数, 为常数, N 为摩擦表面受到的正压力, 也为常数。求此摩擦阻尼的等效黏性阻尼系数。

解: 由摩擦力的性质可知, F_q 总是与物体的运动方向或相对运动趋势相反, 所以总是做负功。在一个周期中, 物体移动的距离为 $4X$, 因此摩擦力在一个周期内消耗的能量为

$$W_c' = 4X\mu N$$

其等效黏性阻尼系数为

$$c_e = \frac{W_c'}{\pi\omega X^2} = \frac{4\mu N}{\pi\omega X}$$

5.3.4 实例分析

1. 旋转失衡引起的强迫振动

在诸如发动机的曲轴、飞轮、车轮, 车辆传动系统的齿轮, 机床的主轴, 洗衣机、空调和冰箱的压缩机、风扇等旋转机械中, 旋转失衡是使系统振动的外界激励的主要来源, 失衡的主要原因是高速旋转机械中转动部分的质量中心和转轴中心不重合造成的。

如图 5.18 所示的旋转失衡系统, 系统总质量为 M, 失衡质量为 m, 失衡质量与转动中心的距离为 e, 以角速度 ω 旋转。只考虑垂直运动, 以旋转中心的静平衡位置为坐标原点、竖直向上为 x 轴正方向建立如图所示的坐标系。设非旋转部分的位移为 x, 则失衡质量的位移为 $x + e\sin(\omega t)$。

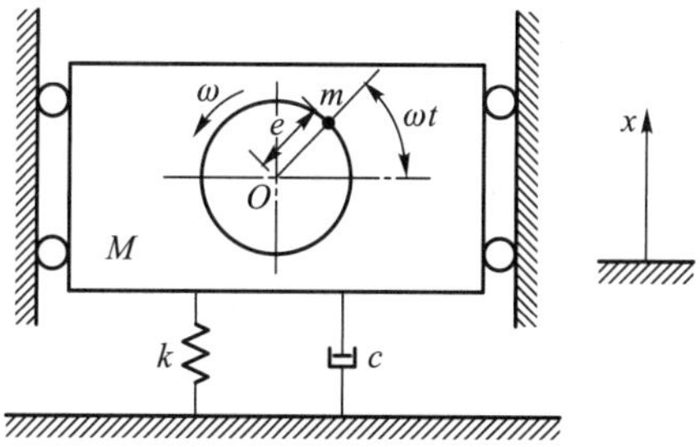

图 5.18 旋转失衡系统

对于这个振动系统, 可运用牛顿第二定律建立运动微分方程

$$(M - m)\,\ddot{x} + m\frac{\mathrm{d}^2}{\mathrm{d}t^2}\left[x + e\sin(\omega t)\right] = -kx - c\dot{x}$$

整理得

$$M\ddot{x}+c\dot{x}+kx=me\omega^2\sin(\omega t) \tag{5.53}$$

与 5.3.2 节类似, 该方程的稳态解为

$$x=X\sin(\omega t-\phi)$$

考虑 $\gamma=\dfrac{\omega}{\omega_{\mathrm{n}}}=\omega\sqrt{\dfrac{M}{k}}$, 则其中

$$X=\frac{me}{M}\frac{\gamma^2}{\sqrt{(1-\gamma^2)^2+(2\zeta\gamma)^2}} \tag{5.54}$$

$$\phi=\arctan\frac{2\zeta\gamma}{(1-\gamma^2)} \tag{5.55}$$

2. 支承运动引起的强迫振动

强迫振动不一定都是由激扰力引起的, 振动系统支座的周期运动同样可以引发强迫振动, 例如精密仪表受到基座振动的影响而振动, 车辆在不平的路面上行驶引起的振动。如果支承运动可以用简谐函数来描述, 则系统振动也可以用简谐强迫振动理论来分析。

对于图 5.19 所示的支承运动引起的强迫振动系统, 支承的位移是简谐函数 $y=A\sin(\omega t)$。取铅垂坐标 x 与 y, 分别以物体和支承静止时的平衡位置为原点, 向上为正。设某瞬时 t, 物体 m 有位移 x 与速度 $\dot{x}$, 支承有位移 y 和速度 $\dot{y}$, 则物体对于支承有相对位移 $x-y$ 与相对速度 $\dot{x}-\dot{y}$, 因此作用于物体的弹簧力为 $-k(x-y)$, 阻尼力为 $-c(\dot{x}-\dot{y})$。运用牛顿第二定律建立其运动微分方程并整理得

$$m\ddot{x}+c\dot{x}+kx=c\dot{y}+ky \tag{5.56}$$

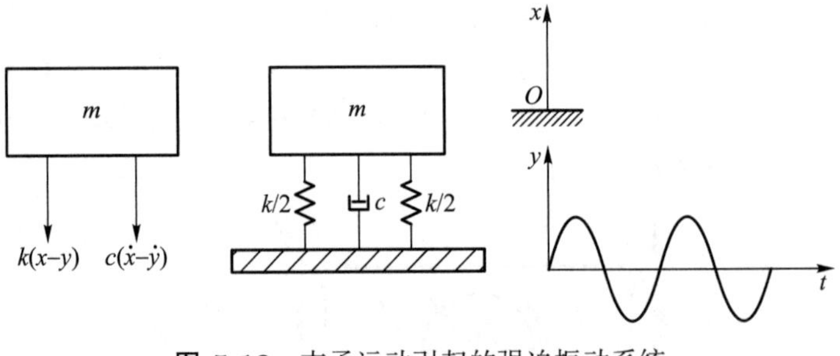

图 5.19 支承运动引起的强迫振动系统

由此可见, 支承运动相当于在系统上作用了两个激励力: 一个是通过弹簧传递给系统的, 为 $ky=kA\sin(\omega t)$; 另一个是通过阻尼器传递给系统的, 为 $c\dot{y}=c\omega A\cos(\omega t)$。两者频率相同, 而相位不同, 可以合成为一个简谐激振力, 即

$$c\dot{y}+ky=F_0\sin(\omega t+\theta)$$

式中 $F_0=A\sqrt{k^2+(c\omega)^2}$, $\theta=\arctan\left(\dfrac{c\omega}{k}\right)=\arctan(2\zeta\gamma)$。这样微分方程就可变成

$$m\ddot{x}+c\dot{x}+kx=F_0\sin(\omega t+\theta)$$

该方程的稳态解为

$$x = X\sin(\omega t + \theta - \alpha) = X\sin(\omega t - \phi)$$

其中

$$X = \frac{A\sqrt{1+(2\zeta\gamma)^2}}{\sqrt{(1-\gamma^2)^2+(2\zeta\gamma)^2}} \tag{5.57}$$

强迫振动相对于支承运动滞后的相位角为 $\phi = \alpha - \theta$, 其值为

$$\phi = \arctan\frac{2\zeta\gamma^3}{(1-\gamma^2)^2+(2\zeta\gamma)^2} \tag{5.58}$$

以 γ 为横坐标, 分别以 $\dfrac{X}{A}$、ϕ 为纵坐标, 绘制得到的幅频和相频曲线如图 5.20 所示。

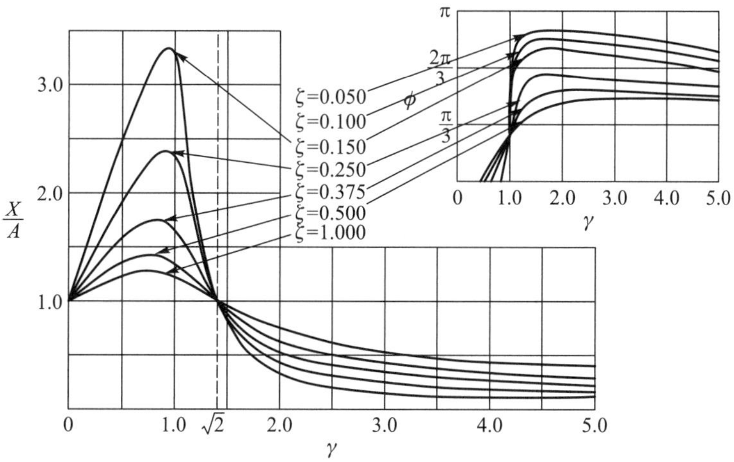

图 5.20 支承运动引起的强迫振动的幅频、相频曲线

由图 5.20 可以看出, 当 $\gamma = \sqrt{2}$ 时, 无论阻尼比 ζ 为何值, 响应幅值总是与激励幅值相等, 即 $X/A = 1$; 当 $\gamma < \sqrt{2}$ 时, 无论阻尼为何值, 都有 $X > A$, 阻尼比越大, 响应幅值越小; 当 $\gamma > \sqrt{2}$ 时, 无论阻尼为何值都有 $X < A$, 阻尼比越大, 响应的幅值反而增大。

5.4 周期激励下的强迫振动

在工程结构的振动中存在大量的非简谐的周期激励, 一般来说, 如果周期激励中的某一谐波的振幅比其他谐波的振幅大得多, 可以简化为简谐激励, 否则就必须按一般周期激励处理。对于任意周期为 T 的周期激励: $F(t+T) = F(t)$, 都可以按照傅里叶 (Fourier) 级数分解成若干个简谐激励的和, 分别求出各个谐波引起的响应, 再利用线性叠加原理得到系统的响应。

对于满足收敛定理条件的、周期为 T 的周期函数 $F(t)$, 可展开为如下形式的傅里叶级数:

$$F(t)=\frac{a_0}{2}+\sum_{n=1}^{\infty}\left[a_n\cos(n\omega t)+b_n\sin(n\omega t)\right]$$

式中, $a_n=\dfrac{2}{T}\displaystyle\int_{-\frac{T}{2}}^{\frac{T}{2}}f(t)\cos(n\omega t)\mathrm{d}t(n=0,1,2,\cdots)$; $b_n=\dfrac{2}{T}\displaystyle\int_{-\frac{T}{2}}^{\frac{T}{2}}f(t)\sin(n\omega t)\mathrm{d}t$ $(n=1,2,3,\cdots)$; $\omega=\dfrac{2\pi}{T}$。

通常把频率 ω 称为基本频率, 简称基频, 对应于基频的简谐分量, 称为基波。对应于频率为 2ω、3ω、$\cdots\cdots$ 的简谐分量称为二次谐波、三次谐波等。

考虑有阻尼的单自由度质量–弹簧振动系统, 分别在简谐激励 $f(t)=a_n\cos(n\omega t)$ 与 $f(t)=b_n\sin(n\omega t)$ 的作用下, 相应的强迫振动响应可分别表示为

$$x_1=\frac{a_n}{k\sqrt{\left(1-\gamma_n^2\right)^2+\left(2\zeta\gamma_n\right)^2}}\cos\left(n\omega t-\phi_n\right)$$

$$x_2=\frac{b_n}{k\sqrt{\left(1-\gamma_n^2\right)^2+\left(2\zeta\gamma_n\right)^2}}\sin\left(n\omega t-\phi_n\right)$$

式中, $\phi_n=\arctan\dfrac{2\zeta\gamma_n}{1-\gamma_n^2}$; $\gamma_n=\dfrac{n\omega}{\omega_n}=n\gamma$, 为第 n 个谐波的频率比。

应用线性系统的叠加原理, 组集得到系统的总响应为

$$x=\frac{a_0}{2k}+\sum_{n=1}^{\infty}\frac{a_n\cos\left(n\omega t-\phi_n\right)+b_n\sin\left(n\omega t-\phi_n\right)}{k\sqrt{\left(1-\gamma_n^2\right)^2+\left(2\zeta\gamma_n\right)^2}}\tag{5.59}$$

$$\phi_n=\arctan\frac{2\zeta\gamma_n}{1-\gamma_n^2}\tag{5.60}$$

可以看出, 系统的稳态响应也是周期函数, 其周期仍然为 T, 并且激励的每个谐波都只引起与自身频率相同的响应, 这是线性系统的特点。

在周期激励中, 只要系统的固有频率和激励中的某一谐波频率接近就会发生共振。因此, 对于周期激励, 避开系统共振区比简谐激励要困难, 通常使用适当增加系统阻尼的方式来减振。

5.5 非周期激励下的强迫振动

在许多实际问题中, 对振动系统的激励往往不是周期的, 而是任意的时间函数, 或者只是持续时间很短 (相对于振动系统的固有周期) 的冲击, 相应地, 瞬态激励引起的系统振动响应持续时间也不长, 但响应的峰值往往很大, 使结构产生较大应力和变形。在任意激励作用下, 系统通常没有稳态运动, 只有瞬态振动。在激励消失后, 振动系统进行阻尼自由振动, 即所谓的剩余振动。振动系统在任意激励下的运动, 包括剩余振动, 统称为振动系统对任意激励的响应。

非周期强迫振动的求解有多种方法, 如脉冲响应函数法、傅里叶变换法、拉普拉斯变换法等, 此处仅介绍脉冲响应函数法, 其思路是: 将扰力对系统的作用看作一系列脉冲激励, 先分别求出系统在每个脉冲下的响应, 然后叠加起来就得到系统对任意激励的响应。这种方法又称杜阿梅尔 (Duhamel) 积分法[7]。

1. 脉冲力

如果力 $F(t)$ 的幅值很大, 但作用时间很短, 那么如果冲量 $\widehat{F}=\int_{-\varepsilon}^{\varepsilon} F(t)\mathrm{d}t(\varepsilon \ll 1)$ 仍然为通常的数量级, 这种力称为脉冲力。为了能在理论分析中更好地体现脉冲力的性质, 在数学上用 Dirac 函数来表示脉冲力, 通常又称作 δ 函数, 表达式为

$$\begin{cases}\delta(t)=0 \quad t \neq 0 \\ \displaystyle\int_{-\infty}^{+\infty} \delta(t)\,\mathrm{d}t=1\end{cases} \tag{5.61}$$

它表示力的值在 $t=0$ 处无穷大、但对物体的冲量为 1 的单位脉冲力。在该定义中, 这个力作用的持续时间为 0, 但冲量为 1, 是数学上的抽象, 而实际上不存在这种力, 但该定义能够很好地反映脉冲力的本质, 并在理论讨论中带来很大方便。进一步定义在 τ 时刻的脉冲力, 可以表示为

$$\begin{cases}\delta(t-\tau)=0 \quad t \neq \tau \\ \displaystyle\int_{-\infty}^{+\infty} \delta(t-\tau)\,\mathrm{d}t=1\end{cases} \tag{5.62}$$

利用 δ 函数, 在任意时刻 τ 作用的脉冲力可以表示为

$$F(t)=\widehat{F}\delta(t-\tau) \tag{5.63}$$

式中, $\widehat{F}$ 是一个常数。式 (5.63) 的物理意义是: 在 τ 时刻的一个无限大、但作用时间为 0 的脉冲力, 其冲量为 $\int_{-\infty}^{+\infty} \widehat{F}\delta(t-\tau)\mathrm{d}t=\widehat{F}$。

Dirac 函数有一个重要性质: 如果 $F(t)$ 是一个连续函数, 则

$$\int_{-\infty}^{+\infty} F(t)\,\delta(t-\tau)\mathrm{d}t=F(\tau) \tag{5.64}$$

2. 脉冲响应

设有阻尼单自由度振动系统在 $t=0$ 以前静止, 在 $t=0$ 受到脉冲力 $\widehat{F}\delta(t)$, 考虑初始条件, 其运动微分方程为

$$\begin{cases}m\ddot{x}+c\dot{x}+kx=\widehat{F}\delta(t) \\ x(0^-)=0, \quad \dot{x}(0^-)=0\end{cases} \tag{5.65}$$

其中 0^- 表示小于 0 但无限接近 0 的时刻, 表示 $t=0$ 以前的状态。同样 0^+ 表示大于 0 但无限接近 0 的时刻, 表示 $t=0$ 以后的状态。

根据动量定理, 在 0^- 到 0^+ 这段时间, 系统的动量改变为

$$m\dot{x}\left(0^+\right)-m\dot{x}\left(0^-\right)=\widehat{F}$$

由此可知, 在 $t=0$ 时的脉冲力作用下, 系统的速度由 $\dot{x}(0^-)=0$ 变成了 $\dot{x}(0^+)=\widehat{F}/m$, 且还来不及产生位移; 而当 $t>0$ 后, 系统不受外力, 自由振动。因此系统受到脉冲力作用后的运动微分方程为

$$\begin{cases} m\ddot{x}+c\dot{x}+kx=0 \\ x(0^+)=0, \quad \dot{x}(0^+)=\dfrac{\widehat{F}}{m} \end{cases} \tag{5.66}$$

它的解为

$$x(t)=\frac{\widehat{F}}{m\omega_{\mathrm{d}}}\mathrm{e}^{-\zeta\omega_{\mathrm{n}}t}\sin(\omega_{\mathrm{d}}t) \quad (t \geqslant 0) \tag{5.67}$$

这就是初始时刻静止的单自由度系统在 $t=0$ 时刻受到脉冲力 $\widehat{F}\delta(t)$ 作用后的响应。

系统受到单位脉冲 (冲量等于 1 的脉冲) 作用时, 系统的响应称为系统单位脉冲响应, 用 $h(t)$ 表示为

$$h(t)=\frac{1}{m\omega_{\mathrm{d}}}\mathrm{e}^{-\zeta\omega_{\mathrm{n}}t}\sin(\omega_{\mathrm{d}}t) \quad (t \geqslant 0) \tag{5.68}$$

显然, 在 $t=\tau$ 以前静止的系统, 在 $t=\tau$ 时受到一个单位脉冲激励后的响应为

$$h(t-\tau)=\frac{1}{m\omega_{\mathrm{d}}}\mathrm{e}^{-\zeta\omega_{\mathrm{n}}(t-\tau)}\sin[\omega_{\mathrm{d}}(t-\tau)]\,(t \geqslant \tau) \tag{5.69}$$

3. 任意激励力作用下系统的响应

把任意非周期激振力 $F(t)$ 看作是一系列脉冲力的作用, 将这些脉冲力产生的脉冲响应进行叠加, 就可得到任意激励力作用下系统的响应。

$t=\tau$ 时刻的脉冲为 $F(\tau)\Delta\tau$ (如图 5.21 所示), 根据式 (5.69) 可得其响应为 $F(\tau)\Delta\tau h(t-\tau)$, 则系统在 t 时刻的响应为

$$x(t)=\sum_{\tau=0}^{t}F(\tau)\Delta\tau h(t-\tau)$$

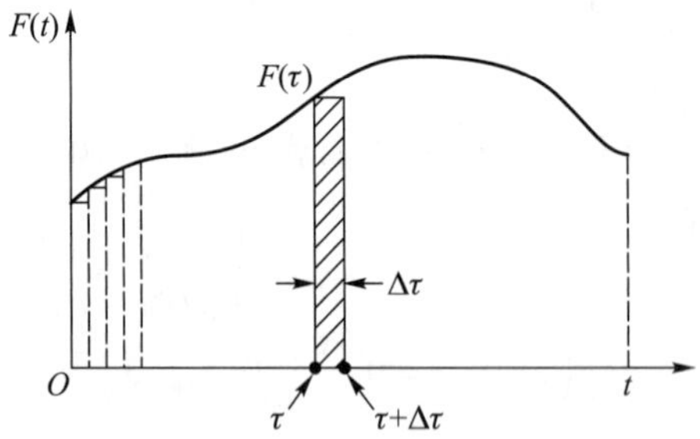

图 5.21　$t=\tau$ 时刻的脉冲

令 $\Delta\tau \to 0$, 则

$$x(t)=\int_0^t F(\tau)h(t-\tau)\mathrm{d}\tau$$

考虑系统的初始条件 $x(0) = x_0$ 和 $\dot{x}(0) = \dot{x}_0$, 系统总的响应为

$$x(t) = \mathrm{e}^{-\zeta\omega_\mathrm{n} t}\left[x_0\cos(\omega_\mathrm{d} t) + \frac{\dot{x}_0 + \zeta\omega_\mathrm{n} x_0}{\omega_\mathrm{d}}\sin(\omega_\mathrm{d} t)\right] + \int_0^t \frac{F(\tau)}{m\omega_\mathrm{d}}\mathrm{e}^{-\zeta\omega_\mathrm{n}(t-\tau)}\sin[\omega_\mathrm{d}(t-\tau)]\mathrm{d}\tau \tag{5.70}$$

[例 5–9] 图 5.22(a) 所示的单自由度系统受到图 5.22(b) 所示的支座激扰, 设初始位移和初始速度为 0, 求集中质量相对于支座的位移响应。

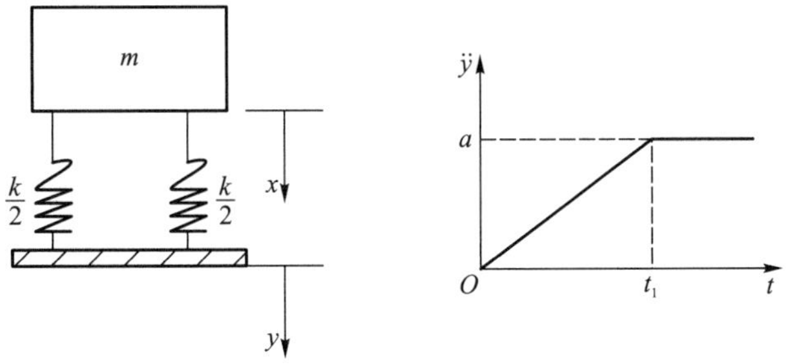

(a) 单自由度系统　　(b) 支座激扰

图 5.22　例 5–9 图

解: 选取静平衡位置为坐标原点, 建立坐标系, 系统的运动微分方程为

$$m\ddot{x} + k(x-y) = 0$$

令 $z = x - y$, 则方程转化为

$$m\ddot{z} + kz = -m\ddot{y}$$

支座的加速度运动, 相当于在系统上作用了一个激励力 $F(t) = -m\ddot{y}$, 可表示为

$$F(t) = \begin{cases} -\dfrac{ma}{t_1}t, & 0 \leqslant t \leqslant t_1 \\ -ma, & t > t_1 \end{cases}$$

系统受非周期激励, 应用杜阿梅尔积分求解。系统无阻尼, 单位脉冲响应函数为

$$h(t-\tau) = \frac{1}{m\omega_\mathrm{n}}\sin[\omega_\mathrm{n}(t-\tau)]$$

则当 $0 \leqslant t \leqslant t_1$ 时, 集中质量的位移响应为

$$\begin{aligned} x(t) &= \int_0^t \left(-\frac{ma}{t_1}\tau\right)\frac{1}{m\omega_\mathrm{n}}\sin[\omega_\mathrm{n}(t-\tau)]\mathrm{d}\tau \\ &= -\frac{a}{\omega_\mathrm{n}^2 t_1}\left[t - \frac{\sin(\omega_\mathrm{n} t)}{\omega_\mathrm{n}}\right] \end{aligned}$$

当 $t > t_1$ 时, 集中质量的位移响应为

$$\begin{aligned} x(t) &= \int_0^{t_1}\left(-\frac{ma}{t_1}\tau\right)\frac{1}{m\omega_\mathrm{n}}\sin[\omega_\mathrm{n}(t-\tau)]\mathrm{d}\tau + \int_{t_1}^t (-ma)\frac{1}{m\omega_\mathrm{n}}\sin[\omega_\mathrm{n}(t-\tau)]\mathrm{d}\tau \\ &= -\frac{a}{\omega_\mathrm{n}^2}\left\{1 + \frac{\sin[\omega_\mathrm{n}(t-t_1)] - \sin(\omega_\mathrm{n} t)}{\omega_\mathrm{n} t_1}\right\} \end{aligned}$$

第 6 章 二自由度系统的振动

多自由度系统是指需要用两个或两个以上的独立坐标才能描述其运动的振动系统。工程中大量振动系统需要简化成多自由度系统才能反映实际问题的物理本质。与单自由度系统比较, 多自由度系统具有一些本质上的新概念, 需要新的分析方法。在多自由度系统中, 各个自由度彼此互相联系, 某一自由度的振动往往导致整个系统振动。与此相对应的是, 描述系统振动的运动微分方程变量之间通常互相耦合, 使得求解比单自由度系统困难得多。

二自由度系统是多自由度系统最简单的特例, 力学直观性比较明显。从二自由度系统到多自由度系统, 主要是量的扩展, 在问题的表述、求解方法、振动形态上没有本质区别。掌握二自由度系统振动理论可为多自由度系统振动理论打下基础, 本章以二自由度振动系统为例, 介绍了多自由度系统的固有频率和主振型等概念以及运动微分方程的耦合问题。

6.1 二自由度系统运动微分方程

6.1.1 运动微分方程

考虑如图 6.1 所示的二自由度弹簧–阻尼–质量系统, 其广义坐标为两个质量 m_1、m_2 的水平位移 x_1、x_2, 取质量的静平衡位置为坐标原点, 水平向右为坐标的正方向, 建立系统的运动微分方程为

$$\begin{cases} m_1\ddot{x}_1 + (c_1 + c_2)\dot{x}_1 - c_2\dot{x}_2 + (k_1 + k_2)x_1 - k_2x_2 = F_1(t) \\ m_2\ddot{x}_2 - c_2\dot{x}_1 + (c_2 + c_3)\dot{x}_2 - k_2x_1 + (k_2 + k_3)x_2 = F_2(t) \end{cases} \tag{6.1}$$

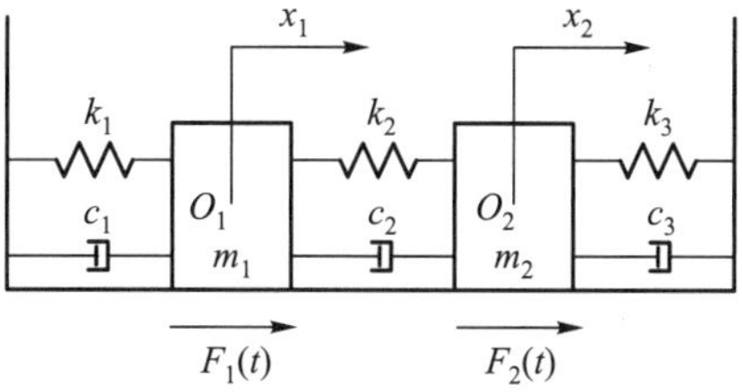

图 6.1 二自由度弹簧–阻尼–质量系统

将式 (6.1) 写为矩阵形式

$$\begin{bmatrix} m_1 & 0 \\ 0 & m_2 \end{bmatrix}\begin{bmatrix} \ddot{x}_1 \\ \ddot{x}_2 \end{bmatrix}+\begin{bmatrix} c_1+c_2 & -c_2 \\ -c_2 & c_2+c_3 \end{bmatrix}\begin{bmatrix} \dot{x}_1 \\ \dot{x}_2 \end{bmatrix}+\begin{bmatrix} k_1+k_2 & -k_2 \\ -k_2 & k_2+k_3 \end{bmatrix}\begin{bmatrix} x_1 \\ x_2 \end{bmatrix}=\begin{bmatrix} F_1(t) \\ F_2(t) \end{bmatrix} \tag{6.2}$$

定义 $\boldsymbol{x}=[x_1 \quad x_2]^{\mathrm{T}}$ 为位移列矩阵, $\dot{\boldsymbol{x}}=[\dot{x}_1 \quad \dot{x}_2]^{\mathrm{T}}$ 为速度列矩阵, $\ddot{\boldsymbol{x}}=[\ddot{x}_1 \quad \ddot{x}_2]^{\mathrm{T}}$ 为加速度列矩阵, $\boldsymbol{F}(t)=\begin{bmatrix} F_1(t) \\ F_2(t) \end{bmatrix}$ 为激励力列矩阵, $\boldsymbol{M}=\begin{bmatrix} m_1 & 0 \\ 0 & m_2 \end{bmatrix}$ 为质量矩阵, $\boldsymbol{C}=\begin{bmatrix} c_1+c_2 & -c_2 \\ -c_2 & c_2+c_3 \end{bmatrix}$ 为阻尼矩阵, $\boldsymbol{K}=\begin{bmatrix} k_1+k_2 & -k_2 \\ -k_2 & k_2+k_3 \end{bmatrix}$ 为刚度矩阵, 则式 (6.2) 可写为

$$\boldsymbol{M}\ddot{\boldsymbol{x}}+\boldsymbol{C}\dot{\boldsymbol{x}}+\boldsymbol{K}\boldsymbol{x}=\boldsymbol{F}(t) \tag{6.3}$$

6.1.2 系统的动能、势能和能量耗散函数

二自由度系统的动能可表示为

$$\begin{aligned} T&=\frac{1}{2}m_1\dot{x}_1^2+\frac{1}{2}m_2\dot{x}_2^2 \\ &=\frac{1}{2}[\dot{x}_1 \quad \dot{x}_2]\begin{bmatrix} m_1 & 0 \\ 0 & m_2 \end{bmatrix}\begin{bmatrix} \dot{x}_1 \\ \dot{x}_2 \end{bmatrix} \\ &=\frac{1}{2}\dot{\boldsymbol{x}}^{\mathrm{T}}\boldsymbol{M}\dot{\boldsymbol{x}} \end{aligned} \tag{6.4}$$

是质量矩阵的二次型。

系统的势能可表示为

$$\begin{aligned} U&=\frac{1}{2}k_1x_1^2+\frac{1}{2}k_2(x_1-x_2)^2+\frac{1}{2}k_3x_2^2 \\ &=\frac{1}{2}[x_1 \quad x_2]\begin{bmatrix} k_1+k_2 & -k_2 \\ -k_2 & k_2+k_3 \end{bmatrix}\begin{bmatrix} x_1 \\ x_2 \end{bmatrix} \\ &=\frac{1}{2}\boldsymbol{x}^{\mathrm{T}}\boldsymbol{K}\boldsymbol{x} \end{aligned} \tag{6.5}$$

是刚度矩阵的二次型。

系统的能量耗散函数可表示为

$$\begin{aligned} D&=\frac{1}{2}c_1\dot{x}_1^2+\frac{1}{2}c_2(\dot{x}_1-\dot{x}_2)^2+\frac{1}{2}c_3\dot{x}_2^2 \\ &=\frac{1}{2}[\dot{x}_1 \quad \dot{x}_2]\begin{bmatrix} c_1+c_2 & -c_2 \\ -c_2 & c_2+c_3 \end{bmatrix}\begin{bmatrix} \dot{x}_1 \\ \dot{x}_2 \end{bmatrix} \\ &=\frac{1}{2}\dot{\boldsymbol{x}}^{T}\boldsymbol{C}\dot{\boldsymbol{x}} \end{aligned} \tag{6.6}$$

是阻尼矩阵的二次型。

将系统的动能、势能和能量耗散函数分别对 x_1、x_2 求偏导, 可得

$$m_{12}=\frac{\partial^2 T}{\partial \dot{x}_1 \partial \dot{x}_2}=\frac{\partial^2 T}{\partial \dot{x}_2 \partial \dot{x}_1}=m_{21}$$

$$k_{12}=\frac{\partial^2 U}{\partial x_1 \partial x_2}=\frac{\partial^2 U}{\partial x_2 \partial x_1}=k_{21}$$

$$c_{12}=\frac{\partial^2 D}{\partial \dot{x}_1 \partial \dot{x}_2}=\frac{\partial^2 D}{\partial \dot{x}_2 \partial \dot{x}_1}=c_{21}$$

因此二自由度系统的质量矩阵、刚度矩阵和阻尼矩阵是对称矩阵。

由于能量是标量, 因此对于任意的 $\boldsymbol{x} \neq \mathbf{0}$, $\dot{\boldsymbol{x}} \neq \mathbf{0}$ 都有

$$T=\frac{1}{2}\dot{\boldsymbol{x}}^{\mathrm{T}}\boldsymbol{M}\dot{\boldsymbol{x}}>0$$

$$U=\frac{1}{2}\boldsymbol{x}^{\mathrm{T}}\boldsymbol{K}\boldsymbol{x}\geqslant 0$$

$$D=\frac{1}{2}\dot{\boldsymbol{x}}^{\mathrm{T}}\boldsymbol{C}\dot{\boldsymbol{x}}\geqslant 0$$

因此质量矩阵一定是正定矩阵, 刚度矩阵和阻尼矩阵是半正定矩阵。

6.1.3 运动微分方程的耦合问题

由式 (6.1) 可知, 由于 k_2、c_2 的存在, 两个质量 m_1、m_2 的振动相互影响, 使刚度矩阵和阻尼矩阵成为非对角矩阵, 微分方程存在耦合。耦合分以下几种情况:

(1) 如果质量矩阵是非对角矩阵, 称方程存在惯性耦合;

(2) 如果刚度矩阵是非对角矩阵, 称方程存在弹性耦合;

(3) 如果阻尼矩阵是非对角矩阵, 称方程存在阻尼耦合。

如果以上 3 个矩阵都是对角矩阵, 则系统的运动微分方程没有任何耦合, 变为两个独立的单自由度方程, 各个未知量可以单独求解。图 6.1 所示的二自由度弹簧–阻尼–质量系统, 如果 $k_2=0$, $c_2=0$, 则微分方程组就变成了以下两个独立的微分方程:

$$m_1\ddot{x}_1+c_1\dot{x}_1+k_1x_1=0$$

$$m_2\ddot{x}_2+c_3\dot{x}_2+k_3x_2=0$$

则 x_1、x_2 分别可以按照第 5 章所介绍的方法进行求解, 那么如何消除方程的耦合是求解多自由度系统运动微分方程的关键。从数学上讲, 就是如何使得质量矩阵、刚度矩阵和阻尼矩阵同时成为对角矩阵。下面通过实例来说明: 方程是否存在耦合以及存在什么类型的耦合取决于所取的描述系统的广义坐标, 而不是系统本身的性质。

[例 6–1] 汽车的振动是一个复杂的多自由度振动, 如果只考虑车体的上下振动和前后俯仰振动, 那么就可以把汽车简化成一个二自由度的振动系统。如图 6.2 所示, 将汽车板簧以上部分简化为一刚性杆, 质心为 C, 质量为 m, 绕质心的转动惯量为 I_C, 前后板簧的距离为 L, 距质心的距离分别为 L_1、L_2, 刚度分别为 k_1、k_2。忽略减振器阻尼和干摩擦等其他形式的阻尼, 不计板簧以下部分的质量和刚度, 试建立该汽车的二自由度振动模型。

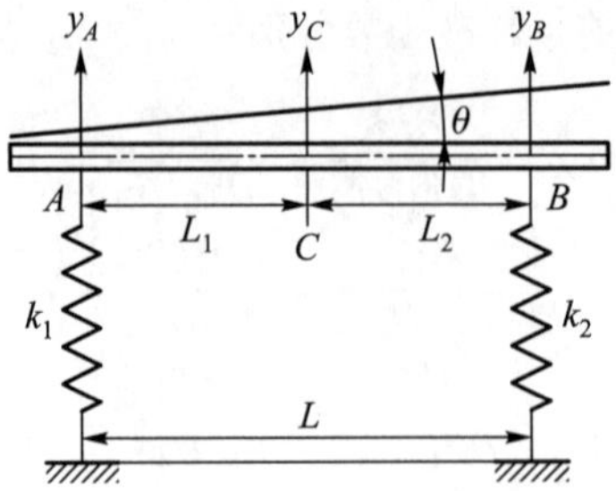

图 6.2 例 6–1 图

解: 以平衡位置为坐标原点, 选择前后板簧位置点 A、B 以及质心 C 的位移 y_A、y_B、y_C 和刚性杆的转角 θ 为广义坐标, 这 4 个广义坐标中只有两个是独立的, 选择不同的广义坐标, 就会得到不同形式的运动微分方程。

(1) 以 y_A、θ 为广义坐标, 则

$$y_C = y_A + L_1\theta, \quad y_B = y_A + L\theta$$

系统的动能为

$$T = \frac{1}{2}m\dot{y}_C^2 + \frac{1}{2}I_C\dot{\theta}^2 = \frac{1}{2}\begin{bmatrix}\dot{y}_A & \dot{\theta}\end{bmatrix}\begin{bmatrix} m & mL_1 \\ mL_1 & mL_1^2 + I_C\end{bmatrix}\begin{bmatrix}\dot{y}_A \\ \dot{\theta}\end{bmatrix}$$

势能为

$$U = \frac{1}{2}k_1y_A^2 + \frac{1}{2}k_2y_B^2 = \frac{1}{2}\begin{bmatrix}y_A & \theta\end{bmatrix}\begin{bmatrix} k_1 + k_2 & k_2L \\ k_2L & k_2L^2\end{bmatrix}\begin{bmatrix}y_A \\ \theta\end{bmatrix}$$

运用第二类拉格朗日方程, 得到系统的运动微分方程为

$$\begin{bmatrix} m & mL_1 \\ mL_1 & mL_1^2 + I_C\end{bmatrix}\begin{bmatrix}\ddot{y}_A \\ \ddot{\theta}\end{bmatrix} + \begin{bmatrix} k_1 + k_2 & k_2L \\ k_2L & k_2L^2\end{bmatrix}\begin{bmatrix}y_A \\ \theta\end{bmatrix} = \mathbf{0}$$

可见方程存在惯性耦合和弹性耦合。

(2) 以 y_C、θ 为广义坐标, 则

$$y_A = y_C - L_1\theta, \quad y_B = y_C + L_2\theta$$

可以表示为

$$\begin{bmatrix}y_A \\ y_B\end{bmatrix} = \begin{bmatrix}1 & -L_1 \\ 1 & L_2\end{bmatrix}\begin{bmatrix}y_C \\ \theta\end{bmatrix} = \boldsymbol{\Psi}\begin{bmatrix}y_C \\ \theta\end{bmatrix}$$

式中, $\boldsymbol{\Psi} = \begin{bmatrix}1 & -L_1 \\ 1 & L_2\end{bmatrix}$ 为由 $[y_C \quad \theta]^{\mathrm{T}}$ 到 $[y_A \quad y_B]^{\mathrm{T}}$ 的变换矩阵。

系统的动能为

$$T = \frac{1}{2}m\dot{y}_C^2 + \frac{1}{2}I_C\dot{\theta}^2 = \frac{1}{2}\begin{bmatrix}\dot{y}_C & \dot{\theta}\end{bmatrix}\begin{bmatrix} m & 0 \\ 0 & I_C\end{bmatrix}\begin{bmatrix}\dot{y}_C \\ \dot{\theta}\end{bmatrix}$$

势能为

$$
\begin{aligned}
U &= \frac{1}{2}k_1 y_A^2 + \frac{1}{2}k_2 y_B^2 \\
&= \frac{1}{2}\begin{bmatrix} y_A & y_B \end{bmatrix}\begin{bmatrix} k_1 & 0 \\ 0 & k_2 \end{bmatrix}\begin{bmatrix} y_A \\ y_B \end{bmatrix} \\
&= \frac{1}{2}\begin{bmatrix} y_C & \theta \end{bmatrix}\boldsymbol{\Psi}^{\mathrm{T}}\begin{bmatrix} k_1 & 0 \\ 0 & k_2 \end{bmatrix}\boldsymbol{\Psi}\begin{bmatrix} y_C \\ \theta \end{bmatrix} \\
&= \frac{1}{2}\begin{bmatrix} y_C & \theta \end{bmatrix}\begin{bmatrix} k_1+k_2 & k_2L_2-k_1L_1 \\ k_2L_2-k_1L_1 & k_1L_1^2+k_2L_2^2 \end{bmatrix}\begin{bmatrix} y_C \\ \theta \end{bmatrix}
\end{aligned}
$$

系统的运动微分方程为

$$
\begin{bmatrix} m & 0 \\ 0 & I_C \end{bmatrix}\begin{bmatrix} \ddot{y}_C \\ \ddot{\theta} \end{bmatrix} + \begin{bmatrix} k_1+k_2 & k_2L_2-k_1L_1 \\ k_2L_2-k_1L_1 & k_1L_1^2+k_2L_2^2 \end{bmatrix}\begin{bmatrix} y_C \\ \theta \end{bmatrix} = \mathbf{0}
$$

由上述运动微分方程可知, 当 $k_2L_2-k_1L_1 \neq 0$ 时, 方程存在弹性耦合; 当 $k_2L_2-k_1L_1 = 0$ 时, 则刚度矩阵成为对角矩阵, 方程解耦, 变为两个彼此独立的单自由度振动方程。

(3) 以 y_A、y_B 为广义坐标, 则

$$
y_C = y_A + \frac{L_1(y_B-y_A)}{L} = \frac{L_2y_A}{L} + \frac{L_1y_B}{L},
$$

$$
\theta = \frac{y_B-y_A}{L} = -\frac{y_A}{L} + \frac{y_B}{L}
$$

由 $[y_A \quad y_B]^{\mathrm{T}}$ 到 $[y_C \quad \theta]^{\mathrm{T}}$ 的变换矩阵为

$$
\boldsymbol{\Psi} = \begin{bmatrix} \dfrac{L_2}{L} & \dfrac{L_1}{L} \\ -\dfrac{1}{L} & \dfrac{1}{L} \end{bmatrix}
$$

系统的动能为

$$
\begin{aligned}
T &= \frac{1}{2}m\dot{y}_C^2 + \frac{1}{2}I_C\dot{\theta}^2 = \frac{1}{2}\begin{bmatrix} \dot{y}_A & \dot{y}_B \end{bmatrix}\boldsymbol{\Psi}^{\mathrm{T}}\begin{bmatrix} m & 0 \\ 0 & I_C \end{bmatrix}\boldsymbol{\Psi}\begin{bmatrix} \dot{y}_A \\ \dot{y}_B \end{bmatrix} \\
&= \frac{1}{2}\begin{bmatrix} \dot{y}_A & \dot{y}_B \end{bmatrix}\begin{bmatrix} \dfrac{mL_2^2}{L^2}+\dfrac{I_C}{L^2} & \dfrac{mL_1L_2}{L^2}-\dfrac{I_C}{L^2} \\ \dfrac{mL_1L_2}{L^2}-\dfrac{I_C}{L^2} & \dfrac{mL_1^2}{L^2}+\dfrac{I_C}{L^2} \end{bmatrix}\begin{bmatrix} \dot{y}_A \\ \dot{y}_B \end{bmatrix}
\end{aligned}
$$

势能为

$$
U = \frac{1}{2}k_1y_A^2 + \frac{1}{2}k_2y_B^2 = \frac{1}{2}\begin{bmatrix} y_A & y_B \end{bmatrix}\begin{bmatrix} k_1 & 0 \\ 0 & k_2 \end{bmatrix}\begin{bmatrix} y_A \\ y_B \end{bmatrix}
$$

系统的运动微分方程为

$$
\begin{bmatrix} \dfrac{mL_2^2}{L^2}+\dfrac{I_C}{L^2} & \dfrac{mL_1L_2}{L^2}-\dfrac{I_C}{L^2} \\ \dfrac{mL_1L_2}{L^2}-\dfrac{I_C}{L^2} & \dfrac{mL_1^2}{L^2}+\dfrac{I_C}{L^2} \end{bmatrix}\begin{bmatrix} \ddot{y}_A \\ \ddot{y}_B \end{bmatrix} + \begin{bmatrix} k_1 & 0 \\ 0 & k_2 \end{bmatrix}\begin{bmatrix} y_A \\ y_B \end{bmatrix} = \mathbf{0}
$$

由上述微分方程可知, 当 $mL_1L_2-I_C\neq 0$ 时, 方程存在惯性耦合; 当 $mL_1L_2-I_C=0$ 时, 质量矩阵成为对角矩阵, 方程已经解耦, 这时 A 点和 B 点的振动相互独立, 对于汽车来说, 就是前悬和后悬振动相互独立。在汽车理论中, 定义 $\rho=\dfrac{I_C}{mL_1L_2}$ 为质量分配系数, 当 $\rho=1$ 时, 汽车前悬和后悬振动相互独立, 就可以分别讨论它们的振动。

在推导过程中, 我们得到了不同广义坐标系下质量矩阵、刚度矩阵和阻尼矩阵的关系。设广义坐标 $\boldsymbol{x}$ 和 $\boldsymbol{y}$ 的变换关系为 $\boldsymbol{x}=\boldsymbol{\Psi}\boldsymbol{y}$, 由于势能和广义坐标选取无关, 因此

$$U=\frac{1}{2}\boldsymbol{x}^{\mathrm{T}}\boldsymbol{K}\boldsymbol{x}=\frac{1}{2}\boldsymbol{y}^{\mathrm{T}}\boldsymbol{\Psi}^{\mathrm{T}}\boldsymbol{K}\boldsymbol{\Psi}\boldsymbol{y}=\frac{1}{2}\boldsymbol{y}^{\mathrm{T}}\boldsymbol{K}_1\boldsymbol{y}$$

其中, $\boldsymbol{K}$ 为当广义坐标为 $\boldsymbol{x}$ 时的刚度矩阵, $\boldsymbol{K}_1$ 为当广义坐标为 $\boldsymbol{y}$ 时的刚度矩阵, 且

$$\boldsymbol{K}_1=\boldsymbol{\Psi}^{\mathrm{T}}\boldsymbol{K}\boldsymbol{\Psi} \tag{6.7}$$

同理有

$$\boldsymbol{M}_1=\boldsymbol{\Psi}^{\mathrm{T}}\boldsymbol{M}\boldsymbol{\Psi} \tag{6.8}$$

$$\boldsymbol{C}_1=\boldsymbol{\Psi}^{\mathrm{T}}\boldsymbol{C}\boldsymbol{\Psi} \tag{6.9}$$

由上述讨论可以得出:

(1) 耦合的方式 (弹性耦合还是惯性耦合) 是依选取的坐标而定的, 而坐标选取是研究者的主观抉择, 并非系统的本质特性。从这个意义上讲, 这里的耦合应该说 “坐标的耦合方式” 或 “运动方程的耦合方式”, 而不应该说 “系统的耦合方式”。

(2) 系统的质量矩阵、刚度矩阵和阻尼矩阵的具体形式与所选取的广义坐标有关, 合适的广义坐标能够解除方程的耦合, 由于不同广义坐标之间存在着变换关系, 所以, 方程解耦的问题就归结为寻找一个合适的变换矩阵 $\boldsymbol{\Psi}$, 使变换后系统的质量矩阵、阻尼矩阵和刚度矩阵同时成为对角矩阵。

6.2 固有频率与主振型

6.2.1 概念的提出

对于如图 6.3 所示的弹簧–质量系统, 其中 $m_1=m_2=m$, 考虑几种特殊初始条件下的自由振动响应。

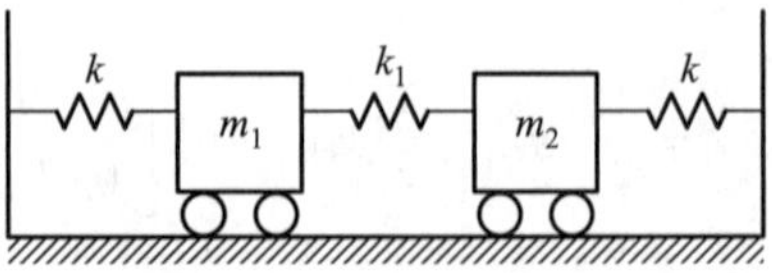

图 6.3 弹簧–质量系统

条件 1: $x_1(0)=x_2(0)=x_0$, $\dot{x}_1(0)=\dot{x}_2(0)=0$, 即把 m_1、m_2 向右移动相同的距离 x_0, 然后同时无初速度地放开。这是一个对称的初始条件, 这时 m_1 和 m_2 受到的力

的大小和方向均相同，二者的质量又相同，因此它们的速度和位移也相同，在整个振动过程中，弹簧 k_1 不变形，可以等效为一无质量的刚性杆等效系统，如图 6.4 所示。

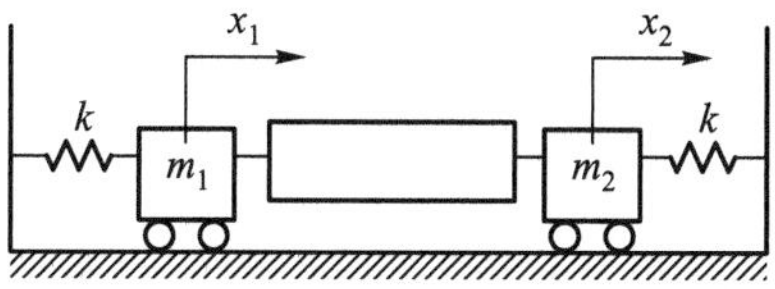

图 6.4 条件 1 下的等效系统

这是一个单自由度振动系统，系统的响应为

$$x_1(t) = x_2(t) = x_0 \cos(\omega_1 t)$$

式中，$\omega_1 = \sqrt{\dfrac{k}{m}}$，并有 $\dfrac{x_1(t)}{x_2(t)} = 1$。

条件 2: $x_1(0) = -x_0$, $x_2(0) = x_0$, $\dot{x}_1(0) = \dot{x}_2(0) = 0$，即把 m_1 向左、m_2 向右均移动 x_0，然后同时无初速度地放开。这是一个反对称的初始条件，由于系统的对称性，在振动过程中，弹簧 k_1 的中点没有运动，就像一个固定点。在这种情况下，弹簧 k_1 被分成相等的两半，每个刚度为 $2k_1$，如图 6.5 所示。这时两个系统是彼此独立的，是完全一样的单自由度系统(初始条件不同)。

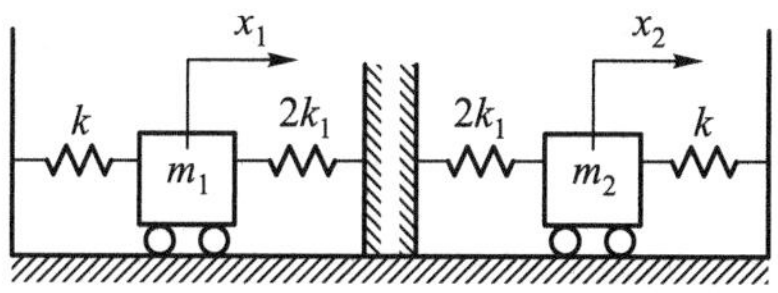

图 6.5 条件 2 下的等效系统

此时系统的响应为

$$x_1(t) = -x_0 \cos(\omega_2 t), \quad x_2(t) = x_0 \cos(\omega_2 t)$$

式中，$\omega_2 = \sqrt{\dfrac{k + 2k_1}{m}}$，$\dfrac{x_1(t)}{x_2(t)} = -1$。

条件 3: $x_1(0) = x_2(0) = 0$, $\dot{x}_1(0) = \dot{x}_2(0) = \dot{x}_0$，即 m_1、m_2 的初始位移为 0，初始速度不为 0，且大小和方向均相同。这也是一个对称的初始条件，与条件 1 的情况相似，只是由于初始条件不同而导致位移响应的幅值不同。此系统的响应为

$$x_1(t) = x_2(t) = \frac{\dot{x}_0}{\omega_1} \sin(\omega_1 t)$$

$$\frac{x_1(t)}{x_2(t)} = 1$$

条件 4: $x_1(0) = x_2(0) = 0$, $-\dot{x}_1(0) = \dot{x}_2(0) = \dot{x}_0$，即 m_1、m_2 的初始位移为 0，初始速度不为 0，且大小相同但方向相反。这又是一个反对称的初始条件，与条件 2 的情

况相似, 系统的响应为

$$x_1(t) = -\frac{\dot{x}_0}{\omega_2}\sin(\omega_2 t), \quad x_2(t) = \frac{\dot{x}_0}{\omega_2}\sin(\omega_2 t)$$

$$\frac{x_1(t)}{x_2(t)} = -1$$

由此可以看出:

(1) 该二自由度无阻尼系统在特殊初始条件 1、3 下的自由振动是简谐振动, 且两个自由度均以相同频率 ω_1 振动, 同时达到极值, 同时为 0, 并且相位差为 0;

(2) 该系统在特殊初始条件 2、4 下的自由振动也是简谐振动, 且两个自由度以相同频率 ω_2 振动, 同时达到极值, 同时为 0, 并且相位差为 π。

因此, 二自由度无阻尼系统在某些特定初始条件下的自由振动是简谐振动。此时振动的特点是: 系统的两个自由度以相同的频率振动, 同时达到极值, 同时为 0, 它们之间的相位差为 0 或 π, 它们的坐标之比是与系统物理参数有关而与时间无关的常数。

我们称这种振动为系统的*固有振动*。固有振动时的频率称为系统的*固有频率*。在每种固有振动中, 系统各个坐标之间有确定的比例关系, 这种特定的振动形态称为固有振型, 又称*主振型*或*主模态*。

可以用图形直观显示每一个固有振动下各个坐标之间的相互位置关系, 以横坐标表示系统中各点的平衡位置, 以纵坐标表示各点坐标的比值大小, 可以做出如图 6.6 所示的振型图, 其中图 (a) 表示的是两个物体以频率 ω_1 振动的振型, 图 (b) 表示的是两个物体以频率 ω_2 振动的振型。图 (b) 中有一个点在振动过程中始终不动, 这个点叫*节点*。二自由度系统有一个节点, n 个自由度的系统有 $n-1$ 个节点。

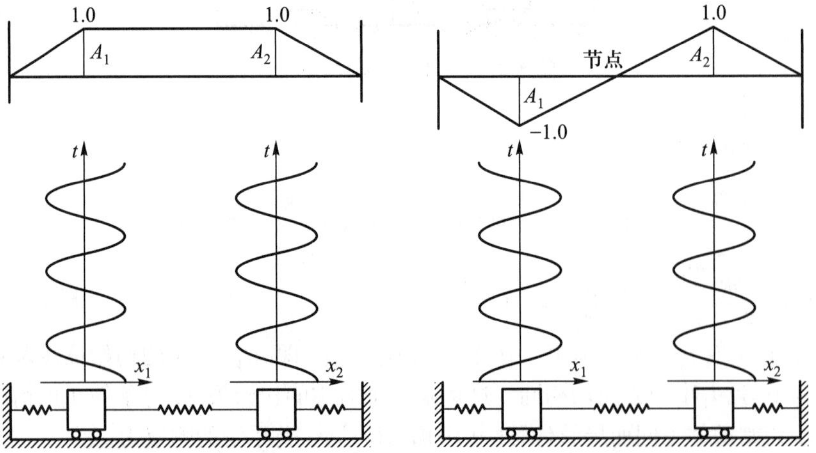

图 6.6 振型图

对于任意初始条件: $x_1(0) = x_{10}$, $x_2(0) = x_{20}$, $\dot{x}_1(0) = \dot{x}_{10}$, $\dot{x}_2(0) = \ddot{x}_{20}$, 可以分解为如下 4 种初始条件之和:

(1) $x_1(0) = x_0(0) = \dfrac{x_{10} + x_{20}}{2} = A, \dot{x}_1(0) = \dot{x}_2(0) = 0$, 此时 $x_1(t) = x_2(t) = A\cos(\omega_1 t)$;

(2) $-x_1(0)=x_2(0)=\dfrac{x_{20}-x_{10}}{2}=B$, $\dot{x}_1(0)=\dot{x}_2(0)=0$, 此时 $x_1(t)=-B\cos(\omega_2 t)$, $x_2(t)=B\cos(\omega_2 t)$;

(3) $x_1(0)=x_2(0)=0$, $\dot{x}_1(0)=\dot{x}_2(0)=\dfrac{\dot{x}_{10}+\dot{x}_{20}}{2}=C\omega_1$, 此时 $x_1(t)=x_2(t)=C\sin(\omega_1 t)$;

(4) $x_1(0)=x_2(0)=0$, $-\dot{x}_1(0)=\dot{x}_2(0)=\dfrac{\dot{x}_{20}-\dot{x}_{10}}{2}=D\omega_2$, 此时 $x_1(t)=-D\sin(\omega_2 t)$, $x_2(t)=D\sin(\omega_2 t)$。

根据叠加原理, 可求得任意初始条件下的自由振动响应为

$$
\begin{aligned}
x_1(t)&=A\cos(\omega_1 t)-B\cos(\omega_2 t)+C\sin(\omega_1 t)-D\sin(\omega_2 t)\\
x_2(t)&=A\cos(\omega_1 t)+B\cos(\omega_2 t)+C\sin(\omega_1 t)+D\sin(\omega_2 t)
\end{aligned}
$$

进一步合成为

$$
\begin{aligned}
x_1(t)&=A_1\cos(\omega_1 t-\varphi_1)-A_2\cos(\omega_2 t-\varphi_2)\\
x_2(t)&=A_1\cos(\omega_1 t-\varphi_1)+A_2\cos(\omega_2 t-\varphi_2)
\end{aligned}
$$

由此可以看出, 系统在任意初始条件下的自由振动是两种固有振动的叠加。

6.2.2 固有频率和主振型的求解

考虑二自由度无阻尼系统的自由振动微分方程

$$
\begin{bmatrix} m_{11} & m_{12}\\ m_{21} & m_{22}\end{bmatrix}\begin{bmatrix}\ddot{x}_1\\ \ddot{x}_2\end{bmatrix}+\begin{bmatrix} k_{11} & k_{12}\\ k_{21} & k_{22}\end{bmatrix}\begin{bmatrix}x_1\\ x_2\end{bmatrix}=\mathbf{0}
$$

设系统固有振动时的解为

$$
x_1(t)=A_1\cos(\omega t-\varphi),\quad x_2(t)=A_2\cos(\omega t-\varphi)
$$

代入微分方程中得

$$
\left(-\omega^2\begin{bmatrix} m_{11} & m_{12}\\ m_{21} & m_{22}\end{bmatrix}+\begin{bmatrix} k_{11} & k_{12}\\ k_{21} & k_{22}\end{bmatrix}\right)\begin{bmatrix}A_1\\ A_2\end{bmatrix}=\mathbf{0}
$$

令 $\boldsymbol{M}=\begin{bmatrix} m_{11} & m_{12}\\ m_{21} & m_{22}\end{bmatrix}$, $\boldsymbol{K}=\begin{bmatrix} k_{11} & k_{12}\\ k_{21} & k_{22}\end{bmatrix}$, 则有

$$
(\boldsymbol{K}-\omega^2\boldsymbol{M})\begin{bmatrix}A_1\\ A_2\end{bmatrix}=\mathbf{0} \tag{6.10}
$$

这是一个以 A_1、A_2 为未知量的线性齐次代数方程组, 称为振型方程, 方程组有非 0 解的充分必要条件是

$$
\left|\boldsymbol{K}-\omega^2\boldsymbol{M}\right|=0 \tag{6.11}
$$

此式称为系统的特征方程或频率方程, 展开可以得到关于 ω^2 的二次代数方程, 该方程有两个根 (称为特征根)。由于 $\boldsymbol{M}$ 是正定矩阵, $\boldsymbol{K}$ 是半正定矩阵, 因此 $\omega_1^2 \geqslant 0$, $\omega_2^2 \geqslant 0$。取正平方根, 并设 $\omega_1 < \omega_2$, 则 ω_1、ω_2 就是系统的两个固有频率。

将 ω_1^2、ω_2^2 代入振型方程 (6.10) 中, 可得

$$\left(\boldsymbol{K} - \omega_1^2 \boldsymbol{M}\right) \begin{bmatrix} A_{11} \\ A_{21} \end{bmatrix} = \boldsymbol{0}$$

$$\left(\boldsymbol{K} - \omega_2^2 \boldsymbol{M}\right) \begin{bmatrix} A_{12} \\ A_{22} \end{bmatrix} = \boldsymbol{0}$$

这两个方程组分别是关于 A_{11}、A_{21} 以及 A_{12}、A_{22} 的二元一次齐次方程组, 它们有无穷多组解, 无法求得 A_{11}、A_{21}、A_{12}、A_{22} 的具体值, 只能求得其比值

$$\frac{A_{21}}{A_{11}} = \mu_1 > 0, \quad \frac{A_{22}}{A_{12}} = \mu_2 < 0$$

一般地, 令 $A_{11} = 1$, $A_{12} = 1$ 则

$$\boldsymbol{A}_1 = \begin{bmatrix} 1 \\ \mu_1 \end{bmatrix}, \quad \boldsymbol{A}_2 = \begin{bmatrix} 1 \\ \mu_2 \end{bmatrix}$$

这就是系统对应于 ω_1、ω_2 的第一阶、第二阶固有振型。固有频率和它所对应的振型完全由质量和刚度矩阵决定, 与外界激励无关, 是系统固有的特性。矩阵

$$\boldsymbol{\Psi} = [\boldsymbol{A}_1 \quad \boldsymbol{A}_2] = \begin{bmatrix} A_{11} & A_{12} \\ A_{21} & A_{22} \end{bmatrix}$$

称为系统的振型矩阵或模态矩阵。

[例 6–2] 试求图 6.3 中的二自由度振动系统的固有频率和振型。

解: 该系统的运动微分方程为

$$\begin{bmatrix} m & 0 \\ 0 & m \end{bmatrix} \begin{bmatrix} \ddot{x}_1 \\ \ddot{x}_2 \end{bmatrix} + \begin{bmatrix} k + k_1 & -k_1 \\ -k_1 & k + k_1 \end{bmatrix} \begin{bmatrix} x_1 \\ x_2 \end{bmatrix} = \boldsymbol{0}$$

设系统固有振动时的响应为

$$x_1(t) = A_1 \cos(\omega t - \varphi), \quad x_2(t) = A_2 \cos(\omega t - \varphi)$$

代入系统的运动微分方程得

$$\begin{bmatrix} k + k_1 - \omega^2 m & -k_1 \\ -k_1 & k + k_1 - \omega^2 m \end{bmatrix} \begin{bmatrix} A_1 \\ A_2 \end{bmatrix} = \boldsymbol{0}$$

由

$$\begin{vmatrix} k + k_1 - \omega^2 m & -k_1 \\ -k_1 & k + k_1 - \omega^2 m \end{vmatrix} = \left(k - \omega^2 m\right)\left(k + 2k_1 - \omega^2 m\right) = 0$$

得

$$\omega_1^2 = \frac{k}{m}, \quad \omega_2^2 = \frac{k+2k_1}{m}$$

取正平方根, 得固有频率

$$\omega_1 = \sqrt{\frac{k}{m}}, \quad \omega_2 = \sqrt{\frac{k+2k_1}{m}}$$

将 $\omega_1^2 = \dfrac{k}{m}$ 代入 $\begin{bmatrix} k+k_1-\omega^2 m & -k_1 \\ -k_1 & k+k_1-\omega^2 m \end{bmatrix} \begin{bmatrix} A_{11} \\ A_{21} \end{bmatrix} = \mathbf{0}$ 中, 得

$$\begin{bmatrix} k_1 & -k_1 \\ -k_1 & k_1 \end{bmatrix} \begin{bmatrix} A_{11} \\ A_{21} \end{bmatrix} = \mathbf{0}$$

由此可得

$$\frac{A_{21}}{A_{11}} = \mu_1 = 1$$

取 $A_{11} = 1$, 则对应于 ω_1 的固有振型为

$$\boldsymbol{A}_1 = \begin{bmatrix} 1 \\ 1 \end{bmatrix}$$

将 $\omega_2^2 = \dfrac{k+2k_1}{m}$ 代入 $\begin{bmatrix} k+k_1-\omega^2 m & -k_1 \\ -k_1 & k+k_1-\omega^2 m \end{bmatrix} \begin{bmatrix} A_{12} \\ A_{22} \end{bmatrix} = \mathbf{0}$ 中, 得

$$\begin{bmatrix} -k_1 & -k_1 \\ -k_1 & -k_1 \end{bmatrix} \begin{bmatrix} A_{12} \\ A_{22} \end{bmatrix} = \mathbf{0}$$

由此可得

$$\frac{A_{22}}{A_{12}} = \mu_2 = -1$$

取 $A_{12} = 1$, 则对应于 ω_2 的固有振型为

$$\boldsymbol{A}_2 = \begin{bmatrix} 1 \\ -1 \end{bmatrix}$$

系统的振型矩阵为

$$\boldsymbol{\Psi} = [\boldsymbol{A}_1 \quad \boldsymbol{A}_2] = \begin{bmatrix} A_{11} & A_{12} \\ A_{21} & A_{22} \end{bmatrix} = \begin{bmatrix} 1 & 1 \\ 1 & -1 \end{bmatrix}$$

6.3 二自由度系统的无阻尼自由振动响应

设二自由度振动系统的两个固有频率为 ω_1、ω_2, 振型矩阵 (模态矩阵) 为

$$\boldsymbol{\Psi} = [\boldsymbol{A}_1 \quad \boldsymbol{A}_2] = \begin{bmatrix} A_{11} & A_{12} \\ A_{21} & A_{22} \end{bmatrix}$$

则

$$\frac{A_{21}}{A_{11}}=\mu_1,\quad \frac{A_{22}}{A_{12}}=\mu_2$$

根据 6.2.1 节的讨论, 二自由度无阻尼系统在任意初始条件下的自由振动是两种固有振动的叠加, 即

$$\begin{aligned} x_1(t)&=A_1\cos(\omega_1 t-\varphi_1)+A_2\cos(\omega_2 t-\varphi_2)\\ x_2(t)&=\mu_1 A_1\cos(\omega_1 t-\varphi_1)+\mu_2 A_2\cos(\omega_2 t-\varphi_2)\end{aligned}$$

而 A_1、A_2、φ_1、φ_2 则由运动的初始条件可以求出。

[例 6–3] 已知图 6.3 中的二自由度振动系统振动的初始条件为 $x_1(0)=x_0$, $x_2(0)=0, \dot{x}_1(0)=\dot{x}_2(0)=0$, 试求该系统的自由振动响应。

解: 根据例 6–2 的结果, 系统的固有频率为

$$\omega_1=\sqrt{\frac{k}{m}},\quad \omega_2=\sqrt{\frac{k+2k_1}{m}}$$

且

$$\frac{A_{21}}{A_{11}}=\mu_1=1,\quad \frac{A_{22}}{A_{12}}=\mu_2=-1$$

则系统自由振动的响应为

$$\begin{aligned} x_1(t)&=A_1\cos(\omega_1 t-\varphi_1)+A_2\cos(\omega_2 t-\varphi_2)\\ x_2(t)&=\mu_1 A_1\cos(\omega_1 t-\varphi_1)+\mu_2 A_2\cos(\omega_2 t-\varphi_2)\\ &=A_1\cos(\omega_1 t-\varphi_1)-A_2\cos(\omega_2 t-\varphi_2)\end{aligned}$$

代入初始条件 $x_1(0)=x_0$, $x_2(0)=0$, $\dot{x}_1(0)=\dot{x}_2(0)=0$, 得

$$A_1=A_2=\frac{x_0}{2},\quad \varphi_1=\varphi_2=0$$

因此, 系统自由振动的响应为

$$\begin{aligned} x_1(t)&=\frac{x_0}{2}\left[\cos(\omega_1 t)+\cos(\omega_2 t)\right]\\ x_2(t)&=\frac{x_0}{2}\left[\cos(\omega_1 t)-\cos(\omega_2 t)\right]\end{aligned}$$

第 7 章　多自由度系统的振动

多自由度系统是指有限多个自由度的系统, 它包括前述的二自由度系统。多自由度系统的振动分析在原理上与二自由度系统的分析没有本质的差别, 只是由于自由度数目的增加, 分析工作量加大, 需要采用与之相适应的数学工具和分析方法。模态分析法(又称主坐标法) 是多自由度系统振动分析的基本方法, 其思想就是通过选取一组模态坐标(主坐标), 将多自由度的运动微分方程组解耦, 变成一组单自由度的运动微分方程, 运用单自由度系统的分析方法进行求解, 最后按照叠加原理进行叠加。

7.1　多自由度系统运动微分方程

对于复杂的多自由度系统, 采用第二类拉格朗日方程建立运动方程比较方便, 其中的广义力包括有势力、阻尼力以及其他激励力, 这时拉格朗日方程应写为

$$\frac{\mathrm{d}}{\mathrm{d}t}\left(\frac{\partial T}{\partial \dot{x}_j}\right)-\frac{\partial T}{\partial x_j}=F_j(t)-\frac{\partial U}{\partial x_j}-\frac{\partial D}{\partial \dot{x}_j}\quad (j=1,2,\cdots,n)$$

其中 $x_j(j=1,2,\cdots,n)$ 为广义坐标, $-\dfrac{\partial U}{\partial x_j}$、$-\dfrac{\partial D}{\partial \dot{x}_j}$ 和 $F_j(t)$ 分别为对应于 x_j 的有势力、阻尼力和其他激励力。将 $-\dfrac{\partial U}{\partial x_j}$、$-\dfrac{\partial D}{\partial \dot{x}_j}$ 项移到方程左边, 得

$$\frac{\mathrm{d}}{\mathrm{d}t}\left(\frac{\partial T}{\partial \dot{x}_j}\right)-\frac{\partial T}{\partial x_j}+\frac{\partial U}{\partial x_j}+\frac{\partial D}{\partial \dot{x}_j}=F_j(t)\quad (j=1,2,\cdots,n) \tag{7.1}$$

对于一个 n 自由度的振动系统, 设其广义坐标为 $\boldsymbol{x}=[x_1\quad x_2\quad \cdots\quad x_n]^{\mathrm{T}}$, 激励力列矩阵为 $\boldsymbol{F}(t)=[F_1(t)\quad F_2(t)\quad \cdots\quad F_n(t)]^{\mathrm{T}}$, 质量矩阵为 $\boldsymbol{M}$, 阻尼矩阵为 $\boldsymbol{C}$, 刚度矩阵为 $\boldsymbol{K}$, 则系统的动能为

$$T=\frac{1}{2}\dot{\boldsymbol{x}}^{\mathrm{T}}\boldsymbol{M}\dot{\boldsymbol{x}} \tag{7.2}$$

系统的势能为

$$U=\frac{1}{2}\boldsymbol{x}^{\mathrm{T}}\boldsymbol{K}\boldsymbol{x} \tag{7.3}$$

系统的能量耗散函数可表示为

$$D=\frac{1}{2}\dot{\boldsymbol{x}}^{\mathrm{T}}\boldsymbol{C}\dot{\boldsymbol{x}} \tag{7.4}$$

代入式 (7.1) 中得到系统运动微分方程的矩阵形式为

$$\boldsymbol{M}\ddot{\boldsymbol{x}}+\boldsymbol{C}\dot{\boldsymbol{x}}+\boldsymbol{K}\boldsymbol{x}=\boldsymbol{F}(t) \tag{7.5}$$

这是一个由 n 个二阶常微分方程组成的方程组。

由于

$$\begin{aligned}
m_{ij}&=\frac{\partial^2 T}{\partial\dot{x}_i\partial\dot{x}_j}=\frac{\partial^2 T}{\partial\dot{x}_j\partial\dot{x}_i}=m_{ji}\\
k_{ij}&=\frac{\partial^2 U}{\partial x_i\partial x_j}=\frac{\partial^2 U}{\partial x_j\partial x_i}=k_{ji}\\
c_{ij}&=\frac{\partial^2 D}{\partial\dot{x}_i\partial\dot{x}_j}=\frac{\partial^2 D}{\partial\dot{x}_j\partial\dot{x}_i}=c_{ji}
\end{aligned}$$

因此多自由度系统的质量矩阵、刚度矩阵和阻尼矩阵是对称矩阵。

由于能量是标量, 对于任意的 $\boldsymbol{x}\neq\boldsymbol{0}$, $\dot{\boldsymbol{x}}\neq\boldsymbol{0}$ 都有

$$\begin{aligned}
T&=\frac{1}{2}\dot{\boldsymbol{x}}^{\mathrm{T}}\boldsymbol{M}\dot{\boldsymbol{x}}>0\\
U&=\frac{1}{2}\boldsymbol{x}^{\mathrm{T}}\boldsymbol{K}\boldsymbol{x}\geqslant 0\\
D&=\frac{1}{2}\dot{\boldsymbol{x}}^{\mathrm{T}}\boldsymbol{C}\dot{\boldsymbol{x}}\geqslant 0
\end{aligned}$$

因此质量矩阵一定是正定矩阵, 刚度矩阵和阻尼矩阵是半正定矩阵。

7.2 固有频率与主振型

考虑多自由度系统的无阻尼自由振动, 运动微分方程为

$$\boldsymbol{M}\ddot{\boldsymbol{x}}+\boldsymbol{K}\boldsymbol{x}=\boldsymbol{0} \tag{7.6}$$

由第 6 章的讨论我们已经知道, 在某些特殊的初始激励下, 系统的无阻尼自由振动是简谐振动, 系统的各个自由度以相同的频率振动。设系统固有振动时的解为

$$x_i(t)=A_i\cos(\omega t-\varphi),\quad (i=1,2,\cdots,n)$$

代入微分方程中得振型方程

$$\left(\boldsymbol{K}-\omega^2\boldsymbol{M}\right)\boldsymbol{A}=0 \tag{7.7}$$

其中 $\boldsymbol{A}=[A_1\quad A_2\quad\cdots\quad A_n]^{\mathrm{T}}$。

这是一个以 $A_1,A_2,\cdots,A_n$ 为未知量的线性齐次代数方程组, 方程组有非零解的充分必要条件是

$$\left|\boldsymbol{K}-\omega^2\boldsymbol{M}\right|=0 \tag{7.8}$$

此式为系统的特征方程或频率方程, 展开可以得到 ω^2 的 n 次代数方程, 可以求解出 n 个根, 即 $\omega_1^2, \omega_2^2, \cdots, \omega_n^2$。取正平方根, 就得到系统的 n 个固有频率

$$\omega_1 < \omega_2 < \cdots < \omega_n$$

将 $\omega_1^2, \omega_2^2, \cdots, \omega_n^2$ 代入振型方程中, 可求得相应的系统主振型

$$\boldsymbol{A}_1 = \begin{bmatrix} A_{11} \\ A_{21} \\ \vdots \\ A_{n1} \end{bmatrix}, \quad \boldsymbol{A}_2 = \begin{bmatrix} A_{12} \\ A_{22} \\ \vdots \\ A_{n2} \end{bmatrix}, \cdots, \quad \boldsymbol{A}_n = \begin{bmatrix} A_{1n} \\ A_{2n} \\ \vdots \\ A_{nn} \end{bmatrix}$$

矩阵

$$\boldsymbol{\Psi} = [\boldsymbol{A}_1 \quad \boldsymbol{A}_2 \quad \cdots \quad \boldsymbol{A}_n] = \begin{bmatrix} A_{11} & A_{12} & \cdots & A_{n1} \\ A_{21} & A_{22} & \cdots & A_{n2} \\ \vdots & \vdots & \ddots & \vdots \\ A_{n1} & A_{n2} & \cdots & A_{nn} \end{bmatrix}$$

为系统的振型矩阵或模态矩阵。

对于任意 ω_r, 有 $\left(\boldsymbol{K} - \omega_r^2 \boldsymbol{M}\right) \boldsymbol{A}_r = 0$, 即

$$\boldsymbol{K}\boldsymbol{A}_r = \omega_r^2 \boldsymbol{M}\boldsymbol{A}_r$$

两边左乘 $\boldsymbol{A}_r^{\mathrm{T}}$, 有

$$\boldsymbol{A}_r^{\mathrm{T}}\boldsymbol{K}\boldsymbol{A}_r = \omega_r^2 \boldsymbol{A}_r^{\mathrm{T}}\boldsymbol{M}\boldsymbol{A}_r$$

从而解得

$$\omega_r^2 = \frac{\boldsymbol{A}_r^{\mathrm{T}}\boldsymbol{K}\boldsymbol{A}_r}{\boldsymbol{A}_r^{\mathrm{T}}\boldsymbol{M}\boldsymbol{A}_r}$$

由于 $\boldsymbol{M}$ 是对称正定矩阵, $\boldsymbol{K}$ 是对称正定或半正定矩阵, 因此对于任意的 $\boldsymbol{A}_r \neq \boldsymbol{0}$, 有

$$\boldsymbol{A}_r^{\mathrm{T}}\boldsymbol{K}\boldsymbol{A}_r \geqslant 0, \quad \boldsymbol{A}_r^{\mathrm{T}}\boldsymbol{M}\boldsymbol{A}_r > 0$$

因此 $\omega_r^2 \geqslant 0$, 即当 $\boldsymbol{K}$ 为对称正定矩阵时, $\omega_r^2 > 0$; 当 $\boldsymbol{K}$ 为对称半正定矩阵时, 则必然有一个或几个 ω_r 满足 $\omega_r^2 = 0$。

[例 7–1] 如图 7.1 所示的 3 自由度的振动系统, 已知 $m_1 = m_2 = m_3 = m$, $k_1 = k_2 = k_3 = k$, 试求该系统的固有频率和振型。

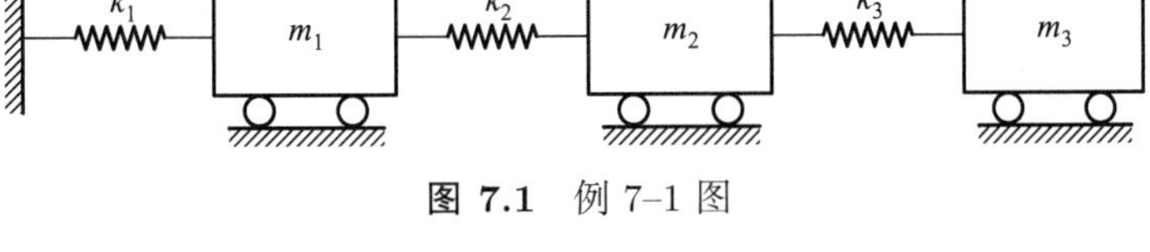

图 7.1 例 7–1 图

解: 以 3 个质量在 x 方向的位移为广义坐标, 以其平衡位置为坐标原点, 建立该系统的运动微分方程为

$$\begin{bmatrix} m & 0 & 0 \\ 0 & m & 0 \\ 0 & 0 & m \end{bmatrix} \begin{bmatrix} \ddot{x}_1 \\ \ddot{x}_2 \\ \ddot{x}_3 \end{bmatrix} + \begin{bmatrix} 2k & -k & 0 \\ -k & 2k & -k \\ 0 & -k & k \end{bmatrix} \begin{bmatrix} x_1 \\ x_2 \\ x_3 \end{bmatrix} = \mathbf{0}$$

则

$$\boldsymbol{M} = \begin{bmatrix} m & 0 & 0 \\ 0 & m & 0 \\ 0 & 0 & m \end{bmatrix}, \quad \boldsymbol{K} = \begin{bmatrix} 2k & -k & 0 \\ -k & 2k & -k \\ 0 & -k & k \end{bmatrix}$$

由特征方程 $\left|\boldsymbol{K} - \omega^2 \boldsymbol{M}\right| = 0$, 得

$$\begin{vmatrix} 2k - \omega^2 m & -k & 0 \\ -k & 2k - \omega^2 m & -k \\ 0 & -k & k - \omega^2 m \end{vmatrix} = 0$$

即

$$\left(\omega^2\right)^3 - 5\left(\frac{k}{m}\right)\left(\omega^2\right)^2 + 6\frac{k}{m}\omega^2 - \left(\frac{k}{m}\right)^3 = 0$$

解得

$$\omega_1^2 = 0.198\frac{k}{m}, \quad \omega_2^2 = 1.555\frac{k}{m}, \quad \omega_3^2 = 3.247\frac{k}{m}$$

将 ω_1^2 代入振型方程

$$\begin{bmatrix} 2k - \omega_1^2 m & -k & 0 \\ -k & 2k - \omega_1^2 m & -k \\ 0 & -k & k - \omega_1^2 m \end{bmatrix} \begin{bmatrix} A_{11} \\ A_{21} \\ A_{31} \end{bmatrix} = 0$$

可得

$$\frac{A_{21}}{A_{11}} = 1.802, \quad \frac{A_{31}}{A_{11}} = 2.247$$

令 $A_{11} = 1$, 则 $A_{21} = 1.802$, $A_{31} = 2.247$, 系统的第一阶振型为 $\boldsymbol{A}_1 = \begin{bmatrix} 1 \\ 1.802 \\ 2.247 \end{bmatrix}$。

同理, 可得系统的第二阶振型为 $\boldsymbol{A}_2 = \begin{bmatrix} 1 \\ 0.445 \\ -0.802 \end{bmatrix}$, 第三阶振型为 $\boldsymbol{A}_1 = \begin{bmatrix} 1 \\ -1.247 \\ 0.555 \end{bmatrix}$, 如图 7.2 所示。

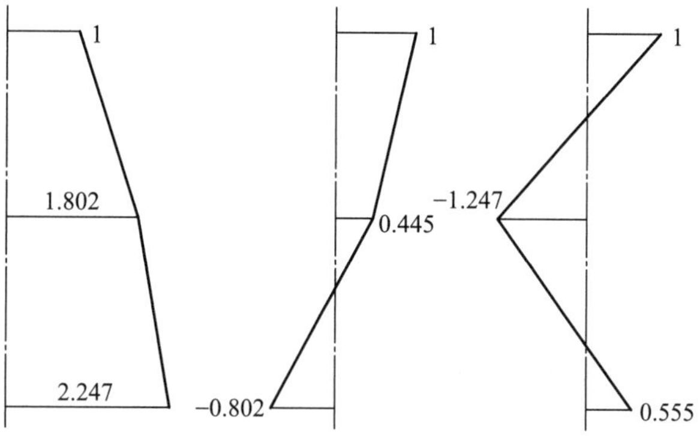

图 7.2 系统的各阶振型图

7.3 主振型的正交性

对于系统的任意两个不同的固有频率 $\omega_r \neq \omega_s (r \neq s)$ 振型, 均应该满足振型方程$\left(\boldsymbol{K} - \omega^2 \boldsymbol{M}\right) \boldsymbol{A} = 0$, 即

$$\boldsymbol{K}\boldsymbol{A}_r = \omega_r^2 \boldsymbol{M}\boldsymbol{A}_r \tag{7.9}$$

$$\boldsymbol{K}\boldsymbol{A}_s = \omega_s^2 \boldsymbol{M}\boldsymbol{A}_s \tag{7.10}$$

将式 (7.9) 左乘 $\boldsymbol{A}_s^{\mathrm{T}}$、式 (7.10) 左乘 $\boldsymbol{A}_r^{\mathrm{T}}$, 得

$$\boldsymbol{A}_s^{\mathrm{T}}\boldsymbol{K}\boldsymbol{A}_r = \omega_r^2 \boldsymbol{A}_s^{\mathrm{T}}\boldsymbol{M}\boldsymbol{A}_r \tag{7.11}$$

$$\boldsymbol{A}_r^{\mathrm{T}}\boldsymbol{K}\boldsymbol{A}_s = \omega_s^2 \boldsymbol{A}_r^{\mathrm{T}}\boldsymbol{M}\boldsymbol{A}_s \tag{7.12}$$

再将式 (7.12) 转置, 得

$$\boldsymbol{A}_s^{\mathrm{T}}\boldsymbol{K}\boldsymbol{A}_r = \omega_s^2 \boldsymbol{A}_s^{\mathrm{T}}\boldsymbol{M}\boldsymbol{A}_r \tag{7.13}$$

将式 (7.11)、式 (7.13) 相减, 得

$$0 = (\omega_r^2 - \omega_s^2)\boldsymbol{A}_s^{\mathrm{T}}\boldsymbol{M}\boldsymbol{A}_r \tag{7.14}$$

由于 $\omega_r \neq \omega_s (r \neq s)$, 故

$$\boldsymbol{A}_s^{\mathrm{T}}\boldsymbol{M}\boldsymbol{A}_r = 0 \quad (r \neq s) \tag{7.15}$$

将式 (7.15) 代入式 (7.11), 可得

$$\boldsymbol{A}_s^{\mathrm{T}}\boldsymbol{K}\boldsymbol{A}_r = 0 \quad (r \neq s) \tag{7.16}$$

式 (7.15) 和式 (7.16) 表明: 不同固有频率的两个主振型之间存在着关于质量矩阵$\boldsymbol{M}$ 的正交性和关于刚度矩阵$\boldsymbol{K}$ 的正交性, 这个性质简称为主振型的正交性。

当 $r = s$ 时, 无论 $\boldsymbol{A}_r^{\mathrm{T}}\boldsymbol{M}\boldsymbol{A}_r$ 取什么有限值, 式 (7.14) 均成立, 可令

$$M_r = \boldsymbol{A}_r^{\mathrm{T}}\boldsymbol{M}\boldsymbol{A}_r \tag{7.17}$$

对于刚度矩阵, 同样也有

$$K_r = \boldsymbol{A}_r^{\mathrm{T}} \boldsymbol{K} \boldsymbol{A}_r \tag{7.18}$$

通常称 $M_r = \boldsymbol{A}_r^{\mathrm{T}} \boldsymbol{M} \boldsymbol{A}_r$ 为第 r 阶模态质量或主质量, $K_r = \boldsymbol{A}_r^{\mathrm{T}} \boldsymbol{K} \boldsymbol{A}_r$ 为第 r 阶模态刚度或主刚度, 且有

$$\frac{K_r}{M_r} = \frac{\boldsymbol{A}_r^{\mathrm{T}} \boldsymbol{K} \boldsymbol{A}_r}{\boldsymbol{A}_r^{\mathrm{T}} \boldsymbol{M} \boldsymbol{A}_r} = \omega_r^2 \tag{7.19}$$

运用主振型的正交性, 将质量矩阵和刚度矩阵左乘振型矩阵的转置矩阵, 再右乘振型矩阵, 就可将质量矩阵和刚度矩阵变换为对角矩阵, 即

$$\begin{aligned}
\boldsymbol{\Psi}^{\mathrm{T}} \boldsymbol{M} \boldsymbol{\Psi} &= \begin{bmatrix} \boldsymbol{A}_1^{\mathrm{T}} \\ \boldsymbol{A}_2^{\mathrm{T}} \\ \vdots \\ \boldsymbol{A}_n^{\mathrm{T}} \end{bmatrix} \boldsymbol{M} \begin{bmatrix} \boldsymbol{A}_1 & \boldsymbol{A}_2 & \cdots & \boldsymbol{A}_n \end{bmatrix} \\
&= \begin{bmatrix} \boldsymbol{A}_1^{\mathrm{T}} \boldsymbol{M} \boldsymbol{A}_1 & \boldsymbol{A}_1^{\mathrm{T}} \boldsymbol{M} \boldsymbol{A}_2 & \cdots & \boldsymbol{A}_1^{\mathrm{T}} \boldsymbol{M} \boldsymbol{A}_n \\ \boldsymbol{A}_2^{\mathrm{T}} \boldsymbol{M} \boldsymbol{A}_1 & \boldsymbol{A}_2^{\mathrm{T}} \boldsymbol{M} \boldsymbol{A}_2 & \cdots & \boldsymbol{A}_2^{\mathrm{T}} \boldsymbol{M} \boldsymbol{A}_n \\ \cdots & \cdots & \cdots & \cdots \\ \boldsymbol{A}_n^{\mathrm{T}} \boldsymbol{M} \boldsymbol{A}_1 & \boldsymbol{A}_n^{\mathrm{T}} \boldsymbol{M} \boldsymbol{A}_2 & \cdots & \boldsymbol{A}_n^{\mathrm{T}} \boldsymbol{M} \boldsymbol{A}_n \end{bmatrix} \\
&= \begin{bmatrix} M_1 & 0 & \cdots & 0 \\ 0 & M_2 & \cdots & 0 \\ \cdots & \cdots & \ddots & \cdots \\ 0 & 0 & \cdots & M_3 \end{bmatrix} = \boldsymbol{M}_{\mathrm{p}}
\end{aligned} \tag{7.20}$$

$$\boldsymbol{\Psi}^{\mathrm{T}} \boldsymbol{K} \boldsymbol{\Psi} = \begin{bmatrix} K_1 & 0 & \cdots & 0 \\ 0 & K_2 & \cdots & 0 \\ \cdots & \cdots & \ddots & \cdots \\ 0 & 0 & \cdots & K_3 \end{bmatrix} = \boldsymbol{K}_{\mathrm{p}} \tag{7.21}$$

式中, $\boldsymbol{M}_p$ 称为模态质量矩阵或主质量矩阵; $\boldsymbol{K}_{\mathrm{p}}$ 称为模态刚度矩阵或主刚度矩阵。

一般建立多自由度系统的振动微分方程时, 广义坐标选物理坐标 $\boldsymbol{x}$, 方程存在耦合。根据主振型的正交性, 可以通过坐标变换, 即

$$\boldsymbol{x} = \boldsymbol{\Psi} \boldsymbol{q}_{\mathrm{f}} \tag{7.22}$$

使方程的质量矩阵和刚度矩阵解耦, 式 (7.22) 称为主坐标变换, $\boldsymbol{q}_{\mathrm{f}}$ 称为模态坐标或主坐标。

由此可以看出, 模态坐标取决于振型矩阵 (模态矩阵), 而组成振型矩阵的主振型只是系统各自由度振幅的比值, 振幅并不确定, 因此模态坐标也是不确定的, 可以有无穷多个选择。为了使用方便, 实践中可使模态矩阵正则化, 常采用的一种方法是将模态质量矩阵正则化为一个单位矩阵, 即取一组特定的振型构成正则振型矩阵 $\boldsymbol{\Psi}_{\mathrm{N}}$, 使

$$\boldsymbol{\Psi}_{\mathrm{N}}^{\mathrm{T}} \boldsymbol{M} \boldsymbol{\Psi}_{\mathrm{N}} = \boldsymbol{I} \tag{7.23}$$

7.4 模态分析法

7.4.1 无阻尼强迫振动

多自由度系统无阻尼强迫振动的微分方程为

$$\boldsymbol{M}\ddot{\boldsymbol{x}}+\boldsymbol{K}\boldsymbol{x}=\boldsymbol{F}(t) \tag{7.24}$$

令 $\boldsymbol{x}=\boldsymbol{\Psi}q_{\mathrm{f}}$, 进行主坐标变换, $\boldsymbol{q}_{\mathrm{f}}$ 为模态坐标(主坐标), 则式 (7.24) 变为

$$\boldsymbol{M}\boldsymbol{\Psi}\ddot{\boldsymbol{q}}_{\mathrm{f}}+\boldsymbol{K}\boldsymbol{\Psi}\boldsymbol{q}_{\mathrm{f}}=\boldsymbol{F}(t)$$

方程两端左乘 $\boldsymbol{\Psi}^{\mathrm{T}}$, 得

$$\boldsymbol{\Psi}^{\mathrm{T}}\boldsymbol{M}\boldsymbol{\Psi}\ddot{\boldsymbol{q}}_{\mathrm{f}}+\boldsymbol{\Psi}^{\mathrm{T}}\boldsymbol{K}\boldsymbol{\Psi}\boldsymbol{q}_{\mathrm{f}}=\boldsymbol{\Psi}^{\mathrm{T}}\boldsymbol{F}(t)$$

令 $\boldsymbol{\Psi}^{\mathrm{T}}\boldsymbol{F}(t)=\boldsymbol{Q}(t)$, 则

$$\boldsymbol{M}_{\mathrm{p}}\ddot{\boldsymbol{q}}_{\mathrm{f}}+\boldsymbol{K}_{\mathrm{p}}\boldsymbol{q}_{\mathrm{f}}=\boldsymbol{Q}(t) \tag{7.25}$$

由于 $\boldsymbol{M}_{\mathrm{p}}$、$\boldsymbol{K}_{\mathrm{p}}$ 都是对角矩阵, 原运动微分方程解耦, 式 (7.25) 中的每一个方程

$$M_r\ddot{q}_{\mathrm{f}r}+K_rq_{\mathrm{f}r}=Q_r(t)\quad (r=1,2,\cdots,n)$$

都可以按单自由度振动分析的方法进行求解, 得到以模态坐标表示的系统响应, 最后运用主坐标变换得到以物理坐标表示的系统响应。

[例 7–2] 如图 7.3 所示的 3 自由度的振动系统, 已知 $m_1=m_2=m_3=m$, 在原来处于平衡状态的系统中的第二个质量上作用一斜坡力 $F(t)=at$, 求系统的响应。

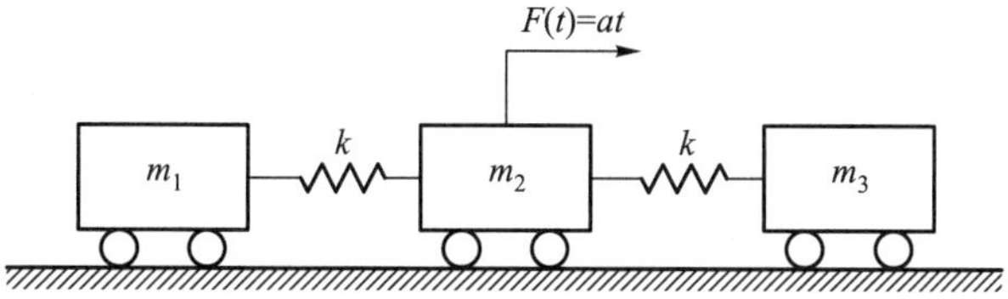

图 7.3 例 7–2 图

解: 以 m_1、m_2、m_3 水平位移 x_1、x_2、x_3 为广义坐标, 坐标原点为各质量的平衡位置, 水平向右为坐标正方向, 建立如下的系统运动微分方程:

$$\begin{bmatrix} m & 0 & 0\\ 0 & m & 0\\ 0 & 0 & m \end{bmatrix}\begin{bmatrix} \ddot{x}_1\\ \ddot{x}_2\\ \ddot{x}_3 \end{bmatrix}+\begin{bmatrix} k & -k & 0\\ -k & 2k & -k\\ 0 & -k & k \end{bmatrix}\begin{bmatrix} x_1\\ x_2\\ x_3 \end{bmatrix}=\begin{bmatrix} 0\\ at\\ 0 \end{bmatrix}$$

则系统的特征方程为

$$\begin{vmatrix} k-\omega^2m & -k & 0\\ -k & 2k-\omega^2m & -k\\ 0 & -k & k-\omega^2m \end{vmatrix}=0$$

即

$$\omega^2 m\left(k-\omega^2 m\right)\left(3k-\omega^2 m\right)=0$$

解得

$$\omega_1^2=0,\quad \omega_2^2=\frac{k}{m},\quad \omega_3^2=\frac{3k}{m}$$

代入振型方程, 可得各阶振型

$$\boldsymbol{A}_1=\begin{bmatrix}1\\1\\1\end{bmatrix},\quad \boldsymbol{A}_2=\begin{bmatrix}1\\0\\-1\end{bmatrix},\quad \boldsymbol{A}_3=\begin{bmatrix}1\\-2\\1\end{bmatrix}$$

振型矩阵为

$$\boldsymbol{\Psi}=\begin{bmatrix}1&1&1\\1&0&-2\\1&-1&1\end{bmatrix}$$

令 $\boldsymbol{x}=\boldsymbol{\Psi}\boldsymbol{y}$, 进行主坐标变换, 原系统微分方程变为

$$\begin{bmatrix}3m&0&0\\0&2m&0\\0&0&6m\end{bmatrix}\begin{bmatrix}\ddot{y}_1\\\ddot{y}_2\\\ddot{y}_3\end{bmatrix}+\begin{bmatrix}0&0&0\\0&2k&0\\0&0&18k\end{bmatrix}\begin{bmatrix}y_1\\y_2\\y_3\end{bmatrix}=\begin{bmatrix}1\\0\\-2\end{bmatrix}at$$

即

$$\ddot{y}_1=\frac{a}{3m}t$$
$$\ddot{y}_2+\frac{k}{m}y_2=0$$
$$\ddot{y}_3+\frac{3k}{m}y_3=-\frac{a}{3m}t$$

由于 $\boldsymbol{y}_0=\dot{\boldsymbol{y}}_0=\boldsymbol{0}$, 按照单自由度系统的分析方法求得模态坐标响应为

$$\begin{aligned}y_1&=\frac{a}{18m}t^3\\y_2&=0\\y_3&=\frac{1}{m\omega_3}\int_0^t\left(-\frac{a}{3}\tau\right)\sin[\omega_3\left(t-\tau\right)]\mathrm{d}\tau\\&=-\frac{a}{9k}t+\frac{a}{9k\omega_3}\sin\left(\omega_3 t\right)\end{aligned}$$

进行反变换 $\boldsymbol{x}=\boldsymbol{\Psi}\boldsymbol{y}$, 得到由物理坐标描述的解为

$$\begin{bmatrix}x_1\\x_2\\x_3\end{bmatrix}=\begin{bmatrix}1&1&1\\1&0&-2\\1&-1&1\end{bmatrix}\begin{bmatrix}y_1\\y_2\\y_3\end{bmatrix}$$

即

$$\begin{cases}x_1=y_1+y_2+y_3\\x_2=y_1-2y_3\\x_3=y_1-y_2+y_3\end{cases}$$

7.4.2 多自由度系统中的共振

多自由度振系在简谐型激扰的作用下, 当激扰频率与固有频率相等时, 系统会不会发生共振现象呢? 考虑下面一种简单的情况: 各广义坐标上作用着同频的简谐力

$$\boldsymbol{F}(t)=\boldsymbol{F}_0\sin(\omega t)$$

该力在模态坐标下的广义力为

$$\boldsymbol{Q}(t)=\boldsymbol{\varPsi}^{\mathrm{T}}\boldsymbol{F}(t)=\boldsymbol{Q}_0\sin(\omega t)$$

进行主坐标变换后的系统运动微分方程是一组解耦的方程:

$$M_r\ddot{q}_{\mathrm{f}r}+K_r q_{\mathrm{f}r}=Q_{0r}\sin(\omega t)\quad (r=1,2,\cdots,n)$$

其中每一个方程都可以按照单自由度系统的分析方法求得其模态坐标响应为

$$q_{\mathrm{f}r}=\frac{Q_{0_r}}{K_r}\frac{1}{1-(\omega/\omega_r)^2}\sin(\omega t)=B_r\frac{1}{1-(\omega/\omega_r)^2}\sin(\omega t)\quad (r=1,2,\cdots,n)$$

进行反变换 $\boldsymbol{x}=\boldsymbol{\varPsi}\boldsymbol{q}_{\mathrm{f}}$ 后得到其物理坐标的响应解为

$$x_r=\left[A_{r1}B_1\frac{1}{1-(\omega/\omega_1)^2}+A_{r2}B_2\frac{1}{1-(\omega/\omega_2)^2}+\cdots+A_{rn}B_n\frac{1}{1-(\omega/\omega_n)^2}\right]\sin(\omega t)$$
$$(r=1,2,\cdots,n)$$

由此可以得出: 系统在简谐型激扰作用下的稳态强迫振动仍是简谐振动, 其振动频率与激扰频率相同; 当激扰频率与系统的任一固有频率相等时, 系统发生共振, 系统有 n 个共振频率。

[例 7–3] 机器或结构在交变力的作用下, 特别是在扰频与固有频率相近的情况下, 往往发生剧烈的振动。为了减除振动, 可以消除振源, 避免共振——使固有频率远离扰频, 增加阻尼——抑制强迫振动的振幅。如果受实际条件限制, 采用以上措施后系统的振动响应仍过大, 则可考虑采用动力吸振器。

解: 需要减振的系统称为主系统。设主系统为一个质量为 m、刚度为 k 的单自由度系统, 施加一个简谐激振力 $F(t)=F_0\sin(\omega t)$。动力吸振器是一个弹簧–质量系统, 质量为 m_{a}, 刚度为 k_{a}, 将其称为子系统。它与主系统组成一个二自由度系统, 忽略阻尼, 系统的运动微分方程为

$$\begin{bmatrix} m & 0\\ 0 & m_a\end{bmatrix}\begin{bmatrix}\ddot{x}_1\\ \ddot{x}_2\end{bmatrix}+\begin{bmatrix} k+k_{\mathrm{a}} & -k_{\mathrm{a}}\\ -k_{\mathrm{a}} & k_{\mathrm{a}}\end{bmatrix}\begin{bmatrix}x_1\\ x_2\end{bmatrix}=\begin{bmatrix}F_0\\ 0\end{bmatrix}\sin(\omega t)$$

该方程存在弹性耦合, 可以用主坐标变换法解耦, 也可以利用前面的结论: 多自由度无阻尼振系在简谐型激扰作用下, 其强迫振动仍是简谐振动, 其振动频率与激扰频率相同。设

$$\begin{cases} x_1=X_1\sin(\omega t)\\ x_2=X_2\sin(\omega t)\end{cases}$$

代入系统的运动微分方程, 得

$$\begin{bmatrix} k+k_a-\omega^2 m & -k_a \\ -k_a & k_a-\omega^2 m_a \end{bmatrix}\begin{bmatrix} X_1 \\ X_2 \end{bmatrix}\sin(\omega t)=\begin{bmatrix} F_0 \\ 0 \end{bmatrix}\sin(\omega t)$$

$$\begin{bmatrix} k+k_a-\omega^2 m & -k_a \\ -k_a & k_a-\omega^2 m_a \end{bmatrix}\begin{bmatrix} X_1 \\ X_2 \end{bmatrix}=\begin{bmatrix} F_0 \\ 0 \end{bmatrix}$$

这是一个以 X_1、X_2 为未知量的二元一次线性非齐次方程组, 根据克拉默法则, 当系数行列式

$$\Delta=\begin{vmatrix} k+k_a-\omega^2 m & -k_a \\ -k_a & k_a-\omega^2 m_a \end{vmatrix}\neq 0$$

时,

$$X_1=\frac{1}{\Delta}\begin{vmatrix} F_0 & -k_a \\ 0 & k_a-\omega^2 m_a \end{vmatrix}=\frac{1}{\Delta}F_0\left(k_a-\omega^2 m_a\right)$$

$$X_2=\frac{1}{\Delta}\begin{vmatrix} k+k_a-\omega^2 m & F_0 \\ -k_a & 0 \end{vmatrix}=\frac{1}{\Delta}F_0 k_a$$

可见, 当 $k_a-\omega^2 m_a=0$ 时, $X_1=0$。在交变力 $F_0\sin(\omega t)$ 的作用下, 主系统静止不动, 达到了减振目的, 这就是动力吸振器的基本原理。此时 $x_2=-\dfrac{F_0}{k_a}\sin(\omega t)$, $k_a x_2=-F_0\sin(\omega t)$, 正好与作用于主系统的激励相平衡, 使得主系统静止。而动力吸振器却在振动, 就好像将主系统的振动吸到自己身上了, 动力吸振器因此得名。

动力吸振器使原来的单自由度振系变为两自由度振系, 因而有两个固有频率, 当扰频与其中任一固有频率相等时, 系统都要发生共振。因此, 它只适用于扰频基本不变的情况。

7.4.3 多自由度系统中的阻尼

实际系统总是有阻尼的, 在振动分析中往往采用黏性阻尼 (线性阻尼) 模型, 此时系统的运动微分方程为

$$\boldsymbol{M}\ddot{\boldsymbol{x}}+\boldsymbol{C}\dot{\boldsymbol{x}}+\boldsymbol{K}\boldsymbol{x}=\boldsymbol{F}(t) \tag{7.26}$$

前面已经证明运用主坐标变换可以使质量矩阵和刚度矩阵对角化, 式 (7.26) 能否解耦就取决于阻尼矩阵是否能对角化了。阻尼矩阵的对角化意味着振型之间关于阻尼矩阵亦具有正交性, 即

$$\boldsymbol{A}_s^{\mathrm{T}}\boldsymbol{C}\boldsymbol{A}_r=0 \quad (r\neq s)$$

阻尼矩阵可借模态矩阵化为对角阵的充要条件是

$$\boldsymbol{C}\boldsymbol{M}^{-1}\boldsymbol{K}=\boldsymbol{K}\boldsymbol{M}^{-1}\boldsymbol{C}$$

比例阻尼是满足上述条件的阻尼 (但满足这一条件的不限于比例阻尼), 可表示为

$$\boldsymbol{C}=a\boldsymbol{M}+b\boldsymbol{K} \tag{7.27}$$

式中, $a>0$, $b>0$, 且为常数。

比例阻尼矩阵就可对角化:

$$\boldsymbol{\Psi}^{\mathrm{T}}\boldsymbol{C}\boldsymbol{\Psi}=a\boldsymbol{\Psi}^{\mathrm{T}}\boldsymbol{M}\boldsymbol{\Psi}+b\boldsymbol{\Psi}^{\mathrm{T}}\boldsymbol{K}\boldsymbol{\Psi}=a\boldsymbol{M}_{\mathrm{p}}+b\boldsymbol{K}_{\mathrm{p}}=\boldsymbol{C}_{\mathrm{p}}$$

式中, $\boldsymbol{C}_{\mathrm{p}}$ 为模态阻尼矩阵, 其中第 r 阶模态阻尼 (振型阻尼) 为 C_r, 一般通过实验测定, 对应的阻尼比为

$$\zeta_r=\frac{C_r}{2\sqrt{M_rK_r}}$$

称为第 r 阶阻尼比, 一般通过实验测定。

多自由度系统在外部激励作用下的响应分析称为*动力响应分析*。常用的动力响应分析方法有模态分析法和逐步积分法, 后者是数值积分方法。

在动力响应分析中, 当系统的质量矩阵、阻尼矩阵、刚度矩阵可以同时对角化的时候, 可以把系统的运动微分方程解耦, 得到一组彼此独立的单自由度运动微分方程, 求出这些单自由度微分方程的解后, 即可得到系统的动力响应。当阻尼矩阵不能对角化的时候, 可以通过实验测得各阶阻尼比, 或者对阻尼矩阵做近似处理, 把方程解耦, 得到近似解。这种条件下, 得到准确解需要应用复模态理论。

模态分析法是多自由度系统动力响应分析的一个有效方法, 现将其主要步骤总结如下。

(1) 建立系统的无阻尼强迫振动方程: $\boldsymbol{M}\ddot{\boldsymbol{x}}+\boldsymbol{K}\boldsymbol{x}=\boldsymbol{F}(t)$。

(2) 由特征方程 $\left|\boldsymbol{K}-\omega^2\boldsymbol{M}\right|=0$ 求解系统的固有频率, 然后按振型方程 $(\boldsymbol{K}-\omega^2\boldsymbol{M})\boldsymbol{A}=0$ 求得各阶振型, 得到模态矩阵 $\boldsymbol{\Psi}$。

(3) 进行主坐标变换 $\boldsymbol{x}=\boldsymbol{\Psi}\boldsymbol{q}_{\mathrm{f}}$, 得到解耦的微分方程 $\boldsymbol{M}_{\mathrm{p}}\ddot{\boldsymbol{q}}_{\mathrm{f}}+\boldsymbol{K}_{\mathrm{p}}\boldsymbol{q}_{\mathrm{f}}=\boldsymbol{Q}(t)$。

(4) 估计振型阻尼, 得到微分方程 $\boldsymbol{M}_{\mathrm{p}}\ddot{\boldsymbol{q}}_{\mathrm{f}}+\boldsymbol{C}_{\mathrm{p}}\dot{\boldsymbol{q}}_{\mathrm{f}}+\boldsymbol{K}_{\mathrm{p}}\boldsymbol{q}_{\mathrm{f}}=\boldsymbol{Q}(t)$。

(5) 解模态坐标 (主坐标) 方程

$$q_{\mathrm{f}r}=\frac{1}{M_r\omega_{\mathrm{d}r}}\int_0^t Q_r(\tau)\,e^{-\xi\omega_{\mathrm{n}r}(t-\tau)}\sin[\omega_{\mathrm{d}r}(t-\tau)]\mathrm{d}\tau\quad(r=1,2,\cdots,n)\tag{7.28}$$

(6) 进行反变换 $\boldsymbol{x}=\boldsymbol{\Psi}\boldsymbol{q}_{\mathrm{f}}$, 得到由物理坐标描述的响应解。

7.4.4 复模态分析法

现在考察系统阻尼矩阵不能用模态矩阵进行对角化的情形。n 自由度线性阻尼系统的运动微分方程一般可表示为

$$\boldsymbol{M}\ddot{\boldsymbol{x}}+\boldsymbol{C}\dot{\boldsymbol{x}}+\boldsymbol{K}\boldsymbol{x}=\boldsymbol{F}(t)\tag{7.29}$$

对应于系统的自由振动, 有

$$\boldsymbol{M}\ddot{\boldsymbol{x}}+\boldsymbol{C}\dot{\boldsymbol{x}}+\boldsymbol{K}\boldsymbol{x}=0\tag{7.30}$$

可设对应于系统特征运动的解为

$$\boldsymbol{x}=\boldsymbol{\Phi}\mathrm{e}^{\lambda t}\tag{7.31}$$

其中, $\boldsymbol{\Phi}$ 是待定的常数列矩阵, λ 为待定常数。将式 (7.31) 代入式 (7.30), 可得

$$\left(\boldsymbol{M}\lambda^2+\boldsymbol{C}\lambda+\boldsymbol{K}\right)\boldsymbol{\Phi}=\boldsymbol{0} \tag{7.32}$$

方程 (7.32) 有非 0 解的充分必要条件为

$$\Delta(\lambda)=\left|\boldsymbol{M}\lambda^2+\boldsymbol{C}\lambda+\boldsymbol{K}\right|=0 \tag{7.33}$$

式 (7.33) 称为线性阻尼系统的特征方程, 它是 λ 的 $2n$ 次代数方程, 它的 $2n$ 个根 λ_i 称为特征根。和无阻尼情形不同, 这时的 λ_i 可以是实根或复根。系统的特征向量是一种具有相位关系的振型, 不再具有原来主振型的意义。

系统的各个特征向量 $\boldsymbol{\phi}_r$ 可构成一个 $n\times 2n$ 阶复模态(复振型) 矩阵

$$\boldsymbol{\Phi}=[\boldsymbol{\phi}_1 \quad \boldsymbol{\phi}_2 \ \cdots \quad \boldsymbol{\phi}_{2n}] \tag{7.34}$$

系统在物理空间中的坐标只有 n 个, 而复模态却有 $2n$ 个, 不能用上述的复模态矩阵对运动微分方程 (7.29) 进行解耦变换, 为此引入状态空间方程来解决这个问题。

引入辅助方程 $\boldsymbol{M}\dot{\boldsymbol{x}}-\boldsymbol{M}\dot{\boldsymbol{x}}=0$, 令

$$\boldsymbol{y}(t)=\begin{bmatrix}\dot{\boldsymbol{x}}\\ \boldsymbol{x}\end{bmatrix},\quad \boldsymbol{p}(t)=\begin{bmatrix}0\\ \boldsymbol{F}(t)\end{bmatrix}$$

$$\boldsymbol{A}=\begin{bmatrix}0 & \boldsymbol{M}\\ \boldsymbol{M} & \boldsymbol{C}\end{bmatrix},\quad \boldsymbol{B}=\begin{bmatrix}-\boldsymbol{M} & 0\\ 0 & \boldsymbol{K}\end{bmatrix}$$

得

$$\boldsymbol{A}\dot{\boldsymbol{y}}+\boldsymbol{B}\boldsymbol{y}=\boldsymbol{p}(t) \tag{7.35}$$

这一系统的特征振动可设为

$$\boldsymbol{y}=\boldsymbol{\Psi}\mathrm{e}^{\lambda t} \tag{7.36}$$

代入式 (7.35), 有

$$(\boldsymbol{A}\lambda+\boldsymbol{B})\boldsymbol{\Psi}=\boldsymbol{0} \tag{7.37}$$

由特征方程 $|\boldsymbol{A}\lambda+\boldsymbol{B}|=0$, 可得 n 对共轭复根

$$\begin{cases}\lambda_r=-\sigma_r+\mathrm{i}\omega_{\mathrm{d}r}\\ \overline{\lambda}_r=-\sigma_r-\mathrm{i}\omega_{\mathrm{d}r}\end{cases}\quad (r=1,2,\cdots,n)$$

现在来看特征向量 $\boldsymbol{\psi}_r$ 的正交性。方程 (7.35) 的特征根 λ_r 和特征向量 $\boldsymbol{\psi}_r$ 显然满足

$$\lambda_r\boldsymbol{A}\boldsymbol{\psi}_r+\boldsymbol{B}\boldsymbol{\psi}_r=0 \tag{7.38}$$

而对于 λ_s 与 $\boldsymbol{\psi}_s$, 有

$$\lambda_s\boldsymbol{A}\boldsymbol{\psi}_s+\boldsymbol{B}\boldsymbol{\psi}_s=0 \tag{7.39}$$

式 (7.39) 转置后可得

$$\lambda_s\boldsymbol{\psi}_s^{\mathrm{T}}\boldsymbol{A}+\boldsymbol{\psi}_s^{\mathrm{T}}\boldsymbol{B}=0 \tag{7.40}$$

将式 (7.38) 左乘以 $\boldsymbol{\psi}_s^{\mathrm{T}}$, 式 (7.40) 右乘以 $\boldsymbol{\psi}_r$, 得

$$\begin{aligned}\lambda_r\boldsymbol{\psi}_s^{\mathrm{T}}\boldsymbol{A}\boldsymbol{\psi}_r+\boldsymbol{\psi}_s^{\mathrm{T}}\boldsymbol{B}\boldsymbol{\psi}_r=0\\ \lambda_s\boldsymbol{\psi}_s^{\mathrm{T}}\boldsymbol{A}\boldsymbol{\psi}_r+\boldsymbol{\psi}_s^{\mathrm{T}}\boldsymbol{B}\boldsymbol{\psi}_r=0\end{aligned}\tag{7.41}$$

两式相减, 得

$$(\lambda_r-\lambda_s)\,\boldsymbol{\psi}_s^{\mathrm{T}}\boldsymbol{A}\boldsymbol{\psi}_r=0$$

因此当 $\lambda_r\neq\lambda_s$ 时, 可得 $\boldsymbol{\psi}_s$ 与 $\boldsymbol{\psi}_r$ 关于 $\boldsymbol{A}$ 的正交关系

$$\boldsymbol{\psi}_s^{\mathrm{T}}\boldsymbol{A}\boldsymbol{\psi}_r=0$$

显然, 当 $\lambda_r\neq\lambda_s$ 时, 可得 $\boldsymbol{\psi}_s$ 与 $\boldsymbol{\psi}_r$ 关于 $\boldsymbol{B}$ 的正交关系

$$\boldsymbol{\psi}_s^{\mathrm{T}}\boldsymbol{B}\boldsymbol{\psi}_r=0$$

利用上述特征向量的正交性, 可以将复振型矩阵 $\boldsymbol{\Psi}=[\boldsymbol{\psi}_1\quad\boldsymbol{\psi}_2\quad\cdots\quad\boldsymbol{\psi}_{2n}]$ 作为变换矩阵, 对状态空间方程 (7.35) 进行解耦, 即设

$$\boldsymbol{y}=\boldsymbol{\Psi}\boldsymbol{z}$$

将上式代入式 (7.35) 中, 并对方程两端左乘以 $\boldsymbol{\Psi}^{\mathrm{T}}$, 得

$$\boldsymbol{\Psi}^{\mathrm{T}}\boldsymbol{A}\boldsymbol{\Psi}\dot{\boldsymbol{z}}+\boldsymbol{\Psi}^{\mathrm{T}}\boldsymbol{B}\boldsymbol{\Psi}\boldsymbol{z}=\boldsymbol{\Psi}^{\mathrm{T}}\boldsymbol{p}(t)\tag{7.42}$$

令

$$\begin{aligned}&\boldsymbol{\Psi}^{\mathrm{T}}\boldsymbol{A}\boldsymbol{\Psi}=\boldsymbol{A}_{\mathrm{p}}=\mathrm{diag}\,[a_1,a_2,\cdots,a_{2n}]\\&\boldsymbol{\Psi}^{\mathrm{T}}\boldsymbol{B}\boldsymbol{\Psi}=\boldsymbol{B}_{\mathrm{p}}=\mathrm{diag}\,[b_1,b_2,\cdots,b_{2n}]\\&\boldsymbol{\Lambda}=\mathrm{diag}\,[\lambda_1,\lambda_2,\cdots,\lambda_{2n}]\end{aligned}$$

其中

$$\boldsymbol{\Psi}=\begin{bmatrix}\boldsymbol{\Phi}\boldsymbol{\Lambda}\\ \boldsymbol{\Phi}\end{bmatrix}$$

则式 (7.42) 在复模态空间已经完全解耦, 为

$$\boldsymbol{A}_{\mathrm{p}}\dot{\boldsymbol{z}}+\boldsymbol{B}_{\mathrm{p}}\boldsymbol{z}=\boldsymbol{\Phi}^{\mathrm{T}}\boldsymbol{F}(t)$$

其中第 i 个方程为

$$a_i\dot{z}_i+b_iz_i=\boldsymbol{\phi}_i^{\mathrm{T}}\boldsymbol{F}(t)$$

其复模态空间的解为

$$z_i\left(t\right)=z_i\left(0\right)\mathrm{e}^{\lambda_it}+\frac{1}{a_i}\int_0^t\boldsymbol{\phi}_i^{\mathrm{T}}\boldsymbol{F}(\tau)\mathrm{e}^{\lambda_i(t-\tau)}\mathrm{d}\tau$$

复模态空间的初始条件为

$$\boldsymbol{z}(0)=\boldsymbol{\varPsi}^{-1}\boldsymbol{y}(0)$$

其中

$$\boldsymbol{y}(0)=\begin{bmatrix}\dot{\boldsymbol{x}}_0\\ \boldsymbol{x}_0\end{bmatrix}$$

考虑到 $\boldsymbol{\varPsi}^{-1}=\boldsymbol{A}_{\mathrm{p}}^{-1}\boldsymbol{\varPsi}^{\mathrm{T}}\boldsymbol{A}$, 因而

$$\begin{aligned}\boldsymbol{z}(0)&=\boldsymbol{A}_{\mathrm{p}}^{-1}\boldsymbol{\varPsi}^{\mathrm{T}}\boldsymbol{A}\boldsymbol{y}(0)\\&=\boldsymbol{A}_{\mathrm{p}}^{-1}\begin{bmatrix}\boldsymbol{\varLambda}\boldsymbol{\varPhi}^{\mathrm{T}} & \boldsymbol{\varPhi}^{\mathrm{T}}\end{bmatrix}\begin{bmatrix}\boldsymbol{0} & \boldsymbol{M}\\ \boldsymbol{M} & \boldsymbol{C}\end{bmatrix}\begin{bmatrix}\dot{\boldsymbol{x}}_0\\ \boldsymbol{x}_0\end{bmatrix}\\&=\boldsymbol{A}_{\mathrm{p}}^{-1}\begin{bmatrix}\boldsymbol{\varLambda}\boldsymbol{\varPhi}^{\mathrm{T}} & \boldsymbol{\varPhi}^{\mathrm{T}}\end{bmatrix}\begin{bmatrix}\boldsymbol{M}\boldsymbol{x}_0\\ \boldsymbol{M}\dot{\boldsymbol{x}}_0+\boldsymbol{C}\boldsymbol{x}_0\end{bmatrix}\end{aligned}$$

其中

$$z_i(0)=\frac{1}{a_i}\boldsymbol{\phi}_i^{\mathrm{T}}\left(\lambda_i\boldsymbol{M}\boldsymbol{x}_0+\boldsymbol{M}\dot{\boldsymbol{x}}_0+\boldsymbol{C}\boldsymbol{x}_0\right)$$

最后, 由复模态空间坐标返回到物理坐标, 得

$$\begin{aligned}\boldsymbol{x}(t)&=\boldsymbol{\varPhi}\boldsymbol{z}(t)=\sum_{i=1}^{2n}\boldsymbol{\phi}_i z_i(t)\\&=\sum_{i=1}^{2n}\frac{\mathrm{e}^{\lambda_i t}}{a_i}\boldsymbol{\phi}_i\boldsymbol{\phi}_i^{\mathrm{T}}\left(\lambda_i\boldsymbol{M}\boldsymbol{x}_0+\boldsymbol{M}\dot{\boldsymbol{x}}_0+\boldsymbol{C}\boldsymbol{x}_0\right)+\sum_{i=1}^{2n}\frac{1}{a_i}\boldsymbol{\phi}_i\boldsymbol{\phi}_i^{\mathrm{T}}\int_0^t\boldsymbol{F}(\tau)\mathrm{e}^{\lambda_i(t-\tau)}\mathrm{d}\tau\end{aligned}$$

思考题

1. 图 T2.1 为一物理摆, 悬挂点 O 和质心之间的距离为 s, 对 O 点转动惯量为 J, 求其运动微分方程和固有频率 (假设摆动角度 θ 很小)。

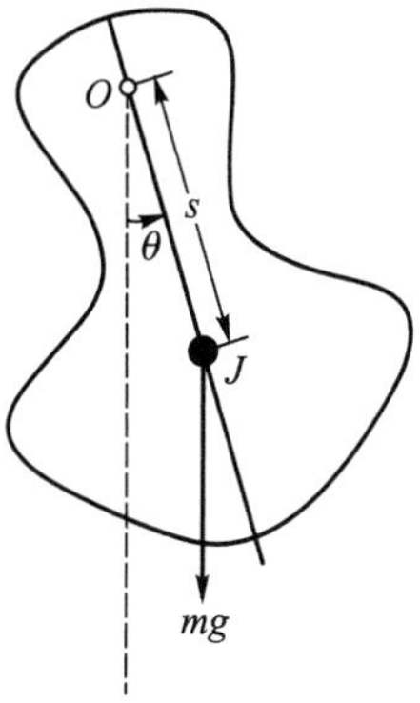

图 T2.1

2. 图 T2.2 所示的摇臂系统中, 质量块 m_1 和 m_2 连接在转动惯量为 J 的杆件 AB 的两端, 距支点 O 的距离分别为 a、b。现将质量简化到 A 点, 试求系统的等效质量。

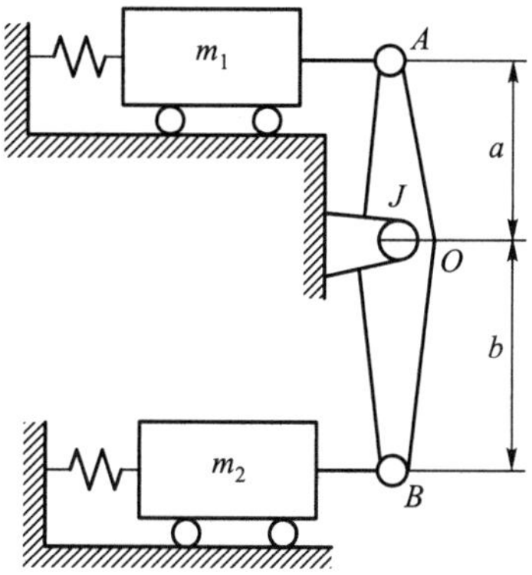

图 T2.2

3. 试判断图 T2.3 中的几个单自由度振动系统中的弹性元件是串联还是并联的, 并求其等效刚度。

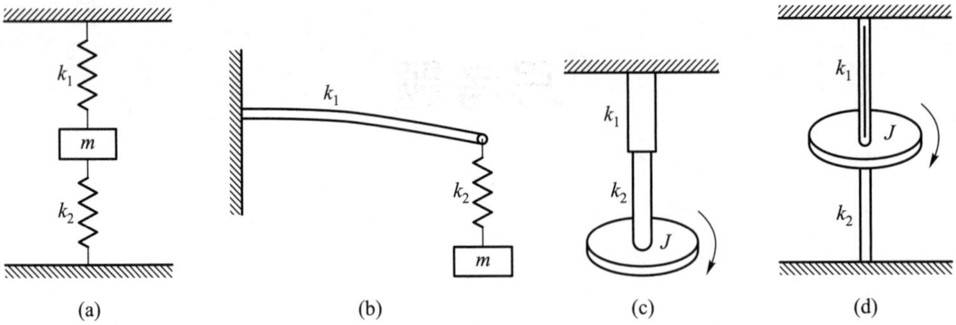

图 T2.3

4. 图 T2.4(a) 所示的扭振系统中, 电动机 1 的动力通过齿轮 2、3、4、5 传递给构件 6。忽略齿轮和轴的质量, 已知电动机 1 和构件 6 的转动惯量分别为 J_1 和 J_2, 轴 I、Ⅱ、Ⅲ 的扭转刚度分别为 $k_{\theta 1}$、$k_{\theta 2}$ 和 $k_{\theta 3}$。现需要把轴 I 和 Ⅲ 上的转动惯量与弹性刚度都转换到轴 Ⅱ 上, 试求转换后等效转动惯量和等效刚度。

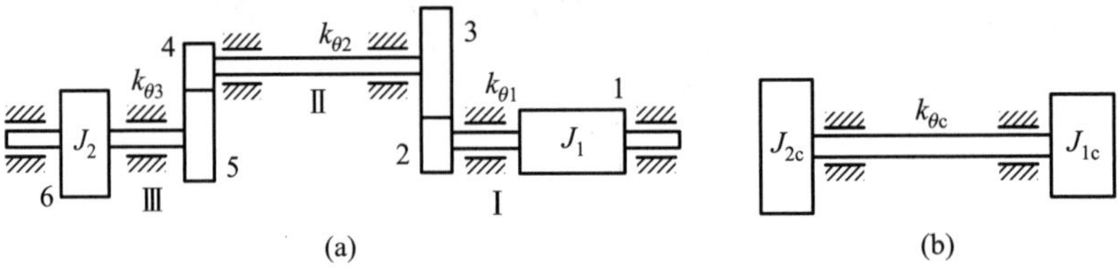

图 T2.4

5. 在图 T2.5 所示的系统中, 绳与滑轮之间是纯滚动。将系统简化为一个单自由度振动系统, 求系统的振动微分方程及固有频率。

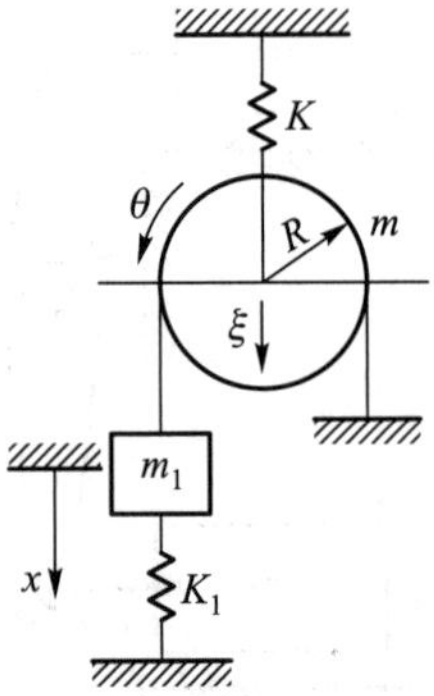

图 T2.5

6. 实践中通常应用跌落式悬架装置检测台来测试车辆悬架参数。在某次测试中, 先通过举升装置将车升起一定高度, 然后突然松开支撑机构, 车辆落下产生自由振动, 用位移传感器测得车体振动位移曲线, 如图 T2.6 所示, 请分析车身的固有频率和悬架阻尼比。

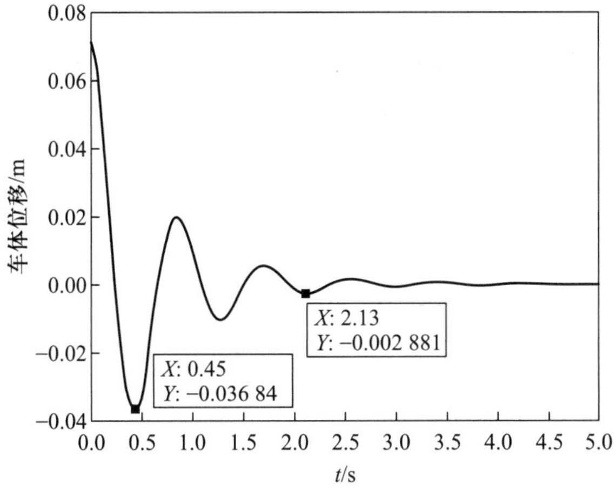

图 T2.6

7. 如图 T2.7 所示的振动系统中, 在两弹簧的连接处作用一激振力 $F_0\cos(\omega t)$, 试求质量块 m 的振幅。

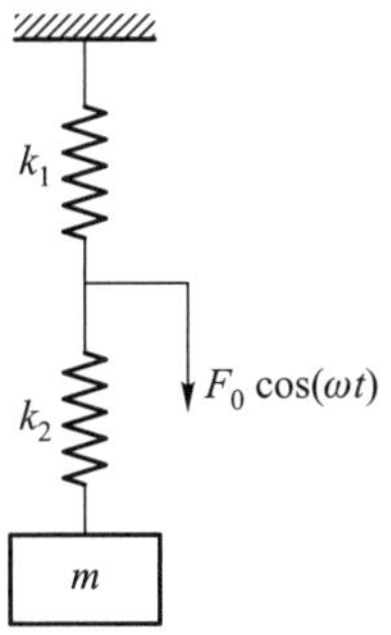

图 T2.7

8. 对于多数金属材料的结构阻尼导致的能量损失大致与振幅的平方成正比, 试求结构阻尼的等效黏性阻尼系数。

9. 求图 T2.8 所示系统的固有频率和振型, 已知: $m_1 = m$, $m_2 = 2m$, $k_1 = k_2 = k$,

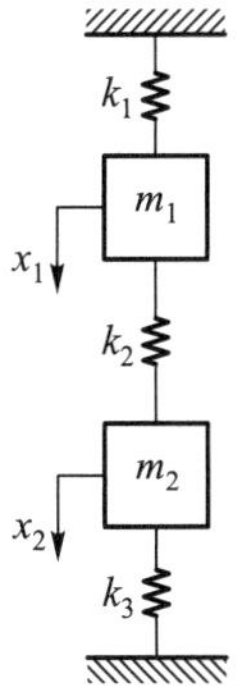

图 T2.8

$k_3 = 2k$。

10. 对于图 7.1 所示的 3 自由度的振动系统, 如果 $m_1 = m_2 = m_3 = m$, $k_1 = 2k$, $k_2 = k_3 = k$, 试求该系统的固有频率和振型。

参考文献

[1] 李晓雷, 俞德孚, 孙逢春. 机械振动基础 [M]. 北京: 北京理工大学出版社, 2009.

[2] 季文美. 机械振动 [M]. 北京: 科学出版社, 1985

[3] 闻邦椿, 刘树英, 张纯宇. 机械振动学 [M]. 北京: 冶金工业出版社, 2011.

[4] 杨国来, 郭锐, 葛建立. 机械系统动力学建模与仿真 [M]. 北京: 国防工业出版社, 2015.

[5] 邵忍平. 机械系统动力学 [M]. 北京: 机械工业出版社, 2005.

[6] Rao S S. Mechanical Vibrations [M]. New Jersey: Prentice Hall, 2011.

[7] Clough R W, Penzien J. Dynamics of Structures [M]. New York: Mc-Graw Hill Inc., 1975.

第三篇　多体系统动力学

第 8 章 刚体运动学、动力学

8.1 刚体运动学

与质点不同, 刚体的质量是分散的, 描述刚体在空间的运动需要 6 个自由度, 3 个描述刚体移动的自由度和 3 个描述刚体方位 (姿态) 的自由度。

过刚体的某一点构造一个正交坐标系与该刚体固结, 此坐标系称为刚体的连体坐标系, 其基矢量构成的矢量基称为连体基, 记为 $\boldsymbol{e}^{\mathrm{b}}$, 坐标系的原点也称为基点。在参考系中取固定矢量基 $\boldsymbol{e}^{\mathrm{r}}$——参考基, 不考虑基点的移动, 连体基 $\boldsymbol{e}^{\mathrm{b}}$ 相对于参考基 $\boldsymbol{e}^{\mathrm{r}}$ 的方位就是连体基 $\boldsymbol{e}^{\mathrm{b}}$ 相对于参考基 $\boldsymbol{e}^{\mathrm{r}}$ 的姿态。

8.1.1 平面刚体运动学

对于做平面运动的刚体, 刚体上垂直于此平面的直线上所有点的运动是一致的, 描述刚体的运动只需要 3 个自由度, 一般用固定在刚体上的连体坐标系原点在刚体运动平面内的两个移动自由度和连体坐标系相对于固定参考系 (参考坐标系) 的一个转动自由度来描述。

1. 刚体方位的描述

设连体坐标系 $O_{\mathrm{b}}X_{\mathrm{b}}Y_{\mathrm{b}}$ 的 X_{b} 轴相对于参考坐标系 OXY 的 X 轴的转角为 θ(如图 8.1 所示), 连体坐标系上沿 X_{b}、Y_{b} 轴的基矢量 $\boldsymbol{e}_1^{\mathrm{b}}$、$\boldsymbol{e}_2^{\mathrm{b}}$ 与参考坐标系的基矢量 $\boldsymbol{e}_1$、$\boldsymbol{e}_2$ 的转换可表示为

$$\boldsymbol{e}_1=\cos\theta\boldsymbol{e}_1^{\mathrm{b}}-\sin\theta\boldsymbol{e}_2^{\mathrm{b}}$$
$$\boldsymbol{e}_2=\sin\theta\boldsymbol{e}_1^{\mathrm{b}}+\cos\theta\boldsymbol{e}_2^{\mathrm{b}}$$

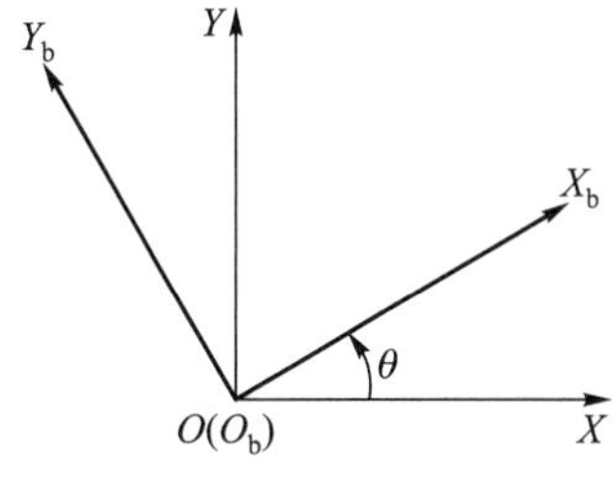

图 8.1 连体坐标系相对于参考坐标系的转动

令

$$\boldsymbol{A}=\begin{bmatrix}\cos\theta & -\sin\theta\\ \sin\theta & \cos\theta\end{bmatrix} \tag{8.1}$$

则

$$\begin{bmatrix}\boldsymbol{e}_1\\ \boldsymbol{e}_2\end{bmatrix}=\boldsymbol{A}\begin{bmatrix}\boldsymbol{e}_1^{\mathrm{b}}\\ \boldsymbol{e}_2^{\mathrm{b}}\end{bmatrix} \tag{8.2}$$

矩阵 $\boldsymbol{A}$ 就是从连体坐标系到参考坐标系的坐标转换矩阵, 也称方向余弦矩阵, 它可以用来定义刚体的方位。

2. 刚体上一点的位置、速度和加速度

如图 8.2 所示, 刚体上连体坐标系 $O_{\mathrm{b}}X_{\mathrm{b}}Y_{\mathrm{b}}$ 的原点 O_{b} 相对于参考坐标系 OXY 原点 O 的位置矢量为 $\boldsymbol{r}$, 刚体上任意一点 P 相对于连体坐标系原点的矢量为 $\boldsymbol{u}^P$, 则 P 点在参考坐标系中的位置矢量 $\boldsymbol{r}^P$ 为

$$\boldsymbol{r}^P=\boldsymbol{r}+\boldsymbol{u}^P \tag{8.3}$$

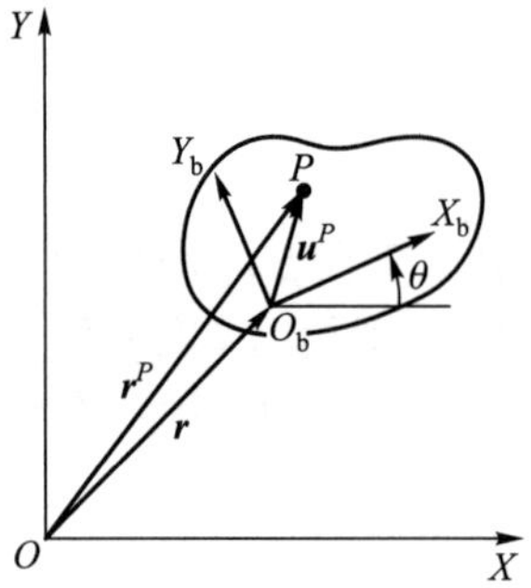

图 8.2 刚体上任意一点的位置

P 点在连体坐标系 $O_{\mathrm{b}}X_{\mathrm{b}}Y_{\mathrm{b}}$ 中的坐标列矩阵为

$$\overline{\boldsymbol{u}}_{\mathrm{b}}^P=\begin{bmatrix}x_{\mathrm{b}}^P & y_{\mathrm{b}}^P\end{bmatrix}^{\mathrm{T}} \tag{8.4}$$

转换到参考坐标系 OXY 下为

$$\overline{\boldsymbol{u}}^P=\begin{bmatrix}x^P\\ y^P\end{bmatrix}=\begin{bmatrix}x_{\mathrm{b}}^P\cos\theta-y_{\mathrm{b}}^P\sin\theta\\ x_{\mathrm{b}}^P\sin\theta+y_{\mathrm{b}}^P\cos\theta\end{bmatrix}=\begin{bmatrix}\cos\theta & -\sin\theta\\ \sin\theta & \cos\theta\end{bmatrix}\begin{bmatrix}x_{\mathrm{b}}^P\\ y_{\mathrm{b}}^P\end{bmatrix}$$

即

$$\overline{\boldsymbol{u}}^P=\boldsymbol{A}\overline{\boldsymbol{u}}_{\mathrm{b}}^P \tag{8.5}$$

则 P 点在参考坐标系 OXY 中的位置矢量 $\boldsymbol{r}^P$ 的坐标列矩阵为

$$\overline{\boldsymbol{r}}^P=\overline{\boldsymbol{r}}+\boldsymbol{A}\overline{\boldsymbol{u}}_{\mathrm{b}}^P \tag{8.6}$$

将式 (8.6) 对时间求导, 可得 P 点速度矢量的坐标列矩阵为

$$\overline{\dot{\boldsymbol{r}}}^P = \overline{\dot{\boldsymbol{r}}} + \dot{\boldsymbol{A}}\overline{\boldsymbol{u}}_{\rm b}^P \tag{8.7}$$

由于

$$\dot{\boldsymbol{A}} = \dot{\theta}\boldsymbol{A}_\theta \tag{8.8}$$

其中

$$\boldsymbol{A}_\theta = \begin{bmatrix} -\sin\theta & -\cos\theta \\ \cos\theta & -\sin\theta \end{bmatrix} \tag{8.9}$$

因此

$$\overline{\dot{\boldsymbol{r}}}^P = \overline{\dot{\boldsymbol{r}}} + \dot{\theta}\boldsymbol{A}_\theta\overline{\boldsymbol{u}}_{\rm b}^P \tag{8.10}$$

定义角速度矢量为

$$\boldsymbol{\omega} = \dot{\theta}\boldsymbol{e}_3 \tag{8.11}$$

式中, $\boldsymbol{e}_3$ 是沿垂直于运动平面的坐标轴的单位矢量。该角速度矢量的坐标列矩阵可以写为

$$\overline{\boldsymbol{\omega}} = \begin{bmatrix} 0 & 0 & \dot{\theta} \end{bmatrix}^{\rm T} \tag{8.12}$$

由于

$$\boldsymbol{\omega}\times\boldsymbol{u}^P = \begin{vmatrix} \boldsymbol{e}_1 & \boldsymbol{e}_2 & \boldsymbol{e}_3 \\ 0 & 0 & \dot{\theta} \\ x^P & y^P & 0 \end{vmatrix}$$

其坐标列矩阵为

$$\begin{bmatrix} -\dot{\theta}y^P \\ \dot{\theta}x^P \end{bmatrix} = \dot{\theta}\begin{bmatrix} -x_{\rm b}^P\sin\theta - y_{\rm b}^P\cos\theta \\ x_{\rm b}^P\cos\theta - y_{\rm b}^P\sin\theta \end{bmatrix} = \dot{\theta}\boldsymbol{A}_\theta\overline{\boldsymbol{u}}_{\rm b}^P$$

对比式 (8.10) 可得

$$\dot{\boldsymbol{r}}^P = \dot{\boldsymbol{r}} + \boldsymbol{\omega}\times\boldsymbol{u}^P \tag{8.13}$$

这说明刚体上任意一点的绝对速度是连体坐标系原点的绝对速度 $\dot{\boldsymbol{r}}$ 与该点相对于连体坐标系原点的相对速度 $\boldsymbol{\omega}\times\boldsymbol{u}^P$ 之和。

将式 (8.10) 对时间求导, 可得 P 点加速度矢量的坐标列矩阵为

$$\overline{\ddot{\boldsymbol{r}}}^P = \overline{\ddot{\boldsymbol{r}}} + \dot{\theta}\dot{\boldsymbol{A}}_\theta\overline{\boldsymbol{u}}_{\rm b}^P + \ddot{\theta}\boldsymbol{A}_\theta\overline{\boldsymbol{u}}_{\rm b}^P \tag{8.14}$$

由于

$$\dot{\boldsymbol{A}}_\theta = -\boldsymbol{A}\dot{\theta} \tag{8.15}$$

所以

$$\overline{\ddot{\boldsymbol{r}}}^P = \overline{\ddot{\boldsymbol{r}}} - \dot{\theta}^2 \boldsymbol{A}\overline{\boldsymbol{u}}_{\mathrm{b}}^P + \ddot{\theta}\boldsymbol{A}_\theta \overline{\boldsymbol{u}}_{\mathrm{b}}^P \tag{8.16}$$

令

$$\boldsymbol{\varepsilon} = \ddot{\theta}\boldsymbol{e}_3 \tag{8.17}$$

为角加速度矢量, 则

$$\ddot{\boldsymbol{r}}^P = \ddot{\boldsymbol{r}} + \boldsymbol{\omega} \times (\boldsymbol{\omega} \times \boldsymbol{u}^P) + \boldsymbol{\varepsilon} \times \boldsymbol{u}^P \tag{8.18}$$

这说明刚体上任意一点的绝对加速度是连体坐标系原点的绝对加速度 $\ddot{\boldsymbol{r}}$ 与该点相对于连体坐标系原点的法向加速度 $\boldsymbol{\omega} \times (\boldsymbol{\omega} \times \boldsymbol{u}^P)$ 及切向加速度 $\boldsymbol{\varepsilon} \times \boldsymbol{u}^P$ 之和。

8.1.2 空间运动刚体的方位描述

1. 方向余弦矩阵

对于任意两个不同的矢量基 $\boldsymbol{e}^{\mathrm{r}}$ 和 $\boldsymbol{e}^{\mathrm{b}}$, 定义如下的 3×3 方阵为 $\boldsymbol{e}^{\mathrm{b}}$ 关于 $\boldsymbol{e}^{\mathrm{r}}$ 的方向余弦矩阵

$$\begin{aligned}\boldsymbol{A}^{\mathrm{rb}} &= \boldsymbol{e}^{\mathrm{r}} \cdot \boldsymbol{e}^{\mathrm{bT}} \\ &= \begin{bmatrix} A_{11} & A_{12} & A_{13} \\ A_{21} & A_{22} & A_{23} \\ A_{31} & A_{32} & A_{33} \end{bmatrix} \begin{bmatrix} \boldsymbol{e}_1^{\mathrm{r}} \cdot \boldsymbol{e}_1^{\mathrm{b}} & \boldsymbol{e}_1^{\mathrm{r}} \cdot \boldsymbol{e}_2^{\mathrm{b}} & \boldsymbol{e}_1^{\mathrm{r}} \cdot \boldsymbol{e}_3^{\mathrm{b}} \\ \boldsymbol{e}_2^{\mathrm{r}} \cdot \boldsymbol{e}_1^{\mathrm{b}} & \boldsymbol{e}_2^{\mathrm{r}} \cdot \boldsymbol{e}_2^{\mathrm{b}} & \boldsymbol{e}_2^{\mathrm{r}} \cdot \boldsymbol{e}_3^{\mathrm{b}} \\ \boldsymbol{e}_3^{\mathrm{r}} \cdot \boldsymbol{e}_1^{\mathrm{b}} & \boldsymbol{e}_3^{\mathrm{r}} \cdot \boldsymbol{e}_2^{\mathrm{b}} & \boldsymbol{e}_3^{\mathrm{r}} \cdot \boldsymbol{e}_3^{\mathrm{b}} \end{bmatrix}\end{aligned} \tag{8.19}$$

由此得

$$\boldsymbol{e}^{\mathrm{r}} = \boldsymbol{A}^{\mathrm{rb}}\boldsymbol{e}^{\mathrm{b}} \tag{8.20}$$

方向余弦矩阵的 3 列 $\boldsymbol{A}_i = [A_{1i} \quad A_{2i} \quad A_{3i}]^{\mathrm{T}} (i = 1,2,3)$ 分别为基矢量 $\boldsymbol{e}_i^{\mathrm{b}}$ $(i = 1,2,3)$ 在 $\boldsymbol{e}^{\mathrm{r}}$ 上的坐标列矩阵, 方向余弦矩阵的 3 行构成的列矩阵 $\boldsymbol{A}_j = [A_{j1} \quad A_{j2} \quad \boldsymbol{A}_{j3}]^{\mathrm{T}} (j = 1,2,3)$ 分别为基矢量 $\boldsymbol{e}_j^{\mathrm{r}} (j = 1,2,3)$ 在 $\boldsymbol{e}^{\mathrm{b}}$ 上的坐标列矩阵。

方向余弦矩阵有以下一些主要性质:

(1)
$$(\boldsymbol{A}^{\mathrm{rb}})^{\mathrm{T}} = \boldsymbol{A} \tag{8.21}$$

(2) 相同基之间的方向余弦矩阵是单位矩阵, 即

$$\boldsymbol{A}^{\mathrm{rr}} = \boldsymbol{I} \tag{8.22}$$

(3) 若有 3 个基 $\boldsymbol{e}^{\mathrm{r}}$、$\boldsymbol{e}^{\mathrm{b}}$ 和 $\boldsymbol{e}^{\mathrm{s}}$, 其中 $\boldsymbol{e}^{\mathrm{s}}$ 关于 $\boldsymbol{e}^{\mathrm{r}}$ 的方向余弦矩阵为 $\boldsymbol{A}^{\mathrm{rs}}$, $\boldsymbol{e}^{\mathrm{b}}$ 关于 $\boldsymbol{e}^{\mathrm{s}}$ 的方向余弦矩阵为 $\boldsymbol{A}^{\mathrm{sb}}$, 则 $\boldsymbol{e}^{\mathrm{b}}$ 关于 $\boldsymbol{e}^{\mathrm{r}}$ 的方向余弦矩阵为

$$\boldsymbol{A}^{\mathrm{rb}} = \boldsymbol{A}^{\mathrm{rs}}\boldsymbol{A}^{\mathrm{sb}} \tag{8.23}$$

(4) 方向余弦矩阵是一个正交矩阵, 即

$$\boldsymbol{A}^{\mathrm{rb}}(\boldsymbol{A}^{\mathrm{rb}})^{\mathrm{T}} = \boldsymbol{I} \tag{8.24}$$

(5) 方向余弦矩阵的逆矩阵等于它的转置矩阵, 即

$$(\boldsymbol{A}^{\mathrm{rb}})^{-1} = (\boldsymbol{A}^{\mathrm{rb}})^{\mathrm{T}} = \boldsymbol{A}^{\mathrm{br}} \tag{8.25}$$

(6) 不同基下矢量坐标列矩阵间的关系为

$$\overline{\boldsymbol{a}}^{\mathrm{r}} = \boldsymbol{A}^{\mathrm{rb}}\overline{\boldsymbol{a}}^{\mathrm{b}} \tag{8.26}$$

(7) 不同基下张量坐标矩阵间的关系为

$$\overline{\boldsymbol{D}}^{\mathrm{r}} = \boldsymbol{A}^{\mathrm{rb}}\overline{\boldsymbol{D}}^{\mathrm{b}}\boldsymbol{A}^{\mathrm{br}} \tag{8.27}$$

方向余弦矩阵有 9 个元素, 由于矩阵的正交性, 只有 3 个元素是独立的, 就是刚体做定点运动的 3 个自由度, 这样刚体在参考基 $\boldsymbol{e}^{\mathrm{r}}$ 中的方位 (或姿态) 由连体基 $\boldsymbol{e}^{\mathrm{b}}$ 关于 $\boldsymbol{e}^{\mathrm{r}}$ 的方向余弦矩阵 $\boldsymbol{A}^{\mathrm{rb}}$ 就能完全确定。

[例 8–1] 已知初始时刻时固定在刚体上的连体坐标系的 3 个坐标轴矢量 $\boldsymbol{X}_1^{\mathrm{b}}$、$\boldsymbol{X}_2^{\mathrm{b}}$ 和 $\boldsymbol{X}_3^{\mathrm{b}}$ 在参考基下的坐标列矩阵分别为 $[0.5\quad 0.0\quad 0.5]^{\mathrm{T}}$、$[0.25\quad 0.25\quad -0.25]^{\mathrm{T}}$ 和 $[-2.0\quad 4.0\quad 2.0]^{\mathrm{T}}$, 试写出该刚体的连体基关于参考基的方向余弦矩阵。如果该刚体绕 $\boldsymbol{X}_1^{\mathrm{b}}$ 旋转了 $\theta = 60°$, 试求此时连体基关于参考基的方向余弦矩阵。

解: 根据连体坐标系的 3 个坐标轴矢量在参考基下的坐标列矩阵, 可得连体基关于参考基的方向余弦矩阵的各列分别为

$$[A_{11}\quad A_{21}\quad A_{31}]^{\mathrm{T}} = [0.707\,1\quad 0.0\quad 0.707\,1]^{\mathrm{T}}$$
$$[A_{12}\quad A_{22}\quad A_{32}]^{\mathrm{T}} = [0.577\,4\quad 0.577\,4\quad -0.577\,4]^{\mathrm{T}}$$
$$[A_{13}\quad A_{23}\quad A_{33}]^{\mathrm{T}} = [-0.408\,2\quad 0.816\,5\quad 0.408\,2]^{\mathrm{T}}$$

则初始时刻时连体基关于参考基的方向余弦矩阵为

$$\boldsymbol{A}^{\mathrm{rb_0}} = \begin{bmatrix} 0.707\,1 & 0.577\,4 & -0.408\,2 \\ 0 & 0.577\,4 & 0.816\,5 \\ 0.707\,1 & -0.577\,4 & 0.408\,2 \end{bmatrix}$$

当刚体绕 $\boldsymbol{X}_1^{\mathrm{b}}$ 旋转了 θ 角后, 连体基关于初始时刻时连体基的方向余弦矩阵为

$$\boldsymbol{A}^{\mathrm{b_0b_1}} = \begin{bmatrix} 1 & 0 & 0 \\ 0 & \cos\theta & -\sin\theta \\ 0 & \sin\theta & \cos\theta \end{bmatrix} = \begin{bmatrix} 1 & 0 & 0 \\ 0 & 0.5 & -0.866\,0 \\ 0 & 0.866\,0 & 0.5 \end{bmatrix}$$

则此时连体基关于参考基的方向余弦矩阵为

$$\begin{aligned} \boldsymbol{A}^{\mathrm{rb_1}} = \boldsymbol{A}^{\mathrm{rb_0}}\boldsymbol{A}^{\mathrm{b_0b_1}} &= \begin{bmatrix} 0.707\,1 & 0.577\,4 & -0.408\,2 \\ 0 & 0.577\,4 & 0.816\,5 \\ 0.707\,1 & -0.577\,4 & 0.408\,2 \end{bmatrix} \begin{bmatrix} 1 & 0 & 0 \\ 0 & 0.5 & -0.866\,0 \\ 0 & 0.866\,0 & 0.5 \end{bmatrix} \\ &= \begin{bmatrix} 0.707\,1 & -0.064\,8 & -0.704\,1 \\ 0 & 0.995\,8 & -0.091\,8 \\ 0.707\,1 & 0.064\,8 & 0.704\,1 \end{bmatrix} \end{aligned}$$

2. 欧拉角

定义基矢量 $\boldsymbol{e}_1^{\mathrm{b}}$、$\boldsymbol{e}_2^{\mathrm{b}}$ 构成的平面与由基矢量 $\boldsymbol{e}_1^{\mathrm{r}}$、$\boldsymbol{e}_2^{\mathrm{r}}$ 构成的平面的交线 ON 为节线, 则欧拉角定义为 $\boldsymbol{\pi}=[\psi\quad\theta\quad\varphi]^{\mathrm{T}}$: 节线 ON 与基矢量 $\boldsymbol{e}_1^{\mathrm{r}}$ 的夹角为进动角 ψ, 基矢量 $\boldsymbol{e}_3^{\mathrm{b}}$ 与基矢量 $\boldsymbol{e}_3^{\mathrm{r}}$ 的夹角为章动角 θ, 基矢量 $\boldsymbol{e}_1^{\mathrm{b}}$ 与节线 ON 的夹角为自转角 φ。

这样做定点运动的刚体从参考基 $\boldsymbol{e}^{\mathrm{r}}$ 到连体基 $\boldsymbol{e}^{\mathrm{b}}$ 的方位变化可以通过 3 次连续且独立的转动来实现。如图 8.3 所示, 第一次转动是连体基 $\boldsymbol{e}^{\mathrm{b}}$ 从与参考基 $\boldsymbol{e}^{\mathrm{r}}$ 重合的位置绕 $\boldsymbol{e}_3^{\mathrm{r}}$ 转过进动角 ψ, 此时的连体基为 $\boldsymbol{e}^{\mathrm{u}}$, 且 $\boldsymbol{e}_1^{\mathrm{u}}$ 与节线 ON 重合; 第二次转动是连体基 $\boldsymbol{e}^{\mathrm{u}}$ 从实时位置绕 $\boldsymbol{e}_1^{\mathrm{u}}$ 转过章动角 θ, 使得此时的连体基 $\boldsymbol{e}^{\mathrm{v}}$ 的 $\boldsymbol{e}_3^{\mathrm{v}}$ 与 $\boldsymbol{e}_3^{\mathrm{b}}$ 重合; 第 3 次转动是连体基 $\boldsymbol{e}^{\mathrm{v}}$ 从实时位置绕 $\boldsymbol{e}_3^{\mathrm{v}}$ 转过自转角 φ, 使得此时的连体基与 $\boldsymbol{e}^{\mathrm{b}}$ 重合。

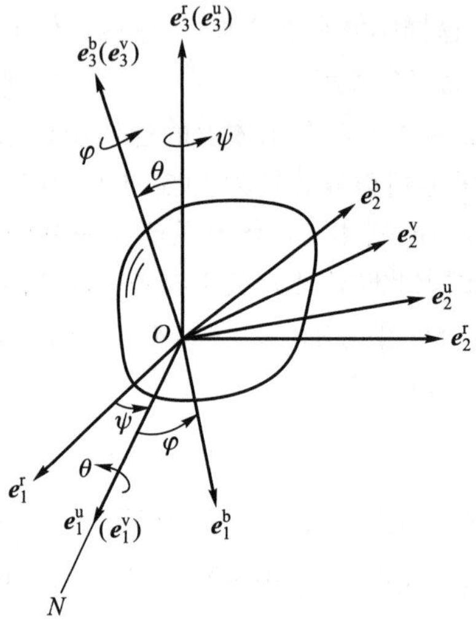

图 8.3 做定点运动的刚体从参考基 $\boldsymbol{e}^{\mathrm{r}}$ 到连体基 $\boldsymbol{e}^{\mathrm{b}}$ 的方位变化

根据方向余弦矩阵的定义, 3 次转动的有关基之间的方向余弦矩阵分别为

$$
\boldsymbol{A}^{\mathrm{ru}}=\begin{bmatrix}\cos\psi & -\sin\psi & 0\\ \sin\psi & \cos\psi & 0\\ 0 & 0 & 1\end{bmatrix},\quad \boldsymbol{A}^{\mathrm{uv}}=\begin{bmatrix}1 & 0 & 0\\ 0 & \cos\theta & -\sin\theta\\ 0 & \sin\theta & \cos\theta\end{bmatrix},
$$

$$
\boldsymbol{A}^{\mathrm{vb}}=\begin{bmatrix}\cos\varphi & -\sin\varphi & 0\\ \sin\varphi & \cos\varphi & 0\\ 0 & 0 & 1\end{bmatrix} \tag{8.28}
$$

设 $C_\psi=\cos\psi, S_\psi=\sin\psi$, 其余以此类推, 根据方向余弦矩阵的性质, $\boldsymbol{e}^{\mathrm{b}}$ 关于 $\boldsymbol{e}^{\mathrm{r}}$ 的方向余弦矩阵为[1]

$$
\begin{aligned}
\boldsymbol{A}^{\mathrm{rb}}&=\boldsymbol{A}^{\mathrm{ru}}\boldsymbol{A}^{\mathrm{uv}}\boldsymbol{A}^{\mathrm{vb}}\\
&=\begin{bmatrix}C_\psi C_\varphi-S_\psi C_\theta S_\varphi & -C_\psi S_\varphi-S_\psi C_\theta C_\varphi & S_\psi S_\theta\\ S_\psi C_\varphi+C_\psi C_\theta S_\varphi & -S_\psi S_\varphi+C_\psi C_\theta C_\varphi & -C_\psi S_\theta\\ S_\theta S_\varphi & S_\theta C_\varphi & C_\theta\end{bmatrix}
\end{aligned} \tag{8.29}
$$

8.1.3 空间运动刚体的角速度与角加速度

1. 角速度矢量与角加速度矢量

将连体基 $\boldsymbol{e}^{\mathrm{b}}$ 在参考基 $\boldsymbol{e}^{\mathrm{r}}$ 上对时间求导, 得

$$\frac{^{\mathrm{r}}\mathrm{d}}{\mathrm{d}t}\boldsymbol{e}^{\mathrm{b}} = \dot{\boldsymbol{A}}^{\mathrm{br}}\boldsymbol{e}^{\mathrm{r}} = \dot{\boldsymbol{A}}^{\mathrm{br}}\boldsymbol{A}^{\mathrm{rb}}\boldsymbol{e}^{\mathrm{b}}$$

令 $\boldsymbol{W} = \dot{\boldsymbol{A}}^{\mathrm{br}}\boldsymbol{A}^{\mathrm{rb}}$, 则

$$\frac{^{\mathrm{r}}\mathrm{d}}{\mathrm{d}t}\boldsymbol{e}^{\mathrm{b}} = W\boldsymbol{e}^{\mathrm{b}}$$

在参考基上对 $\boldsymbol{e}^{\mathrm{b}} \cdot \boldsymbol{e}^{\mathrm{bT}} = \boldsymbol{I}$ 两边求导, 得

$$\left(\frac{^{\mathrm{r}}\mathrm{d}}{\mathrm{d}t}\boldsymbol{e}^{\mathrm{b}}\right) \cdot \boldsymbol{e}^{\mathrm{bT}} + \boldsymbol{e}^{\mathrm{b}} \cdot \left(\frac{^{\mathrm{r}}\mathrm{d}}{\mathrm{d}t}\boldsymbol{e}^{\mathrm{bT}}\right) = \boldsymbol{0}$$

则

$$\boldsymbol{W}\boldsymbol{e}^{\mathrm{b}} \cdot \boldsymbol{e}^{\mathrm{bT}} + \boldsymbol{e}^{\mathrm{b}} \cdot (\boldsymbol{W}\boldsymbol{e}^{\mathrm{b}})^{\mathrm{T}} = \boldsymbol{W} + \boldsymbol{W}^{\mathrm{T}} = \boldsymbol{0}$$

由此可知 $\boldsymbol{W}$ 是反对称矩阵, 引入列矩阵 $\overline{\boldsymbol{\omega}}^{\mathrm{b}} = [\omega_1 \quad \omega_2 \quad \omega_3]^{\mathrm{T}}$, 则

$$\boldsymbol{\omega} = \overline{\boldsymbol{\omega}}^{\mathrm{bT}}\boldsymbol{e}^{\mathrm{b}} \tag{8.30}$$

定义

$$\widetilde{\boldsymbol{\omega}} = -\boldsymbol{W} = \begin{bmatrix} 0 & -\omega_3 & \omega_2 \\ \omega_3 & 0 & -\omega_1 \\ -\omega_2 & \omega_1 & 0 \end{bmatrix} \tag{8.31}$$

则

$$\begin{aligned}\frac{^{\mathrm{r}}\mathrm{d}}{\mathrm{d}t}\boldsymbol{e}^{\mathrm{b}} = -\widetilde{\boldsymbol{\omega}}\boldsymbol{e}^{\mathrm{b}} = \begin{bmatrix} \omega_3\boldsymbol{e}_2^{\mathrm{b}} - \omega_2\boldsymbol{e}_3^{\mathrm{b}} \\ \omega_1\boldsymbol{e}_3^{\mathrm{b}} - \omega_3\boldsymbol{e}_1^{\mathrm{b}} \\ \omega_2\boldsymbol{e}_1^{\mathrm{b}} - \omega_1\boldsymbol{e}_2^{\mathrm{b}} \end{bmatrix} = \begin{bmatrix} \overline{\boldsymbol{\omega}}^{\mathrm{bT}}\boldsymbol{e}^{\mathrm{b}} \times \boldsymbol{e}_1^{\mathrm{b}} \\ \overline{\boldsymbol{\omega}}^{\mathrm{bT}}\boldsymbol{e}^{\mathrm{b}} \times \boldsymbol{e}_2^{\mathrm{b}} \\ \overline{\boldsymbol{\omega}}^{\mathrm{bT}}\boldsymbol{e}^{\mathrm{b}} \times \boldsymbol{e}_3^{\mathrm{b}} \end{bmatrix} = \overline{\boldsymbol{\omega}}^{\mathrm{bT}}\boldsymbol{e}^{\mathrm{b}} \times \boldsymbol{e}^{\mathrm{b}} \\ = \boldsymbol{\omega} \times \boldsymbol{e}^{\mathrm{b}} = \boldsymbol{\omega}^{\mathrm{rb}} \times \boldsymbol{e}^{\mathrm{b}}\end{aligned} \tag{8.32}$$

即连体基 $\boldsymbol{e}^{\mathrm{b}}$ 相对于参考基 $\boldsymbol{e}^{\mathrm{r}}$ 对时间的导数为一个矢量 $\boldsymbol{\omega}$(为了明确与两个基之间的关系, 可以写作 $\boldsymbol{\omega}^{\mathrm{rb}}$) 与该基的叉积, 称该矢量为连体基 $\boldsymbol{e}^{\mathrm{b}}$ 相对于参考基 $\boldsymbol{e}^{\mathrm{r}}$ 的角速度矢量[2]。关于角速度矢量, 注意以下两点。

(1) 一般情况下, 不能把角速度矢量理解为某个角矢量的导数。

(2) 对于刚体绕单位矢量 $\boldsymbol{p}$ 做定轴转动的情况, 有

$$\boldsymbol{\omega} = \boldsymbol{p}\dot{\theta} \tag{8.33}$$

定义刚体连体基 $\boldsymbol{e}^{\mathrm{b}}$ 相对于参考基 $\boldsymbol{e}^{\mathrm{r}}$ 的角速度矢量 $\boldsymbol{\omega}^{\mathrm{rb}}$ 在该基对时间的导数为该刚体连体基 $\boldsymbol{e}^{\mathrm{b}}$ 相对于参考基 $\boldsymbol{e}^{\mathrm{r}}$ 的角加速度矢量, 即

$$\boldsymbol{\varepsilon}^{\mathrm{rb}} = \frac{^{\mathrm{r}}\mathrm{d}}{\mathrm{d}t}\boldsymbol{\omega}^{\mathrm{rb}} \tag{8.34}$$

2. 矢量在不同基上对时间的导数

考虑任一矢量 $\boldsymbol{a}$ 在基 $\boldsymbol{e}^{\mathrm{r}}$、$\boldsymbol{e}^{\mathrm{b}}$ 上对时间的导数

$$\frac{{}^{\mathrm{r}}\mathrm{d}}{\mathrm{d}t}\boldsymbol{a}=\frac{{}^{\mathrm{r}}\mathrm{d}}{\mathrm{d}t}(\overline{\boldsymbol{a}}^{\mathrm{bT}}\boldsymbol{e}^{\mathrm{b}})=\frac{{}^{\mathrm{r}}\mathrm{d}}{\mathrm{d}t}\overline{\boldsymbol{a}}^{\mathrm{bT}}\boldsymbol{e}^{\mathrm{b}}+\overline{\boldsymbol{a}}^{\mathrm{bT}}\frac{{}^{\mathrm{r}}\mathrm{d}}{\mathrm{d}t}\boldsymbol{e}^{\mathrm{b}}$$

由于 $\overline{\boldsymbol{a}}^{\mathrm{bT}}$ 是标量矩阵, 求导与参考基无关, 因此

$$\frac{{}^{\mathrm{r}}\mathrm{d}}{\mathrm{d}t}\overline{\boldsymbol{a}}^{\mathrm{bT}}\boldsymbol{e}^{\mathrm{b}}=\frac{{}^{\mathrm{b}}\mathrm{d}}{\mathrm{d}t}\overline{\boldsymbol{a}}^{\mathrm{bT}}\boldsymbol{e}^{\mathrm{b}}$$

而

$$\overline{\boldsymbol{a}}^{\mathrm{bT}}\frac{{}^{\mathrm{r}}\mathrm{d}}{\mathrm{d}t}\boldsymbol{e}^{\mathrm{b}}=\overline{\boldsymbol{a}}^{\mathrm{bT}}\boldsymbol{\omega}^{\mathrm{rb}}\times\boldsymbol{e}^{\mathrm{b}}=\boldsymbol{\omega}^{\mathrm{rb}}\times\overline{\boldsymbol{a}}^{\mathrm{bT}}\boldsymbol{e}^{\mathrm{b}}=\boldsymbol{\omega}^{\mathrm{rb}}\times\boldsymbol{a}$$

所以

$$\frac{{}^{\mathrm{r}}\mathrm{d}}{\mathrm{d}t}\boldsymbol{a}=\frac{{}^{\mathrm{b}}\mathrm{d}}{\mathrm{d}t}\boldsymbol{a}+\boldsymbol{\omega}^{\mathrm{rb}}\times\boldsymbol{a}\tag{8.35}$$

3. 角速度矢量的叠加原理

考虑任一固结于连体基 $\boldsymbol{e}^{\mathrm{b}}$ 的矢量 $\boldsymbol{a}$, 它在基 $\boldsymbol{e}^{\mathrm{r}}$ 和 $\boldsymbol{e}^{\mathrm{s}}$ 上对时间的导数为

$$\frac{{}^{\mathrm{r}}\mathrm{d}}{\mathrm{d}t}\boldsymbol{a}=\boldsymbol{\omega}^{\mathrm{rb}}\times\boldsymbol{a}$$

$$\frac{{}^{\mathrm{s}}\mathrm{d}}{\mathrm{d}t}\boldsymbol{a}=\boldsymbol{\omega}^{\mathrm{sb}}\times\boldsymbol{a}$$

而

$$\frac{{}^{\mathrm{r}}\mathrm{d}}{\mathrm{d}t}\boldsymbol{a}=\frac{{}^{\mathrm{s}}\mathrm{d}}{\mathrm{d}t}\boldsymbol{a}+\boldsymbol{\omega}^{\mathrm{rs}}\times\boldsymbol{a}$$

因此

$$\boldsymbol{\omega}^{\mathrm{rb}}\times\boldsymbol{a}=\boldsymbol{\omega}^{\mathrm{rs}}\times\boldsymbol{a}+\boldsymbol{\omega}^{\mathrm{sb}}\times\boldsymbol{a}=(\boldsymbol{\omega}^{\mathrm{rs}}+\boldsymbol{\omega}^{\mathrm{sb}})\times\boldsymbol{a}$$

所以

$$\boldsymbol{\omega}^{\mathrm{rb}}=\boldsymbol{\omega}^{\mathrm{rs}}+\boldsymbol{\omega}^{\mathrm{sb}}\tag{8.36}$$

这就是角速度矢量的叠加原理: 基 $\boldsymbol{e}^{\mathrm{b}}$ 相对于基 $\boldsymbol{e}^{\mathrm{r}}$ 的角速度矢量等于该基相对于基 $\boldsymbol{e}^{\mathrm{s}}$ 与基 $\boldsymbol{e}^{\mathrm{s}}$ 相对于基 $\boldsymbol{e}^{\mathrm{r}}$ 的两个角速度矢量之和。

4. 用方向余弦矩阵描述刚体的角速度

由 $\boldsymbol{A}^{\mathrm{br}}\left(\boldsymbol{A}^{\mathrm{br}}\right)^{\mathrm{T}}=\boldsymbol{I}$, 得

$$\dot{\boldsymbol{A}}^{\mathrm{br}}\left(\boldsymbol{A}^{\mathrm{br}}\right)^{\mathrm{T}}+\boldsymbol{A}^{\mathrm{br}}\left(\dot{\boldsymbol{A}}^{\mathrm{br}}\right)^{\mathrm{T}}=\boldsymbol{0}$$

即

$$\dot{\boldsymbol{A}}^{\mathrm{br}}\boldsymbol{A}^{\mathrm{rb}}+\boldsymbol{A}^{\mathrm{br}}\dot{\boldsymbol{A}}^{\mathrm{rb}}=\boldsymbol{0}$$

因此, 刚体的角速度矢量在连体基 $\boldsymbol{e}^{\mathrm{b}}$ 上的坐标方阵与方向余弦矩阵及其导数间的关系为

$$\tilde{\boldsymbol{\omega}}^{\mathrm{b}}=-\dot{\boldsymbol{A}}^{\mathrm{br}}\boldsymbol{A}^{\mathrm{rb}}=\boldsymbol{A}^{\mathrm{br}}\dot{\boldsymbol{A}}^{\mathrm{rb}}\tag{8.37}$$

由两边矩阵中对应元素相等, 可得

$$\begin{cases} \omega_1^{\mathrm{b}} = \dot{A}_{12}A_{13} + \dot{A}_{22}A_{23} + \dot{A}_{32}A_{33} \\ \omega_2^{\mathrm{b}} = \dot{A}_{13}A_{11} + \dot{A}_{23}A_{21} + \dot{A}_{33}A_{31} \\ \omega_3^{\mathrm{b}} = \dot{A}_{11}A_{12} + \dot{A}_{21}A_{22} + \dot{A}_{31}A_{32} \end{cases} \tag{8.38}$$

同样地, 刚体的角速度矢量在参考基 $\boldsymbol{e}^{\mathrm{r}}$ 上的坐标方阵与方向余弦矩阵及其导数间的关系为

$$\widetilde{\boldsymbol{\omega}}^{\mathrm{r}} = \dot{A}^{\mathrm{rb}}A^{\mathrm{br}} \tag{8.39}$$

由两边矩阵中对应元素相等, 可得

$$\begin{cases} \omega_1^{\mathrm{r}} = \dot{A}_{31}A_{21} + \dot{A}_{32}A_{22} + \dot{A}_{33}A_{23} \\ \omega_2^{\mathrm{r}} = \dot{A}_{11}A_{31} + \dot{A}_{12}A_{32} + \dot{A}_{13}A_{33} \\ \omega_3^{\mathrm{r}} = \dot{A}_{21}A_{11} + \dot{A}_{22}A_{12} + \dot{A}_{23}A_{13} \end{cases} \tag{8.40}$$

5. 用欧拉角坐标描述刚体的角速度

由欧拉角的定义和角速度叠加原理可得基 $\boldsymbol{e}^{\mathrm{b}}$ 相对于基 $\boldsymbol{e}^{\mathrm{r}}$ 的角速度矢量为

$$\boldsymbol{\omega} = \dot{\psi}\boldsymbol{e}_3^{\mathrm{r}} + \dot{\theta}\boldsymbol{e}_1^{\mathrm{u}} + \dot{\varphi}\boldsymbol{e}_3^{\mathrm{b}}$$

将上式点积 $\boldsymbol{e}^{\mathrm{b}}$ 得到 $\boldsymbol{\omega}$ 在 $\boldsymbol{e}^{\mathrm{b}}$ 上的坐标矩阵为

$$\overline{\boldsymbol{\omega}}^{\mathrm{b}} = \boldsymbol{G}^{\mathrm{b}}\dot{\overline{\boldsymbol{\pi}}} \tag{8.41}$$

其中

$$\dot{\overline{\boldsymbol{\pi}}} = \begin{bmatrix} \dot{\psi} & \dot{\theta} & \dot{\varphi} \end{bmatrix}^{\mathrm{T}}$$

$$\boldsymbol{G}^{\mathrm{b}} = \boldsymbol{e}^{\mathrm{b}} \cdot \begin{bmatrix} \boldsymbol{e}_3^{\mathrm{r}} & \boldsymbol{e}_1^{\mathrm{u}} & \boldsymbol{e}_3^{\mathrm{b}} \end{bmatrix} = \begin{bmatrix} S_\theta S_\varphi & C_\varphi & 0 \\ S_\theta C_\varphi & -S_\varphi & 0 \\ C_\theta & 0 & 1 \end{bmatrix}$$

同理, $\boldsymbol{\omega}$ 在 $\boldsymbol{e}^{\mathrm{r}}$ 上的坐标矩阵为

$$\overline{\boldsymbol{\omega}}^{\mathrm{r}} = \boldsymbol{G}^{\mathrm{r}}\dot{\overline{\boldsymbol{\pi}}} \tag{8.42}$$

其中

$$\boldsymbol{G}^{\mathrm{r}} = \boldsymbol{e}^{\mathrm{r}} \cdot \begin{bmatrix} \boldsymbol{e}_3^{\mathrm{r}} & \boldsymbol{e}_1^{\mathrm{u}} & \boldsymbol{e}_3^{\mathrm{b}} \end{bmatrix} = \begin{bmatrix} 0 & C_\psi & S_\psi S_\theta \\ 0 & S_\psi & -C_\psi S_\theta \\ 1 & 0 & C_\theta \end{bmatrix}$$

由此可以得到以 $\overline{\boldsymbol{\omega}}^{\mathrm{b}}$ 为参数的运动方程为

$$\dot{\overline{\boldsymbol{\pi}}} = (\boldsymbol{G}^{\mathrm{b}})^{-1}\overline{\boldsymbol{\omega}}^{\mathrm{b}} \tag{8.43}$$

其中

$$(\boldsymbol{G}^{\mathrm{b}})^{-1}=\begin{bmatrix}\sin\varphi/\sin\theta & \cos\varphi/\sin\theta & 0\\ \cos\varphi & -\sin\varphi & 0\\ -\sin\varphi/\tan\theta & -\cos\varphi/\tan\theta & 1\end{bmatrix}$$

以 $\overline{\boldsymbol{\omega}}^{\mathrm{r}}$ 为参数的运动方程为

$$\dot{\overline{\boldsymbol{\pi}}}=(\boldsymbol{G}^{\mathrm{r}})^{-1}\overline{\boldsymbol{\omega}}^{\mathrm{r}} \tag{8.44}$$

其中

$$(\boldsymbol{G}^{\mathrm{r}})^{-1}=\begin{bmatrix}-\sin\psi/\tan\theta & \cos\psi/\tan\theta & 1\\ \cos\psi & \sin\psi & 0\\ \sin\psi/\sin\theta & -\cos\psi/\sin\theta & 0\end{bmatrix}$$

8.1.4 空间运动刚体上任意点的位置、速度和加速度

设 P 点是相对于刚体运动的任意点, 如图 8.4 所示, 建立参考基 $\boldsymbol{e}^{\mathrm{r}}$, 其基点为 O, 连体基 $\boldsymbol{e}^{\mathrm{b}}$ 的基点为 C, 从参考基基点 O 到 C 点的矢量为 $\boldsymbol{r}$, 从 C 点到刚体上 P 点的矢量为 $\boldsymbol{u}^P$, 则从 O 点到 P 点的矢量为

$$\boldsymbol{r}^P=\boldsymbol{r}+\boldsymbol{u}^P \tag{8.45}$$

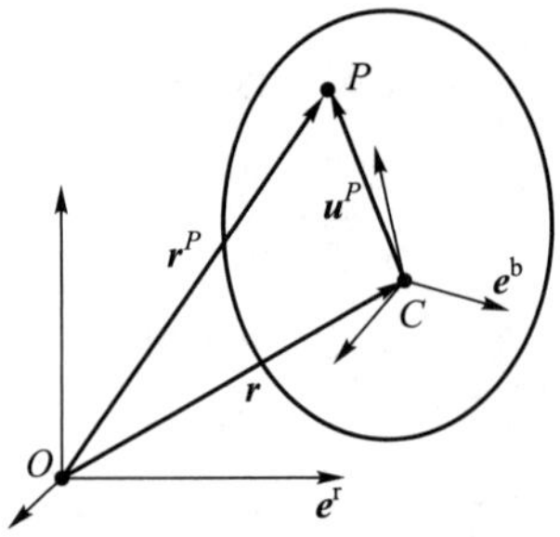

图 8.4 刚体上的任意点

将式 (8.45) 两边在 $\boldsymbol{e}^{\mathrm{r}}$ 上对时间求导, 得

$$\dot{\boldsymbol{r}}^P=\dot{\boldsymbol{r}}+\dot{\boldsymbol{u}}^P \tag{8.46}$$

而

$$\dot{\boldsymbol{u}}^P=\frac{^{\mathrm{b}}\mathrm{d}}{\mathrm{d}t}\boldsymbol{u}^P+\boldsymbol{\omega}\times\boldsymbol{u}^P$$

因此

$$\dot{\boldsymbol{r}}^P=\dot{\boldsymbol{r}}+\frac{^{\mathrm{b}}\mathrm{d}}{\mathrm{d}t}\boldsymbol{u}^P+\boldsymbol{\omega}\times\boldsymbol{u}^P$$

令 $\boldsymbol{v}_{\mathrm{r}}^P=\dfrac{^{\mathrm{b}}\mathrm{d}}{\mathrm{d}t}\boldsymbol{u}^P$, 则

$$\dot{\boldsymbol{r}}^P=\dot{\boldsymbol{r}}+\boldsymbol{v}_{\mathrm{r}}^P+\boldsymbol{\omega}\times\boldsymbol{u}^P \tag{8.47}$$

式中, $\dot{\boldsymbol{r}}^P$ 为 P 点相对于参考基 $\boldsymbol{e}^{\mathrm{r}}$ 的速度; $\dot{\boldsymbol{r}}$ 为连体基 $\boldsymbol{e}^{\mathrm{b}}$ 平移引起的 P 点的平移牵连速度; $\boldsymbol{v}_{\mathrm{r}}^P$ 为 P 点相对于连体基 $\boldsymbol{e}^{\mathrm{b}}$ 的相对速度; $\boldsymbol{\omega}\times\boldsymbol{u}^P$ 为连体基 $\boldsymbol{e}^{\mathrm{b}}$ 旋转引起的 P 点的旋转牵连速度。

如果 P 点固定在连体基上, 则

$$\dot{\boldsymbol{r}}^P=\dot{\boldsymbol{r}}+\boldsymbol{\omega}\times\boldsymbol{u}^P \tag{8.48}$$

将式 (8.47) 两边再次在 $\boldsymbol{e}^{\mathrm{r}}$ 上对时间求导, 得

$$\ddot{\boldsymbol{r}}^P=\ddot{\boldsymbol{r}}+\frac{{}^{\mathrm{b}}\mathrm{d}^2}{\mathrm{d}t^2}\boldsymbol{u}^P+2\boldsymbol{\omega}\times\frac{{}^{\mathrm{b}}\mathrm{d}}{\mathrm{d}t}\boldsymbol{u}^P+\dot{\boldsymbol{\omega}}\times\boldsymbol{u}^P+\boldsymbol{\omega}\times(\boldsymbol{\omega}\times\boldsymbol{u}^P) \tag{8.49}$$

令 $\boldsymbol{a}_{\mathrm{r}}^P=\dfrac{{}^{\mathrm{b}}\mathrm{d}^2}{\mathrm{d}t^2}\boldsymbol{u}^P$, 则

$$\ddot{\boldsymbol{r}}^P=\ddot{\boldsymbol{r}}+\boldsymbol{a}_{\mathrm{r}}^P+2\boldsymbol{\omega}\times\boldsymbol{v}_{\mathrm{r}}^P+\dot{\boldsymbol{\omega}}\times\boldsymbol{u}^P+\boldsymbol{\omega}\times(\boldsymbol{\omega}\times\boldsymbol{u}^P) \tag{8.50}$$

式中, $\ddot{\boldsymbol{r}}^P$ 为 P 点相对于参考基 $\boldsymbol{e}^{\mathrm{r}}$ 的加速度; $\ddot{\boldsymbol{r}}$ 为连体基 $\boldsymbol{e}^{\mathrm{b}}$ 平移引起的 P 点的平移牵连加速度; $\boldsymbol{a}_{\mathrm{r}}^P$ 为 P 点相对于连体基 $\boldsymbol{e}^{\mathrm{b}}$ 的相对加速度; $\dot{\boldsymbol{\omega}}\times\boldsymbol{u}^P$ 为连体基 $\boldsymbol{e}^{\mathrm{b}}$ 旋转引起的 P 点的切向加速度; $\boldsymbol{\omega}\times(\boldsymbol{\omega}\times\boldsymbol{u}^P)$ 为连体基 $\boldsymbol{e}^{\mathrm{b}}$ 旋转引起的 P 点的向心加速度; $2\boldsymbol{\omega}\times\boldsymbol{v}_{\mathrm{r}}^P$ 为 P 点的科氏加速度。科氏加速度是在 P 点有相对于旋转坐标系的运动时产生的, 它会导致一个特殊的惯性力, 这个惯性力与点的相对运动和旋转运动方向垂直, 因而不会改变运动速度的大小, 而仅改变其方向[3]。

如果 P 点固定在连体基上, 则

$$\ddot{\boldsymbol{r}}^P=\ddot{\boldsymbol{r}}+\dot{\boldsymbol{\omega}}\times\boldsymbol{u}^P+\boldsymbol{\omega}\times(\boldsymbol{\omega}\times\boldsymbol{u}^P) \tag{8.51}$$

如果采用刚体的质心笛卡儿坐标和反映刚体方位的欧拉角作为广义坐标, 即

$$\boldsymbol{q}=[x\quad y\quad z\quad \psi\quad \theta\quad \varphi]^{\mathrm{T}}=[\overline{\boldsymbol{r}}^{\mathrm{T}}\quad \overline{\boldsymbol{\pi}}^{\mathrm{T}}] \tag{8.52}$$

其中

$$\overline{\boldsymbol{r}}=[x\quad y\quad z]^{\mathrm{T}}$$
$$\overline{\boldsymbol{\pi}}=[\psi\quad \theta\quad \varphi]^{\mathrm{T}}$$

根据式 (8.41) 和 (8.42), 用欧拉角矩阵描述的刚体角速度 $\boldsymbol{\omega}$, 在连体基上的坐标矩阵为 $\overline{\boldsymbol{\omega}}^{\mathrm{b}}=\boldsymbol{G}^{\mathrm{b}}\dot{\overline{\boldsymbol{\pi}}}$, 在参考基上的坐标矩阵为 $\overline{\boldsymbol{\omega}}^{\mathrm{r}}=\boldsymbol{G}^{\mathrm{r}}\dot{\overline{\boldsymbol{\pi}}}$, 则 $\dot{\overline{\boldsymbol{\omega}}}^{\mathrm{b}}=\dot{\boldsymbol{G}}^{\mathrm{b}}\dot{\overline{\boldsymbol{\pi}}}+\boldsymbol{G}^{\mathrm{b}}\ddot{\overline{\boldsymbol{\pi}}}$, $\dot{\overline{\boldsymbol{\omega}}}^{\mathrm{r}}=\dot{\boldsymbol{G}}^{\mathrm{r}}\dot{\overline{\pi}}+\boldsymbol{G}^{\mathrm{r}}\ddot{\overline{\boldsymbol{\pi}}}$, 其中 $\dot{\overline{\boldsymbol{\pi}}}_i=[\dot{\psi}_i\quad \dot{\theta}_i\quad \dot{\varphi}_i]^{\mathrm{T}}$, $\ddot{\overline{\boldsymbol{\pi}}}_i=[\ddot{\psi}_i\quad \ddot{\theta}_i\quad \ddot{\varphi}_i]^{\mathrm{T}}$。那么当 P 点固定在连体基上时, $\dot{\boldsymbol{r}}^P$ 和 $\ddot{\boldsymbol{r}}^P$ 在参考基下的坐标列矩阵就可以写成

$$\dot{\overline{\boldsymbol{r}}}^P=\boldsymbol{B}\dot{\boldsymbol{q}} \tag{8.53}$$

$$\ddot{\overline{\boldsymbol{r}}}^P=\boldsymbol{B}\ddot{\boldsymbol{q}}+\boldsymbol{\zeta} \tag{8.54}$$

其中

$$\boldsymbol{B}=\left[\boldsymbol{I}\quad -\widetilde{\boldsymbol{u}}^P\boldsymbol{G}^{\mathrm{r}}\right]=\left[\boldsymbol{I}\quad -\boldsymbol{A}\widetilde{\boldsymbol{u}}_{\mathrm{b}}^P\boldsymbol{G}^{\mathrm{b}}\right] \tag{8.55}$$

$$\boldsymbol{\zeta}=-\widetilde{\boldsymbol{u}}^P\dot{\boldsymbol{G}}^{\mathrm{r}}\dot{\overline{\boldsymbol{\pi}}}+\widetilde{\boldsymbol{\omega}}^{\mathrm{r}}\widetilde{\boldsymbol{\omega}}^{\mathrm{r}}\overline{\boldsymbol{u}}^P=-\boldsymbol{A}\widetilde{\boldsymbol{u}}_{\mathrm{b}}^P\dot{\boldsymbol{G}}^{\mathrm{b}}\dot{\overline{\boldsymbol{\pi}}}+\boldsymbol{A}\widetilde{\boldsymbol{\omega}}^{\mathrm{b}}\widetilde{\boldsymbol{\omega}}^{\mathrm{b}}\overline{\boldsymbol{u}}_{\mathrm{b}}^P \tag{8.56}$$

式中, $\overline{u}^P$ 和 $\overline{u}_{\mathrm{b}}^P$ 分别为矢量 $\boldsymbol{u}^P$ 在参考基和连体基下的坐标列矩阵, $\widetilde{u}^P$ 和 $\widetilde{u}_{\mathrm{b}}^P$ 分别为矢量 $\boldsymbol{u}^P$ 在参考基和连体基下的反对称坐标方阵, A 为连体基关于参考基的方向余弦矩阵。

8.2 刚体动力学

8.2.1 空间刚体动力学

1. 动量

一个刚体可以看作是由无数个质点组成的。设刚体上任一点 (微元) $\mathrm{d}m = \rho \mathrm{d}V$, 相对于固定参考基基点的矢径为 $\boldsymbol{r}_m$, 令刚体质心 C 相对于参考基基点的矢径为 $\boldsymbol{r}$, 如图 8.5 所示, 系统总质量为 $m = \int_V \rho \mathrm{d}V$, 则刚体的动量为

$$\boldsymbol{p} = \int_V \dot{\boldsymbol{r}}_m \rho \mathrm{d}V = m\dot{\boldsymbol{r}} \tag{8.57}$$

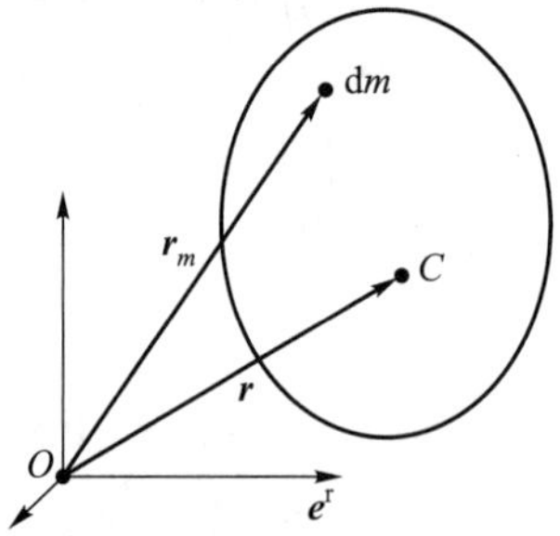

图 8.5 刚体任一微元和质心

2. 动量矩

设 D 为任意动点, 刚体上任一点 (微元)dm、质心 C 和 D 点相对于固定参考基基点的矢径为 $\boldsymbol{r}$、$\boldsymbol{r}^C$ 和 $\boldsymbol{r}^D$, $\boldsymbol{u}$ 和 $\boldsymbol{u}^C$ 分别为 D 点到微元和质心 C 的矢径 (如图 8.6 所示)。那么刚体对任意点 D 的动量矩为

$$\begin{aligned}
\boldsymbol{L}^D &= \int_V \rho \boldsymbol{u} \times \dot{\boldsymbol{r}} \mathrm{d}V \\
&= \int_V \rho \boldsymbol{u} \times (\dot{\boldsymbol{r}}^D + \boldsymbol{\omega} \times \boldsymbol{u}) \mathrm{d}V \\
&= \int_V \rho \boldsymbol{u} \times (\boldsymbol{\omega} \times \boldsymbol{u}) \mathrm{d}V + \int_V \rho \boldsymbol{u} \times \dot{\boldsymbol{r}}^D \mathrm{d}V \\
&= \int_V \rho [(\boldsymbol{u} \cdot \boldsymbol{u})\boldsymbol{I} - \boldsymbol{u}\boldsymbol{u}] \mathrm{d}V \cdot \boldsymbol{\omega} + \int_V \rho \boldsymbol{u} \times \dot{\boldsymbol{r}}^D \mathrm{d}V \\
&= \overline{\boldsymbol{J}}^D \cdot \boldsymbol{\omega} + m\boldsymbol{u}^C \times \dot{\boldsymbol{r}}^D
\end{aligned} \tag{8.58}$$

式中, $\boldsymbol{\omega}$ 为刚体相对于参考基的角速度; $\boldsymbol{J}^D$ 为刚体相对于 D 点的惯性张量:

$$\boldsymbol{J}^D = \int_V \rho [(\boldsymbol{u} \cdot \boldsymbol{u})\overline{\boldsymbol{I}} - \boldsymbol{u}\boldsymbol{u}] \mathrm{d}V \tag{8.59}$$

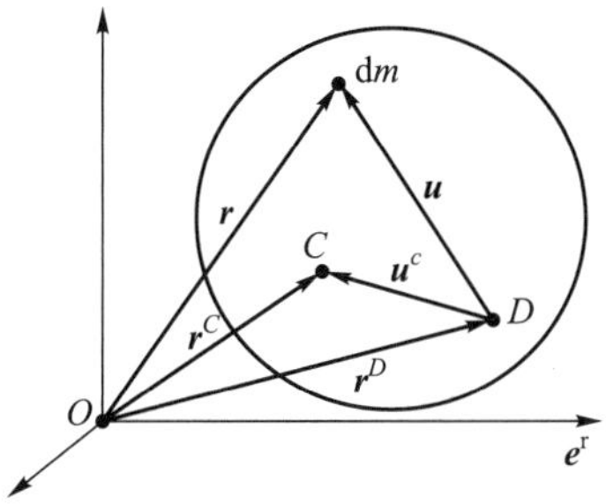

图 8.6 刚体任一微元、质心和动点

$\boldsymbol{J}^D$ 在以点 D 为基点固连于刚体上的基 $\boldsymbol{e}$ 下的坐标矩阵为

$$\overline{\boldsymbol{J}}^D = \begin{bmatrix} J_{11} & -J_{12} & -J_{13} \\ -J_{12} & J_{22} & -J_{23} \\ -J_{13} & -J_{23} & J_{33} \end{bmatrix} \tag{8.60}$$

其中, J_{11}、J_{22}、J_{33} 称为刚体相对于 3 个坐标轴 $\boldsymbol{e}_1$、$\boldsymbol{e}_2$ 和 $\boldsymbol{e}_3$ 的转动惯量, J_{12}、J_{23}、J_{13} 称为刚体相对于坐标轴 $\boldsymbol{e}_1$ 和 $\boldsymbol{e}_2$、$\boldsymbol{e}_2$ 和 $\boldsymbol{e}_3$、$\boldsymbol{e}_3$ 和 $\boldsymbol{e}_1$ 的惯性积。如果刚体上任意一点在基 $\boldsymbol{e}$ 下的坐标列矩阵为 $[x \quad y \quad z]^{\mathrm{T}}$, 那么

$$\begin{aligned} J_{11} &= \int_V \rho(y^2+z^2)\mathrm{d}V \\ J_{22} &= \int_V \rho(x^2+z^2)\mathrm{d}V \\ J_{33} &= \int_V \rho(x^2+y^2)\mathrm{d}V \\ J_{12} &= \int_V \rho xy\mathrm{d}V \\ J_{13} &= \int_V \rho xz\mathrm{d}V \\ J_{23} &= \int_V \rho yz\mathrm{d}V \end{aligned} \tag{8.61}$$

根据线性代数理论, 实对称矩阵总可以通过一个正交矩阵把它变换到另一个基 $\boldsymbol{e}'$ 中, 成为对角矩阵, 即

$$\overline{\boldsymbol{J}}^{D'} = \begin{bmatrix} J_1 & 0 & 0 \\ 0 & J_2 & 0 \\ 0 & 0 & J_3 \end{bmatrix} \tag{8.62}$$

$\boldsymbol{e}'$ 的 3 个坐标轴 $\boldsymbol{e}_1'$、$\boldsymbol{e}_2'$ 和 $\boldsymbol{e}_3'$ 就称为惯性主轴, J_1、J_2、J_3 称为主转动惯量。表 8.1 是一些常用空间运动构件的质心位置及其相对于质心惯性主轴 (X、Y、Z) 的主转动惯量 J_{XX}、J_{YY}、J_{ZZ}。

表 8.1　常用构件的质心 C 的位置及其相对于质心惯性主轴的主转动惯量

构件名称	示意图	主转动惯量
圆盘	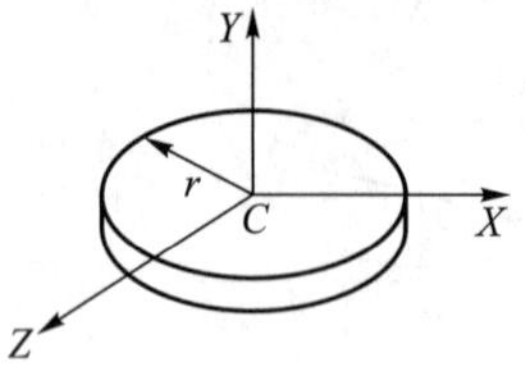	$J_{XX}=J_{ZZ}=\frac{1}{4}mr^2$ $J_{YY}=\frac{1}{2}mr^2$
圆球	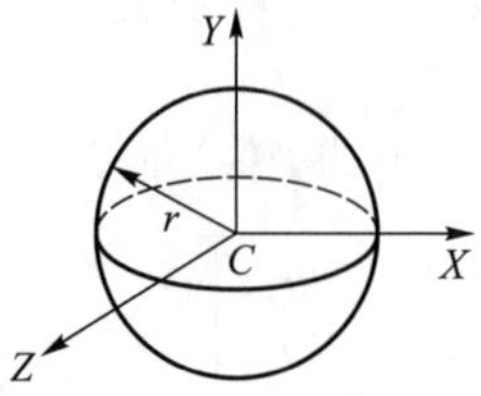	$J_{XX}=J_{YY}=J_{ZZ}=\frac{2}{5}mr^2$
圆环	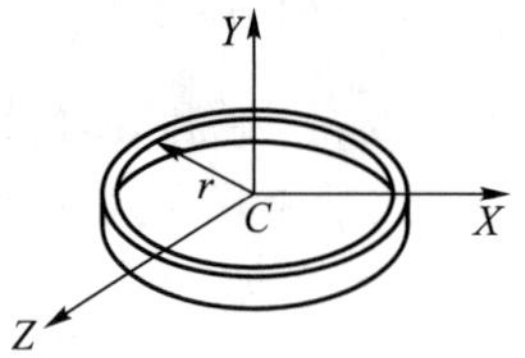	$J_{XX}=J_{ZZ}=\frac{1}{2}mr^2$ $J_{YY}=mr^2$
半圆球	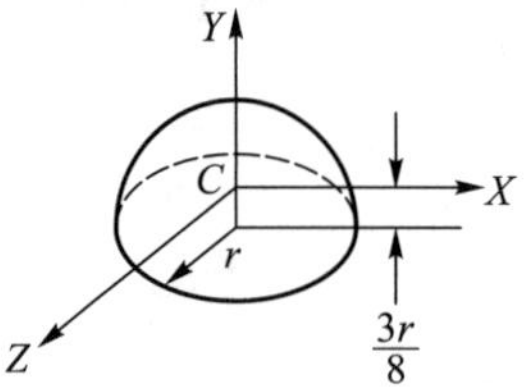	$J_{XX}=J_{ZZ}=\frac{83}{320}mr^2$ $J_{YY}=\frac{2}{5}mr^2$
圆柱	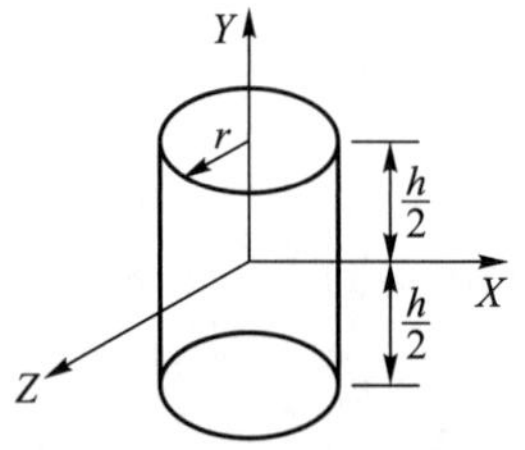	$J_{XX}=J_{ZZ}=\frac{1}{12}m(3r^2+h^2)$ $J_{YY}=\frac{1}{2}mr^2$
薄矩形板	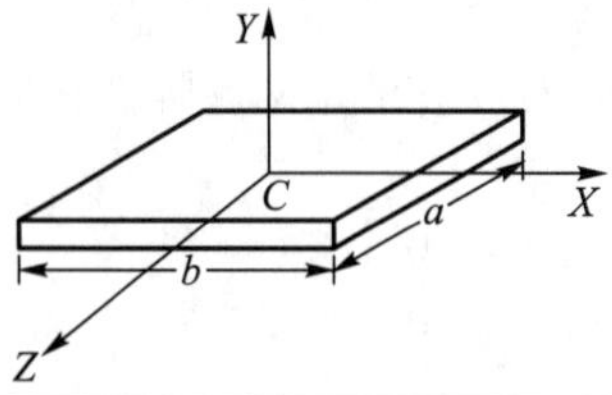	$J_{XX}=\frac{1}{12}ma^2$ $J_{XX}=\frac{1}{12}mb^2$ $J_{YY}=\frac{1}{12}m(a^2+b^2)$

注: m 为构件质量。

如果 D 点固定在参考基中或与质心重合, 那么刚体对 D 点的动量矩为

$$\boldsymbol{L}^{D'}=\boldsymbol{J}^{D}\cdot\boldsymbol{\omega} \tag{8.63}$$

3. 空间运动刚体的牛顿–欧拉方程

把刚体可以看作由无数个质点组成的, 根据动量定理可得

$$\dot{\boldsymbol{p}} = \boldsymbol{F}$$

即

$$\boldsymbol{m}\ddot{\boldsymbol{r}}^C = \boldsymbol{F} \tag{8.64}$$

这就是刚体运动的牛顿方程, 其中 $\boldsymbol{F}$ 为作用在刚体上的外力的主矢。

当 D 点固定或与 C 点重合时, 根据动量矩定理可得

$$\boldsymbol{J}^D \cdot \frac{^{\mathrm{b}}\mathrm{d}}{\mathrm{d}t}\boldsymbol{\omega} + \boldsymbol{\omega} \times (\boldsymbol{J}^D \cdot \boldsymbol{\omega}) = \boldsymbol{T}^D \tag{8.65}$$

式中, $\boldsymbol{T}^D$ 为作用在刚体上外力的主矩。

将式 (8.65) 写成在以 D 点为基点的连体基 $\boldsymbol{e}^{\mathrm{b}}$ 上的坐标矩阵形式即为欧拉方程

$$\overline{\boldsymbol{J}}^D\dot{\overline{\boldsymbol{\omega}}} + \widetilde{\boldsymbol{\omega}}\overline{\boldsymbol{J}}^D\overline{\boldsymbol{\omega}} = \overline{\boldsymbol{T}}^D \tag{8.66}$$

展开可得

$$\begin{bmatrix} J_{11} & -J_{12} & -J_{13} \\ -J_{23} & J_{22} & -J_{23} \\ -J_{31} & -J_{32} & J_{33} \end{bmatrix} \begin{bmatrix} \dot{\omega}_1 \\ \dot{\omega}_2 \\ \dot{\omega}_3 \end{bmatrix} + \begin{bmatrix} 0 & -\omega_3 & \omega_2 \\ \omega_3 & 0 & -\omega_1 \\ -\omega_2 & \omega_1 & 0 \end{bmatrix} \begin{bmatrix} J_{11} & -J_{12} & -J_{13} \\ -J_{23} & J_{22} & -J_{23} \\ -J_{31} & -J_{32} & J_{33} \end{bmatrix} \begin{bmatrix} \omega_1 \\ \omega_2 \\ \omega_3 \end{bmatrix} = \begin{bmatrix} T_1 \\ T_2 \\ T_3 \end{bmatrix} \tag{8.67}$$

选择连体坐标系是刚体在 D 点的惯性主轴坐标系, 则空间运动刚体的欧拉方程为

$$\begin{cases} J_{11}\dot{\omega}_1 + (J_{33} - J_{22})\omega_2\omega_3 = T_1 \\ J_{22}\dot{\omega}_2 + (J_{11} - J_{33})\omega_1\omega_3 = T_2 \\ J_{33}\dot{\omega}_3 + (J_{22} - J_{11})\omega_1\omega_2 = T_3 \end{cases} \tag{8.68}$$

8.2.2 平面刚体动力学

对于做平面运动的刚体, 设 $\boldsymbol{F}$ 是作用在刚体上的合力, 刚体的质量为 m, 刚体运动的牛顿方程仍然为

$$m\ddot{\boldsymbol{r}}^C = \boldsymbol{F}$$

令刚体的质心为连体坐标系的原点, $\boldsymbol{T}$ 是关于连体坐标系原点的合力矩矢量, 其坐标列阵为 $[0 \quad 0 \quad T]^{\mathrm{T}}$, 考虑 $\boldsymbol{\varepsilon} = \ddot{\theta}\boldsymbol{e}_3$, 可以得到

$$J\ddot{\theta} = T \tag{8.69}$$

其中

$$J = \int_V \rho(x^2 + y^2)\mathrm{d}V$$

是刚体相对于质心的极转动惯量。

这就是平面运动刚体运动的欧拉方程。此时描述刚体平面运动的牛顿–欧拉方程可以写成标量形式为

$$\begin{cases} ma_x = F_x \\ ma_y = F_y \\ J\ddot{\theta} = T \end{cases} \tag{8.70}$$

式中, a_x、a_y 分别为刚体 (质心) 移动加速度在 X、Y 方向的分量; F_x、F_y 分别为作用在刚体质心的载荷在 X、Y 方向的分量。

表 8.2 是一些常用平面运动构件的质心位置及其相对于质心的极转动惯量。

表 8.2 常用构件的质心 C 的位置及其相对于质心的极转动惯量

构件名称	示意图	极转动惯量
杆	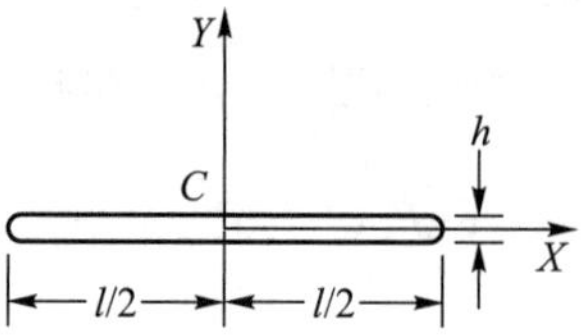	$J = \frac{1}{12}ml^2$
矩形	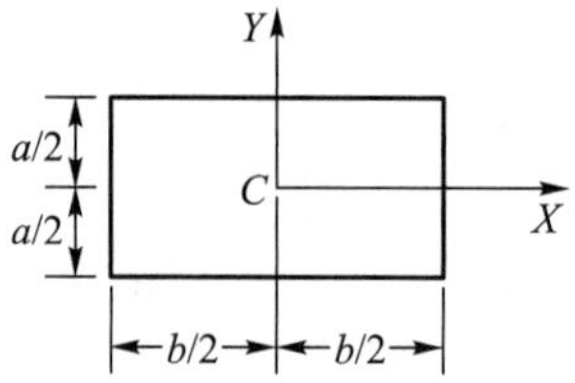	$J = \frac{1}{12}m(a^2 + b^2)$
圆	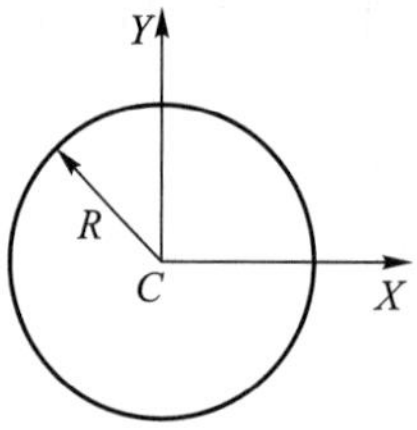	$J = \frac{1}{2}mR^2$
半圆	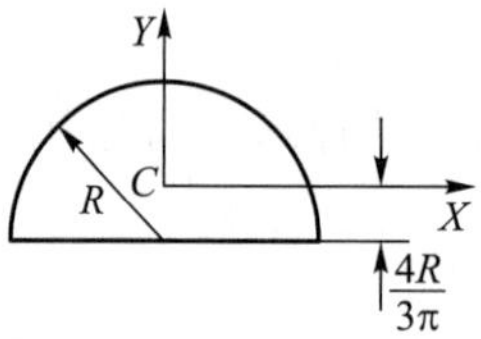	$J = mR^2\left(\frac{1}{2} - \frac{16}{9\pi^2}\right)$
薄环	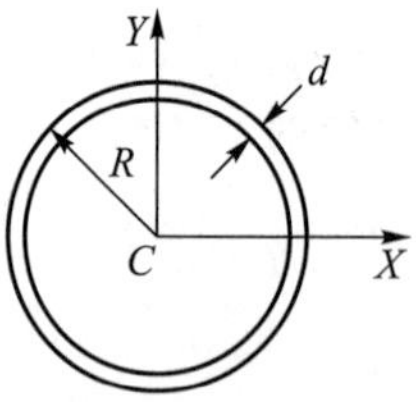	$J = mR^2$

注: m 为构件质量。

如果已知刚体相对于质心的极转动惯量, 那么刚体相对于刚体上任意点 i 的极转动

惯量 J^i 为

$$J^i = J + m \left| \boldsymbol{u}^i \right|^2 \tag{8.71}$$

式中, $\boldsymbol{u}^i$ 是从质心到刚体上任意一点 i 的位置矢量。

[**例 8-2**] 如图 8.7(a) 所示, 质量为 m 的矩形门板由两根平行的刚性连杆控制其在平面内的运动, 忽略连杆的质量, 试写出门板在连杆摆角为 θ 时的运动微分方程, 并导出连杆对门板作用力的表达式[4]。

(a) 门板运动示意图 (b) 门板受力分析示意图

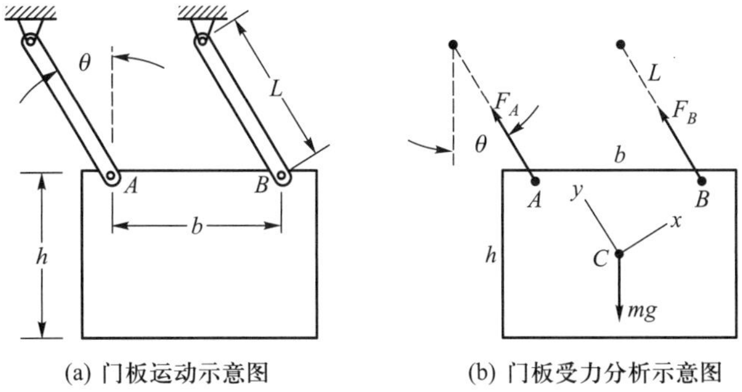

图 8.7 例 8-2 图

解: 设门板的质心为 C 点, 在其质心建立重合的参考坐标系和连体坐标系, 其 y 轴与连杆平行, 受力如 8.7(b) 所示。由于两根连杆是平行的, 因此门板在其运动平面内只做平移运动, 所受合力矩为 0, 且加速度为

$$\boldsymbol{a}_C = \boldsymbol{a}_A = \boldsymbol{a}_B = L\ddot{\theta}\boldsymbol{e}_1 + L\dot{\theta}^2\boldsymbol{e}_2$$

根据式 (8.70) 得连杆摆角为 θ 时门板的运动微分方程为

$$\begin{cases} -mg\sin\theta = mL\ddot{\theta} \\ F_A + F_B - mg\cos\theta = mL\dot{\theta}^2 \\ F_B\cos\theta \cdot \dfrac{b}{2} + F_B\sin\theta \cdot \dfrac{h}{2} - F_A\cos\theta \cdot \dfrac{b}{2} + F_A\sin\theta \cdot \dfrac{h}{2} = 0 \end{cases}$$

由此解得连杆对门板的作用力为

$$F_A = \frac{1}{2}\left(1 + \frac{h}{b}\tan\theta\right)\left(mg\cos\theta + mL\dot{\theta}^2\right)$$

$$F_B = \frac{1}{2}\left(1 - \frac{h}{b}\tan\theta\right)\left(mg\cos\theta + mL\dot{\theta}^2\right)$$

第 9 章 多刚体系统运动学

9.1 概述

在工程实际中, 很多机械系统 (如机械手臂、汽车悬挂系统、自行车、飞机起落架等, 如图 9.1 所示) 的构件都可简化为刚体。如果刚体之间用“铰”或力元 (如弹簧阻尼器) 相连, 得到的系统就是多刚体系统。

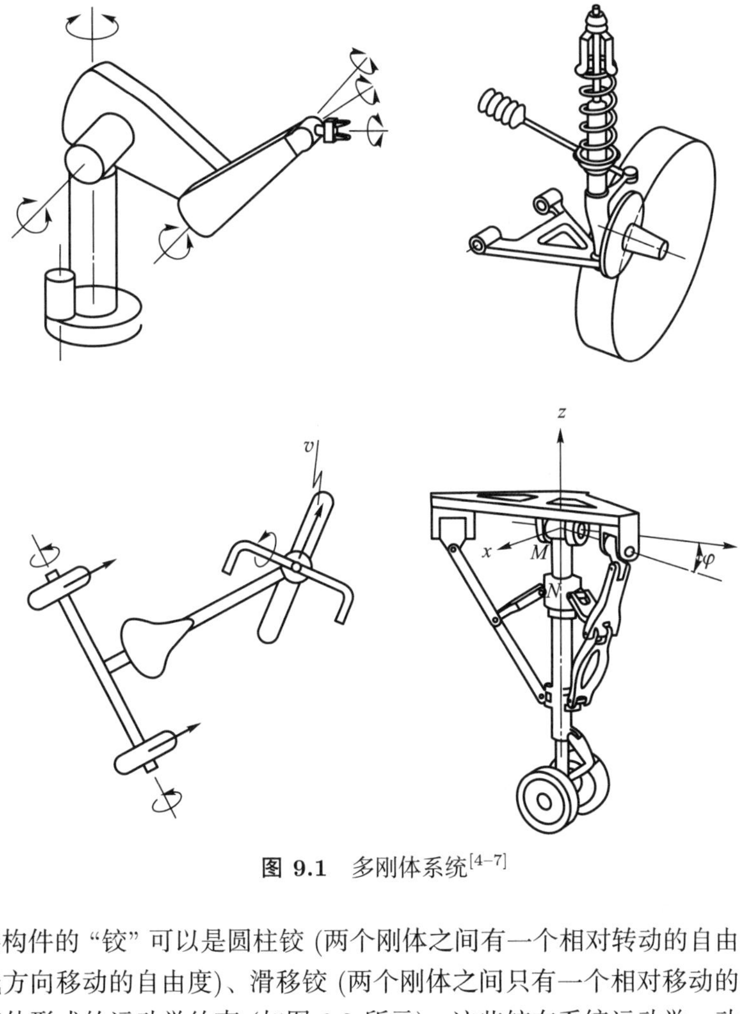

图 9.1 多刚体系统[4–7]

连接构件的“铰”可以是圆柱铰 (两个刚体之间有一个相对转动的自由度和一个沿圆柱轴线方向移动的自由度)、滑移铰 (两个刚体之间只有一个相对移动的自由度), 也可以是其他形式的运动学约束 (如图 9.2 所示)。这些铰在系统运动学、动力学分析中都可用相应的约束方程 (一般是代数方程) 来表示, 通过求解这些约束方程, 就可得到系统中各部件的运动规律。

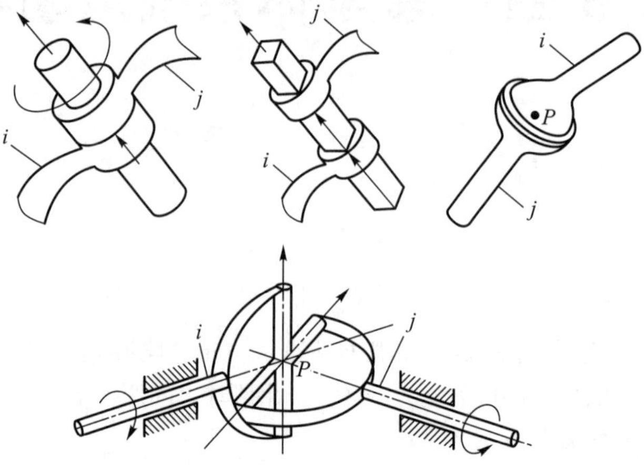

图 9.2　连接构件的铰

根据运动学描述方法的不同, 多体系统的数学模型可分为拉格朗日模型和笛卡儿模型两类。拉格朗日模型采用铰的相对运动变量作为广义坐标 (又称拉格朗日坐标), 其的优点是无冗余坐标、方程个数少, 但方程的非线性程度很高, 为了使模型具有通用性, 还必须包含描述系统拓扑构型的信息。笛卡儿模型采用相对于同一总体坐标系的笛卡儿坐标 (又称绝对坐标) 来描述多刚体系统的位形, 尽管方程个数较多, 但系数矩阵显稀疏状, 适用于采用计算机自动建立统一的模型进行处理, 目前国际上最著名的两个动力学分析商业软件 ADAMS 和 DADS 都是采用这种模型。本书下面所涉及的多体系统运动学、动力学的内容均采用笛卡儿模型来进行描述, 参考系也采用笛卡儿坐标系来表示。

9.2　平面运动多刚体系统的约束

9.2.1　约束方程

对于由 N 个做平面运动的刚体组成的多刚体系统, 在系统的运动平面上定义一个总体参考坐标系 OXY, 在刚体 $i(i=1,2,\cdots,N)$ 上建立一连体坐标系 $C_iX_iY_i$。设该刚体的质心 C_i 相对于总体参考坐标系的坐标为 (x_i,y_i), 连体坐标系 X_i 轴相对于总体参考坐标系 X 轴的转角为 θ_i, 如前所述, 自由刚体的平面运动可以用这 3 个独立变量来描述, 它们就构成了刚体 i 的笛卡儿坐标列矩阵, 也被称作刚体 i 的绝对笛卡儿广义坐标。

$$\boldsymbol{q}_i=[x_i\ \ y_i\ \ \theta_i]^{\mathrm{T}}\quad (i=1,2,\cdots,N) \tag{9.1}$$

N 个自由刚体组成的系统的广义坐标有 $3N$ 个, 其笛卡儿坐标列矩阵为

$$\begin{aligned}\boldsymbol{q}&=[\boldsymbol{q}_1^{\mathrm{T}}\quad \boldsymbol{q}_2^{\mathrm{T}}\quad \cdots\quad \boldsymbol{q}_N^{\mathrm{T}}]^{\mathrm{T}}\\&=[x_1\ \ y_1\ \ \theta_1\ \ x_2\ \ y_2\ \ \theta_2\ \ \cdots\ \ x_N\ \ y_N\ \ \theta_N]^{\mathrm{T}}\end{aligned} \tag{9.2}$$

由于约束的存在, 由 N 个刚体组成的系统的 $3N$ 个广义坐标并不是独立的, 必须满足相应的约束方程。系统的约束一般包括驱动约束和运动学约束。驱动约束是对运动轨迹的定义, 如广义坐标随时间的变化; 运动学约束描述的是刚体之间位置或方位的关系, 常见的运动约束有绝对位置约束、转动铰、滑移铰等。工程中的大多数约束都是完整约束, 其约束方程一般可以表示为

$$\boldsymbol{\Phi} = \boldsymbol{\Phi}(\boldsymbol{q}, t) = \boldsymbol{0} \tag{9.3}$$

式中, $\boldsymbol{\Phi} = [\Phi_1 \quad \Phi_2 \quad \cdots \quad \Phi_s]^{\mathrm{T}}$; s 为约束方程的个数; t 为时间。

9.2.2 平面驱动方程

对于刚体 i, 如果其上 P 点的运动轨迹由函数 $\overline{\boldsymbol{f}}(t) = [f_1(t) \quad f_2(t)]^{\mathrm{T}}$ 确定, 则该驱动约束方程可以写为

$$\boldsymbol{r}_i^P = \boldsymbol{r}_i + \boldsymbol{u}_i^P = \boldsymbol{f}(t) \tag{9.4}$$

式中, $\boldsymbol{r}_i$ 是刚体上连体坐标系原点的位置矢量; $\boldsymbol{u}_i^P$ 是从连体坐标系原点到刚体上 P 点的矢量; $\boldsymbol{A}_i$ 是刚体 i 上的连体坐标系到总体参考坐标系的坐标转换矩阵。其坐标列矩阵的形式为

$$\overline{\boldsymbol{r}}_i^P = \overline{\boldsymbol{r}}_i + \boldsymbol{A}_i \overline{\boldsymbol{u}}_i^P = \overline{\boldsymbol{f}}(t) \tag{9.5}$$

其中 $\overline{\boldsymbol{u}}_i^P = \left[x_i^P \quad y_i^P\right]^{\mathrm{T}}$ 是刚体 i 上的 P 点在连体坐标系中的坐标列矩阵。设 $\overline{\boldsymbol{r}}_i = [x_i \quad y_i]^{\mathrm{T}}$, 式 (9.5) 可写成关于广义坐标的标量形式的代数方程为

$$\begin{bmatrix} x_i \\ y_i \end{bmatrix} + \begin{bmatrix} \cos\theta_i & -\sin\theta_i \\ \sin\theta_i & \cos\theta_i \end{bmatrix} \begin{bmatrix} x_i^P \\ y_i^P \end{bmatrix} = \begin{bmatrix} f_1(t) \\ f_2(t) \end{bmatrix}$$

即

$$\begin{aligned} x_i + x_i^P \cos\theta_i - y_i^P \sin\theta_i &= f_1(t) \\ y_i + x_i^P \sin\theta_i + y_i^P \cos\theta_i &= f_2(t) \end{aligned} \tag{9.6}$$

如果从刚体 i 上的 P 点到刚体 j 上的 Q 点的矢量由函数 $\overline{\boldsymbol{f}}(t) = [f_1(t) \quad f_2(t)]^{\mathrm{T}}$ 确定, 且 $\boldsymbol{r}_j$ 是刚体 j 上连体坐标系原点的位置矢量, 其坐标列矩阵为 $\boldsymbol{r}_j = [x_j \quad y_j]^{\mathrm{T}}$, $\boldsymbol{u}_j^Q$ 是从连体坐标系原点到刚体上 Q 点的矢量, 其坐标列矩阵为 $\overline{\boldsymbol{u}}_j^Q = [x_j^Q \quad y_j^Q]^{\mathrm{T}}$, $\boldsymbol{A}_j$ 是刚体 j 上的连体坐标系到总体参考坐标系的坐标转换矩阵, 则该驱动约束方程可以写为

$$\overline{\boldsymbol{r}}_i^P - \overline{\boldsymbol{r}}_j^Q = \overline{\boldsymbol{r}}_i + \boldsymbol{A}_i \overline{\boldsymbol{u}}_i^P - \overline{\boldsymbol{r}}_j - \boldsymbol{A}_j \overline{\boldsymbol{u}}_j^Q = \overline{\boldsymbol{f}}(t) \tag{9.7}$$

可写成关于广义坐标的标量形式的代数方程, 为

$$\begin{bmatrix} x_i \\ y_i \end{bmatrix} + \begin{bmatrix} \cos\theta_i & -\sin\theta_i \\ \sin\theta_i & \cos\theta_i \end{bmatrix} \begin{bmatrix} x_i^P \\ y_i^P \end{bmatrix} - \begin{bmatrix} x_j \\ y_j \end{bmatrix} - \begin{bmatrix} \cos\theta_j & -\sin\theta_j \\ \sin\theta_j & \cos\theta_j \end{bmatrix} \begin{bmatrix} x_j^Q \\ y_j^Q \end{bmatrix} = \begin{bmatrix} f_1(t) \\ f_2(t) \end{bmatrix}$$

即

$$\begin{aligned}&x_i + x_i^P \cos\theta_i - y_i^P \sin\theta_i - x_j - x_j^Q \cos\theta_j + y_j^Q \sin\theta_j = f_1(t)\\&y_i + x_i^P \sin\theta_i + y_i^P \cos\theta_i - y_j - x_j^Q \sin\theta_j - y_j^Q \cos\theta_j = f_2(t)\end{aligned} \tag{9.8}$$

如果刚体 i 和刚体 j 之间的方位由函数 $f(t)$ 确定, 则该驱动约束方程可以写为

$$\theta_i - \theta_j = f(t) \tag{9.9}$$

9.2.3 平面运动系统常见铰的约束方程

1. 固定铰

如果一个刚体的自由度为 0, 其约束则为固定约束 (也称固定铰)。施加在刚体 i 上的固定约束方程为

$$\boldsymbol{q}_i - \boldsymbol{c} = \boldsymbol{0} \tag{9.10}$$

其中 $\overline{\boldsymbol{c}} = [c_1 \quad c_2 \quad c_3]^{\mathrm{T}}$ 是一个常矢量。式 (9.10) 写成标量形式的代数方程为

$$\begin{cases} x_i - c_1 = 0 \\ y_i - c_2 = 0 \\ \theta_i - c_3 = 0 \end{cases} \tag{9.11}$$

2. 转动铰

当两个刚体通过转动铰连接时, 它们之间只能进行相对转动。如图 9.3 所示, 刚体 i 上的 P 点与刚体 j 上的 Q 点通过转动铰连接, 那么这两个点到总体参考坐标系原点的矢量相等, 其约束方程为

$$\overline{\boldsymbol{r}}_i^P - \overline{\boldsymbol{r}}_j^Q = \overline{\boldsymbol{r}}_i + \boldsymbol{A}_i \overline{\boldsymbol{u}}_i^P - \overline{\boldsymbol{r}}_j - \boldsymbol{A}_j \overline{\boldsymbol{u}}_j^Q = \boldsymbol{0} \tag{9.12}$$

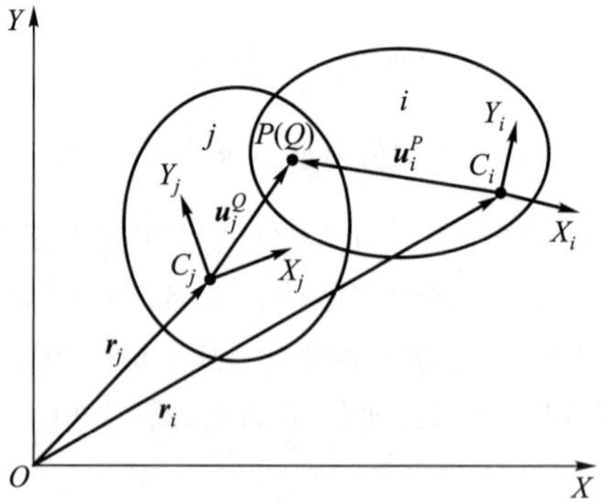

图 9.3 转动铰

或写成

$$\begin{bmatrix} x_i \\ y_i \end{bmatrix} + \begin{bmatrix} \cos\theta_i & -\sin\theta_i \\ \sin\theta_i & \cos\theta_i \end{bmatrix} \begin{bmatrix} x_i^P \\ y_i^P \end{bmatrix} - \begin{bmatrix} x_j \\ y_j \end{bmatrix} - \begin{bmatrix} \cos\theta_j & -\sin\theta_j \\ \sin\theta_j & \cos\theta_j \end{bmatrix} \begin{bmatrix} x_j^Q \\ y_j^Q \end{bmatrix} = \begin{bmatrix} 0 \\ 0 \end{bmatrix} \tag{9.13}$$

或

$$
\begin{aligned}
&x_i + x_i^P \cos\theta_i - y_i^P \sin\theta_i - x_j - x_j^Q \cos\theta_j + y_j^Q \sin\theta_j = 0 \\
&y_i + x_i^P \sin\theta_i + y_i^P \cos\theta_i - y_j - x_j^Q \sin\theta_j - y_j^Q \cos\theta_j = 0
\end{aligned} \tag{9.14}
$$

3. 滑移铰

当两个刚体通过滑移铰连接时, 它们之间只能沿滑移铰轴线进行相对移动。如图 9.4 所示, 刚体 i 和刚体 j 通过滑移铰连接, 它们之间的相对转动被式 (9.15) 约束。

$$\theta_i - \theta_j - c = 0 \tag{9.15}$$

其中 c 是一个常数, 由刚体 i 和刚体 j 的初始方位角 θ_i^0 和 θ_j^0 定义:

$$c = \theta_i^0 - \theta_j^0$$

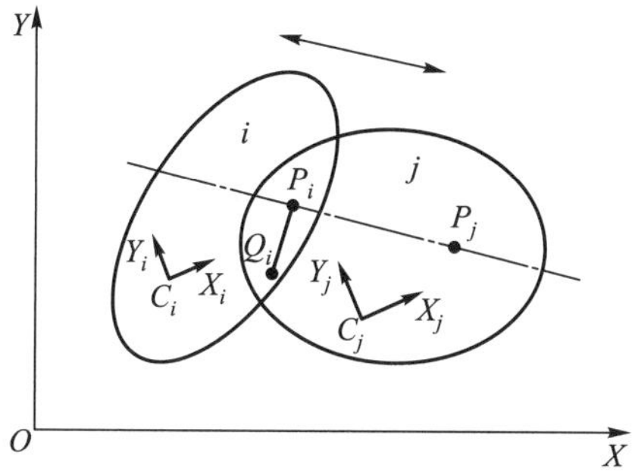

图 9.4 滑移铰

滑移铰的另一个约束方程是要消除两个刚体间沿垂直于滑移轴线方向的移动。为此定义两个相互垂直的矢量 $\boldsymbol{h}_{ji}$ 和 $\boldsymbol{v}_i$, 矢量 $\boldsymbol{h}_{ji}$ 连接滑移轴上并分别位于两个刚体上的两点 P_i 和 P_j, 其中 P_i 位于刚体 i 上, P_j 位于刚体 j 上。

$$\boldsymbol{h}_{ij} = \boldsymbol{r}_i^P - \boldsymbol{r}_j^P$$

其坐标列矩阵形式为

$$\overline{\boldsymbol{h}}_{ij} = \overline{\boldsymbol{r}}_i^P - \overline{\boldsymbol{r}}_j^P = \overline{\boldsymbol{r}}_i + \boldsymbol{A}_i\overline{\boldsymbol{u}}_i^P - \overline{\boldsymbol{r}}_j - \boldsymbol{A}_j\overline{\boldsymbol{u}}_j^P \tag{9.16}$$

矢量 $\boldsymbol{v}_i$ 垂直于矢量 $\boldsymbol{h}_{ji}$, 可用刚体 i 上连接点 P_i 和点 Q_i 的矢量定义, 即

$$\boldsymbol{v}_i = \boldsymbol{u}_i^P - \boldsymbol{u}_i^Q$$

其坐标列矩阵形式为

$$\overline{\boldsymbol{v}}_i = \boldsymbol{A}_i(\overline{\boldsymbol{u}}_i^P - \overline{\boldsymbol{u}}_i^Q) \tag{9.17}$$

这样约束两个刚体间沿垂直于滑移轴线方向移动的约束方程可以写为

$$\boldsymbol{h}_{ij} \cdot \boldsymbol{v}_i = 0$$

即

$$\overline{\boldsymbol{h}}_{ij}^{\mathrm{T}}\overline{\boldsymbol{v}}_i = 0 \tag{9.18}$$

[例 9–1] 如图 9.5 所示的平面运动曲柄滑块机构, 包括 4 个刚体: 刚体 1 即机架、刚体 2 即曲柄 OA、刚体 3 即连杆 AB、刚体 4 即滑块; 约束包括: 刚体 1 的固定约束, 刚体 2 的一端 (O 点) 通过转动铰与刚体 1 相连, 另一端 (A 点) 通过转动铰与刚体 3 即连杆 AB 相连, 刚体 4 通过转动铰与刚体 3 相连, 与刚体 1 之间通过滑移铰相连。试写出该曲柄滑块机构的约束方程。

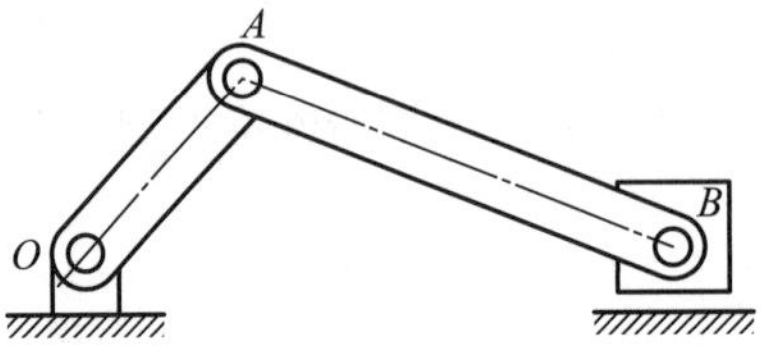

图 9.5 例 9–1 图

解: 建立各刚体的连体坐标系如图 9.6 所示, 该机构的广义坐标有 12 个, 其列矩阵为

$$\boldsymbol{q} = [x_1\ \ y_1\ \ \theta_1\ \ x_2\ \ y_2\ \ \theta_2\ \ x_3\ \ y_3\ \ \theta_3\ \ x_4\ \ y_4\ \ \theta_4]^{\mathrm{T}}$$

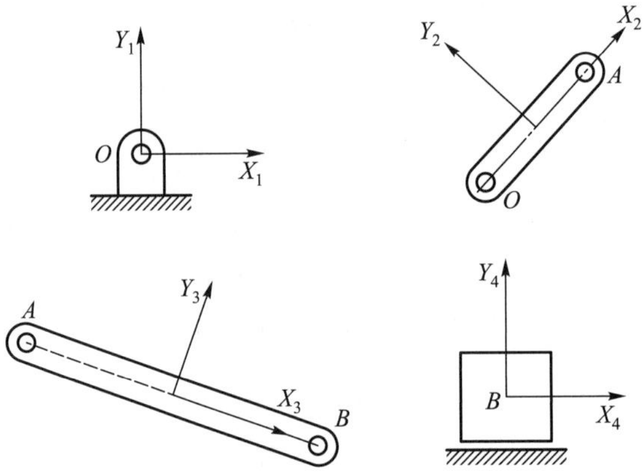

图 9.6 各刚体的连体坐标系

设曲柄的初始转角为 θ_2^0, 各连体坐标系原点在总体参考坐标系中的位置矢量为 $\boldsymbol{r}_i(i = 1,2,3,4)$, 各刚体上的连体坐标系到总体参考坐标系的坐标转换矩阵为 $\boldsymbol{A}_i(i = 1,2,3,4)$, 各铰接点在连体坐标系中的位置坐标列矩阵分别为 $\overline{\boldsymbol{u}}_1^O$、$\overline{\boldsymbol{u}}_2^O$、$\overline{\boldsymbol{u}}_2^A$、$\overline{\boldsymbol{u}}_3^A$、$\overline{\boldsymbol{u}}_3^B$、$\overline{\boldsymbol{u}}_4^B$, 下面建立各约束的方程。

假设曲柄的转动角速度是恒定的, 为

$$\dot{\theta}_2 = \omega$$

那么

$$\theta_2 - \theta_2^0 = \int_0^t \omega \mathrm{d}t = \omega t$$

则该机构的驱动约束可写为

$$\theta_2 - \theta_2^0 - \omega t = 0$$

另外刚体 4 与刚体 1 之间的滑移铰的约束方程在此处退化为

$$y_4 = 0$$

$$\theta_4 = 0$$

整个系统的约束方程为

$$\boldsymbol{\Phi}(\boldsymbol{q}, t) = \begin{bmatrix} x_1 \\ y_1 \\ \theta_1 \\ \overline{\boldsymbol{r}}_2 + \boldsymbol{A}_2\overline{\boldsymbol{u}}_2^O \\ \overline{\boldsymbol{r}}_2 + \boldsymbol{A}_2\overline{\boldsymbol{u}}_2^A - \overline{\boldsymbol{r}}_3 - \boldsymbol{A}_3\overline{\boldsymbol{u}}_3^A \\ \overline{\boldsymbol{r}}_3 + \boldsymbol{A}_3\overline{\boldsymbol{u}}_3^B - \overline{\boldsymbol{r}}_4 - \boldsymbol{A}_4\overline{\boldsymbol{u}}_4^B \\ y_4 \\ \theta_4 \\ \theta_2 - \theta_2^0 - \omega t \end{bmatrix} = 0$$

设曲柄和连杆的长度分别为 l_2 和 l_3, 则约束方程写成标量形式的代数方程为

$$\begin{aligned} & x_1 = 0 \\ & y_1 = 0 \\ & \theta_1 = 0 \\ & x_2 - \frac{l_2}{2}\cos\theta_2 = 0 \\ & y_2 - \frac{l_2}{2}\sin\theta_2 = 0 \\ & x_2 + \frac{l_2}{2}\cos\theta_2 - x_3 + \frac{l_3}{2}\cos\theta_3 = 0 \\ & y_2 + \frac{l_2}{2}\sin\theta_2 - y_3 + \frac{l_3}{2}\sin\theta_3 = 0 \\ & x_3 + \frac{l_3}{2}\cos\theta_3 - x_4 = 0 \\ & y_3 + \frac{l_3}{2}\sin\theta_3 - y_4 = 0 \\ & y_4 = 0 \\ & \theta_4 = 0 \\ & \theta_2 - \theta_2^0 - \omega t = 0 \end{aligned}$$

其中前 3 个方程是固定铰的约束方程, 中间 6 个方程是 3 个转动铰的约束方程, 后 3 个方程是刚体 4 与刚体 1 滑移铰的约束方程和曲柄上的转动驱动方程, 方程数与广义坐标数相等, 则系统的运动可由运动学分析确定。

4. 齿轮副

对于外啮合的圆柱齿轮对 i 和 j, 其节圆半径分别为 R_i、R_j, 两个齿轮的中心分别为 P_i、P_j, 其连线与总体参考坐标系 X 轴正方向的夹角为 θ, 如图 9.7 所示。齿轮上的点 Q_i 和 Q_j 在装配初始时是重合的, 考虑两齿轮啮合转动时节圆上无滑动, 以及接触弧长 CQ_i 和 CQ_j 相等, 即

$$R_i\alpha_i = R_j\alpha_j$$

而

$$\begin{aligned}\alpha_i &= \theta_i + \phi_i - \theta \\ \alpha_j &= -(\theta_j + \phi_j - \theta - \pi)\end{aligned} \tag{9.19}$$

式中, ϕ_i、ϕ_j 是齿轮的装配数据, 由此可得

$$\theta = \frac{R_i(\theta_i + \phi_i) + R_j(\theta_j + \phi_j) - R_j\pi}{D} \tag{9.20}$$

其中 $D = R_i + R_j$ 为齿轮中心矩。

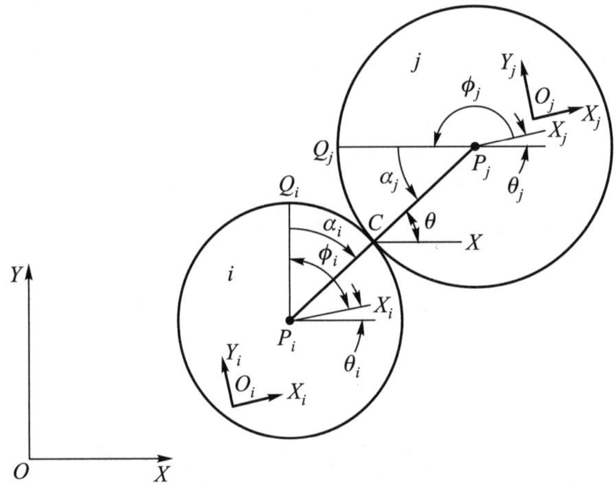

图 9.7 齿轮副

设由 P_i 指向 P_j 的单位矢量为 $\boldsymbol{u}$, 其在总体参考系下的坐标列矩阵为 $[\cos\theta \ \ \sin\theta]^{\mathrm{T}}$, 齿轮约束条件可写成

$$(\boldsymbol{r}_j^{P_j} - \boldsymbol{r}_i^{P_i}) \times \boldsymbol{u} = 0 \tag{9.21}$$

另外齿轮副还需满足中心矩保持不变的条件, 即

$$(\boldsymbol{r}_j^{P_j} - \boldsymbol{r}_i^{P_i}) \cdot (\boldsymbol{r}_j^{P_j} - \boldsymbol{r}_i^{P_i}) - D^2 = 0 \tag{9.22}$$

上述条件写成标量形式的代数方程为

$$\begin{aligned}(x^{P_j} - x^{P_i})\sin\theta - (y^{P_j} - y^{P_i})\cos\theta = 0 \\ (x^{P_j} - x^{P_i})^2 + (y^{P_j} - y^{P_i})^2 - D^2 = 0\end{aligned} \tag{9.23}$$

5. 凸轮–从动件副

1) 凸轮–滚子副

如图 9.8 所示的凸轮–滚子副, 滚子半径为 r, 中心点为 Q 点, P 点为滚子与凸轮的接触点, 连接 P、Q 两点的矢量为 $\boldsymbol{n}$, $\boldsymbol{t}$ 为凸轮上 P 点处的切矢量, 则凸轮–滚子副的约束方程为[8]

$$\overline{\boldsymbol{n}}^{\mathrm{T}}\overline{\boldsymbol{n}} - r^2 = 0 \tag{9.24}$$

$$\overline{\boldsymbol{t}}^{\mathrm{T}}\overline{\boldsymbol{n}} = 0 \tag{9.25}$$

其中

$$\overline{\boldsymbol{n}} = \overline{\boldsymbol{r}}_i^P - \overline{\boldsymbol{r}}_j^Q = \overline{\boldsymbol{r}}_i + \boldsymbol{A}_i\overline{\boldsymbol{u}}_i^P - \overline{\boldsymbol{r}}_j - \boldsymbol{A}_j\overline{\boldsymbol{u}}_j^Q \tag{9.26}$$

式中, $\overline{\boldsymbol{r}}_i$ 和 $\overline{\boldsymbol{r}}_j$ 分别刚体 i 和 j 的连体坐标系在总体参考坐标系中的坐标列矩阵; $\overline{\boldsymbol{u}}_i^P$ 和 $\overline{\boldsymbol{u}}_j^Q$ 分别为 P 点和 Q 点在各自连体坐标系中的坐标列矩阵; $\boldsymbol{A}_i$、$\boldsymbol{A}_j$ 是刚体 i、j 上的连体坐标系到总体参考坐标系的坐标转换矩阵。

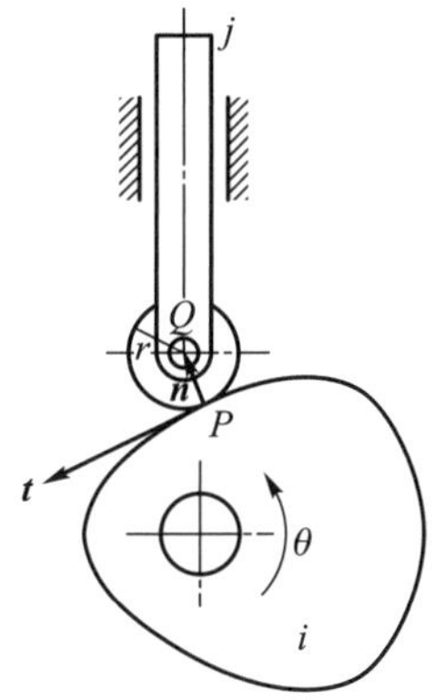

图 9.8 凸轮–滚子副

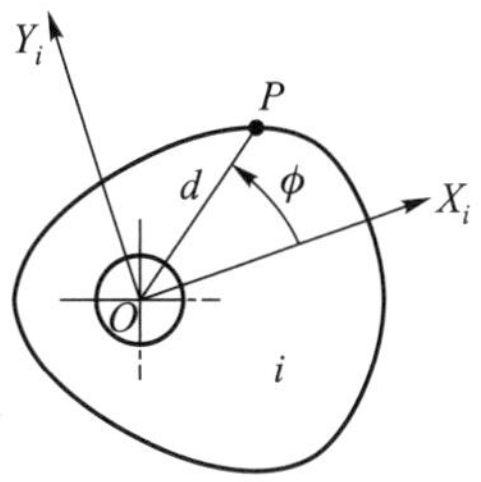

图 9.9 凸轮上 P 点

建立凸轮 i 的连体坐标系如图 9.9 所示, 凸轮上一点 P 到坐标系原点的距离 $d = d(\phi)$, 则 $\overline{\boldsymbol{u}}_i^P = [d\cos\phi \;\; d\sin\phi]^{\mathrm{T}}$, 因此

$$\overline{\boldsymbol{t}} = \frac{\partial \overline{\boldsymbol{u}}_i^P}{\partial \phi} = \begin{bmatrix} -d\sin\phi + \dfrac{\partial d}{\partial \phi}\cos\phi \\ d\cos\phi + \dfrac{\partial d}{\partial \phi}\sin\phi \end{bmatrix} \tag{9.27}$$

2) 凸轮–平底从动件副

如图 9.10 所示的凸轮–平底从动件副, Q 点为平底从动件上任意一点, 其法向量为 $\boldsymbol{n}$, P 点为从动件与凸轮的接触点, 设连接 P 点和 Q 点的矢量为 $\boldsymbol{t}_1$

$$\overline{\boldsymbol{t}}_1 = \overline{\boldsymbol{r}}_i^P - \overline{\boldsymbol{r}}_j^Q = \overline{\boldsymbol{r}}_i + \boldsymbol{A}_i\overline{\boldsymbol{u}}_i^P - \overline{\boldsymbol{r}}_j - \boldsymbol{A}_j\overline{\boldsymbol{u}}_j^Q$$

则

$$\overline{\boldsymbol{t}}_1^{\mathrm{T}}\overline{\boldsymbol{n}} = 0 \tag{9.28}$$

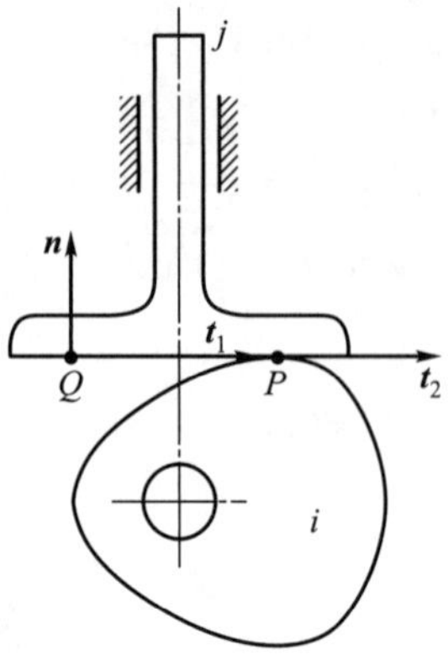

图 9.10 凸轮–平底从动件副

同样再做一个过 P 点的切向量 $\boldsymbol{t}_2$, 则

$$\bar{\boldsymbol{t}}_2^{\mathrm{T}}\overline{\boldsymbol{n}} = 0 \tag{9.29}$$

式 (9.28) 和式 (9.29) 就是凸轮–平底从动件副的约束方程[8]。

9.3 速度和加速度约束方程

描述 N 个刚体组成的多刚体系统的约束方程一般可以表示为式 (9.3) 的形式, 即

$$\boldsymbol{\varPhi} = \boldsymbol{\varPhi}(\boldsymbol{q}, t) = 0$$

式中, $\boldsymbol{\varPhi} = [\varPhi_1 \quad \varPhi_2 \quad \cdots \quad \varPhi_s]^{\mathrm{T}}$; $\boldsymbol{q} = [\boldsymbol{q}_1 \quad \boldsymbol{q}_2 \quad \cdots \quad \boldsymbol{q}_N]^{\mathrm{T}}$ 为系统的广义坐标。将其对时间进行求导, 得到速度约束方程:

$$\boldsymbol{\varPhi}_q\dot{\boldsymbol{q}} + \boldsymbol{\varPhi}_t = \boldsymbol{0} \tag{9.30}$$

其中

$$\boldsymbol{\varPhi}_t = \left[\frac{\partial \boldsymbol{\varPhi}_1}{\partial t} \quad \frac{\partial \boldsymbol{\varPhi}_2}{\partial t} \quad \cdots \quad \frac{\partial \boldsymbol{\varPhi}_s}{\partial t}\right]^{\mathrm{T}} \tag{9.31}$$

$$\boldsymbol{\varPhi}_q = \begin{bmatrix} \dfrac{\partial \varPhi_1}{\partial q_1} & \dfrac{\partial \varPhi_1}{\partial q_2} & \cdots & \dfrac{\partial \varPhi_1}{\partial q_n} \\ \dfrac{\partial \varPhi_2}{\partial q_1} & \dfrac{\partial \varPhi_2}{\partial q_2} & \cdots & \dfrac{\partial \varPhi_2}{\partial q_n} \\ \vdots & \vdots & \ddots & \vdots \\ \dfrac{\partial \varPhi_s}{\partial q_1} & \dfrac{\partial \varPhi_s}{\partial q_2} & \cdots & \dfrac{\partial \varPhi_s}{\partial q_n} \end{bmatrix} \tag{9.32}$$

$\boldsymbol{\varPhi}_q$ 为约束的雅可比矩阵。

进一步将速度约束方程 (9.30) 对时间进行求导, 得到加速度约束方程为

$$(\boldsymbol{\varPhi}_q\dot{\boldsymbol{q}} + \boldsymbol{\varPhi}_t)_q\dot{\boldsymbol{q}} + \frac{\partial}{\partial t}(\boldsymbol{\varPhi}_q\dot{\boldsymbol{q}} + \boldsymbol{\varPhi}_t) = \boldsymbol{0}$$

整理得

$$\boldsymbol{\Phi}_q\ddot{\boldsymbol{q}}+\left(\boldsymbol{\Phi}_q\dot{\boldsymbol{q}}\right)_q\dot{\boldsymbol{q}}+2\boldsymbol{\Phi}_{qt}\dot{\boldsymbol{q}}+\boldsymbol{\Phi}_{tt}=\mathbf{0} \tag{9.33}$$

则

$$\boldsymbol{\Phi}_q\ddot{\boldsymbol{q}}=\boldsymbol{\gamma} \tag{9.34}$$

其中

$$\boldsymbol{\gamma}=-(\boldsymbol{\Phi}_q\dot{\boldsymbol{q}})_q\dot{\boldsymbol{q}}-2\boldsymbol{\Phi}_{qt}\dot{\boldsymbol{q}}-\boldsymbol{\Phi}_{tt} \tag{9.35}$$

是加速度方程的右项。

[例 9–2] 图 9.11 所示是一个平面运动机械手, 其中刚体 1 固结在大地上, 刚体 2 (长为 l_2 的杆) 与刚体 1、刚体 3 (长为 l_3 的杆) 与刚体 2 之间都由转动铰连接在一起, 建立如图所示的连体坐标系, 且刚体 1 上的连体坐标系与总体参考坐标系重合。给定刚体 2 与刚体 3 的转动速度为 ω_2、ω_3, 试写出系统的位置、速度和加速度约束方程[8]。

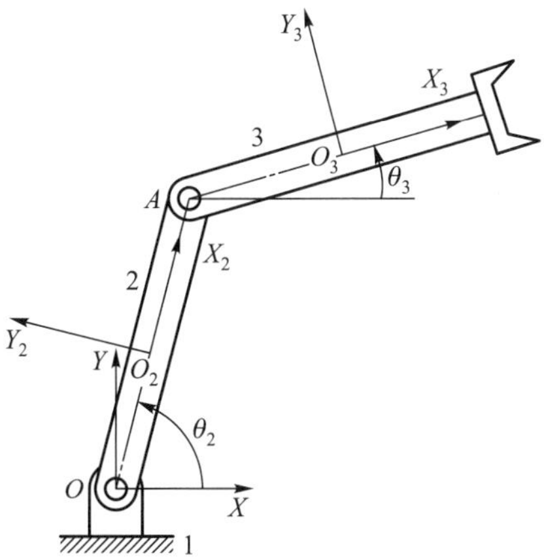

图 9.11 例 9–2 图

解: 该平面运动机械手由 3 个刚体组成, 取每个刚体的笛卡儿坐标列矩阵为广义坐标, 系统的广义坐标列矩阵为 $\boldsymbol{q}=[x_1\quad y_1\quad \theta_1\quad x_2\quad y_2\quad \theta_2\quad x_3\quad y_3\quad \theta_3]^{\mathrm{T}}$。设刚体 2、刚体 3 的初始转角为 θ_2^0、θ_3^0, 各连体坐标系原点在总体参考坐标系中的位置矢量为 $\boldsymbol{r}_i(i=1,2,3)$, 各刚体上的连体坐标系到总体参考坐标系的坐标转换矩阵为 $\boldsymbol{A}_i(i=1,2,3)$, 各铰接点在连体坐标系中的位置坐标列矩阵分别为 $\overline{\boldsymbol{u}}_1^O$、$\overline{\boldsymbol{u}}_2^O$、$\overline{\boldsymbol{u}}_2^A$、$\overline{\boldsymbol{u}}_3^A$, 则系统的位置约束方程为

$$\boldsymbol{\Phi}(\boldsymbol{q},t)=\begin{bmatrix} x_1\\ y_1\\ \theta_1\\ \overline{\boldsymbol{r}}_2+\boldsymbol{A}_2\overline{\boldsymbol{u}}_2^O\\ \overline{\boldsymbol{r}}_2+\boldsymbol{A}_2\overline{\boldsymbol{u}}_2^A-\overline{\boldsymbol{r}}_3-\boldsymbol{A}_3\overline{\boldsymbol{u}}_3^A\\ \theta_2-\theta_2^0-\omega_2 t\\ \theta_3-\theta_3^0-\omega_3 t \end{bmatrix}$$

$$
= \begin{bmatrix} x_1 \\ y_1 \\ \theta_1 \\ x_2 - \dfrac{l_2}{2}\cos\theta_2 \\ y_2 - \dfrac{l_2}{2}\sin\theta_2 \\ x_2 + \dfrac{l_2}{2}\cos\theta_2 - x_3 + \dfrac{l_3}{2}\cos\theta_3 \\ y_2 + \dfrac{l_2}{2}\sin\theta_2 - y_3 + \dfrac{l_3}{2}\sin\theta_3 \\ \theta_2 - \theta_2^0 - \omega_2 t \\ \theta_3 - \theta_3^0 - \omega_3 t \end{bmatrix} = \mathbf{0}
$$

根据矩阵的求导方法可得位置约束方程的雅可比矩阵为

$$
\boldsymbol{\Phi}_q = \begin{bmatrix} 1 & 0 & 0 & 0 & 0 & 0 & 0 & 0 & 0 \\ 0 & 1 & 0 & 0 & 0 & 0 & 0 & 0 & 0 \\ 0 & 0 & 1 & 0 & 0 & 0 & 0 & 0 & 0 \\ 0 & 0 & 0 & 1 & 0 & \dfrac{l_2}{2}\sin\theta_2 & 0 & 0 & 0 \\ 0 & 0 & 0 & 0 & 1 & -\dfrac{l_2}{2}\cos\theta_2 & 0 & 0 & 0 \\ 0 & 0 & 0 & 1 & 0 & -\dfrac{l_2}{2}\sin\theta_2 & -1 & 0 & -\dfrac{l_3}{2}\sin\theta_3 \\ 0 & 0 & 0 & 0 & 1 & \dfrac{l_2}{2}\cos\theta_2 & 0 & -1 & \dfrac{l_3}{2}\cos\theta_3 \\ 0 & 0 & 0 & 0 & 0 & 1 & 0 & 0 & 0 \\ 0 & 0 & 0 & 0 & 0 & 0 & 0 & 0 & 1 \end{bmatrix}
$$

求速度约束方程:

$$
\boldsymbol{\Phi}_q \dot{\boldsymbol{q}} + \boldsymbol{\Phi}_t = \mathbf{0}
$$

其中

$$
\begin{aligned} \boldsymbol{\Phi}_t &= \left[\frac{\partial \boldsymbol{\Phi}_1}{\partial t} \ \ \frac{\partial \boldsymbol{\Phi}_2}{\partial t} \ \ \cdots \ \ \frac{\partial \boldsymbol{\Phi}_n}{\partial t} \right]^{\mathrm{T}} \\ &= [0 \ \ 0 \ \ 0 \ \ 0 \ \ 0 \ \ 0 \ \ 0 \ \ -\omega_2 \ \ -\omega_3]^{\mathrm{T}} \end{aligned}
$$

因此速度约束方程为

$$
\boldsymbol{\Phi}_q\dot{\boldsymbol{q}} = \begin{bmatrix}
1 & 0 & 0 & 0 & 0 & 0 & 0 & 0 & 0 \\
0 & 1 & 0 & 0 & 0 & 0 & 0 & 0 & 0 \\
0 & 0 & 1 & 0 & 0 & 0 & 0 & 0 & 0 \\
0 & 0 & 0 & 1 & 0 & \dfrac{l_2}{2}\sin\theta_2 & 0 & 0 & 0 \\
0 & 0 & 0 & 0 & 1 & -\dfrac{l_2}{2}\cos\theta_2 & 0 & 0 & 0 \\
0 & 0 & 0 & 1 & 0 & -\dfrac{l_2}{2}\sin\theta_2 & -1 & 0 & -\dfrac{l_3}{2}\sin\theta_3 \\
0 & 0 & 0 & 0 & 1 & \dfrac{l_2}{2}\cos\theta_2 & 0 & -1 & \dfrac{l_3}{2}\cos\theta_3 \\
0 & 0 & 0 & 0 & 0 & 1 & 0 & 0 & 0 \\
0 & 0 & 0 & 0 & 0 & 0 & 0 & 0 & 1
\end{bmatrix}
\begin{bmatrix} \dot{x}_1 \\ \dot{y}_1 \\ \dot{\theta}_1 \\ \dot{x}_2 \\ \dot{y}_2 \\ \dot{\theta}_2 \\ \dot{x}_3 \\ \dot{y}_3 \\ \dot{\theta}_3 \end{bmatrix}
$$

$$
= -\boldsymbol{\Phi}_t
$$

$$
= [0 \quad 0 \quad 0 \quad 0 \quad 0 \quad 0 \quad 0 \quad \omega_2 \quad \omega_3]^{\mathrm{T}}
$$

即

$$
\begin{aligned}
&\dot{x}_1 = 0 \\
&\dot{y}_1 = 0 \\
&\dot{\theta}_1 = 0 \\
&\dot{x}_2 + \frac{\dot{\theta}_2 l_2}{2}\sin\theta_2 = 0 \\
&\dot{y}_2 - \frac{\dot{\theta}_2 l_2}{2}\cos\theta_2 = 0 \\
&\dot{x}_2 - \frac{\dot{\theta}_2 l_2}{2}\sin\theta_2 - \dot{x}_3 - \frac{\dot{\theta}_3 l_3}{2}\sin\theta_3 = 0 \\
&\dot{y}_2 + \frac{\dot{\theta}_2 l_2}{2}\cos\theta_2 - \dot{y}_3 + \frac{\omega_3 l_3}{2}\cos\theta_3 = 0 \\
&\dot{\theta}_2 = \omega_2 \\
&\dot{\theta}_3 = \omega_3
\end{aligned}
$$

求加速度约束方程:

$$
\boldsymbol{\Phi}_q\ddot{\boldsymbol{q}} = \gamma
$$

其中加速度方程右项

$$
\boldsymbol{\gamma} = -(\boldsymbol{\Phi}_q\dot{\boldsymbol{q}})_q\dot{\boldsymbol{q}} - 2\boldsymbol{\Phi}_{qt}\dot{\boldsymbol{q}} - \boldsymbol{\Phi}_{tt}
$$

式中

$$
\boldsymbol{\Phi}_{qt} = 0
$$

$$
\boldsymbol{\Phi}_{tt} = 0
$$

$$(\boldsymbol{\Phi}_q\dot{\boldsymbol{q}})_q=\begin{bmatrix}0&0&0&0&0&0&0&0&0\\0&0&0&0&0&0&0&0&0\\0&0&0&0&0&0&0&0&0\\0&0&0&0&0&\frac{\dot{\theta}_2 l_2}{2}\cos\theta_2&0&0&0\\0&0&0&0&0&\frac{\dot{\theta}_2 l_2}{2}\sin\theta_2&0&0&0\\0&0&0&0&0&-\frac{\dot{\theta}_2 l_2}{2}\cos\theta_2&0&0&-\frac{\dot{\theta}_3 l_3}{2}\cos\theta_3\\0&0&0&0&0&-\frac{\dot{\theta}_2 l_2}{2}\sin\theta_2&0&0&-\frac{\dot{\theta}_3 l_3}{2}\sin\theta_3\\0&0&0&0&0&0&0&0&0\\0&0&0&0&0&0&0&0&0\end{bmatrix}$$

因此

$$\begin{aligned}\boldsymbol{\gamma}&=-(\boldsymbol{\Phi}_q\dot{\boldsymbol{q}})_q\dot{\boldsymbol{q}}\\&=-\begin{bmatrix}0\\0\\0\\\frac{\dot{\theta}_2^2 l_2}{2}\cos\theta_2\\\frac{\dot{\theta}_2^2 l_2}{2}\sin\theta_2\\-\frac{\dot{\theta}_2^2 l_2}{2}\cos\theta_2-\frac{\dot{\theta}_3^2 l_3}{2}\cos\theta_3\\-\frac{\dot{\theta}_2^2 l_2}{2}\sin\theta_2-\frac{\dot{\theta}_3^2 l_3}{2}\sin\theta_3\\0\\0\end{bmatrix}\end{aligned}$$

则加速度约束方程为

$$\boldsymbol{\Phi}_q\ddot{\boldsymbol{q}}=\begin{bmatrix}1&0&0&0&0&0&0&0&0\\0&1&0&0&0&0&0&0&0\\0&0&1&0&0&0&0&0&0\\0&0&0&1&0&\frac{l_2}{2}\sin\theta_2&0&0&0\\0&0&0&0&1&-\frac{l_2}{2}\cos\theta_2&0&0&0\\0&0&0&1&0&-\frac{l_2}{2}\sin\theta_2&-1&0&-\frac{l_3}{2}\sin\theta_3\\0&0&0&0&1&\frac{l_2}{2}\cos\theta_2&0&-1&\frac{l_3}{2}\cos\theta_3\\0&0&0&0&0&1&0&0&0\\0&0&0&0&0&0&0&0&1\end{bmatrix}\begin{bmatrix}\ddot{x}_1\\\ddot{y}_1\\\ddot{\theta}_1\\\ddot{x}_2\\\ddot{y}_2\\\ddot{\theta}_2\\\ddot{x}_3\\\ddot{y}_3\\\ddot{\theta}_3\end{bmatrix}$$

$$
= -\begin{bmatrix} 0 \\ 0 \\ 0 \\ \dfrac{\dot{\theta}_2^2 l_2}{2}\cos\theta_2 \\ \dfrac{\dot{\theta}_2^2 l_2}{2}\sin\theta_2 \\ -\dfrac{\dot{\theta}_2^2 l_2}{2}\cos\theta_2 - \dfrac{\dot{\theta}_3^2 l_3}{2}\cos\theta_3 \\ -\dfrac{\dot{\theta}_2^2 l_2}{2}\sin\theta_2 - \dfrac{\dot{\theta}_3^2 l_3}{2}\sin\theta_3 \\ 0 \\ 0 \end{bmatrix}
$$

即

$$
\begin{aligned}
&\ddot{x}_1 = 0 \\
&\ddot{y}_1 = 0 \\
&\ddot{\theta}_1 = 0 \\
&\ddot{x}_2 = -\frac{\dot{\theta}_2^2 l_2}{2}\cos\theta_2 \\
&\ddot{y}_2 = -\frac{\dot{\theta}_2^2 l_2}{2}\sin\theta_2 \\
&\ddot{x}_3 = -\dot{\theta}_2^2 l_2\cos\theta_2 - \frac{\dot{\theta}_3^2 l_3}{2}\cos\theta_3 \\
&\ddot{y}_3 = -\dot{\theta}_2^2 l_2\sin\theta_2 - \frac{\dot{\theta}_3^2 l_3}{2}\sin\theta_3 \\
&\ddot{\theta}_2 = 0 \\
&\ddot{\theta}_3 = 0
\end{aligned}
$$

9.4 空间运动多刚体系统的约束

9.4.1 基本运动关系

1. 刚体上任意点的位置、速度和加速度

根据式 (8.45)、式 (8.48) 和式 (8.51), 空间运动刚体 i 上任意一点的位置、速度和加速度矢量可以表示为

$$
\boldsymbol{r} = \boldsymbol{r}_i + \boldsymbol{u} \tag{9.36}
$$

$$
\dot{\boldsymbol{r}} = \dot{\boldsymbol{r}}_i + \boldsymbol{\omega}_i \times \boldsymbol{u} \tag{9.37}
$$

$$
\ddot{\boldsymbol{r}} = \ddot{\boldsymbol{r}}_i + \dot{\boldsymbol{\omega}}_i \times \boldsymbol{u} + \boldsymbol{\omega}_i \times (\boldsymbol{\omega}_i \times \boldsymbol{u}) \tag{9.38}
$$

式中, $\boldsymbol{r}$ 为从总体参考坐标系原点到任意点的矢量; $\boldsymbol{r}_i$ 为从总体参考坐标系原点到连体坐标系原点的矢量; $\boldsymbol{u}$ 为从连体坐标系原点到任意点的矢量; $\boldsymbol{\omega}_i$ 为连体坐标系相对于总体参考坐标系的角速度矢量。

空间运动的自由刚体有 6 个自由度, 可采用刚体连体坐标系原点 (一般是刚体的质心) 笛卡儿坐标和反映刚体方位的欧拉角作为广义坐标, 即

$$\boldsymbol{q}_i = [x_i \quad y_i \quad z_i \quad \psi_i \quad \theta_i \quad \varphi_i]^{\mathrm{T}} = \left[\overline{\boldsymbol{r}}_i^{\mathrm{T}} \quad \overline{\boldsymbol{\pi}}_i^{\mathrm{T}}\right] \tag{9.39}$$

其中

$$\overline{\boldsymbol{r}}_i = [x_i \quad y_i \quad z_i]^{\mathrm{T}}$$
$$\overline{\boldsymbol{\pi}}_i = [\psi_i \quad \theta_i \quad \varphi_i]^{\mathrm{T}}$$

根据式 (8.41) 和式 (8.42), 用欧拉角坐标描述的刚体角速度 $\boldsymbol{\omega}_i$ 在连体坐标系上的坐标矩阵为

$$\overline{\boldsymbol{\omega}}_i^{\mathrm{b}} = \boldsymbol{G}_i^{\mathrm{b}}\dot{\overline{\boldsymbol{\pi}}}_i \tag{9.40}$$

其中

$$\dot{\overline{\boldsymbol{\pi}}}_i = [\dot{\psi}_i \quad \dot{\theta}_i \quad \dot{\varphi}_i]^{\mathrm{T}}$$

$\boldsymbol{\omega}_i$ 在总体参考坐标系上的坐标矩阵为

$$\overline{\boldsymbol{\omega}}_i^{\mathrm{r}} = \boldsymbol{G}_i^{\mathrm{r}}\dot{\overline{\boldsymbol{\pi}}}_i \tag{9.41}$$

这样 $\dot{\boldsymbol{r}}$ 和 $\ddot{\boldsymbol{r}}$ 在总体参考坐标系下的坐标列矩阵就可以写成

$$\dot{\overline{\boldsymbol{r}}} = \boldsymbol{B}_i\dot{\boldsymbol{q}}_i \tag{9.42}$$

$$\ddot{\overline{\boldsymbol{r}}} = \boldsymbol{B}_i\ddot{\boldsymbol{q}}_i + \boldsymbol{\zeta}_i \tag{9.43}$$

其中

$$\boldsymbol{B}_i = [\boldsymbol{I} \quad -\widetilde{\boldsymbol{u}}\boldsymbol{G}_i^{\mathrm{r}}] = \left[\boldsymbol{I} \quad -\boldsymbol{A}_i\widetilde{\boldsymbol{u}}^{\mathrm{b}}\boldsymbol{G}_i^{\mathrm{b}}\right] \tag{9.44}$$

$$\boldsymbol{\zeta}_i = -\widetilde{\boldsymbol{u}}\dot{\boldsymbol{G}}_i^{\mathrm{r}}\dot{\overline{\boldsymbol{\pi}}}_i + \widetilde{\boldsymbol{\omega}}_i^{\mathrm{r}}\widetilde{\boldsymbol{\omega}}_i^{\mathrm{r}}\overline{\boldsymbol{u}} = -\boldsymbol{A}_i\widetilde{\boldsymbol{u}}^{\mathrm{b}}\dot{\boldsymbol{G}}_i^{\mathrm{b}}\dot{\overline{\boldsymbol{\pi}}}_i + \boldsymbol{A}_i\widetilde{\boldsymbol{\omega}}_i^{\mathrm{b}}\widetilde{\boldsymbol{\omega}}_i^{\mathrm{b}}\overline{\boldsymbol{u}}^{\mathrm{b}} \tag{9.45}$$

式中, $\overline{\boldsymbol{u}}$ 和 $\overline{\boldsymbol{u}}^{\mathrm{b}}$ 分别为矢量 $\boldsymbol{u}$ 在总体参考坐标系和连体坐标系下的坐标列矩阵; $\widetilde{\boldsymbol{u}}$ 和 $\widetilde{\boldsymbol{u}}^{\mathrm{b}}$ 分别为矢量 $\boldsymbol{u}$ 在总体参考坐标系和连体坐标系下的反对称方阵; $\boldsymbol{A}_i = \begin{bmatrix} C_{\psi_i}C_{\varphi_i} - S_{\psi_i}C_{\theta_i}S_{\varphi_i} & -C_{\psi_i}S_{\varphi_i} - S_{\psi_i}C_{\theta_i}C_{\varphi_i} & S_{\psi_i}S_{\theta_i} \\ S_{\psi_i}C_{\varphi_i} + C_{\psi_i}C_{\theta_i}S_{\varphi_i} & -S_{\psi_i}S_{\varphi_i} + C_{\psi_i}C_{\theta_i}C_{\varphi_i} & -C_{\psi_i}S_{\theta_i} \\ S_{\theta_i}S_{\varphi_i} & S_{\theta_i}C_{\varphi_i} & C_{\theta_i} \end{bmatrix}$ 是刚体 i 上的连体坐标系到总体参考坐标系的坐标转换矩阵; $\boldsymbol{G}_i^{\mathrm{r}} = \begin{bmatrix} 0 & C_{\psi_i} & S_{\psi_i}S_{\theta_i} \\ 0 & S_{\psi_i} & -C_{\psi_i}S_{\theta_i} \\ 1 & 0 & C_{\theta_i} \end{bmatrix}$; $\boldsymbol{G}_i^{\mathrm{b}} = \begin{bmatrix} S_{\theta_i}S_{\varphi_i} & C_{\varphi_i} & 0 \\ S_{\theta_i}C_{\varphi_i} & -S_{\varphi_i} & 0 \\ C_{\theta_i} & 0 & 1 \end{bmatrix}$。

2. 基本运动关系

两个刚体间的相对移动约束可以用刚体上点的相对移动关系来描述, 而相对转动约束则可以用分别固结在两个刚体上的矢量的相对方位关系来描述, 下面就给出这些相对运动关系的方程。

如图 9.12 所示的两个刚体 i 和 j, $\boldsymbol{h}_{ij}$ 为连接两个刚体上两点 P 和 Q 的矢量, $\boldsymbol{d}_i$、$\boldsymbol{d}_j$ 分别为其上的两个连体矢量, 则

$$\overline{\boldsymbol{h}}_{ij}=\overline{\boldsymbol{r}}_i+\boldsymbol{A}_i\overline{\boldsymbol{u}}_i^P-\overline{\boldsymbol{r}}_j-\boldsymbol{A}_j\overline{\boldsymbol{u}}_j^Q \tag{9.46}$$

式中, $\overline{\boldsymbol{r}}_i$ 和 $\overline{\boldsymbol{r}}_j$ 分别为刚体 i 和 j 的连体坐标系原点在总体参考坐标系中的坐标列矩阵; $\overline{\boldsymbol{u}}_i^P$ 和 $\overline{\boldsymbol{u}}_j^Q$ 分别为 P 和 Q 点在各自连体坐标系中的坐标列矩阵; $\boldsymbol{A}_i$、$\boldsymbol{A}_j$ 是刚体 i、j 上的连体坐标系到总体参考坐标系的坐标转换矩阵。

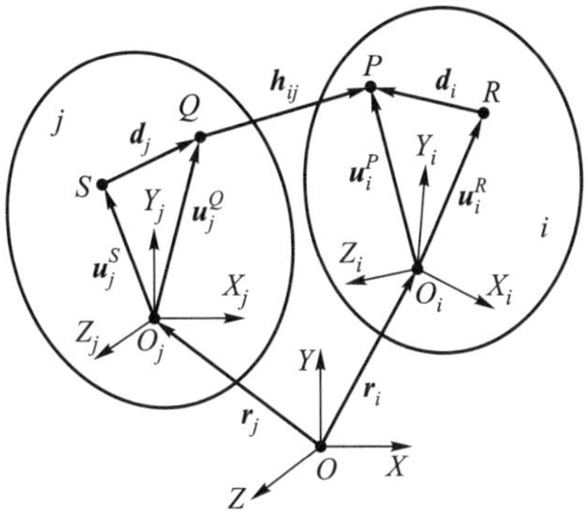

图 9.12 刚体上和刚体间的矢量

将式 (9.46) 对时间求导得

$$\dot{\overline{\boldsymbol{h}}}_{ij}=\boldsymbol{B}_i\dot{\boldsymbol{q}}_i-\boldsymbol{B}_j\dot{\boldsymbol{q}}_j \tag{9.47}$$

将式 (9.47) 再对时间求导得

$$\ddot{\overline{\boldsymbol{h}}}_{ij}=\boldsymbol{B}_i\ddot{\boldsymbol{q}}_i-\boldsymbol{B}_j\ddot{\boldsymbol{q}}_j+\boldsymbol{\zeta}_i-\boldsymbol{\zeta}_j \tag{9.48}$$

固结在刚体 i 上的矢量 $\boldsymbol{d}_i$ 对时间的导数为

$$\dot{\boldsymbol{d}}_i=\boldsymbol{\omega}_i\times\boldsymbol{d}_i \tag{9.49}$$

$$\ddot{\boldsymbol{d}}_i=\dot{\boldsymbol{\omega}}_i\times\boldsymbol{d}_i+\boldsymbol{\omega}_i\times(\boldsymbol{\omega}_i\times\boldsymbol{d}_i) \tag{9.50}$$

在总体参考坐标系下的坐标矩阵为

$$\dot{\overline{\boldsymbol{d}}}_i=-\widetilde{\boldsymbol{d}}_i\overline{\boldsymbol{\omega}}_i^{\mathrm{r}}=\boldsymbol{L}_i\dot{\boldsymbol{q}}_i \tag{9.51}$$

$$\ddot{\overline{\boldsymbol{d}}}_i=-\widetilde{\boldsymbol{d}}_i\dot{\overline{\boldsymbol{\omega}}}_i^{\mathrm{r}}+\widetilde{\boldsymbol{\omega}}_i^{\mathrm{r}}\widetilde{\boldsymbol{\omega}}_i^{\mathrm{r}}\overline{\boldsymbol{d}}_i=\boldsymbol{L}_i\ddot{\boldsymbol{q}}_i+\widetilde{\boldsymbol{\omega}}_i^{\mathrm{r}}\widetilde{\boldsymbol{\omega}}_i^{\mathrm{r}}\overline{\boldsymbol{d}}_i \tag{9.52}$$

其中

$$\boldsymbol{L}_i=[\boldsymbol{0}\quad -\widetilde{\boldsymbol{d}}_i\boldsymbol{G}_i^{\mathrm{r}}] \tag{9.53}$$

同理可得固结在刚体 j 上的矢量 $\boldsymbol{d}_j$ 对时间的导数。

9.4.2 基本约束方程

1. 两点重合的约束方程

考虑由一个铰连接的两个刚体 i 和 j, 点 P 和点 Q 分别位于两个刚体上, 这两点始终重合的位置约束方程可写为

$$\boldsymbol{\Phi}=\overline{\boldsymbol{h}}_{ij}=\overline{\boldsymbol{r}}_i+\boldsymbol{A}_i\overline{\boldsymbol{u}}_i^P-\overline{\boldsymbol{r}}_j-\boldsymbol{A}_j\overline{\boldsymbol{u}}_j^Q=\boldsymbol{0} \tag{9.54}$$

速度约束方程为

$$\dot{\boldsymbol{\Phi}}=\dot{\overline{\boldsymbol{h}}}_{ij}=\boldsymbol{B}_i\dot{\boldsymbol{q}}_i-\boldsymbol{B}_j\dot{\boldsymbol{q}}_j=\boldsymbol{0} \tag{9.55}$$

加速度约束方程为

$$\ddot{\boldsymbol{\Phi}}=\ddot{\overline{\boldsymbol{h}}}_{ij}=\boldsymbol{B}_i\ddot{\boldsymbol{q}}_i-\boldsymbol{B}_j\ddot{\boldsymbol{q}}_j+\boldsymbol{\zeta}_i-\boldsymbol{\zeta}_j=\boldsymbol{0} \tag{9.56}$$

2. 给定两点之间距离的约束方程

如果给定点 P 和点 Q 之间的距离为 $c(t)$, 位置约束方程可写为

$$\boldsymbol{\Phi}=\overline{\boldsymbol{h}}_{ij}^{\mathrm{T}}\overline{\boldsymbol{h}}_{ij}-c(t)^2=0 \tag{9.57}$$

速度约束方程为

$$\dot{\boldsymbol{\Phi}}=2\overline{\boldsymbol{h}}_{ij}^{\mathrm{T}}\dot{\overline{\boldsymbol{h}}}_{ij}=2\overline{\boldsymbol{h}}_{ij}^{\mathrm{T}}\boldsymbol{B}_i\dot{\boldsymbol{q}}_i-2\overline{\boldsymbol{h}}_{ij}^{\mathrm{T}}\boldsymbol{B}_j\dot{\boldsymbol{q}}_j=2c(t)\dot{c}(t) \tag{9.58}$$

加速度约束方程为

$$\begin{aligned}\ddot{\boldsymbol{\Phi}}&=2\overline{\boldsymbol{h}}_{ij}^{\mathrm{T}}\ddot{\overline{\boldsymbol{h}}}_{ij}+2\dot{\overline{\boldsymbol{h}}}_{ij}^{\mathrm{T}}\dot{\overline{\boldsymbol{h}}}_{ij}\\&=2\overline{\boldsymbol{h}}_{ij}^{\mathrm{T}}\boldsymbol{B}_i\ddot{\boldsymbol{q}}_i-2\overline{\boldsymbol{h}}_{ij}^{\mathrm{T}}\boldsymbol{B}_j\ddot{\boldsymbol{q}}_j+2\overline{h}_{ij}^{\mathrm{T}}\boldsymbol{\zeta}_i-2\overline{h}_{ij}^{\mathrm{T}}\boldsymbol{\zeta}_j+2\dot{\overline{\boldsymbol{h}}}_{ij}^{\mathrm{T}}\dot{\overline{\boldsymbol{h}}}_{ij}\\&=2c(t)\ddot{c}(t)+2\dot{c}(t)\dot{c}(t)\end{aligned} \tag{9.59}$$

3. 连体矢量垂直的约束方程

如图 9.12 所示, $\boldsymbol{d}_i$、$\boldsymbol{d}_j$ 分别为两个刚体 i 和 j 上的连体矢量, 二者互相垂直的约束方程可写成

$$\boldsymbol{\Phi}=\overline{\boldsymbol{d}}_i^{\mathrm{T}}\overline{\boldsymbol{d}}_j=0 \tag{9.60}$$

速度约束方程为

$$\begin{aligned}\dot{\boldsymbol{\Phi}}&=\overline{\boldsymbol{d}}_j^{\mathrm{T}}\dot{\overline{\boldsymbol{d}}}_i+\overline{\boldsymbol{d}}_i^{\mathrm{T}}\dot{\overline{\boldsymbol{d}}}_j\\&=\overline{\boldsymbol{d}}_j^{\mathrm{T}}\boldsymbol{L}_i\dot{\boldsymbol{q}}_i+\overline{\boldsymbol{d}}_i^{\mathrm{T}}\boldsymbol{L}_j\dot{\boldsymbol{q}}_j=0\end{aligned} \tag{9.61}$$

加速度约束方程为

$$\begin{aligned}\ddot{\boldsymbol{\Phi}}&=\overline{\boldsymbol{d}}_j^{\mathrm{T}}\boldsymbol{L}_i\ddot{\boldsymbol{q}}_i+\overline{\boldsymbol{d}}_i^{\mathrm{T}}\boldsymbol{L}_j\ddot{\boldsymbol{q}}_j+\overline{\boldsymbol{d}}_j^{\mathrm{T}}\widetilde{\boldsymbol{\omega}}_i^{\mathrm{r}}\widetilde{\boldsymbol{\omega}}_i^{\mathrm{r}}\overline{\boldsymbol{d}}_i+\overline{\boldsymbol{d}}_i^{\mathrm{T}}\widetilde{\boldsymbol{\omega}}_j^{\mathrm{r}}\widetilde{\boldsymbol{\omega}}_j^{\mathrm{r}}\overline{\boldsymbol{d}}_j+\dot{\overline{\boldsymbol{d}}}_j^{\mathrm{T}}\dot{\overline{\boldsymbol{d}}}_i+\dot{\overline{\boldsymbol{d}}}_i^{\mathrm{T}}\dot{\overline{\boldsymbol{d}}}_j\\&=\overline{\boldsymbol{d}}_j^{\mathrm{T}}\boldsymbol{L}_i\ddot{\boldsymbol{q}}_i+\overline{\boldsymbol{d}}_i^{\mathrm{T}}\boldsymbol{L}_j\ddot{\boldsymbol{q}}_j+\overline{\boldsymbol{d}}_j^{\mathrm{T}}\widetilde{\boldsymbol{\omega}}_i^{\mathrm{r}}\widetilde{\boldsymbol{\omega}}_i^{\mathrm{r}}\overline{\boldsymbol{d}}_i+\overline{\boldsymbol{d}}_i^{\mathrm{T}}\widetilde{\boldsymbol{\omega}}_j^{\mathrm{r}}\widetilde{\boldsymbol{\omega}}_j^{\mathrm{r}}\overline{\boldsymbol{d}}_j+2\dot{\overline{\boldsymbol{d}}}_j^{\mathrm{T}}\dot{\overline{\boldsymbol{d}}}_i=0\end{aligned} \tag{9.62}$$

4. 连体矢量与刚体间矢量垂直的约束方程

刚体 i 上的连体矢量 $\boldsymbol{d}_i$ 与连接刚体 i 和 j 上两点的矢量 $\boldsymbol{h}_{ij}$ 垂直的约束方程可写成

$$\boldsymbol{\Phi} = \overline{\boldsymbol{d}}_i^{\mathrm{T}} \overline{\boldsymbol{h}}_{ij} = 0 \tag{9.63}$$

速度约束方程为

$$\begin{aligned}\dot{\boldsymbol{\Phi}} &= \overline{\boldsymbol{d}}_i^{\mathrm{T}} \dot{\overline{\boldsymbol{h}}}_{ij} + \overline{\boldsymbol{h}}_{ij}^{\mathrm{T}} \dot{\overline{\boldsymbol{d}}}_i \\ &= (\overline{\boldsymbol{d}}_i^{\mathrm{T}} \boldsymbol{B}_i + \overline{\boldsymbol{h}}_{ij}^{\mathrm{T}} \boldsymbol{L}_i) \dot{\boldsymbol{q}}_i - \overline{\boldsymbol{d}}_i^{\mathrm{T}} \boldsymbol{B}_j \dot{\boldsymbol{q}}_j = 0\end{aligned} \tag{9.64}$$

加速度约束方程为

$$\begin{aligned}\ddot{\boldsymbol{\Phi}} &= \dot{\overline{\boldsymbol{d}}}_i^{\mathrm{T}} \dot{\overline{\boldsymbol{h}}}_{ij} + \overline{\boldsymbol{d}}_i^{\mathrm{T}} \ddot{\overline{\boldsymbol{h}}}_{ij} + \dot{\overline{\boldsymbol{h}}}_{ij}^{\mathrm{T}} \dot{\overline{\boldsymbol{d}}}_i + \overline{\boldsymbol{h}}_{ij}^{\mathrm{T}} \ddot{\overline{\boldsymbol{d}}}_i \\ &= (\overline{\boldsymbol{d}}_i^{\mathrm{T}} \boldsymbol{B}_i + \overline{\boldsymbol{h}}_{ij}^{\mathrm{T}} \boldsymbol{L}_i) \ddot{\boldsymbol{q}}_i - \overline{\boldsymbol{d}}_i^{\mathrm{T}} \boldsymbol{B}_j \ddot{\boldsymbol{q}}_j + \overline{\boldsymbol{d}}_i^{\mathrm{T}} (\boldsymbol{\zeta}_i - \boldsymbol{\zeta}_j) + \overline{\boldsymbol{h}}_{ij}^{\mathrm{T}} \widetilde{\boldsymbol{\omega}}_i^{\mathrm{r}} \widetilde{\boldsymbol{\omega}}_i^{\mathrm{r}} \overline{\boldsymbol{d}}_i + 2 \dot{\overline{\boldsymbol{d}}}_i^{\mathrm{T}} \dot{\overline{\boldsymbol{h}}}_{ij} = 0\end{aligned} \tag{9.65}$$

选择合适的刚体间矢量或连体矢量, 利用上述基本约束方程, 就可以组合生成不同较的约束方程。

[例 9–3] 试写出如图 9.13 所示的连接两个刚体的万向节的约束方程。

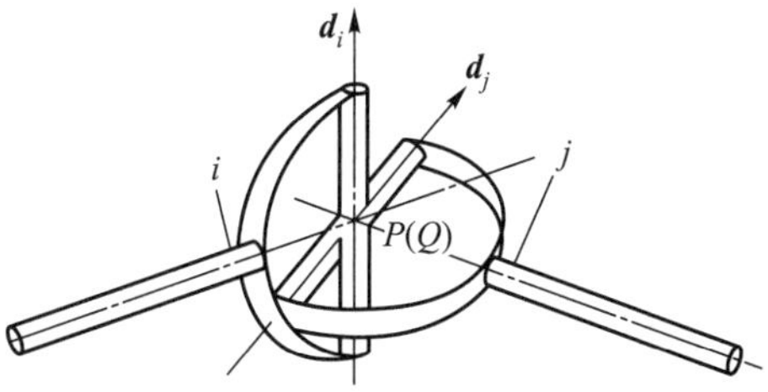

图 9.13 例 9–3 图

解: 定义点 P 和点 Q 为十字轴的两个轴的交点且分别位于刚体 i 和 j 上, 固结在两个刚体上的矢量 $\boldsymbol{d}_i$ 和 $\boldsymbol{d}_j$ 分别沿十字轴的两个轴的方向, 那么万向节的约束应该是点 P 和点 Q 重合且矢量 $\boldsymbol{d}_i$ 和 $\boldsymbol{d}_j$ 互相垂直。根据两点重合的约束方程和连体矢量垂直的约束方程, 可得万向节的位置约束方程为

$$\boldsymbol{\Phi} = \begin{bmatrix} \overline{\boldsymbol{r}}_i + \boldsymbol{A}_i \overline{\boldsymbol{u}}_i^P - \overline{\boldsymbol{r}}_j - \boldsymbol{A}_j \overline{\boldsymbol{u}}_j^Q \\ \overline{\boldsymbol{d}}_i^{\mathrm{T}} \overline{\boldsymbol{d}}_j \end{bmatrix} = \boldsymbol{0}$$

式中, $\overline{\boldsymbol{r}}_i$ 和 $\overline{\boldsymbol{r}}_j$ 分别刚体 i 和 j 的连体坐标系在总体参考坐标系中的坐标列矩阵; $\overline{\boldsymbol{u}}_i^P$ 和 $\overline{\boldsymbol{u}}_j^Q$ 分别为 P 和 Q 点在各自连体坐标系中的坐标列矩阵; $\boldsymbol{A}_i$、$\boldsymbol{A}_j$ 是刚体 i、j 上的连体坐标系到总体参考坐标系的坐标转换矩阵。

令 $\boldsymbol{q}_i = [x_i \quad y_i \quad z_i \quad \psi_i \quad \theta_i \quad \varphi_i]^{\mathrm{T}}$, $\boldsymbol{q}_j = [x_j \quad y_j \quad z_j \quad \psi_j \quad \theta_j \quad \varphi_j]^{\mathrm{T}}$, 速度约束方程为

$$\dot{\boldsymbol{\Phi}} = \begin{bmatrix} \boldsymbol{B}_i \dot{\boldsymbol{q}}_i - \boldsymbol{B}_j \dot{\boldsymbol{q}}_j \\ \overline{\boldsymbol{d}}_j^{\mathrm{T}} \boldsymbol{L}_i \dot{\boldsymbol{q}}_i + \overline{\boldsymbol{d}}_i^{\mathrm{T}} \boldsymbol{L}_j \dot{\boldsymbol{q}}_j \end{bmatrix} = \boldsymbol{0}$$

加速度约束方程为

$$\ddot{\boldsymbol{\Phi}}=\begin{bmatrix}\boldsymbol{B}_i\ddot{\overline{\boldsymbol{q}}}_i-\boldsymbol{B}_j\ddot{\boldsymbol{q}}_j+\zeta_i-\zeta_j\\ \overline{\boldsymbol{d}}_j^{\mathrm{T}}\boldsymbol{L}_i\ddot{\boldsymbol{q}}_i+\overline{\boldsymbol{d}}_i^{\mathrm{T}}\boldsymbol{L}_j\ddot{\boldsymbol{q}}_j+\overline{\boldsymbol{d}}_j^{\mathrm{T}}\widetilde{\boldsymbol{\omega}}_i^{\mathrm{r}}\widetilde{\boldsymbol{\omega}}_i^{\mathrm{r}}\overline{\boldsymbol{d}}_i+\overline{\boldsymbol{d}}_i^{\mathrm{T}}\widetilde{\boldsymbol{\omega}}_j^{\mathrm{r}}\widetilde{\boldsymbol{\omega}}_j^{\mathrm{r}}\overline{\boldsymbol{d}}_j+2\dot{\overline{\boldsymbol{d}}}_j^{\mathrm{T}}\dot{\overline{\boldsymbol{d}}}_i\end{bmatrix}=\boldsymbol{0}$$

约束的雅可比矩阵为

$$\boldsymbol{\Phi}_q=\begin{bmatrix}\boldsymbol{B}_i\\ \overline{\boldsymbol{d}}_j^{\mathrm{T}}\boldsymbol{L}_i\\ -\boldsymbol{B}_j\\ \overline{\boldsymbol{d}}_i^{\mathrm{T}}\boldsymbol{L}_j\end{bmatrix}=\boldsymbol{0}$$

而

$$\boldsymbol{\Phi}_t=\boldsymbol{0}$$

加速度方程的右项为

$$\boldsymbol{\gamma}=-\begin{bmatrix}\zeta_i-\zeta_j\\ \overline{\boldsymbol{d}}_j^{\mathrm{T}}\widetilde{\boldsymbol{\omega}}_i^{\mathrm{r}}\widetilde{\boldsymbol{\omega}}_i^{\mathrm{r}}\overline{\boldsymbol{d}}_i+\overline{\boldsymbol{d}}_i^{\mathrm{T}}\widetilde{\boldsymbol{\omega}}_j^{\mathrm{r}}\widetilde{\boldsymbol{\omega}}_j^{\mathrm{r}}\overline{\boldsymbol{d}}_j+2\dot{\overline{\boldsymbol{d}}}_j^{\mathrm{T}}\dot{\overline{\boldsymbol{d}}}_i\end{bmatrix}$$

9.5 多刚体系统运动学的数值分析

假设一个多刚体系统的广义坐标数是 n 个, 即 $\boldsymbol{q}=[q_1\quad q_2\quad\cdots\quad q_n]^{\mathrm{T}}$, 如果受到的约束 (包括驱动约束和运动副约束) 方程个数也是 n 个, 即

$$\boldsymbol{\Phi}(\boldsymbol{q},t)=[\Phi_1(\boldsymbol{q},t)\quad\Phi_2(\boldsymbol{q},t)\quad\cdots\quad\Phi_n(\boldsymbol{q},t)]^{\mathrm{T}}=\boldsymbol{0}\tag{9.66}$$

那么系统的运动就可由运动学分析唯一确定, 具体分析方法阐述如下。

(1) 位置分析。

式 (9.66) 是一组非线性的代数方程, 可以采用牛顿–拉弗森法进行求解。求解的步骤是: 假设某一个时刻 t 时的广义坐标值为 $\boldsymbol{q}^{(k)}$, 而其精确值为 $\boldsymbol{q}^{(k+1)}=\boldsymbol{q}^{(k)}+\Delta\boldsymbol{q}^{(k)}$, 根据泰勒原理, 可得

$$\boldsymbol{\Phi}(\boldsymbol{q}^{(k)}+\Delta\boldsymbol{q}^{(k)},t)=\boldsymbol{\Phi}(\boldsymbol{q}^{(k)},t)+\boldsymbol{\Phi}_{q^{(k)}}\Delta\boldsymbol{q}^{(k)}+\cdots=\boldsymbol{0}\tag{9.67}$$

式中, k 是迭代序号; $\Delta\boldsymbol{q}=[\Delta q_1\quad\Delta q_2\quad\cdots\quad\Delta q_n]^{\mathrm{T}}$; $\boldsymbol{\Phi}_{q^{(k)}}$ 为约束的雅可比矩阵。

$$\boldsymbol{\Phi}_{q^{(k)}}=\begin{bmatrix}\dfrac{\partial\Phi_1}{\partial q_1}&\dfrac{\partial\Phi_1}{\partial q_2}&\cdots&\dfrac{\partial\Phi_1}{\partial q_n}\\ \dfrac{\partial\Phi_2}{\partial q_1}&\dfrac{\partial\Phi_2}{\partial q_2}&\cdots&\dfrac{\partial\Phi_2}{\partial q_n}\\ \vdots&\vdots&\ddots&\vdots\\ \dfrac{\partial\Phi_n}{\partial q_1}&\dfrac{\partial\Phi_n}{\partial q_2}&\cdots&\dfrac{\partial\Phi_n}{\partial q_n}\end{bmatrix}_{\boldsymbol{q}=\boldsymbol{q}^{(k)}}\tag{9.68}$$

忽略式 (9.67) 二阶及二阶以上的高阶项, 得

$$\boldsymbol{\Phi}(\boldsymbol{q}^{(k)},t)+\boldsymbol{\Phi}_{q^{(k)}}\Delta\boldsymbol{q}^{(k)}\approx\mathbf{0} \tag{9.69}$$

进一步

$$\boldsymbol{\Phi}_{q^{(k)}}\Delta\boldsymbol{q}^{(k)}=-\boldsymbol{\Phi}(\boldsymbol{q}^{(k)},t) \tag{9.70}$$

如果约束方程是线性无关的, 那么约束的雅可比矩阵 $\boldsymbol{\Phi}_{q^{(k)}}$ 就是非奇异矩阵, 由式 (9.70) 就可求出 $\Delta\boldsymbol{q}^{(k)}$ 的值, 进一步可得

$$\boldsymbol{q}^{(k+1)}=\boldsymbol{q}^{(k)}+\Delta\boldsymbol{q}^{(k)} \tag{9.71}$$

$\boldsymbol{q}^{(k+1)}$ 再次代入式 (9.70) 就可求出 $\Delta\boldsymbol{q}^{(k+1)}$ 的值, 不断迭代下去, 直到满足以下收敛条件:

$$|\Delta\boldsymbol{q}^{(k)}|<\varepsilon_1 \quad 或 \quad |\boldsymbol{\Phi}(\boldsymbol{q}^{(k)},t)|<\varepsilon_2 \tag{9.72}$$

其中 ε_1 和 ε_2 是指定的误差值, 从而得到广义坐标的近似值。

(2) 速度分析。

将约束方程 (9.66) 对时间进行求导, 得到速度约束方程:

$$\boldsymbol{\Phi}_q\dot{\boldsymbol{q}}+\boldsymbol{\Phi}_t=\mathbf{0} \tag{9.73}$$

其中

$$\boldsymbol{\Phi}_t=\begin{bmatrix}\dfrac{\partial\Phi_1}{\partial t} & \dfrac{\partial\Phi_2}{\partial t} & \cdots & \dfrac{\partial\Phi_n}{\partial t}\end{bmatrix}^{\mathrm{T}} \tag{9.74}$$

对于非奇异的雅可比矩阵 $\boldsymbol{\Phi}_q$, 速度矢量 $\dot{\boldsymbol{q}}$ 可由式 (9.75) 求得

$$\boldsymbol{\Phi}_q\dot{\boldsymbol{q}}=-\boldsymbol{\Phi}_t \tag{9.75}$$

(3) 加速度分析。

继续将速度约束方程 (9.73) 对时间进行求导, 得到加速度约束方程

$$(\boldsymbol{\Phi}_q\dot{\boldsymbol{q}}+\boldsymbol{\Phi}_t)_q\dot{\boldsymbol{q}}+\frac{\partial}{\partial t}(\boldsymbol{\Phi}_q\dot{\boldsymbol{q}}+\boldsymbol{\Phi}_t)=0$$

整理得

$$\boldsymbol{\Phi}_q\ddot{\boldsymbol{q}}+\left(\boldsymbol{\Phi}_q\dot{\boldsymbol{q}}\right)_q\dot{\boldsymbol{q}}+2\boldsymbol{\Phi}_{qt}\dot{\boldsymbol{q}}+\boldsymbol{\Phi}_{tt}=0 \tag{9.76}$$

还可以写成

$$\boldsymbol{\Phi}_q\ddot{\boldsymbol{q}}=\boldsymbol{\gamma} \tag{9.77}$$

其中

$$\boldsymbol{\gamma}=-(\boldsymbol{\Phi}_q\dot{\boldsymbol{q}})_q\dot{\boldsymbol{q}}-2\boldsymbol{\Phi}_{qt}\dot{\boldsymbol{q}}-\boldsymbol{\Phi}_{tt} \tag{9.78}$$

是加速度方程的右项。

若已经求出了 $\boldsymbol{q}$ 和 $\dot{\boldsymbol{q}}$ 的值, 求解式 (9.77) 就可得到 $\ddot{\boldsymbol{q}}$ 的值。

多刚体系统运动学数值分析的流程如下 (如图 9.14 所示):

i. 对于给定的时刻 t, 令 k=0, 估算广义坐标的初始值 $\boldsymbol{q}^{(0)}$, 为避免迭代发散, $\boldsymbol{q}^{(0)}$ 应尽量接近真实解。

ii. 进行第 k 次迭代, 形成约束方程 $\boldsymbol{\Phi}(\boldsymbol{q}^{(k)},t)=0$, 并按照式 (9.68) 生成雅可比矩阵 $\boldsymbol{\Phi}_{q^{(k)}}$。

iii. 如果雅可比矩阵 $\boldsymbol{\Phi}_{q^{(k)}}$ 是非奇异矩阵, 由式 (9.70) 求出 $\Delta\boldsymbol{q}^{(k)}$ 的值。

iv. 判断 $|\Delta\boldsymbol{q}^{(k)}|<\varepsilon_1$ 或 $|\boldsymbol{\Phi}(\boldsymbol{q}^{(k)},t)|<\varepsilon_2$ 是否成立, 如果成立, 则进入第 v 步, 否则令 $\boldsymbol{q}^{(k+1)}=\boldsymbol{q}^{(k)}+\Delta\boldsymbol{q}^{(k)}$, $k=k+1$, 转入第 ii 步。

v. 由已经求得的 t 时刻的广义坐标矢量 $\boldsymbol{q}$, 计算矢量 $\boldsymbol{\Phi}_t$, 并由式 (9.75) 求得 t 时刻的速度矢量 $\dot{\boldsymbol{q}}$。

vi. 由已经求得的 t 时刻的广义坐标矢量 $\boldsymbol{q}$ 和速度矢量 $\dot{\boldsymbol{q}}$, 计算矢量 $\boldsymbol{\gamma}$, 求解式 (9.77) 就可得到 t 时刻的加速度矢量 $\ddot{\boldsymbol{q}}$ 的值。

vii. 判断计算时间是否已到终止时间, 如是, 则终止计算; 否则令 $t=t+\Delta t$, 返回第 i 步进行计算, 直到时间达到终止时间。

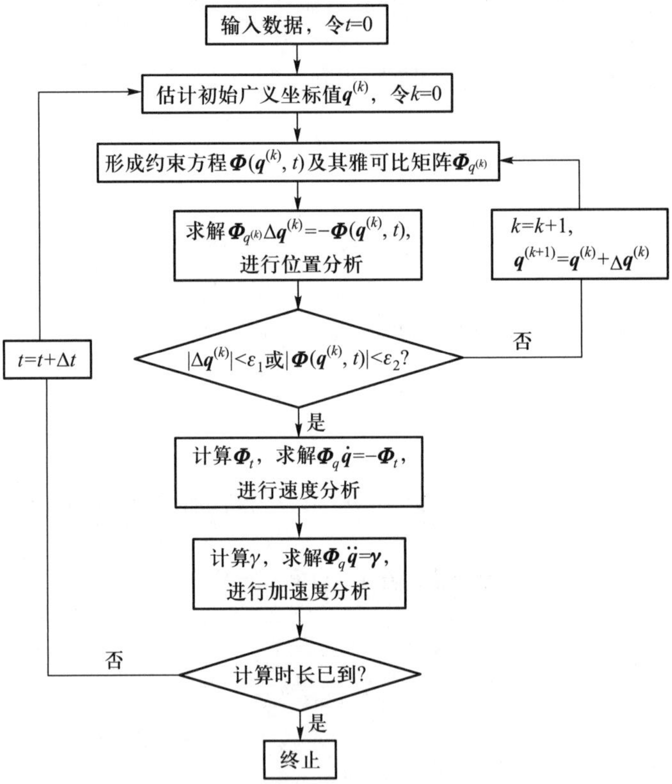

图 9.14 运动学分析流程

第 10 章　多刚体系统动力学

运用动力学普遍方程、拉格朗日方程或牛顿–欧拉方程针对多刚体系统中的各个刚体建立动力学方程, 再考虑刚体之间的约束及受力, 就可建立整个约束多刚体系统的动力学方程, 它是一个微分–代数混合方程组。

10.1　平面运动多刚体系统的动力学方程

10.1.1　广义力

1. 作用在刚体上的广义外力

考虑做平面运动的刚体 i, 建立如图 10.1 所示的总体参考坐标系和连体坐标系, 其上作用有外力 $\overline{\boldsymbol{F}}_i = [F_i^x \quad F_i^y]^{\mathrm{T}}$ 和外力矩 T_i, 其中外力 $\boldsymbol{F}_i$ 作用在 P 点, 则作用在刚体上的虚功为

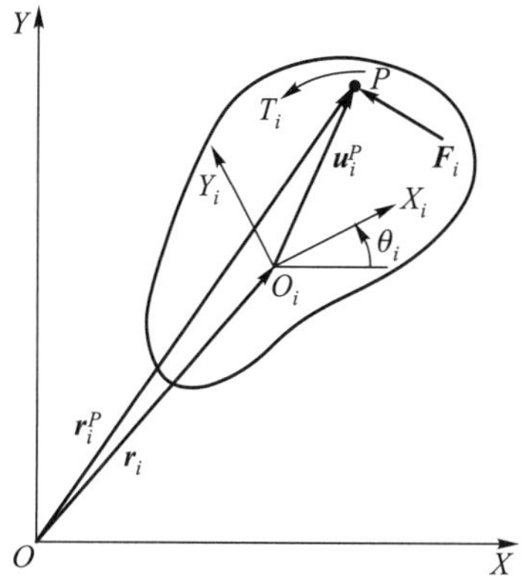

图 10.1　平面运动刚体上的外力

$$\delta W_i^{\mathrm{F}} = \overline{\boldsymbol{F}}_i^{\mathrm{T}} \delta \overline{\boldsymbol{r}}_i^P + T_i \delta\theta_i \tag{10.1}$$

由于

$$\overline{\boldsymbol{r}}_i^P = \overline{\boldsymbol{r}}_i + \boldsymbol{A}_i \overline{\boldsymbol{u}}_i^P$$

则

$$\delta \boldsymbol{r}_i^P = \delta \overline{\boldsymbol{r}}_i + \boldsymbol{A}_{i\theta} \overline{\boldsymbol{u}}_i^P \delta\theta_i$$

其中

$$\boldsymbol{A}_{i\theta} = \begin{bmatrix} -\sin\theta_i & -\cos\theta_i \\ \cos\theta_i & -\sin\theta_i \end{bmatrix}$$

因此式 (10.1) 变为

$$
\begin{aligned}
\delta W_i^{\mathrm{F}} &= \overline{\boldsymbol{F}}_i^{\mathrm{T}}\delta\overline{\boldsymbol{r}}_i + (T_i + \overline{\boldsymbol{F}}_i^{\mathrm{T}}\boldsymbol{A}_{i\theta}\overline{\boldsymbol{u}}_i^P)\delta\theta_i \\
&= \begin{bmatrix} \overline{\boldsymbol{F}}_i^{\mathrm{T}} & T_i + \overline{\boldsymbol{F}}_i^{\mathrm{T}}\boldsymbol{A}_{i\theta}\overline{\boldsymbol{u}}_i^P \end{bmatrix} \begin{bmatrix} \delta\overline{\boldsymbol{r}}_i \\ \delta\theta_i \end{bmatrix} \\
&= \begin{bmatrix} \boldsymbol{Q}_i^{\mathrm{rT}} & Q_i^{\theta} \end{bmatrix} \begin{bmatrix} \delta\overline{\boldsymbol{r}}_i \\ \delta\theta_i \end{bmatrix}
\end{aligned}
$$

其中对应于广义坐标 $\overline{\boldsymbol{r}}_i$ 的广义力列矩阵为

$$
\boldsymbol{Q}_i^{\mathrm{rT}} = \overline{\boldsymbol{F}}_i^{\mathrm{T}}
$$

对应于广义坐标 θ_i 的广义力为

$$
Q_i^{\theta} = T_i + \overline{\boldsymbol{F}}_i^{\mathrm{T}}\boldsymbol{A}_{i\theta}\overline{\boldsymbol{u}}_i^P
$$

式中, $\overline{\boldsymbol{F}}_i^{\mathrm{T}}\boldsymbol{A}_{i\theta}\overline{\boldsymbol{u}}_i^P$ 是外力 $\boldsymbol{F}_i$ 对连体坐标系原点产生的力矩 $\boldsymbol{u}_i^P \times \boldsymbol{F}_i$ 的坐标列矩阵, 当 $\boldsymbol{F}_i$ 作用在连体坐标系原点上时, 此项为 0, 此时刚体 i 上的广义外力列矩阵为

$$
\boldsymbol{Q}_i^{\mathrm{F}} = \begin{bmatrix} \overline{\boldsymbol{F}}_i \\ Q_i^{\theta} \end{bmatrix} = \begin{bmatrix} F_i^x \\ F_i^y \\ T_i \end{bmatrix} \tag{10.2}
$$

[例 10–1] 已知刚体 i 的质量为 m_i, 重力加速度 g 的方向始终为如图 10.1 所示的总体参考坐标系的 Y 轴负方向, 试写出广义重力的表达式。

解: 设刚体的质心为 C 点, 建立如图 10.1 所示的连体坐标系, 质心 C 点在连体坐标系中的坐标列矩阵为 $\overline{\boldsymbol{u}}_i^C = [u_x^C \ \ u_y^C]^{\mathrm{T}}$, 则

$$
\overline{\boldsymbol{r}}_i^C = \overline{\boldsymbol{r}}_i + \boldsymbol{A}_i\overline{\boldsymbol{u}}_i^C
$$

设连体坐标系原点在总体参考坐标系中的坐标列矩阵为 $\overline{\boldsymbol{r}}_i = [x_i \ \ y_i]^{\mathrm{T}}$, 则重力所作的虚功为

$$
\begin{aligned}
\delta W_i^{\mathrm{F}} &= \overline{\boldsymbol{F}}_i^{\mathrm{T}}\delta\overline{\boldsymbol{r}}_i + \overline{\boldsymbol{F}}_i^{\mathrm{T}}\boldsymbol{A}_{i\theta}\overline{\boldsymbol{u}}_i^C\delta\theta_i \\
&= [0 \ \ -m_i g \ \ -m_i g(u_x^C\cos\theta_i - u_y^C\sin\theta_i)] \begin{bmatrix} \delta x_i \\ \delta y_i \\ \delta\theta_i \end{bmatrix}
\end{aligned}
$$

因此广义重力的表达式为

$$
\begin{aligned}
Q_i^x &= 0 \\
Q_i^y &= -m_i g \\
Q_i^{\theta} &= -m_i g(u_x^C\cos\theta_i - u_y^C\sin\theta_i)
\end{aligned}
$$

如果连体坐标系原点与质心重合, 则 $\overline{\boldsymbol{u}}_i^C = [u_x^C \ \ u_y^C]^{\mathrm{T}} = [0 \ \ 0]^{\mathrm{T}}$, $Q_i^{\theta} = 0$。

2. 弹簧–阻尼–致动器

如图 10.2 所示, 连接刚体 i 和 j 上两点 P 和 Q 的弹簧–阻尼–致动器所产生的力由式 (10.3) 确定:

$$f = k(l - l_0) + c\dot{l} + f_{\mathrm{a}} \tag{10.3}$$

该力以拉力为正。式中, k 是弹簧的刚度系数; l 是弹簧长度; l_0 是弹簧未变形时的长度; c 是弹簧的阻尼系数; f_{a} 是致动器产生的力。

连接 P、Q 两点的矢量 $\boldsymbol{h}_{ij}$ 在总体参考坐标系下的坐标列矩阵为

$$\overline{\boldsymbol{h}}_{ij} = \overline{\boldsymbol{r}}_i^P - \overline{\boldsymbol{r}}_j^Q = \overline{\boldsymbol{r}}_i + \boldsymbol{A}_i\overline{\boldsymbol{u}}_i^P - \overline{\boldsymbol{r}}_j - \boldsymbol{A}_j\overline{\boldsymbol{u}}_j^Q \tag{10.4}$$

$$l^2 = \overline{\boldsymbol{h}}_{ij}^{\mathrm{T}}\overline{\boldsymbol{h}}_{ij} \tag{10.5}$$

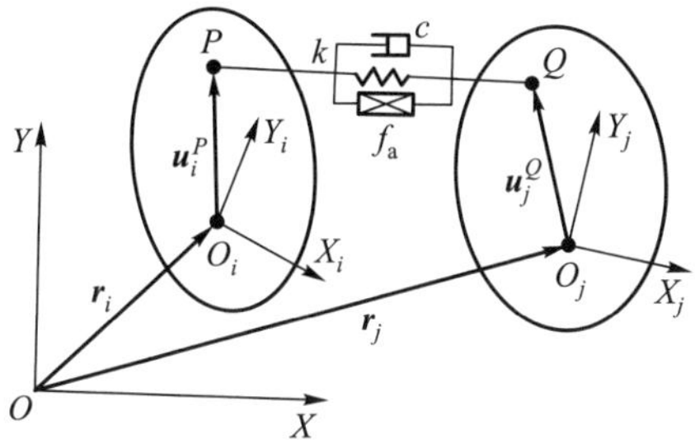

图 10.2 弹簧–阻尼–致动器

令沿矢量 $\boldsymbol{h}_{ij}$ 的单位矢量为 $\boldsymbol{h}$, 即

$$\boldsymbol{h} = \frac{\boldsymbol{h}_{ij}}{(\overline{\boldsymbol{h}}_{ij}^{\mathrm{T}}\overline{\boldsymbol{h}}_{ij})^{1/2}}$$

由式 (10.4) 和式 (10.5) 可得

$$\begin{aligned} &l = (\overline{\boldsymbol{h}}_{ij}^{\mathrm{T}}\overline{\boldsymbol{h}}_{ij})^{1/2} \\ &\dot{l} = \overline{\boldsymbol{h}}^{\mathrm{T}}\dot{\boldsymbol{h}}_{ij} = \overline{\boldsymbol{h}}^{\mathrm{T}}\left(\dot{\overline{\boldsymbol{r}}}_i + \boldsymbol{A}_{i\theta}\overline{\boldsymbol{u}}_i^P\dot{\theta}_i - \dot{\overline{\boldsymbol{r}}}_j - \boldsymbol{A}_{j\theta}\overline{\boldsymbol{u}}_j^Q\dot{\theta}_j\right) \end{aligned} \tag{10.6}$$

其中

$$\boldsymbol{A}_{i\theta} = \begin{bmatrix} -\sin\theta_i & -\cos\theta_i \\ \cos\theta_i & -\sin\theta_i \end{bmatrix}, \quad \boldsymbol{A}_{j\theta} = \begin{bmatrix} -\sin\theta_j & -\cos\theta_j \\ \cos\theta_j & -\sin\theta_j \end{bmatrix}$$

据此, 可由式 (10.3) 计算弹簧–阻尼–致动器所产生的力 f。

刚体 i 和 j 的广义坐标为

$$\boldsymbol{q} = [\,\boldsymbol{q}_i^{\mathrm{T}} \;\; \boldsymbol{q}_j^{\mathrm{T}}\,]^{\mathrm{T}} = [\,\overline{\boldsymbol{r}}_i^{\mathrm{T}} \;\; \theta_i \;\; \overline{\boldsymbol{r}}_j^{\mathrm{T}} \;\; \theta_j\,]^{\mathrm{T}}$$

则

$$\begin{aligned} \delta l &= \frac{\partial l}{\partial \boldsymbol{q}}\delta\boldsymbol{q} = \frac{\overline{\boldsymbol{h}}_{ij}^{\mathrm{T}}}{(\overline{\boldsymbol{h}}_{ij}^{\mathrm{T}}\overline{\boldsymbol{h}}_{ij})^{1/2}}\frac{\partial\overline{\boldsymbol{h}}_{ij}}{\partial\boldsymbol{q}}\delta\boldsymbol{q} = \overline{\boldsymbol{h}}^{\mathrm{T}}\frac{\partial\overline{\boldsymbol{h}}_{ij}}{\partial\boldsymbol{q}}\delta\boldsymbol{q} \\ &= \overline{\boldsymbol{h}}^{\mathrm{T}}\begin{bmatrix} \dfrac{\partial\overline{\boldsymbol{h}}_{ij}}{\partial\boldsymbol{q}_i} & \dfrac{\partial\overline{\boldsymbol{h}}_{ij}}{\partial\boldsymbol{q}_j} \end{bmatrix}\begin{bmatrix} \delta\boldsymbol{q}_i \\ \delta\boldsymbol{q}_j \end{bmatrix} \end{aligned}$$

由式 (10.4) 可知

$$\frac{\partial \overline{\boldsymbol{h}}_{ij}}{\partial \boldsymbol{q}_i}=[\boldsymbol{I}\ \ \boldsymbol{A}_{i\theta}\overline{\boldsymbol{u}}_i^P],\quad \frac{\partial \overline{\boldsymbol{h}}_{ij}}{\partial \boldsymbol{q}_j}=-[\boldsymbol{I}\ \ \boldsymbol{A}_{j\theta}\overline{\boldsymbol{u}}_j^Q]$$

弹簧–阻尼–致动器所作的虚功为

$$\begin{aligned}\delta W^{\mathrm{F}}&=-f\delta l=-f\overline{\boldsymbol{h}}^{\mathrm{T}}\begin{bmatrix}\dfrac{\partial \overline{\boldsymbol{h}}_{ij}}{\partial \boldsymbol{q}_i} & \dfrac{\partial \overline{\boldsymbol{h}}_{ij}}{\partial \boldsymbol{q}_j}\end{bmatrix}\begin{bmatrix}\delta \boldsymbol{q}_i\\ \delta \boldsymbol{q}_j\end{bmatrix}\\&=\begin{bmatrix}\boldsymbol{Q}_i^{\mathrm{FT}} & \boldsymbol{Q}_j^{\mathrm{FT}}\end{bmatrix}\begin{bmatrix}\delta \boldsymbol{q}_i\\ \delta \boldsymbol{q}_j\end{bmatrix}\end{aligned}$$

其中, $\boldsymbol{Q}_i^{\mathrm{F}}$、$\boldsymbol{Q}_j^{\mathrm{F}}$ 分别为弹簧–阻尼–致动器作用在刚体 i、j 上的广义力, 其值为

$$\begin{aligned}\boldsymbol{Q}_i^{\mathrm{F}}&=\begin{bmatrix}\boldsymbol{Q}_i^{\mathrm{r}}\\ Q_i^{\theta}\end{bmatrix}=-f\begin{bmatrix}\overline{\boldsymbol{h}}\\ \overline{\boldsymbol{h}}^{\mathrm{T}}\boldsymbol{A}_{i\theta}\overline{\boldsymbol{u}}_i^P\end{bmatrix}\\ \boldsymbol{Q}_j^{\mathrm{F}}&=\begin{bmatrix}\boldsymbol{Q}_j^{\mathrm{r}}\\ Q_j^{\theta}\end{bmatrix}=f\begin{bmatrix}\overline{\boldsymbol{h}}\\ \overline{\boldsymbol{h}}^{\mathrm{T}}\boldsymbol{A}_{j\theta}\overline{\boldsymbol{u}}_j^P\end{bmatrix}\end{aligned}\tag{10.7}$$

3. 扭簧–阻尼–致动器

图 10.3 所示的连接刚体 i 和 j 上两点 P 和 Q 的扭簧–阻尼–致动器所产生的力由式 (10.8) 确定

$$T=k_{\mathrm{r}}(\theta-\theta_0)+c_{\mathrm{r}}\dot{\theta}+T_{\mathrm{a}}\tag{10.8}$$

式中, k_{r} 是扭簧的刚度系数; c_{r} 是扭簧的阻尼系数; T_{a} 是致动器产生的扭矩; θ_0 是刚体 i 和 j 在初始时刻的相对转角; θ 为刚体 i 和 j 的相对角位移, 且

$$\begin{aligned}\theta&=\theta_i-\theta_j\\ \dot{\theta}&=\dot{\theta}_i-\dot{\theta}_j\end{aligned}\tag{10.9}$$

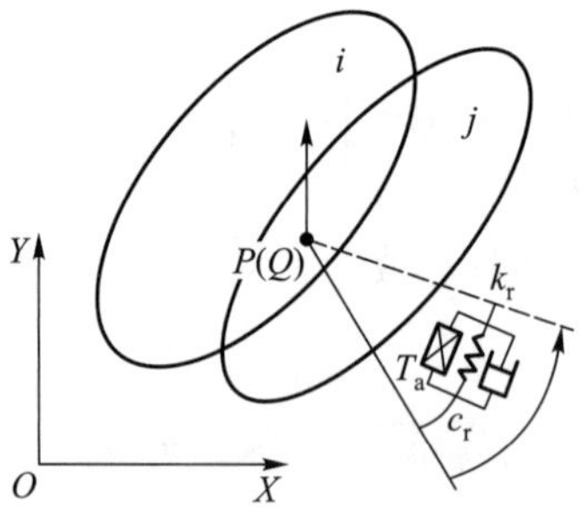

图 10.3 扭簧–阻尼–致动器

则扭簧–阻尼–致动器所作的虚功为

$$\begin{aligned}\delta W^{\mathrm{F}}&=-T\delta\theta=-T(\delta\theta_i-\delta\theta_j)\\&=Q_i^{\theta}\delta\theta_i+Q_j^{\theta}\delta\theta_j\end{aligned}$$

式中, Q_i^θ、Q_j^θ 分别为扭簧–阻尼–致动器作用在刚体 i、j 上的广义力, 其值为

$$\begin{aligned}Q_i^\theta &= -T = -\left[k_\mathrm{r}(\theta-\theta_0)+c_\mathrm{r}\dot{\theta}+T_\mathrm{a}\right]\\ Q_j^\theta &= T = k_\mathrm{r}(\theta-\theta_0)+c_\mathrm{r}\dot{\theta}+T_\mathrm{a}\end{aligned} \tag{10.10}$$

10.1.2 广义质量

下面运用刚体的动能表达式来推导其广义质量矩阵。对于刚体 i, 其动能定义为

$$T_i = \frac{1}{2}\int_{V_i}\rho_i \dot{\overline{\boldsymbol{r}}}_i^{P\mathrm{T}}\dot{\overline{\boldsymbol{r}}}_i^P\mathrm{d}V_i \tag{10.11}$$

式中, ρ_i 和 V_i 分别是刚体的密度和体积; $\overline{\boldsymbol{r}}_i^P$ 是刚体上任意一点 P 到总体参考系原点的矢量在总体参考坐标系中的坐标列矩阵, 由于 $\overline{\boldsymbol{r}}_i^P = \overline{\boldsymbol{r}}_i + \boldsymbol{A}_i\overline{\boldsymbol{u}}_i^P$, 对时间求导得

$$\dot{\overline{\boldsymbol{r}}}_i^P = \dot{\overline{\boldsymbol{r}}}_i + \dot{\theta}\boldsymbol{A}_{i\theta}\overline{\boldsymbol{u}}_i^P \tag{10.12}$$

写成矩阵的形式为

$$\dot{\overline{\boldsymbol{r}}}_i^P = \begin{bmatrix}\boldsymbol{I} & \boldsymbol{A}_{i\theta}\overline{\boldsymbol{u}}_i^P\end{bmatrix}\begin{bmatrix}\dot{\overline{\boldsymbol{r}}}_i\\ \dot{\theta}_i\end{bmatrix} \tag{10.13}$$

其中 $\boldsymbol{I}$ 是 2×2 阶的单位矩阵。

将式 (10.13) 代入式 (10.11) 得

$$T_i = \frac{1}{2}\begin{bmatrix}\dot{\overline{\boldsymbol{r}}}_i^\mathrm{T} & \dot{\theta}\end{bmatrix}\left\{\int_{V_i}\rho_i\begin{bmatrix}\boldsymbol{I} & \boldsymbol{A}_{i\theta}\overline{\boldsymbol{u}}_i^P\\ \overline{\boldsymbol{u}}_i^{P\mathrm{T}}\boldsymbol{A}_{i\theta}^\mathrm{T} & \overline{\boldsymbol{u}}_i^{P\mathrm{T}}\overline{\boldsymbol{u}}_i^P\end{bmatrix}\mathrm{d}V_i\right\}\begin{bmatrix}\dot{\overline{\boldsymbol{r}}}_i\\ \dot{\theta}_i\end{bmatrix}$$

而

$$T_i = \frac{1}{2}\dot{\boldsymbol{q}}_i^\mathrm{T}\boldsymbol{M}_i\dot{\boldsymbol{q}}_i \tag{10.14}$$

其中

$$\dot{\boldsymbol{q}}_i = \begin{bmatrix}\dot{\overline{\boldsymbol{r}}}_i^\mathrm{T} & \dot{\theta}_i\end{bmatrix}^\mathrm{T} = \begin{bmatrix}\dot{x}_i & \dot{y}_i & \dot{\theta}_i\end{bmatrix}^\mathrm{T} \tag{10.15}$$

因此

$$\boldsymbol{M}_i = \begin{bmatrix}\boldsymbol{m}_i^{rr} & \boldsymbol{m}_i^{r\theta}\\ \boldsymbol{m}_i^{\theta r} & m_i^{\theta\theta}\end{bmatrix} \tag{10.16}$$

且

$$\begin{cases}\boldsymbol{m}_i^{rr} = \displaystyle\int_{V_i}\rho_i\boldsymbol{I}\mathrm{d}V_i = m_i\boldsymbol{I}\\ \boldsymbol{m}_i^{r\theta} = \boldsymbol{m}_i^{\theta r\mathrm{T}} = \boldsymbol{A}_{i\theta}\displaystyle\int_{V_i}\rho_i\overline{\boldsymbol{u}}_i^P\mathrm{d}V_i\\ m_i^{\theta\theta} = \displaystyle\int_{V_i}\rho_i\overline{\boldsymbol{u}}_i^{P\mathrm{T}}\overline{\boldsymbol{u}}_i^P\mathrm{d}V_i = \int_V\rho(x_i^{P2}+y_i^{P2})\mathrm{d}V = J_i'\end{cases} \tag{10.17}$$

其中 m_i 是刚体的质量, J_i' 是刚体相对于连体坐标系原点的极转动惯量。

如果连体坐标系的原点为刚体的质心, 那么

$$\boldsymbol{M}_i = \begin{bmatrix}\boldsymbol{m}_i^{rr} & \boldsymbol{0}\\ \boldsymbol{0} & m_i^{\theta\theta}\end{bmatrix} = \begin{bmatrix}\boldsymbol{m}_i^{rr} & \boldsymbol{0}\\ \boldsymbol{0} & J_i\end{bmatrix} \tag{10.18}$$

J_i 是刚体相对于刚体质心的极转动惯量。

[例 10–2] 假设一均匀细长杆件的密度为 ρ, 横截面积为 a, 长度为 l, 连体坐标系的原点为杆件的一个端点, 且连体坐标系的 X 轴与杆的轴线重合, 试写出该细长杆件的质量矩阵。

解: 由于杆上任意一点在连体坐标系上的坐标为 $\overline{\boldsymbol{u}} = [x \;\; 0]^{\mathrm{T}}$, 因此

$$\mathrm{d}V = a\mathrm{d}x$$

那么杆的总质量为

$$m = \int_V \rho \mathrm{d}V = \int_0^l \rho a \mathrm{d}x = \rho a l$$

根据式 (10.17) 可得

$$\begin{cases} \boldsymbol{m}^{rr} = \displaystyle\int_V \rho \boldsymbol{I} \mathrm{d}V = m\boldsymbol{I} = \begin{bmatrix} m & 0 \\ 0 & m \end{bmatrix} \\ \boldsymbol{m}^{r\theta} = \boldsymbol{m}^{\theta r\mathrm{T}} = \boldsymbol{A}_\theta \int_V \rho \overline{\boldsymbol{u}} \mathrm{d}V \\ m^{\theta\theta} = \displaystyle\int_V \rho \overline{\boldsymbol{u}}^{\mathrm{T}} \overline{\boldsymbol{u}} \mathrm{d}V = \int_0^l \rho a x^2 \mathrm{d}x = \frac{ml^2}{3} \end{cases}$$

由于

$$\boldsymbol{A}_\theta = \begin{bmatrix} -\sin\theta & -\cos\theta \\ \cos\theta & -\sin\theta \end{bmatrix}$$

则

$$\begin{aligned} \boldsymbol{m}^{r\theta} = \boldsymbol{m}^{\theta r\mathrm{T}} &= \begin{bmatrix} -\sin\theta & -\cos\theta \\ \cos\theta & -\sin\theta \end{bmatrix} \int_0^l \rho a \begin{bmatrix} x \\ 0 \end{bmatrix} \mathrm{d}x \\ &= \frac{ml}{2} \begin{bmatrix} -\sin\theta \\ \cos\theta \end{bmatrix} \end{aligned}$$

总的质量矩阵为

$$\boldsymbol{M} = \begin{bmatrix} m & 0 & -\dfrac{1}{2}ml\sin\theta \\ 0 & m & \dfrac{1}{2}ml\cos\theta \\ -\dfrac{1}{2}ml\sin\theta & \dfrac{1}{2}ml\cos\theta & \dfrac{1}{3}ml^2 \end{bmatrix}$$

10.1.3 约束平面运动多刚体系统的动力学方程

下面运用动力学普遍方程 (达朗贝尔–拉格朗日方程) 来建立多刚体系统运动的动力学方程。动力学普遍方程可表述为: 受理想约束的系统在运动的任意瞬时, 主动力与惯性力在虚位移中所作的虚功之和等于 0。

1. 惯性力的虚功

对于系统中的任一刚体 i, 惯性力的虚功为

$$\delta W_i^{\mathrm{in}} = -\int_{V_i} \rho_i \ddot{\overline{\boldsymbol{r}}}_i^{P\mathrm{T}} \delta \overline{\boldsymbol{r}}_i^P \mathrm{d}V_i \tag{10.19}$$

由于

$$\delta \overline{\boldsymbol{r}}_i^P = \delta \overline{\boldsymbol{r}}_i + \boldsymbol{A}_{i\theta} \overline{\boldsymbol{u}}_i^P \delta \theta_i = \begin{bmatrix} \boldsymbol{I} & \boldsymbol{A}_{i\theta} \overline{\boldsymbol{u}}_i^P \end{bmatrix} \begin{bmatrix} \delta \overline{\boldsymbol{r}}_i \\ \delta \theta_i \end{bmatrix} \tag{10.20}$$

且

$$\ddot{\overline{\boldsymbol{r}}}_i^P = \begin{bmatrix} \boldsymbol{I} & \boldsymbol{A}_{i\theta} \overline{\boldsymbol{u}}_i^P \end{bmatrix} \ddot{\boldsymbol{q}}_i + \begin{bmatrix} \boldsymbol{0} & -\dot{\theta}_i \boldsymbol{A}_i \overline{\boldsymbol{u}}_i^P \end{bmatrix} \dot{\boldsymbol{q}}_i \tag{10.21}$$

广义虚位移可表示为

$$\delta \boldsymbol{q}_i = \begin{bmatrix} \delta \boldsymbol{r}_i \\ \delta \theta_i \end{bmatrix} \tag{10.22}$$

刚体 i 的惯性力虚功为

$$\begin{aligned} \delta W_i^{\mathrm{in}} = & -\int_{V_i} \rho_i \ddot{\boldsymbol{q}}_i^{\mathrm{T}} \begin{bmatrix} \boldsymbol{I} \\ \overline{\boldsymbol{u}}_i^{P\mathrm{T}} \boldsymbol{A}_{i\theta}^{\mathrm{T}} \end{bmatrix} \begin{bmatrix} \boldsymbol{I} & \boldsymbol{A}_{i\theta} \overline{\boldsymbol{u}}_i^P \end{bmatrix} \delta \boldsymbol{q}_i \mathrm{d}V_i - \\ & \int_{V_i} \rho_i \dot{\boldsymbol{q}}_i^{\mathrm{T}} \begin{bmatrix} \boldsymbol{0} \\ -\dot{\theta}_i \overline{\boldsymbol{u}}_i^{P\mathrm{T}} \boldsymbol{A}_i^{\mathrm{T}} \end{bmatrix} \begin{bmatrix} \boldsymbol{I} & \boldsymbol{A}_{i\theta} \overline{\boldsymbol{u}}_i^P \end{bmatrix} \delta \boldsymbol{q}_i \mathrm{d}V_i \end{aligned}$$

由于

$$\int_{V_i} \rho_i \begin{bmatrix} \boldsymbol{I} \\ \overline{\boldsymbol{u}}_i^{P\mathrm{T}} \boldsymbol{A}_{i\theta}^{\mathrm{T}} \end{bmatrix} \begin{bmatrix} \boldsymbol{I} & \boldsymbol{A}_{i\theta} \overline{\boldsymbol{u}}_i^P \end{bmatrix} \delta \boldsymbol{q}_i \mathrm{d}V_i = \boldsymbol{M}_i$$

因此

$$\delta W_i^{\mathrm{in}} = \left[-\boldsymbol{M}_i \ddot{\boldsymbol{q}}_i + \boldsymbol{Q}_i^{\mathrm{v}} \right]^{\mathrm{T}} \delta \boldsymbol{q}_i \tag{10.23}$$

其中

$$\begin{aligned} \boldsymbol{Q}_i^{\mathrm{v}} &= -\int_{V_i} \rho_i \begin{bmatrix} \boldsymbol{I} \\ \overline{\boldsymbol{u}}_i^{P\mathrm{T}} \boldsymbol{A}_{i\theta}^{\mathrm{T}} \end{bmatrix} \begin{bmatrix} \boldsymbol{0} & -\dot{\theta}_i \boldsymbol{A}_i \overline{\boldsymbol{u}}_i^P \end{bmatrix} \dot{\boldsymbol{q}}_i \mathrm{d}V_i \\ &= -\dot{\theta}_i^2 \boldsymbol{A}_i \begin{bmatrix} \int_{V_i} \rho_i \overline{\boldsymbol{u}}_i^P \mathrm{d}V_i \\ 0 \end{bmatrix} \end{aligned} \tag{10.24}$$

是离心惯性力。

当连体坐标系原点定义在刚体的质心上时, $\boldsymbol{Q}_i^{\mathrm{v}} = \boldsymbol{0}$, 惯性力的虚功为

$$\delta W_i^{\mathrm{in}} = -(\boldsymbol{M}_i \ddot{\boldsymbol{q}}_i)^{\mathrm{T}} \delta \boldsymbol{q}_i \tag{10.25}$$

2. 多刚体系统的动力学方程

对于系统中的任一刚体 i 有

$$\delta W_i^{\text{in}} + \delta W_i^{\text{F}} + \delta W_i^{\text{c}} = 0 \tag{10.26}$$

其中

$$\delta W_i^{\text{F}} = \boldsymbol{Q}_i^{\text{FT}} \delta \boldsymbol{q} \tag{10.27}$$

是广义外力所作的虚功, δW_i^{c} 是作用在刚体 i 上的广义约束力所作的虚功。

对于由 N 个刚体组成的多刚体系统, 则有

$$\sum_{i=1}^{N} \delta W_i^{\text{in}} + \sum_{i=1}^{N} \delta W_i^{\text{F}} + \sum_{i=1}^{N} \delta W_i^{\text{c}} = 0 \tag{10.28}$$

对于受理想约束的多刚体系统, 约束力在系统的任一虚位移上所作的虚功之和为 0, 即

$$\sum_{i=1}^{N} \delta W_i^{\text{c}} = 0 \tag{10.29}$$

那么

$$\sum_{i=1}^{N} (\delta W_i^{\text{in}} + \delta W_i^{\text{F}}) = 0 \tag{10.30}$$

将式 (10.25) 和式 (10.27) 代入式 (10.30) 得

$$\sum_{i=1}^{N} (\boldsymbol{M}_i \ddot{\boldsymbol{q}}_i - \boldsymbol{Q}_i^{\text{F}})^{\text{T}} \delta \boldsymbol{q}_i = \boldsymbol{0} \tag{10.31}$$

进一步写为

$$(\boldsymbol{M} \ddot{\boldsymbol{q}} - \boldsymbol{Q}^{\text{F}})^{\text{T}} \delta \boldsymbol{q} = \boldsymbol{0} \tag{10.32}$$

其中

$$\boldsymbol{q} = \begin{bmatrix} \boldsymbol{q}_1 \\ \boldsymbol{q}_2 \\ \vdots \\ \boldsymbol{q}_i \\ \vdots \\ \boldsymbol{q}_N \end{bmatrix}, \quad \boldsymbol{M} = \begin{bmatrix} \boldsymbol{M}_1 & & & & \\ & \boldsymbol{M}_2 & & \boldsymbol{0} & \\ & & \ddots & & \\ & & & \boldsymbol{M}_i & \\ & \boldsymbol{0} & & & \ddots & \\ & & & & & \boldsymbol{M}_N \end{bmatrix}, \quad \boldsymbol{Q}^{\text{F}} = \begin{bmatrix} \boldsymbol{Q}_1^{\text{F}} \\ \boldsymbol{Q}_2^{\text{F}} \\ \vdots \\ \boldsymbol{Q}_i^{\text{F}} \\ \vdots \\ \boldsymbol{Q}_N^{\text{F}} \end{bmatrix}$$

这就是平面运动多刚体系统运动的变分方程。

3. 约束多刚体系统的动力学方程

组成一个多刚体系统的各个刚体之间往往由各种“铰”连接, 即存在着约束——包括运动学约束方程和驱动约束, 约束方程的一般形式可以写为

$$\boldsymbol{\Phi} = \boldsymbol{\Phi}(\boldsymbol{q}, t) = \boldsymbol{0} \tag{10.33}$$

对其进行等时变分, 可得

$$\boldsymbol{\Phi}_q \delta \boldsymbol{q} = \boldsymbol{0} \tag{10.34}$$

其中 $\boldsymbol{\Phi}_q$ 为约束的雅可比矩阵:

$$\boldsymbol{\Phi}_q = \begin{bmatrix} \dfrac{\partial \Phi_1}{\partial q_1} & \dfrac{\partial \Phi_1}{\partial q_2} & \cdots & \dfrac{\partial \Phi_1}{\partial q_n} \\ \dfrac{\partial \Phi_2}{\partial q_1} & \dfrac{\partial \Phi_2}{\partial q_2} & \cdots & \dfrac{\partial \Phi_2}{\partial q_n} \\ \vdots & \vdots & \ddots & \vdots \\ \dfrac{\partial \Phi_s}{\partial q_1} & \dfrac{\partial \Phi_s}{\partial q_2} & \cdots & \dfrac{\partial \Phi_s}{\partial q_n} \end{bmatrix}$$

式中, n 为系统广义坐标的个数; s 为约束方程的个数。

拉格朗日乘子定理: 设 $\boldsymbol{b}$ 是一个 n 维常矢量, $\boldsymbol{x}$ 为 n 维变矢量, $\boldsymbol{A}$ 为 $m \times n$ 阶的常数矩阵, 如果

$$\boldsymbol{b}^{\mathrm{T}} \boldsymbol{x} = \boldsymbol{0} \tag{10.35}$$

且

$$\boldsymbol{A}\boldsymbol{x} = \boldsymbol{0} \tag{10.36}$$

则存在一个 m 维的矢量 λ, 满足

$$\boldsymbol{b}^{\mathrm{T}} \boldsymbol{x} + \boldsymbol{\lambda}^{\mathrm{T}} \boldsymbol{A}\boldsymbol{x} = \boldsymbol{0} \tag{10.37}$$

其中 λ 就称为拉格朗日乘子矢量。

微分–代数混合方程: 对于约束多刚体系统来说, 式 (10.32) 中的广义坐标变分 $\delta \boldsymbol{q}$ 并不是独立的, 考虑约束方程 (10.33), 运用拉格朗日乘子定理可得

$$(\boldsymbol{M}\ddot{\boldsymbol{q}} - \boldsymbol{Q}^{\mathrm{F}})^{\mathrm{T}} \delta \boldsymbol{q} + \boldsymbol{\lambda}^{\mathrm{T}} \boldsymbol{\Phi}_q \delta \boldsymbol{q} = (\boldsymbol{M}\ddot{\boldsymbol{q}} + \boldsymbol{\Phi}_q^{\mathrm{T}} \boldsymbol{\lambda} - \boldsymbol{Q}^{\mathrm{F}})^{\mathrm{T}} \delta \boldsymbol{q} = \boldsymbol{0} \tag{10.38}$$

由于式 (10.38) 对于任意的 $\delta \boldsymbol{q}$ 均成立, 因此

$$\boldsymbol{M}\ddot{\boldsymbol{q}} + \boldsymbol{\Phi}_q^{\mathrm{T}} \boldsymbol{\lambda} - \boldsymbol{Q}^{\mathrm{F}} = \boldsymbol{0} \tag{10.39}$$

式 (10.39) 所示方程的变量包括 n 个广义加速度和 s 个拉格朗日乘子, 共 $n+s$ 个未知量, 而式 (10.39) 所示方程个数仅有 n 个, 还需要 s 个方程才能求解, 这 s 个方程就是表示系统中各种连接 “铰” 或驱动的约束方程 (10.33)。式 (10.39) 和式 (10.33) 共同构成了约束多刚体系统的动力学方程, 它包含一个微分方程组和一个代数方程组, 称为微分–代数混合方程组。

将约束方程 (10.33) 对时间求一次导数和二次导数可得速度和加速度约束方程

$$\begin{aligned} \boldsymbol{\Phi}_q \dot{\boldsymbol{q}} + \boldsymbol{\Phi}_t &= \boldsymbol{0} \\ \boldsymbol{\Phi}_q \ddot{\boldsymbol{q}} &= \boldsymbol{\gamma} \end{aligned} \tag{10.40}$$

其中

$$\boldsymbol{\gamma} = -(\boldsymbol{\Phi}_q\dot{\boldsymbol{q}})_q\dot{\boldsymbol{q}} - 2\boldsymbol{\Phi}_{qt}\dot{\boldsymbol{q}} - \boldsymbol{\Phi}_{tt} \tag{10.41}$$

是加速度方程的右项。

将式 (10.39) 和式 (10.40) 合并写为

$$\begin{bmatrix} \boldsymbol{M} & \boldsymbol{\Phi}_q^{\mathrm{T}} \\ \boldsymbol{\Phi}_q & \boldsymbol{0} \end{bmatrix} \begin{bmatrix} \ddot{\boldsymbol{q}} \\ \boldsymbol{\lambda} \end{bmatrix} = \begin{bmatrix} \boldsymbol{Q}^{\mathrm{F}} \\ \boldsymbol{\gamma} \end{bmatrix} \tag{10.42}$$

即为增广型的约束多刚体系统的动力学方程。

[例 10–3] 图 10.4 所示是一个单摆, 摆杆长 $2l$, 质量为 m 且均匀分布。试写出其增广型的动力学方程。

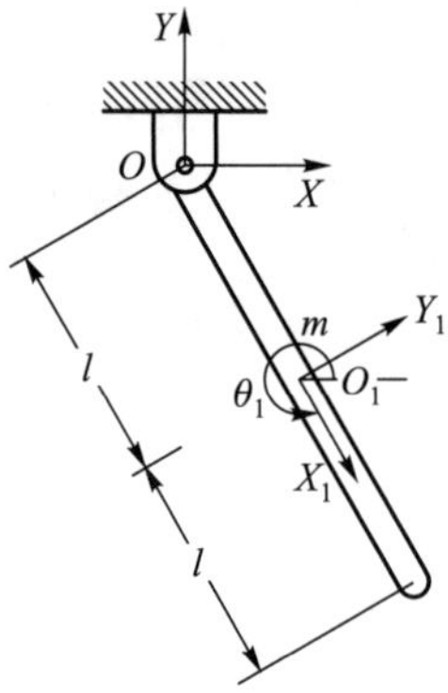

图 10.4 例 10–3 图

解: 建立如图 10.4 所示的参考坐标系和连体坐标系, 其中连体坐标系的原点位于摆杆的质心, 该系统的广义坐标为 $\boldsymbol{q} = [x_1 \quad y_1 \quad \theta_1]^{\mathrm{T}}$, 则其质量矩阵为

$$\boldsymbol{M} = \begin{bmatrix} m & 0 & 0 \\ 0 & m & 0 \\ 0 & 0 & \dfrac{1}{3}ml^2 \end{bmatrix}$$

由于连体坐标系的原点位于摆杆的质心, 因此广义外力列矩阵为

$$\boldsymbol{Q}^{\mathrm{F}} = \begin{bmatrix} 0 & -mg & 0 \end{bmatrix}^{\mathrm{T}}$$

铰 O 的约束方程为

$$\boldsymbol{\Phi} = \begin{bmatrix} x_1 - l\cos\theta_1 \\ y_1 - l\sin\theta_1 \end{bmatrix} = \boldsymbol{0}$$

其雅可比矩阵为

$$\boldsymbol{\Phi}_q = \begin{bmatrix} 1 & 0 & l\sin\theta_1 \\ 0 & 1 & -l\cos\theta_1 \end{bmatrix}$$

加速度方程的右项为

$$\boldsymbol{\gamma} = -l\dot{\theta}_1^2 \begin{bmatrix} \cos\theta_1 \\ \sin\theta_1 \end{bmatrix}$$

独立的约束方程有 2 个, 因此拉格朗日乘子也有 2 个, 为 λ_1 和 λ_2。由式 (10.42) 可得单摆的增广型动力学方程

$$\begin{bmatrix} m & 0 & 0 & 1 & 0 \\ 0 & m & 0 & 0 & 1 \\ 0 & 0 & \dfrac{1}{3}ml^2 & l\sin\theta_1 & -l\cos\theta_1 \\ 1 & 0 & l\sin\theta_1 & 0 & 0 \\ 0 & 1 & -l\cos\theta_1 & 0 & 0 \end{bmatrix} \begin{bmatrix} \ddot{x}_1 \\ \ddot{y}_1 \\ \ddot{\theta}_1 \\ \lambda_1 \\ \lambda_2 \end{bmatrix} = \begin{bmatrix} 0 \\ -mg \\ 0 \\ -l\dot{\theta}_1^2\cos\theta_1 \\ -l\dot{\theta}_1^2\sin\theta_1 \end{bmatrix}$$

10.1.4 动力学逆问题与约束反力

1. 动力学逆问题

在动力学分析中, 已知外力求系统运动的问题称为正问题, 反之, 已知运动求产生该运动所需施加的驱动力就是*动力学逆问题*。例如在机器人学中, 计算电动机所需的扭矩使机器人的终点按照任务规定的方式移动就是动力学逆问题。

对于一个系统, 如果其约束方程 (包括运动约束和驱动约束) 的个数与系统的自由度数相等, 那么系统的位置、速度和加速度通过运动学分析就可以完全确定, 系统在运动学上就是确定的, 这时约束方程的雅可比矩阵是非奇异的方阵。

展开约束多刚体系统的运动方程 (10.42) 可得

$$\boldsymbol{M}\ddot{\boldsymbol{q}} + \boldsymbol{\Phi}_q^{\mathrm{T}}\boldsymbol{\lambda} = \boldsymbol{Q}^{\mathrm{F}} \tag{10.43}$$

$$\boldsymbol{\Phi}_q\ddot{\boldsymbol{q}} = \boldsymbol{\gamma} \tag{10.44}$$

由于 $\boldsymbol{\Phi}_q$ 是非奇异方阵, 因此由式 (10.44) 可得

$$\ddot{\boldsymbol{q}} = \boldsymbol{\Phi}_q^{-1}\boldsymbol{\gamma} \tag{10.45}$$

将求得的 $\ddot{\boldsymbol{q}}$ 代入式 (10.43), 可得

$$\boldsymbol{\lambda} = (\boldsymbol{\Phi}_q^{\mathrm{T}})^{-1}\left(\boldsymbol{Q}^{\mathrm{F}} - \boldsymbol{M}\ddot{\boldsymbol{q}}\right) \tag{10.46}$$

这是一个线性代数方程, 解出拉格朗日乘子, 就可求得系统的约束反力 (矩) 和驱动力 (矩) 的值。

2. 约束反力

如图 10.5 所示的两个刚体 i 和 j 在 P 点通过一个铰 k 连接, 其约束方程为 $\boldsymbol{\Phi}_k = 0$。根据系统运动的变分方程 (10.38), 并令 $\delta\boldsymbol{q}_{j(j\neq i)} = \boldsymbol{0}$, 可得与刚体 i 相关联的运动变分方程为[9]

$$\delta\boldsymbol{q}_i^{\mathrm{T}}\boldsymbol{M}_i\ddot{\boldsymbol{q}}_i + \sum_{\substack{l=1\\ l\neq k}}^{s}\delta\boldsymbol{q}_i^{\mathrm{T}}(\boldsymbol{\Phi}_l)_{q_i}^{\mathrm{T}}\boldsymbol{\lambda}_l + \delta\boldsymbol{q}_i^{\mathrm{T}}(\boldsymbol{\Phi}_k)_{q_i}^{\mathrm{T}}\boldsymbol{\lambda}_k = \delta\boldsymbol{q}_i^{\mathrm{T}}\boldsymbol{Q}_i^{\mathrm{F}} \tag{10.47}$$

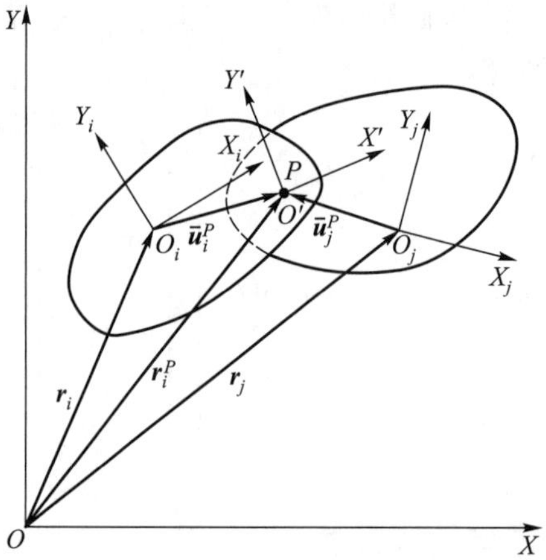

图 10.5 在 P 点通过一个铰连接的两个刚体

P 点的广义坐标列矩阵为

$$\overline{\boldsymbol{r}}_i^P = \overline{\boldsymbol{r}}_i + \boldsymbol{A}_i \overline{\boldsymbol{u}}_i^P$$

则

$$\delta \overline{\boldsymbol{r}}_i = \delta \overline{\boldsymbol{r}}_i^P - \boldsymbol{A}_{i\theta} \overline{\boldsymbol{u}}_i^P \delta\theta_i$$

在铰点 P 上建立固结于刚体上的坐标系 $O'X'Y'$, 设该坐标系到连体坐标系 $O_iX_iY_i$ 的坐标转换矩阵为 $\boldsymbol{C}_i^{\rm c}$。如果将铰 k 打断, 引入约束反力 (矩), 其在坐标系 $O'X'Y'$ 下记为 $[\overline{\boldsymbol{F}}'_i \;\; T'_i]^{\rm T}$, 在总体参考坐标系下记为

$$\boldsymbol{Q}_i^{\rm c} = \left[\, \boldsymbol{A}_i \boldsymbol{C}_i^{\rm c} \overline{\boldsymbol{F}}'_i \;\; T'_i \,\right]^{\rm T}$$

则

$$\delta \boldsymbol{q}_i^{\rm T} \boldsymbol{M}_i \ddot{\boldsymbol{q}}_i + \sum_{\substack{l=1 \\ l\neq k}}^{n_c} \delta \boldsymbol{q}_i^{\rm T} (\boldsymbol{\Phi}_l)_{q_i}^{\rm T} \boldsymbol{\lambda}_l = \delta \boldsymbol{q}_i^{\rm T} \boldsymbol{Q}_i^{\rm F} - \delta \overline{\boldsymbol{r}}_i^{P\rm T} \boldsymbol{A}_i \boldsymbol{C}_i^{\rm c} \overline{\boldsymbol{F}}'_i - \delta\theta_i T'_i$$

方程描述的系统运动与式 (10.47) 描述的完全相同, 因此

$$-\delta \boldsymbol{q}_i^{\rm T} (\boldsymbol{\Phi}_k)_{q_i}^{\rm T} \boldsymbol{\lambda}_k = \delta \overline{\boldsymbol{r}}_i^{P\rm T} \boldsymbol{A}_i \boldsymbol{C}_i^{\rm c} \overline{\boldsymbol{F}}'_i + \delta\theta_i T'_i$$

即

$$-\left\{ \delta \overline{\boldsymbol{r}}_i^{P\rm T} (\boldsymbol{\Phi}_k)_{r_i}^{\rm T} \lambda_k + \delta\theta_i [(\boldsymbol{\Phi}_k)_{\theta_i}^{\rm T} - \overline{\boldsymbol{u}}_i^{P\rm T} \boldsymbol{A}_{i\theta}^{\rm T} (\boldsymbol{\Phi}_k)_{r_i}^{\rm T}] \boldsymbol{\lambda}_k \right\} = \delta \overline{\boldsymbol{r}}_i^{P\rm T} \boldsymbol{A}_i \boldsymbol{C}_i^{\rm c} \overline{\boldsymbol{F}}'_i + \delta\theta_i T'_i \quad (10.48)$$

由于虚位移 $\delta \overline{\boldsymbol{r}}_i^{P\rm T}$ 和 $\delta\theta_i$ 是任意的, 在式 (10.48) 中它们的系数应该相等, 由此可得

$$\begin{aligned} \overline{\boldsymbol{F}}'_i &= -\boldsymbol{C}_i^{\rm cT} \boldsymbol{A}_i^{\rm T} (\boldsymbol{\Phi}_k)_{r_i}^{\rm T} \boldsymbol{\lambda}_k \\ T'_i &= [\overline{\boldsymbol{u}}_i^{P\rm T} \boldsymbol{A}_{i\theta}^{\rm T} (\boldsymbol{\Phi}_k)_{r_i}^{\rm T} - (\boldsymbol{\Phi}_k)_{\theta_i}^{\rm T}] \boldsymbol{\lambda}_k \end{aligned} \quad (10.49)$$

[例 10–4] 对于例 10–3 中的单摆, 如果铰 O 为一驱动铰, 其驱动约束方程为

$$\boldsymbol{\Phi}^{\rm d} = \theta_1 - 2\pi t = 0$$

试求其约束反力和驱动力矩。

解: 考虑铰 O 的运动约束

$$\boldsymbol{\Phi}^{\mathrm{c}} = \begin{bmatrix} x_1 - l\cos\theta_1 \\ y_1 - l\sin\theta_1 \end{bmatrix} = \mathbf{0}$$

加上驱动约束得总的约束方程为

$$\boldsymbol{\Phi} = \begin{bmatrix} x_1 - l\cos\theta_1 \\ y_1 - l\sin\theta_1 \\ \theta_1 - 2\pi t \end{bmatrix} = \mathbf{0}$$

其雅可比矩阵为

$$\boldsymbol{\Phi}_q = \begin{bmatrix} 1 & 0 & l\sin\theta_1 \\ 0 & 1 & -l\cos\theta_1 \\ 0 & 0 & 1 \end{bmatrix}$$

加速度方程为

$$\begin{bmatrix} 1 & 0 & l\sin\theta_1 \\ 0 & 1 & -l\cos\theta_1 \\ 0 & 0 & 1 \end{bmatrix} \begin{bmatrix} \ddot{x}_1 \\ \ddot{y}_1 \\ \ddot{\theta}_1 \end{bmatrix} = \begin{bmatrix} -l\ddot{\theta}_1^2\cos\theta_1 \\ -l\ddot{\theta}_1^2\sin\theta_1 \\ 0 \end{bmatrix}$$

求得加速度列矩阵为

$$\begin{bmatrix} \ddot{x}_1 \\ \ddot{y}_1 \\ \ddot{\theta}_1 \end{bmatrix} = \begin{bmatrix} -l\dot{\theta}_1^2\cos\theta_1 \\ -l\dot{\theta}_1^2\sin\theta_1 \\ 0 \end{bmatrix}$$

由式 (10.39) 得系统的动力学方程为

$$\begin{bmatrix} m & 0 & 0 \\ 0 & m & 0 \\ 0 & 0 & \dfrac{1}{3}ml^2 \end{bmatrix} \begin{bmatrix} \ddot{x}_1 \\ \ddot{y}_1 \\ \ddot{\theta}_1 \end{bmatrix} + \begin{bmatrix} 1 & 0 & 0 \\ 0 & 1 & 0 \\ l\sin\theta_1 & -l\cos\theta_1 & 1 \end{bmatrix} \begin{bmatrix} \lambda_1 \\ \lambda_2 \\ \lambda_3 \end{bmatrix} = \begin{bmatrix} 0 \\ -mg \\ 0 \end{bmatrix}$$

代入加速度的解即可求得拉格朗日乘子

$$\begin{bmatrix} \lambda_1 \\ \lambda_2 \\ \lambda_3 \end{bmatrix} = \begin{bmatrix} ml\dot{\theta}_1^2\cos\theta_1 \\ -mg + ml\dot{\theta}_1^2\sin\theta_1 \\ -mgl\cos\theta_1 \end{bmatrix}$$

在铰 O 上建立固结于刚体上平行于连体坐标系 $O_1X_1Y_1$ 的坐标系, 这样该坐标系到连体坐标系的坐标转换矩阵 $\boldsymbol{C}_1^{\mathrm{c}}$ 为单位阵。

连体坐标系关于参考坐标系的方向余弦矩阵为

$$\boldsymbol{A}_1 = \begin{bmatrix} \cos\theta_1 & -\sin\theta_1 \\ \sin\theta_1 & \cos\theta_1 \end{bmatrix}$$

而由铰的约束方程的雅可比矩阵可得

$$\boldsymbol{\Phi}_{r_1}=\begin{bmatrix}1&0\\0&1\\0&0\end{bmatrix},\quad \boldsymbol{\Phi}_{\theta_1}=\begin{bmatrix}l\sin\theta_1\\-l\cos\theta\\1\end{bmatrix}$$

将 $\boldsymbol{A}_1$、$\boldsymbol{C}_1^{\mathrm{c}}$、$\boldsymbol{\Phi}_{r_1}$、$\boldsymbol{\Phi}_{\theta_1}$ 以及拉格朗日乘子的值代入式 (10.49), 就可得到铰 O 上的约束反力和驱动力矩

$$\begin{cases}\overline{\boldsymbol{F}}_1'=\begin{bmatrix}-ml\dot{\theta}_1^2+mg\sin\theta_1\\mg\cos\theta_1\end{bmatrix}\\T_1'=mgl\cos\theta_1\end{cases}$$

10.1.5 静平衡

当一个系统处于静平衡状态时, $\ddot{\boldsymbol{q}}=\dot{\boldsymbol{q}}=0$, 代入系统运动方程可得

$$\boldsymbol{\Phi}_q^{\mathrm{T}}\boldsymbol{\lambda}=\boldsymbol{q}^{\mathrm{F}}\tag{10.50}$$

这就是系统的静平衡方程。

静平衡方程中的未知变量是 $\boldsymbol{q}$ 和 $\boldsymbol{\lambda}$, 共有 $n+s$ 个, 而式 (10.50) 的方程个数仅有 n 个, 还需要联立约束方程

$$\boldsymbol{\Phi}(\boldsymbol{q})=\boldsymbol{0}\tag{10.51}$$

一起求解。数值求解的结果可能收敛于稳定的平衡状态或不稳定的平衡状态, 这与选取的初始估算值有关。

对于保守系统, 广义力均为有势力, 可由最小势能原理确定系统的稳定平衡位形, 即求

$$\min U(\boldsymbol{q})\tag{10.52}$$

满足约束方程 (10.51), 即

$$\boldsymbol{\Phi}(\boldsymbol{q})=\boldsymbol{0}$$

其中势能包括重力势能、弹性元件的势能。

上述问题可以采用求解约束最小值问题的方法进行求解, 而有势力可由势能对广义坐标的导数求得, 即

$$\boldsymbol{Q}^{\mathrm{F}}=-\frac{\partial U}{\partial \boldsymbol{q}}\tag{10.53}$$

[例 10–5] 考虑例 10–3 中的单摆, 铰 O 上作用有一刚度系数为 k 的扭转弹簧, 当摆杆与图 10–4 中 X 方向一致时弹簧的扭矩为 0, 求单摆的平衡位置及平衡时的广义力。

解: 这是一个保守系统, 系统的总势能为

$$U=\frac{1}{2}k\theta_1^2+mgy_1$$

考虑铰 O 的约束方程

$$\boldsymbol{\Phi}=\begin{bmatrix}x_1-l\cos\theta_1\\y_1-l\sin\theta_1\end{bmatrix}=\mathbf{0}$$

将其中第二个约束方程代入系统总势能的表达式, 可得

$$U=\frac{1}{2}k\theta_1^2+mgl\sin\theta_1$$

当势能最小时系统处于平衡状态, 此时

$$\frac{\partial U}{\partial\theta_1}=0$$

即

$$-k\theta_1=mgl\sin\theta_1$$

这是一个非线性方程, 表明当弹簧的扭矩等于重力引起的扭矩时, 系统处于平衡状态。

系统的广义坐标列矩阵为 $\boldsymbol{q}=[x_1\ \ y_1\ \ \theta_1]^{\mathrm{T}}$, 则对应广义力即有势力为

$$\boldsymbol{Q}^{\mathrm{F}}=-\frac{\partial U}{\partial\boldsymbol{q}}=\begin{bmatrix}0\\-mg\\-k\theta_1\end{bmatrix}$$

10.2 空间运动多刚体系统的动力学方程

10.2.1 广义力

1. 广义外力

采用刚体的质心笛卡儿坐标和反映刚体方位的欧拉角作为广义坐标, 即

$$\boldsymbol{q}_i=[x_i\ \ y_i\ \ z_i\ \ \psi_i\ \ \theta_i\ \ \varphi_i]^{\mathrm{T}}=[\overline{\boldsymbol{r}}_i^{\mathrm{T}}\ \ \overline{\boldsymbol{\pi}}_i^{\mathrm{T}}]^{\mathrm{T}} \tag{10.54}$$

其中

$$\overline{\boldsymbol{r}}_i=[x_i\ \ y_i\ \ z_i]^{\mathrm{T}}$$

$$\overline{\boldsymbol{\pi}}_i=[\psi_i\ \ \theta_i\ \ \varphi_i]^{\mathrm{T}}$$

由于刚体上任意一点 P 的速度 $\dot{\boldsymbol{r}}_i^P$ 在总体参考坐标系下的坐标列矩阵就可以写成

$$\dot{\overline{\boldsymbol{r}}}_i^P=\boldsymbol{B}_i\dot{\boldsymbol{q}}_i \tag{10.55}$$

其中

$$\boldsymbol{B}_i=[\boldsymbol{I}\ \ -\boldsymbol{A}_i\widetilde{\boldsymbol{u}}_i^P\boldsymbol{G}_i^{\mathrm{b}}],\ \boldsymbol{A}_i=\begin{bmatrix}C_{\psi_i}C_{\varphi_i}-S_{\psi_i}C_{\theta_i}S_{\varphi_i} & -C_{\psi_i}S_{\varphi_i}-S_{\psi_i}C_{\theta_i}C_{\varphi_i} & S_{\psi_i}S_{\theta_i}\\S_{\psi_i}C_{\varphi_i}+C_{\psi_i}C_{\theta_i}S_{\varphi_i} & -S_{\psi_i}S_{\varphi_i}+C_{\psi_i}C_{\theta_i}C_{\varphi_i} & -C_{\psi_i}S_{\theta_i}\\S_{\theta_i}S_{\varphi_i} & S_{\theta_i}C_{\varphi_i} & C_{\theta_i}\end{bmatrix}$$

是刚体 i 上的连体坐标系到总体参考坐标系的坐标转换矩阵, $\boldsymbol{u}_i^P$ 为从连体坐标系原点到刚体上任意点的矢量, $\widetilde{\boldsymbol{u}}_i^P$ 为矢量 $\boldsymbol{u}_i^P$ 在连体坐标系下的反对称方阵, $\boldsymbol{G}_i^{\mathrm{b}} = \begin{bmatrix} S_{\theta_i}S_{\varphi_i} & C_{\varphi_i} & 0 \\ S_{\theta_i}C_{\varphi_i} & -S_{\varphi_i} & 0 \\ C_{\theta_i} & 0 & 1 \end{bmatrix}$, 那么

$$\frac{\partial \overline{\boldsymbol{r}}_i^P}{\partial \boldsymbol{q}_i} = \frac{\partial \dot{\overline{\boldsymbol{r}}}_i^P}{\partial \dot{\boldsymbol{q}}_i} = \boldsymbol{B}_i$$

因此

$$\delta \overline{\boldsymbol{r}}_i^P = \boldsymbol{B}_i \delta \boldsymbol{q}_i = \delta \overline{\boldsymbol{r}}_i - \boldsymbol{A}_i \widetilde{\boldsymbol{u}}_i^P \boldsymbol{G}_i^{\mathrm{b}} \delta \overline{\boldsymbol{\pi}}_i \tag{10.56}$$

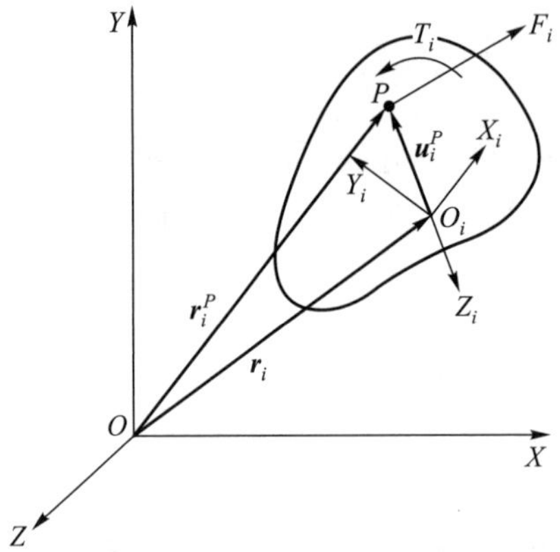

图 10.6 空间运动刚体上的外力

在刚体上建立如图 10.6 所示的总体参考坐标系和连体坐标系, 其上作用有外力 $\boldsymbol{F}_i$ 和外力矩 $\boldsymbol{T}_i$, 其中外力 $\boldsymbol{F}_i$ 作用在 P 点, 作用在刚体上的虚功为

$$\begin{aligned} \delta W_i^{\mathrm{F}} &= \overline{\boldsymbol{F}}_i^{\mathrm{T}} \delta \overline{\boldsymbol{r}}_i^P + \overline{\boldsymbol{T}}_i^{\mathrm{T}} \delta \overline{\boldsymbol{\pi}}_i \\ &= \overline{\boldsymbol{F}}_i^{\mathrm{T}} \delta \overline{\boldsymbol{r}}_i + (\overline{\boldsymbol{T}}_i^{\mathrm{T}} - \overline{\boldsymbol{F}}_i^{\mathrm{T}} \boldsymbol{A}_i \widetilde{\boldsymbol{u}}_i^P \boldsymbol{G}_i^{\mathrm{b}}) \delta \overline{\boldsymbol{\pi}}_i \\ &= \begin{bmatrix} \overline{\boldsymbol{F}}_i^{\mathrm{T}} & \overline{\boldsymbol{T}}_i^{\mathrm{T}} - \overline{\boldsymbol{F}}_i^{\mathrm{T}} \boldsymbol{A}_i \widetilde{\boldsymbol{u}}_i^P \boldsymbol{G}_i^{\mathrm{b}} \end{bmatrix} \begin{bmatrix} \delta \overline{\boldsymbol{r}}_i \\ \delta \overline{\boldsymbol{\pi}}_i \end{bmatrix} \end{aligned}$$

其中对应于广义坐标 $\overline{\boldsymbol{r}}_i$ 的广义力列矩阵为

$$\boldsymbol{Q}_i^{\mathrm{r}} = \overline{\boldsymbol{F}}_i \tag{10.57}$$

对应于广义坐标 $\overline{\boldsymbol{\pi}}_i$ 的广义力为

$$\boldsymbol{Q}_i^{\pi} = \overline{\boldsymbol{T}}_i - \boldsymbol{G}_i^{\mathrm{bT}} \widetilde{\boldsymbol{u}}_i^{P\mathrm{T}} \boldsymbol{A}_i^{\mathrm{T}} \overline{\boldsymbol{F}}_i \tag{10.58}$$

2. 弹簧–阻尼–致动器

图 10.7 所示的连接空间运动刚体 i 和 j 上两点 P 和 Q 的弹簧–阻尼–致动器所产生的力由式 (10.59) 确定

$$f = k(l - l_0) + c\dot{l} + f_{\mathrm{a}} \tag{10.59}$$

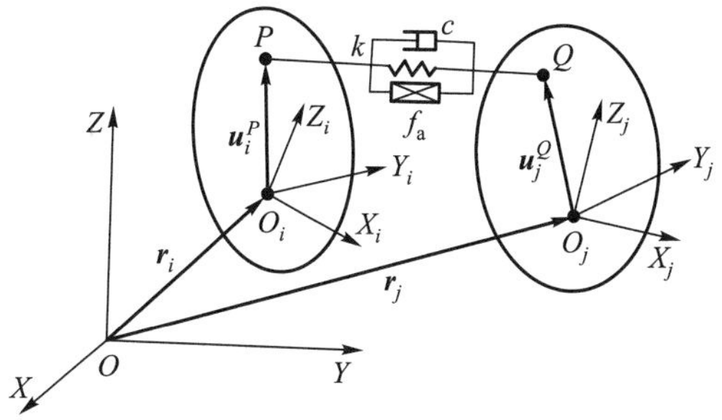

图 10.7 空间运动刚体间的弹簧–阻尼–致动器

该力以拉力为正。式中, k 是弹簧的刚度系数; l 是弹簧长度; l_0 是弹簧未变形时的长度; c 是弹簧的阻尼系数; f_{a} 是致动器产生的力。

连接 P、Q 两点的矢量 $\boldsymbol{h}_{ij}$ 在总体参考坐标系下的坐标列矩阵为

$$\overline{\boldsymbol{h}}_{ij} = \overline{\boldsymbol{r}}_i^P - \overline{\boldsymbol{r}}_j^Q \tag{10.60}$$

则弹簧长度为

$$l = (\overline{\boldsymbol{h}}_{ij}^{\mathrm{T}} \overline{\boldsymbol{h}}_{ij})^{1/2} \tag{10.61}$$

令沿矢量 $\boldsymbol{h}_{ij}$ 的单位矢量为 $\boldsymbol{h}$, 即

$$\boldsymbol{h} = \frac{\boldsymbol{h}_{ij}}{(\overline{\boldsymbol{h}}_{ij}^{\mathrm{T}} \overline{\boldsymbol{h}}_{ij})^{1/2}}$$

则

$$\dot{l} = \overline{\boldsymbol{h}}^{\mathrm{T}} \dot{\boldsymbol{h}}_{ij} = \overline{\boldsymbol{h}}^{\mathrm{T}} \left(\boldsymbol{B}_i \dot{\boldsymbol{q}}_i - \boldsymbol{B}_j \dot{\boldsymbol{q}}_j \right) \tag{10.62}$$

由此可以求得弹簧–阻尼–致动器所产生的力 f。

采用刚体的质心笛卡儿坐标和反映刚体方位的欧拉角作为广义坐标, 即

$$\boldsymbol{q} = \begin{bmatrix} \boldsymbol{q}_i^{\mathrm{T}} & \boldsymbol{q}_j^{\mathrm{T}} \end{bmatrix}^{\mathrm{T}} = \begin{bmatrix} \overline{\boldsymbol{r}}_i^{\mathrm{T}} & \overline{\boldsymbol{\pi}}_i^{\mathrm{T}} & \overline{\boldsymbol{r}}_j^{\mathrm{T}} & \overline{\boldsymbol{\pi}}_j^{\mathrm{T}} \end{bmatrix}^{\mathrm{T}}$$

由式 (10.56) 可知

$$\begin{aligned} \delta \overline{\boldsymbol{r}}_i^P &= \boldsymbol{B}_i \delta \boldsymbol{q}_i = \delta \overline{\boldsymbol{r}}_i - \boldsymbol{A}_i \widetilde{\boldsymbol{u}}_i^P \boldsymbol{G}_i^{\mathrm{b}} \delta \overline{\boldsymbol{\pi}}_i \\ \delta \overline{\boldsymbol{r}}_j^Q &= \boldsymbol{B}_j \delta \boldsymbol{q}_j = \delta \overline{\boldsymbol{r}}_j - \boldsymbol{A}_j \widetilde{\boldsymbol{u}}_j^Q \boldsymbol{G}_j^{\mathrm{b}} \delta \overline{\boldsymbol{\pi}}_j \end{aligned}$$

则

$$\begin{aligned} \delta l &= \frac{\partial l}{\partial \boldsymbol{q}} \delta \boldsymbol{q} = (\overline{\boldsymbol{h}}_{ij}^{\mathrm{T}} \overline{\boldsymbol{h}}_{ij})^{-1/2} \overline{\boldsymbol{h}}_{ij}^{\mathrm{T}} \frac{\partial \overline{\boldsymbol{h}}_{ij}}{\partial \boldsymbol{q}} \delta \boldsymbol{q} \\ &= \overline{\boldsymbol{h}}^{\mathrm{T}} \frac{\partial \left(\overline{\boldsymbol{r}}_i^P - \overline{\boldsymbol{r}}_j^Q \right)}{\partial \boldsymbol{q}} \begin{bmatrix} \delta \boldsymbol{q}_i \\ \delta \boldsymbol{q}_j \end{bmatrix} \\ &= \overline{\boldsymbol{h}}^{\mathrm{T}} \begin{bmatrix} \boldsymbol{I} & -\boldsymbol{A}_i \widetilde{\boldsymbol{u}}_i^P \boldsymbol{G}_i^{\mathrm{b}} & -\boldsymbol{I} & \boldsymbol{A}_j \widetilde{\boldsymbol{u}}_j^Q \boldsymbol{G}_j^{\mathrm{b}} \end{bmatrix} \begin{bmatrix} \delta \overline{\boldsymbol{r}} \\ \delta \overline{\boldsymbol{\pi}}_i \\ \delta \overline{\boldsymbol{r}}_j \\ \delta \overline{\boldsymbol{\pi}}_j \end{bmatrix} \end{aligned}$$

弹簧–阻尼–致动器所作的虚功为

$$\delta W^{\mathrm{F}}=-f\delta l=-f\overline{\boldsymbol{h}}^{\mathrm{T}}\begin{bmatrix}\boldsymbol{I} & -\boldsymbol{A}_i\widetilde{\boldsymbol{u}}_i^P\boldsymbol{G}_i^{\mathrm{b}} & -\boldsymbol{I} & \boldsymbol{A}_j\widetilde{\boldsymbol{u}}_j^Q\boldsymbol{G}_j^{\mathrm{b}}\end{bmatrix}\begin{bmatrix}\delta\overline{\boldsymbol{r}}\\ \delta\overline{\boldsymbol{\pi}}_i\\ \delta\overline{\boldsymbol{r}}_j\\ \delta\overline{\boldsymbol{\pi}}_j\end{bmatrix}$$

$$=\begin{bmatrix}\boldsymbol{Q}_i^{r\mathrm{T}} & \boldsymbol{Q}_i^{\pi\mathrm{T}} & \boldsymbol{Q}_j^{r\mathrm{T}} & \boldsymbol{Q}_j^{\pi\mathrm{T}}\end{bmatrix}\begin{bmatrix}\delta\overline{\boldsymbol{r}}\\ \delta\overline{\boldsymbol{\pi}}_i\\ \delta\overline{\boldsymbol{r}}_j\\ \delta\overline{\boldsymbol{\pi}}_j\end{bmatrix}$$

则弹簧–阻尼–致动器作用在刚体 i、j 上的广义力为

$$\boldsymbol{Q}_i^{\mathrm{F}}=\begin{bmatrix}\boldsymbol{Q}_i^r\\ \boldsymbol{Q}_i^\pi\end{bmatrix}=-f\begin{bmatrix}\overline{\boldsymbol{h}}\\ -\boldsymbol{G}_i^{\mathrm{b}^{\mathrm{T}}}\widetilde{\boldsymbol{u}}_i^P\boldsymbol{A}_i^{\mathrm{T}}\overline{\boldsymbol{h}}\end{bmatrix}$$

$$\boldsymbol{Q}_j^{\mathrm{F}}=\begin{bmatrix}\boldsymbol{Q}_j^r\\ \boldsymbol{Q}_j^\pi\end{bmatrix}=f\begin{bmatrix}\overline{\boldsymbol{h}}\\ -\boldsymbol{G}_j^{\mathrm{b}^{\mathrm{T}}}\widetilde{\boldsymbol{u}}_j^Q\boldsymbol{A}_j^{\mathrm{T}}\overline{\boldsymbol{h}}\end{bmatrix}\tag{10.63}$$

3. 扭簧–阻尼–致动器

图 10.8 所示的连接空间运动刚体 i 和 j 上两点 P 和 Q 的扭簧–阻尼–致动器所产生的力由式 (10.64) 确定

$$T=k_{\mathrm{r}}(\theta-\theta_0)+c_{\mathrm{r}}\dot{\theta}+T_{\mathrm{a}}\tag{10.64}$$

式中, k_{r} 是扭簧的刚度系数; c_{r} 是扭簧的阻尼系数; T_{a} 是致动器产生的扭矩; θ_0 是刚体 i 和 j 在初始时刻的相对转角; θ 为刚体 i 相对于刚体 j 的绕转轴 $\boldsymbol{p}$ 的转角。

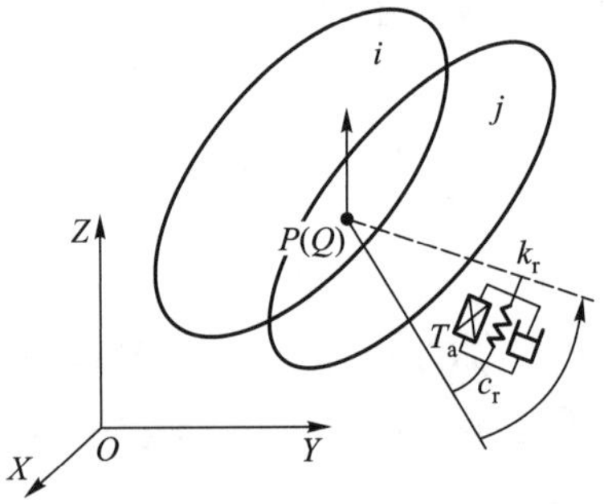

图 10.8 空间运动刚体间的扭簧–阻尼–致动器

采用刚体的质心笛卡儿坐标和反映刚体方位的欧拉角作为广义坐标, 由式 (8.42) 可知, 刚体 i 的角速度 ω_i 在总体参考坐标系下的坐标矩阵为

$$\overline{\boldsymbol{\omega}}_i^{\mathrm{r}}=\boldsymbol{G}_i^{\mathrm{r}}\dot{\overline{\boldsymbol{\pi}}}_i\tag{10.65}$$

其中

$$\boldsymbol{G}_i^{\mathrm{r}}=\begin{bmatrix}0 & C_{\psi_i} & S_{\psi_i}S_{\theta_i}\\ 0 & S_{\psi_i} & -C_{\psi_i}S_{\theta_i}\\ 1 & 0 & C_{\theta_i}\end{bmatrix}$$

由于刚体 i 相对于刚体 j 的角速度为

$$\boldsymbol{\omega}_{ij}=\boldsymbol{\omega}_i-\boldsymbol{\omega}_j$$

等式两端点乘 $\boldsymbol{p}$, 得

$$\dot{\theta}=\overline{\boldsymbol{p}}^{\mathrm{T}}(\overline{\boldsymbol{\omega}}_i-\overline{\boldsymbol{\omega}}_j)=\overline{\boldsymbol{p}}^{\mathrm{T}}(\boldsymbol{G}_i^{\mathrm{r}}\dot{\overline{\boldsymbol{\pi}}}_i-\boldsymbol{G}_j^{\mathrm{r}}\dot{\overline{\boldsymbol{\pi}}}_j)$$

那么

$$\delta\theta=\overline{\boldsymbol{p}}^{\mathrm{T}}(\boldsymbol{G}_i^{\mathrm{r}}\delta\overline{\boldsymbol{\pi}}_i-\boldsymbol{G}_j^{\mathrm{r}}\delta\overline{\boldsymbol{\pi}}_j)\tag{10.66}$$

则扭簧–阻尼–致动器所作的虚功为

$$\begin{aligned}\delta W^{\mathrm{F}}&=-T\delta\theta=-T\overline{\boldsymbol{p}}^{\mathrm{T}}(\boldsymbol{G}_i^{\mathrm{r}}\delta\overline{\boldsymbol{\pi}}_i-\boldsymbol{G}_j^{\mathrm{r}}\delta\overline{\boldsymbol{\pi}}_j)\\&=\boldsymbol{Q}_i^{\boldsymbol{\pi}^{\mathrm{T}}}\delta\overline{\boldsymbol{\pi}}_i+\boldsymbol{Q}_j^{\boldsymbol{\pi}\mathrm{T}}\delta\overline{\boldsymbol{\pi}}_j\end{aligned}$$

扭簧–阻尼–致动器作用在刚体 i、j 上的广义力分别为

$$\begin{aligned}\boldsymbol{Q}_i^{\mathrm{F}}&=\begin{bmatrix}\boldsymbol{Q}_i^r\\\boldsymbol{Q}_i^{\pi}\end{bmatrix}=\begin{bmatrix}\boldsymbol{0}\\-T\boldsymbol{G}_i^{r^{\mathrm{T}}}\overline{\boldsymbol{p}}\end{bmatrix}\\\boldsymbol{Q}_j^{\mathrm{F}}&=\begin{bmatrix}\boldsymbol{Q}_j^r\\\boldsymbol{Q}_j^{\pi}\end{bmatrix}=\begin{bmatrix}\boldsymbol{0}\\T\boldsymbol{G}_j^{r\mathrm{T}}\overline{\boldsymbol{p}}\end{bmatrix}\end{aligned}\tag{10.67}$$

10.2.2 惯性力的虚功与广义质量

对于系统中的任一刚体 i, 采用刚体的质心笛卡儿坐标和反映刚体方位的欧拉角作为广义坐标, 刚体上任意一点 P 的速度 $\dot{\boldsymbol{r}}_i^P$ 和加速度 $\ddot{\boldsymbol{r}}_P$ 在总体参考坐标系下的坐标列矩阵就可以写成

$$\begin{aligned}\dot{\overline{\boldsymbol{r}}}_i^P&=\boldsymbol{B}_i\dot{\boldsymbol{q}}_i\\\ddot{\overline{\boldsymbol{r}}}_i^P&=\boldsymbol{B}_i\ddot{\boldsymbol{q}}_i+\boldsymbol{\zeta}_i\end{aligned}\tag{10.68}$$

其中

$$\begin{aligned}\boldsymbol{B}_i&=\begin{bmatrix}\boldsymbol{I}&-\boldsymbol{A}_i\widetilde{\boldsymbol{u}}_i^P\boldsymbol{G}_i^{\mathrm{b}}\end{bmatrix}\\\boldsymbol{\zeta}_i&=-\boldsymbol{A}_i\widetilde{\boldsymbol{u}}_i^P\dot{\boldsymbol{G}}_i^{\mathrm{b}}\dot{\overline{\boldsymbol{\pi}}}_i+\boldsymbol{A}_i\widetilde{\boldsymbol{\omega}}_i\widetilde{\boldsymbol{\omega}}_i\overline{\boldsymbol{u}}_i^P\end{aligned}$$

而

$$\delta\overline{\boldsymbol{r}}_i^P=\boldsymbol{B}_i\delta\boldsymbol{q}_i=\delta\overline{\boldsymbol{r}}_i-\boldsymbol{A}_i\widetilde{\boldsymbol{u}}_i^P\boldsymbol{G}_i^{\mathrm{b}}\delta\overline{\boldsymbol{\pi}}_i=\begin{bmatrix}\boldsymbol{I}&-\boldsymbol{A}_i\widetilde{\boldsymbol{u}}_i^P\boldsymbol{G}_i^{\mathrm{b}}\end{bmatrix}\delta\boldsymbol{q}_i$$

惯性力的虚功为

$$\begin{aligned}\delta W_i^{\mathrm{in}}&=-\int_{V_i}\rho_i\ddot{\overline{\boldsymbol{r}}}_i^{P\mathrm{T}}\delta\overline{\boldsymbol{r}}_i^P\mathrm{d}V_i\\&=-\int_{V_i}\rho_i\ddot{\boldsymbol{q}}_i^{\mathrm{T}}\begin{bmatrix}\boldsymbol{I}\\-\boldsymbol{G}_i^{\mathrm{bT}}\widetilde{\boldsymbol{u}}_i^{P\mathrm{T}}\boldsymbol{A}_i^{\mathrm{T}}\end{bmatrix}\begin{bmatrix}\boldsymbol{I}&-\boldsymbol{A}_i\widetilde{\boldsymbol{u}}_i^P\boldsymbol{G}_i^{\mathrm{b}}\end{bmatrix}\delta\boldsymbol{q}_i\mathrm{d}V_i-\\&\quad\boldsymbol{\zeta}_i^{\mathrm{T}}\int_{V_i}\rho_i\begin{bmatrix}\boldsymbol{I}&-\boldsymbol{A}_i\widetilde{\boldsymbol{u}}_i^P\boldsymbol{G}_i^{\mathrm{b}}\end{bmatrix}\delta\boldsymbol{q}_i\mathrm{d}V_i\\&=\left[-\ddot{\boldsymbol{q}}_i^{\mathrm{T}}\boldsymbol{M}_i+\boldsymbol{Q}_i^{\mathrm{vT}}\right]\delta\boldsymbol{q}_i\end{aligned}\tag{10.69}$$

其中 $\boldsymbol{Q}_i^{\mathrm{v}}$ 为耦合惯性力, 其值为

$$\boldsymbol{Q}_i^{\mathrm{v}} = -\int_{V_i} \rho_i \begin{bmatrix} \boldsymbol{I} \\ -\boldsymbol{G}_i^{\mathrm{bT}} \widetilde{\boldsymbol{u}}_i^{P\mathrm{T}} \boldsymbol{A}_i^{\mathrm{T}} \end{bmatrix} \zeta_i \mathrm{d}V = \begin{bmatrix} \boldsymbol{q}_i^{\mathrm{v}r} \\ \boldsymbol{q}_i^{\mathrm{v}\pi} \end{bmatrix} \tag{10.70}$$

将 ζ_i 的表达式代入式 (10.70), 考虑连体坐标系的原点位于刚体的质心, 可得

$$\boldsymbol{Q}_i^{\mathrm{v}r} = -\int_{V_i} \rho_i(-\boldsymbol{A}_i \widetilde{\boldsymbol{u}}_i^P \boldsymbol{G}_i^{\mathrm{b}} \overline{\boldsymbol{\pi}}_i + \boldsymbol{A}_i \widetilde{\boldsymbol{\omega}}_i \widetilde{\boldsymbol{\omega}}_i \overline{\boldsymbol{u}}_i^P) \mathrm{d}V = \boldsymbol{0} \tag{10.71}$$

而

$$\begin{aligned}
\boldsymbol{Q}_i^{\mathrm{v}\pi} &= -\int_{V_i} \rho_i(-\boldsymbol{G}_i^{\mathrm{bT}} \widetilde{\boldsymbol{u}}_i^{P\mathrm{T}} \boldsymbol{A}_i^{\mathrm{T}})(-\boldsymbol{A}_i \widetilde{\boldsymbol{u}}_i^P \dot{\boldsymbol{G}}_i^{\mathrm{b}} \overline{\boldsymbol{\pi}}_i + \boldsymbol{A}_i \widetilde{\boldsymbol{\omega}}_i \widetilde{\boldsymbol{\omega}}_i \overline{\boldsymbol{u}}_i^P) \mathrm{d}V \\
&= -\boldsymbol{G}_i^{\mathrm{bT}} \int_{V_i} \rho_i(\widetilde{\boldsymbol{u}}_i^{P\mathrm{T}} \boldsymbol{A}_i^{\mathrm{T}})(\boldsymbol{A}_i \widetilde{\boldsymbol{u}}_i^P \dot{\boldsymbol{G}}_i^{\mathrm{b}} \overline{\boldsymbol{\pi}}_i - \boldsymbol{A}_i \widetilde{\boldsymbol{\omega}}_i \widetilde{\boldsymbol{\omega}}_i \overline{\boldsymbol{u}}_i^P) \mathrm{d}V \\
&= -\boldsymbol{G}_i^{\mathrm{bT}} \int_{V_i} \rho_i(\widetilde{\boldsymbol{u}}_i^{P\mathrm{T}} \widetilde{\boldsymbol{u}}_i^P \dot{\boldsymbol{G}}_i^{\mathrm{b}} \overline{\boldsymbol{\pi}}_i - \widetilde{\boldsymbol{u}}_i^{P\mathrm{T}} \widetilde{\boldsymbol{\omega}}_i \widetilde{\boldsymbol{\omega}}_i \overline{\boldsymbol{u}}_i^P) \mathrm{d}V \\
&= -\boldsymbol{G}_i^{\mathrm{bT}} \int_{V_i} \rho_i(\widetilde{\boldsymbol{u}}_i^{P\mathrm{T}} \widetilde{\boldsymbol{u}}_i^P \dot{\boldsymbol{G}}_i^{\mathrm{b}} \overline{\boldsymbol{\pi}}_i + \widetilde{\boldsymbol{\omega}}_i \widetilde{\boldsymbol{u}}_i^{P\mathrm{T}} \widetilde{\boldsymbol{u}}_i^P \overline{\boldsymbol{\omega}}_i) \mathrm{d}V \\
&= -\boldsymbol{G}_i^{\mathrm{bT}} (\overline{\boldsymbol{J}}_i \dot{\boldsymbol{G}}_i^{\mathrm{b}} \overline{\boldsymbol{\pi}}_i + \widetilde{\boldsymbol{\omega}}_i \overline{\boldsymbol{J}}_i \overline{\boldsymbol{\omega}}_i)
\end{aligned}$$

其中 $\overline{\boldsymbol{J}}_i$ 是刚体相对于质心的惯性张量在连体坐标系下的坐标矩阵, 且

$$\overline{\boldsymbol{J}}_i = \int_{V_i} \rho_i \widetilde{\boldsymbol{u}}_i^{P\mathrm{T}} \widetilde{\boldsymbol{u}}_i^P \mathrm{d}V_i \tag{10.72}$$

$\boldsymbol{M}_i$ 是质量矩阵, 且

$$\begin{aligned}
\boldsymbol{M}_i &= \int_{V_i} \rho_i \begin{bmatrix} \boldsymbol{I} \\ -\boldsymbol{G}_i^{\mathrm{bT}} \widetilde{\boldsymbol{u}}_i^{P\mathrm{T}} \boldsymbol{A}_i^{\mathrm{T}} \end{bmatrix} \begin{bmatrix} \boldsymbol{I} & -\boldsymbol{A}_i \widetilde{\boldsymbol{u}}_i^P \boldsymbol{G}_i^{\mathrm{b}} \end{bmatrix} \mathrm{d}V_i \\
&= \int_{V_i} \rho_i \begin{bmatrix} \boldsymbol{I} & -\boldsymbol{A}_i \widetilde{\boldsymbol{u}}_i^P \boldsymbol{G}_i^{\mathrm{b}} \\ -\boldsymbol{G}_i^{\mathrm{bT}} \widetilde{\boldsymbol{u}}_i^{P\mathrm{T}} \boldsymbol{A}_i^{\mathrm{T}} & \boldsymbol{G}_i^{\mathrm{bT}} \widetilde{\boldsymbol{u}}_i^{P\mathrm{T}} \widetilde{\boldsymbol{u}}_i^P \boldsymbol{G}_i^{\mathrm{b}} \end{bmatrix} \mathrm{d}V_i
\end{aligned} \tag{10.73}$$

质量矩阵是一个对称矩阵, 可以记为

$$\boldsymbol{M}_i = \begin{bmatrix} \boldsymbol{m}_i^{rr} & \boldsymbol{m}_i^{r\pi} \\ \boldsymbol{m}_i^{\pi r} & \boldsymbol{m}_i^{\pi\pi} \end{bmatrix} \tag{10.74}$$

且

$$\begin{aligned}
\boldsymbol{m}_i^{rr} &= m_i \boldsymbol{I} \\
\boldsymbol{m}_i^{r\pi} = \boldsymbol{m}_i^{\pi r\mathrm{T}} &= -\boldsymbol{A}_i \textstyle\int_{V_i} \rho_i \widetilde{\boldsymbol{u}}_i^P \mathrm{d}V_i \boldsymbol{G}_i^{\mathrm{b}} \\
\boldsymbol{m}_i^{\pi\pi} &= \textstyle\int_{V_i} \rho_i \boldsymbol{G}_i^{\mathrm{bT}} \widetilde{\boldsymbol{u}}_i^{P\mathrm{T}} \widetilde{\boldsymbol{u}}_i^P \boldsymbol{G}_i^{\mathrm{b}} \mathrm{d}V_i = \boldsymbol{G}_i^{\mathrm{bT}} \overline{\boldsymbol{J}}_i \boldsymbol{G}_i^{\mathrm{b}}
\end{aligned} \tag{10.75}$$

其中 m_i 是刚体 i 的质量。由于连体坐标系的原点为刚体的质心, 因此

$$\boldsymbol{m}_i^{r\pi} = \boldsymbol{m}_i^{\pi r\mathrm{T}} = -\boldsymbol{A}_i \int_{V_i} \rho_i \widetilde{\boldsymbol{u}}_i^P \mathrm{d}V_i \boldsymbol{G}_i^{\mathrm{b}} = \boldsymbol{0}$$

则质量矩阵为

$$\boldsymbol{M}_i = \begin{bmatrix} \boldsymbol{m}_i^{rr} & \boldsymbol{0} \\ \boldsymbol{0} & \boldsymbol{G}_i^{\mathrm{bT}} \overline{\boldsymbol{J}}_i \boldsymbol{G}_i^{\mathrm{b}} \end{bmatrix} \tag{10.76}$$

10.2.3 约束空间运动多刚体系统的动力学方程

与 10.1.3 节一样, 本节仍然运用动力学普遍方程 (达朗贝尔–拉格朗日方程) 来建立多刚体系统运动的动力学方程。

对于系统中的任一刚体 i 有

$$\delta W_i^{\mathrm{in}} + \delta W_i^{\mathrm{F}} + \delta W_i^{\mathrm{c}} = 0$$

其中, δW_i^{c} 是作用在刚体 i 上的广义约束力所作的虚功; δW_i^{in} 是惯性力所作的虚功

$$\delta W_i^{\mathrm{in}} = (-\ddot{\boldsymbol{q}}_i^{\mathrm{T}} \boldsymbol{M}_i + \boldsymbol{Q}_i^{\mathrm{vT}}) \delta \boldsymbol{q}_i$$

δW_i^{F} 是广义外力所作的虚功

$$\delta W_i^{\mathrm{F}} = \boldsymbol{Q}_i^{\mathrm{FT}} \delta \boldsymbol{q}_i = \begin{bmatrix} \boldsymbol{Q}_i^{r\mathrm{T}} & \boldsymbol{Q}_i^{\pi\mathrm{T}} \end{bmatrix} \begin{bmatrix} \delta \overline{\boldsymbol{r}}_i \\ \delta \overline{\boldsymbol{\pi}}_i \end{bmatrix} \tag{10.77}$$

式中, $\boldsymbol{q}_i = [\overline{\boldsymbol{r}}_i^{\mathrm{T}} \ \ \overline{\boldsymbol{\pi}}_i^{\mathrm{T}}]^{\mathrm{T}}$ 为刚体 i 的广义坐标。

对于由 N 个刚体组成的多刚体系统, 有

$$\sum_{i=1}^{N} \delta W_i^{\mathrm{in}} + \sum_{i=1}^{N} \delta W_i^{\mathrm{F}} + \sum_{i=1}^{N} \delta W_i^{\mathrm{c}} = 0$$

对于受理想约束的多刚体系统, 约束力在系统的任一虚位移上所作的虚功之和为 0, 即

$$\sum_{i=1}^{N} \delta W_i^{\mathrm{c}} = 0$$

那么

$$\sum_{i=1}^{N} (\delta W_i^{\mathrm{in}} + \delta W_i^{\mathrm{F}}) = 0$$

代入 δW_i^{in}、δW_i^{F} 的表达式得

$$\sum_{i=1}^{N} (\boldsymbol{M}_i \ddot{\boldsymbol{q}}_i - \boldsymbol{Q}_i^{\mathrm{v}} - \boldsymbol{Q}_i^{\mathrm{F}})^{\mathrm{T}} \delta \boldsymbol{q}_i = \boldsymbol{0} \tag{10.78}$$

进一步写为

$$(\boldsymbol{M} \ddot{q} - \boldsymbol{Q}^{\mathrm{v}} - \boldsymbol{Q}^{\mathrm{F}})^{\mathrm{T}} \delta \boldsymbol{q} = \boldsymbol{0} \tag{10.79}$$

其中

$$\boldsymbol{q} = \begin{bmatrix} \boldsymbol{q}_1 \\ \boldsymbol{q}_2 \\ \vdots \\ \boldsymbol{q}_i \\ \vdots \\ \boldsymbol{q}_N \end{bmatrix}, \quad \boldsymbol{M} = \begin{bmatrix} \boldsymbol{M}_1 & & & & & \\ & \boldsymbol{M}_2 & & \boldsymbol{0} & & \\ & & \ddots & & & \\ & & & \boldsymbol{M}_i & & \\ & \boldsymbol{0} & & & \ddots & \\ & & & & & \boldsymbol{M}_N \end{bmatrix}$$

$$\boldsymbol{Q}^{\mathrm{v}}=\begin{bmatrix}\boldsymbol{Q}_1^{\mathrm{v}}\\ \boldsymbol{Q}_2^{\mathrm{v}}\\ \vdots\\ \boldsymbol{Q}_i^{\mathrm{v}}\\ \vdots\\ \boldsymbol{Q}_N^{\mathrm{v}}\end{bmatrix},\quad \boldsymbol{Q}^{\mathrm{F}}=\begin{bmatrix}\boldsymbol{Q}_1^{\mathrm{F}}\\ \boldsymbol{Q}_2^{\mathrm{F}}\\ \vdots\\ \boldsymbol{Q}_i^{\mathrm{F}}\\ \vdots\\ \boldsymbol{Q}_N^{\mathrm{F}}\end{bmatrix}$$

这就是空间运动多刚体系统运动的变分方程。

设系统有 s 个约束, 约束方程为

$$\boldsymbol{\Phi}(\boldsymbol{q},t)=\mathbf{0}$$

对其进行等时变分可得

$$\boldsymbol{\Phi}_q\delta\boldsymbol{q}=\mathbf{0}$$

其中 $\boldsymbol{\Phi}_q$ 为约束的雅可比矩阵, 运用拉格朗日乘子定理可得

$$(\boldsymbol{M}\ddot{\boldsymbol{q}}-\boldsymbol{Q}^{\mathrm{v}}-\boldsymbol{Q}^{\mathrm{F}})^{\mathrm{T}}\delta\boldsymbol{q}+\boldsymbol{\lambda}^{\mathrm{T}}\boldsymbol{\Phi}_q\delta\boldsymbol{q}=(\boldsymbol{M}\ddot{\boldsymbol{q}}+\boldsymbol{\Phi}_q^{\mathrm{T}}\boldsymbol{\lambda}-\boldsymbol{Q}^{\mathrm{v}}-\boldsymbol{Q}^{\mathrm{F}})^{\mathrm{T}}\delta\boldsymbol{q}=\mathbf{0} \tag{10.80}$$

由于式 (10.80) 对于任意的 $\delta\boldsymbol{q}$ 均成立, 因此

$$\boldsymbol{M}\ddot{\boldsymbol{q}}+\boldsymbol{\Phi}_q^{\mathrm{T}}\boldsymbol{\lambda}-\boldsymbol{Q}^{\mathrm{v}}-\boldsymbol{Q}^{\mathrm{F}}=\mathbf{0} \tag{10.81}$$

式 (10.81) 的变量包括 n 个广义加速度和 s 个拉格朗日乘子, 共 $n+s$ 个未知量, 而式 (10.81) 所示的方程的个数仅有 n 个, 还需要 s 个约束方程才能求解。式 (10.81) 和约束方程 $\boldsymbol{\Phi}(\boldsymbol{q},t)=\mathbf{0}$ 一起共同构成了系统的动力学方程, 它是一个微分–代数混合方程组。

考虑加速度约束方程

$$\boldsymbol{\Phi}_q\ddot{\boldsymbol{q}}=\boldsymbol{\gamma}$$

其中 $\boldsymbol{\gamma}=-(\boldsymbol{\Phi}_q\dot{\boldsymbol{q}})_q\dot{\boldsymbol{q}}-2\boldsymbol{\Phi}_{qt}\dot{\boldsymbol{q}}-\boldsymbol{\Phi}_{tt}$ 是加速度方程的右项, 将加速度约束方程和式 (10.81) 合并写为

$$\begin{bmatrix}\boldsymbol{M} & \boldsymbol{\Phi}_q^{\mathrm{T}}\\ \boldsymbol{\Phi}_q & \mathbf{0}\end{bmatrix}\begin{bmatrix}\ddot{\boldsymbol{q}}\\ \boldsymbol{\lambda}\end{bmatrix}=\begin{bmatrix}\boldsymbol{Q}^{\mathrm{F}}+\boldsymbol{Q}^{\mathrm{v}}\\ \boldsymbol{\gamma}\end{bmatrix} \tag{10.82}$$

就得到增广型的约束多刚体系统的动力学方程。

10.2.4 动力学逆问题、约束反力和平衡分析

1. 动力学逆问题

当系统的约束方程 (包括运动约束和驱动约束) 的个数与自由度数相等时, 系统的位置、速度和加速度通过运动学分析就可以完全确定, 将求得的 $\ddot{\boldsymbol{q}}$ 代入式 (10.81), 可得

$$\boldsymbol{\Phi}_q^{\mathrm{T}}\boldsymbol{\lambda}=-\boldsymbol{M}\ddot{\boldsymbol{q}}+\boldsymbol{Q}^{\mathrm{F}}+\boldsymbol{Q}^{\mathrm{v}} \tag{10.83}$$

解出拉格朗日乘子, 就可求得系统的约束反力 (矩) 和驱动力 (矩) 的值。

2. 约束反力

如图 10.9 所示的两个空间刚体 i 和 j 在 P 点通过一个铰 k 连接, 其约束方程为 $\boldsymbol{\Phi}_k=0$。根据式 (10.81) 可知, $-(\boldsymbol{\Phi}_k)_{q_i}^{\mathrm{T}}\boldsymbol{\lambda}_k$ 就是铰 k 作用于刚体 i 上的广义约束力, 其虚功率为

$$\delta p=-\delta\dot{\boldsymbol{q}}_i^{\mathrm{T}}(\boldsymbol{\Phi}_k)_{q_i}^{\mathrm{T}}\boldsymbol{\lambda}_k=-[\,\delta\dot{\overline{\boldsymbol{r}}}_i^{\mathrm{T}}\ \ \delta\dot{\overline{\boldsymbol{\pi}}}_i^{\mathrm{T}}\,]^{\mathrm{T}}(\boldsymbol{\Phi}_k)_{q_i}^{\mathrm{T}}\boldsymbol{\lambda}_k \tag{10.84}$$

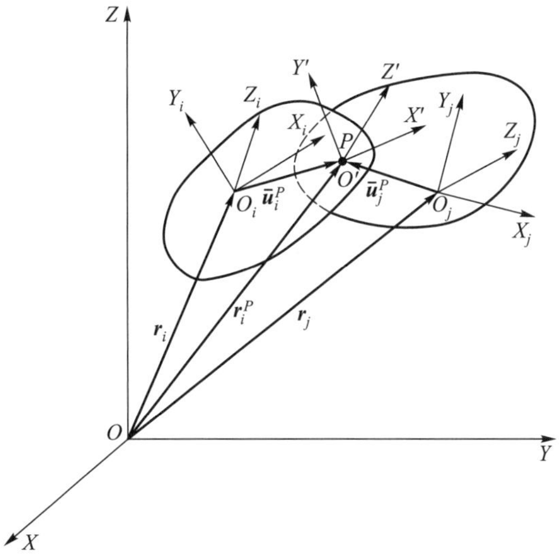

图 10.9 在 P 点通过一个铰连接的两个空间刚体

在铰 P 上建立固结于刚体上的坐标系 $O'X'Y'Z'$, 设该坐标系到连体坐标系 $O_iX_iY_iZ_i$ 的坐标转换矩阵为 $\boldsymbol{C}_k$。如果将铰 k 打断, 引入约束反力 (矩), 其在坐标系 $O'X'Y'Z'$ 上的坐标列矩阵为 $\boldsymbol{Q}_i^{k'}=[\,\overline{\boldsymbol{F}}_i'\ \ \overline{\boldsymbol{T}}_i'\,]^{\mathrm{T}}$, 在总体参考坐标系下的坐标列矩阵为

$$\boldsymbol{Q}_i^k=\boldsymbol{A}_i\boldsymbol{C}_k\boldsymbol{Q}_i^{k'}=\boldsymbol{A}_i\boldsymbol{C}_k\left[\overline{\boldsymbol{F}}_i'\ \ \overline{\boldsymbol{T}}_i'\right]^{\mathrm{T}} \tag{10.85}$$

其虚功率为

$$\delta p=\delta\dot{\overline{\boldsymbol{r}}}_i^{P\mathrm{T}}\boldsymbol{A}_i\boldsymbol{C}_k\overline{\boldsymbol{F}}_i'+\delta\overline{\boldsymbol{\omega}}_i^{\mathrm{r}\mathrm{T}}\boldsymbol{A}_i\boldsymbol{C}_k\overline{\boldsymbol{T}}_i'=\delta\dot{\boldsymbol{q}}_i^{P\mathrm{T}}\boldsymbol{A}_i\boldsymbol{C}_k\boldsymbol{Q}_i^{k'} \tag{10.86}$$

其中

$$\dot{\boldsymbol{q}}_i^P=[\,\dot{\overline{\boldsymbol{r}}}_i^{P\mathrm{T}}\ \ \overline{\boldsymbol{\omega}}_i^{\mathrm{r}\mathrm{T}}\,]^{\mathrm{T}}$$

而 $\overline{\boldsymbol{\omega}}_i^{\mathrm{r}}$ 为连体坐标系相对于总体参考坐标系的角速度矢量在总体参考坐标系下的坐标列矩阵, $\dot{\overline{\boldsymbol{r}}}_i^P$ 为 P 点速度在总体参考坐标系下的坐标列矩阵

$$\dot{\overline{\boldsymbol{r}}}_i^P=\dot{\overline{\boldsymbol{r}}}_i-\widetilde{\boldsymbol{u}}_i^P\overline{\boldsymbol{\omega}}_i^{\mathrm{r}} \tag{10.87}$$

则

$$\dot{\overline{\boldsymbol{r}}}_i=\dot{\overline{\boldsymbol{r}}}_i^P+\widetilde{\boldsymbol{u}}_i^P\overline{\boldsymbol{\omega}}_i^{\mathrm{r}}$$

采用刚体的质心笛卡儿坐标和反映刚体方位的欧拉角作为广义坐标, 则

$$\overline{\boldsymbol{\omega}}_i^{\mathrm{r}}=\boldsymbol{G}_i^{\mathrm{r}}\dot{\overline{\boldsymbol{\pi}}}_i$$

因此

$$\dot{\bar{\boldsymbol{\pi}}}_i = \boldsymbol{G}_i^{\mathrm{r}-1}\overline{\boldsymbol{\omega}}_i^{\mathrm{r}}$$

则

$$\dot{\boldsymbol{q}}_i = [\dot{\bar{\boldsymbol{r}}}_i^{\mathrm{T}} \ \ \dot{\bar{\boldsymbol{\pi}}}_i^{\mathrm{T}}]^{\mathrm{T}} = \boldsymbol{\Omega}_i \dot{\boldsymbol{q}}_i^P \tag{10.88}$$

其中

$$\boldsymbol{\Omega}_i = \begin{bmatrix} \boldsymbol{I} & \widetilde{\boldsymbol{u}}_i^P \\ \boldsymbol{0} & \boldsymbol{G}_i^{\mathrm{r}-1} \end{bmatrix} \tag{10.89}$$

可以得出

$$\delta\dot{\boldsymbol{q}}_i = \boldsymbol{\Omega}_i \delta\dot{\boldsymbol{q}}_i^P \tag{10.90}$$

代入式 (10.84) 并与式 (10.86) 比较, 可得

$$\boldsymbol{Q}_i^{k'} = -[(\boldsymbol{\Phi}_k)_{q_i} \boldsymbol{\Omega}_i \boldsymbol{A}_i \boldsymbol{C}_k]^{\mathrm{T}} \boldsymbol{\lambda}_k \tag{10.91}$$

3. 平衡分析

当系统处于静平衡状态时, $\ddot{\boldsymbol{q}} = \dot{\boldsymbol{q}} = 0$, 系统运动方程变为静平衡方程

$$\boldsymbol{\Phi}_q^{\mathrm{T}} \boldsymbol{\lambda} = \boldsymbol{Q}^{\mathrm{F}}$$

静平衡方程个数为 n。

再联立 s 个约束方程

$$\boldsymbol{\Phi}(\boldsymbol{q}) = \boldsymbol{0}$$

未知变量是 $\boldsymbol{q}$ 和 $\boldsymbol{\lambda}$, 共有的个数共 $n+s$ 个, 与方程个数相等, 可以求解, 方法与平面运动多刚体系统类似。

10.3 运用第二类拉格朗日方程建立多刚体系统动力学方程

10.3.1 多刚体系统的第二类拉格朗日方程

对于受理想约束的完整系统, 第二类拉格朗日方程为

$$\frac{\mathrm{d}}{\mathrm{d}t}\left(\frac{\partial T}{\partial \dot{q}_j}\right) - \frac{\partial T}{\partial q_j} = Q_j \quad (j = 1, 2, \cdots, n)$$

写成矩阵形式为

$$\frac{\mathrm{d}}{\mathrm{d}t}\left(\frac{\partial T}{\partial \dot{\boldsymbol{q}}}\right) - \frac{\partial T}{\partial \boldsymbol{q}} = \boldsymbol{Q} \tag{10.92}$$

式中, T 为系统的动能; $\boldsymbol{q}$ 为系统的广义坐标列矩阵; $\boldsymbol{Q}$ 为对应于广义坐标的广义力列矩阵。

考虑系统的约束

$$\boldsymbol{\Phi}(\boldsymbol{q}, t) = \boldsymbol{0}$$

运用拉格朗日乘子定理可以推出

$$\frac{\mathrm{d}}{\mathrm{d}t}\left(\frac{\partial T}{\partial \dot{\boldsymbol{q}}}\right)-\frac{\partial T}{\partial \boldsymbol{q}}+\boldsymbol{\Phi}_q^{\mathrm{T}}\boldsymbol{\lambda}=\boldsymbol{Q} \tag{10.93}$$

式中, $\boldsymbol{\Phi}_q$ 为约束的雅可比矩阵。

对于保守系统, 定义拉格朗日函数

$$L=T-U$$

其中 U 为系统的势能, 第二类拉格朗日方程又可以写为

$$\frac{\mathrm{d}}{\mathrm{d}t}\frac{\partial L}{\partial \dot{\boldsymbol{q}}}-\frac{\partial L}{\partial \boldsymbol{q}}=\mathbf{0} \tag{10.94}$$

考虑系统的约束, 同样有

$$\frac{\mathrm{d}}{\mathrm{d}t}\frac{\partial L}{\partial \dot{\boldsymbol{q}}}-\frac{\partial L}{\partial \boldsymbol{q}}+\boldsymbol{\Phi}_q^{\mathrm{T}}\boldsymbol{\lambda}=\mathbf{0} \tag{10.95}$$

[例 10–6] 如图 10.10 所示, 有一半径为 r、质量为 m 的圆环在倾角 ϕ 为的斜面上无滑动地滚动, 试写出该圆环运动的动力学方程[1]。

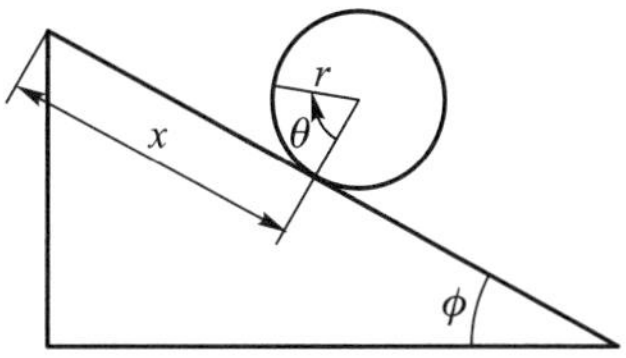

图 10.10 例 10–6 图

解: 选圆环中心滚过斜面的距离 x 和转角 θ 为广义坐标 (如图 10.10 所示), 即 $\boldsymbol{q}=[x\ \ \theta]^{\mathrm{T}}$, 其动能为

$$T=\frac{1}{2}m\dot{x}^2+\frac{1}{2}J\dot{\theta}^2$$

其中 J 为圆环相对于圆环中心的极转动惯量, 且 $J=mr^2$, 圆环的动能可写成

$$T=\frac{1}{2}m\dot{x}^2+\frac{1}{2}mr^2\dot{\theta}^2$$

以地面为零势能点, 圆环的势能为

$$U=mg(d-x)\sin\phi$$

其中 d 为斜面的长度, g 为重力加速度。系统的拉格朗日函数为

$$L=T-U=\frac{1}{2}m\dot{x}^2+\frac{1}{2}mr^2\dot{\theta}^2-mg(d-x)\sin\phi$$

圆环所受的约束是一个完整约束, 约束方程可写为

$$\varPhi(\boldsymbol{q})=x-r\theta=0$$

则

$$\boldsymbol{\Phi}_q = [\Phi_x \ \ \Phi_\theta] = [1 \ \ -r]$$

运用带拉格朗日乘子的第二类拉格朗日方程 (10.95) 可得

$$\frac{\mathrm{d}}{\mathrm{d}t}\left(\frac{\partial L}{\partial \dot{x}}\right) - \frac{\partial L}{\partial x} + \Phi_x \lambda = 0$$
$$\frac{\mathrm{d}}{\mathrm{d}t}\left(\frac{\partial L}{\partial \dot{\theta}}\right) - \frac{\partial L}{\partial \theta} + \Phi_\theta \lambda = 0$$

即

$$m\ddot{x} - mg\sin\phi + \lambda = 0$$
$$mr^2\ddot{\theta} - \lambda r = 0$$

将约束方程对时间求导得速度约束方程

$$\dot{x} - r\dot{\theta} = 0$$

再将速度约束方程对时间求导得加速度约束方程

$$\ddot{x} - r\ddot{\theta} = 0$$

该方程与前面由拉格朗日方程得到的两个动力学方程相结合, 可以写出圆环运动的矩阵形式的增广型动力学方程为

$$\begin{bmatrix} m & 0 & 1 \\ 0 & mr^2 & -r \\ 1 & -r & 0 \end{bmatrix} \begin{bmatrix} \ddot{x} \\ \ddot{\theta} \\ \lambda \end{bmatrix} = \begin{bmatrix} mg\sin\phi \\ 0 \\ 0 \end{bmatrix}$$

由这个方程可以解出

$$\lambda = \frac{1}{2}mg\sin\phi$$
$$\ddot{x} = \frac{1}{2}g\sin\phi$$
$$\ddot{\theta} = \frac{g}{2r}\sin\phi$$

由解得的拉格朗日乘子可进一步求出约束反力, 将广义加速度 $\ddot{x}$、$\ddot{\theta}$ 进行积分可得到相应的广义速度和广义坐标。

10.3.2 用广义坐标表达的刚体动能

对于系统中的任一刚体 i, 采用刚体的质心笛卡儿坐标和反映刚体方位的欧拉角作为广义坐标, 即 $\boldsymbol{q}_i = [\overline{\boldsymbol{r}}_i^{\mathrm{T}} \ \ \boldsymbol{\pi}_i^{\mathrm{T}}]^{\mathrm{T}} = [x_i \ \ y_i \ \ z_i \ \ \psi_i \ \ \theta_i \ \ \varphi_i]^{\mathrm{T}}$, 刚体上任意一点 P 的速度 $\dot{\boldsymbol{r}}_i^P$ 在总体参考坐标系下的坐标列矩阵为

$$\dot{\overline{\boldsymbol{r}}}_i^P = \boldsymbol{B}_i\dot{\boldsymbol{q}}_i = \left[\boldsymbol{I} \ \ -\boldsymbol{A}_i\widetilde{\boldsymbol{u}}_i^P\boldsymbol{G}_i^{\mathrm{b}}\right]\begin{bmatrix} \dot{\overline{\boldsymbol{r}}}_i \\ \dot{\boldsymbol{\pi}}_i \end{bmatrix}$$

则刚体 i 的动能为

$$T_i = \frac{1}{2}\int_{V_i} \rho_i \dot{\overline{\boldsymbol{r}}}_i^{P\mathrm{T}} \dot{\overline{\boldsymbol{r}}}_i^{P} \mathrm{d}V_i$$

其中 ρ_i 和 V_i 分别是刚体的密度和体积, 代入 $\dot{\overline{\boldsymbol{r}}}_i^{P}$ 的表达式得

$$\begin{aligned}
T_i &= \frac{1}{2}\int_{V_i} \rho_i \begin{bmatrix} \dot{\overline{\boldsymbol{r}}}_i^{\mathrm{T}} & \dot{\overline{\boldsymbol{\pi}}}_i^{\mathrm{T}} \end{bmatrix} \begin{bmatrix} \boldsymbol{I} \\ -\boldsymbol{G}_i^{\mathrm{bT}} \widetilde{\boldsymbol{u}}_i^{P\mathrm{T}} \boldsymbol{A}_i^{\mathrm{T}} \end{bmatrix} \begin{bmatrix} \boldsymbol{I} & -\boldsymbol{A}_i \widetilde{\boldsymbol{u}}_i^{P} \boldsymbol{G}_i^{\mathrm{b}} \end{bmatrix} \begin{bmatrix} \dot{\overline{\boldsymbol{r}}}_i \\ \dot{\overline{\boldsymbol{\pi}}}_i \end{bmatrix} \mathrm{d}V \\
&= \frac{1}{2} \begin{bmatrix} \dot{\overline{\boldsymbol{r}}}_i^{\mathrm{T}} & \dot{\overline{\boldsymbol{\pi}}}_i^{\mathrm{T}} \end{bmatrix} \left\{ \int_{V_i} \rho_i \begin{bmatrix} \boldsymbol{I} & -\boldsymbol{A}_i \widetilde{\boldsymbol{u}}_i^{P} \boldsymbol{G}_i^{\mathrm{b}} \\ -\boldsymbol{G}_i^{\mathrm{bT}} \widetilde{\boldsymbol{u}}_i^{P\mathrm{T}} \boldsymbol{A}_i^{\mathrm{T}} & \boldsymbol{G}_i^{\mathrm{bT}} \widetilde{\boldsymbol{u}}_i^{P\mathrm{T}} \widetilde{\boldsymbol{u}}_i^{P} \boldsymbol{G}_i^{\mathrm{b}} \end{bmatrix} \mathrm{d}V \right\} \begin{bmatrix} \dot{\overline{\boldsymbol{r}}}_i \\ \dot{\overline{\boldsymbol{\pi}}}_i \end{bmatrix} \\
&= \frac{1}{2} \dot{\boldsymbol{q}}_i^{\mathrm{T}} \boldsymbol{M}_i \dot{\boldsymbol{q}}_i
\end{aligned} \tag{10.96}$$

其中 $\boldsymbol{M}_i$ 是质量矩阵, 由于连体坐标系的原点为刚体的质心, 因此

$$\boldsymbol{M}_i = \begin{bmatrix} \boldsymbol{m}_i^{rr} & \boldsymbol{0} \\ \boldsymbol{0} & \boldsymbol{m}_i^{\pi\pi} \end{bmatrix} = \begin{bmatrix} m_i \boldsymbol{I} & \boldsymbol{0} \\ \boldsymbol{0} & \boldsymbol{G}_i^{\mathrm{bT}} \overline{\boldsymbol{J}}_i \boldsymbol{G}_i^{\mathrm{b}} \end{bmatrix} \tag{10.97}$$

式中, m_i 是刚体 i 的质量; $\overline{\boldsymbol{J}}_i$ 是刚体相对于质心的惯性张量在连体坐标系下的坐标矩阵。

刚体 i 的动能又可表示为

$$T_i = \frac{1}{2}\dot{\boldsymbol{q}}_i^{\mathrm{T}} \boldsymbol{M}_i \dot{\boldsymbol{q}}_i = \frac{1}{2} \dot{\overline{\boldsymbol{r}}}_i^{\mathrm{T}} \boldsymbol{m}_i^{rr} \dot{\overline{\boldsymbol{r}}}_i + \frac{1}{2} \dot{\overline{\boldsymbol{\pi}}}_i^{\mathrm{T}} \boldsymbol{m}_i^{\pi\pi} \dot{\overline{\boldsymbol{\pi}}}_i \tag{10.98}$$

将各刚体的动能表达式代入拉格朗日方程 (10.92), 并考虑约束方程, 就可得到如式 (10.82) 所示的系统动力学方程。

10.4 牛顿–欧拉形式的约束多刚体系统动力学方程

对于任一刚体 i, 质量为 m_i, 对质心连体坐标系的惯量张量的坐标矩阵为 $\overline{\boldsymbol{J}}_i$。作用于刚体上的所有外力向质心简化后为 $\boldsymbol{F}_i$ 和 $\boldsymbol{T}_i$, 并定义刚体连体坐标系的原点位于质心, $\boldsymbol{r}_i$ 为连体坐标系的原点矢量, $\boldsymbol{\omega}_i$ 为连体坐标系相对于总体参考坐标系的角速度矢量。空间运动刚体的牛顿–欧拉方程为

$$\begin{aligned}
m_i \ddot{\overline{\boldsymbol{r}}}_i &= \overline{\boldsymbol{F}}_i \\
\overline{\boldsymbol{J}}_i \dot{\overline{\boldsymbol{\omega}}}_i + \widetilde{\overline{\boldsymbol{\omega}}}_i \overline{\boldsymbol{J}}_i \overline{\boldsymbol{\omega}}_i &= \overline{\boldsymbol{T}}_i
\end{aligned}$$

对于有 N 个刚体组成的多刚体系统, 设每个刚体的广义坐标为 $\boldsymbol{q}_i = [\overline{\boldsymbol{r}}_i^{\mathrm{T}} \quad \overline{\boldsymbol{\pi}}_i^{\mathrm{T}}]$, 系统的虚位移为

$$\begin{aligned}
\delta \boldsymbol{r} &= \begin{bmatrix} \delta \overline{\boldsymbol{r}}_1^{\mathrm{T}} & \delta \overline{\boldsymbol{r}}_2^{\mathrm{T}} & \cdots & \delta \overline{\boldsymbol{r}}_N^{\mathrm{T}} \end{bmatrix}^{\mathrm{T}} \\
\delta \boldsymbol{\pi} &= \begin{bmatrix} \delta \overline{\boldsymbol{\pi}}_1^{\mathrm{T}} & \delta \overline{\boldsymbol{\pi}}_2^{\mathrm{T}} & \cdots & \delta \overline{\boldsymbol{\pi}}_N^{\mathrm{T}} \end{bmatrix}^{\mathrm{T}}
\end{aligned}$$

广义主动力为

$$
\boldsymbol{F} = \left[\overline{\boldsymbol{F}}_1^{\mathrm{T}} \ \ \overline{\boldsymbol{F}}_1^{\mathrm{T}} \ \ \cdots \ \ \overline{\boldsymbol{F}}_N^{\mathrm{T}} \right]^{\mathrm{T}}
$$

$$
\boldsymbol{T} = \left[\overline{\boldsymbol{T}}_1^{\mathrm{T}} \ \ \overline{\boldsymbol{T}}_2^{\mathrm{T}} \ \ \cdots \ \ \overline{\boldsymbol{T}}_N^{\mathrm{T}} \right]^{\mathrm{T}}
$$

质量矩阵为

$$
\boldsymbol{m} = \begin{bmatrix} m_1\boldsymbol{I}_{3\times3} & & & & & \\ & m_2\boldsymbol{I}_{3\times3} & & & \boldsymbol{0} & \\ & & \ddots & & & \\ & & & m_i\boldsymbol{I}_{3\times3} & & \\ & \boldsymbol{0} & & & \ddots & \\ & & & & & m_N\boldsymbol{I}_{3\times3} \end{bmatrix}
$$

相对于质心连体坐标系的惯性张量矩阵

$$
\boldsymbol{J} = \begin{bmatrix} \overline{\boldsymbol{J}}_1 & & & & & \\ & \overline{\boldsymbol{J}}_2 & & & \boldsymbol{0} & \\ & & \ddots & & & \\ & & & \overline{\boldsymbol{J}}_i & & \\ & \boldsymbol{0} & & & \ddots & \\ & & & & & \overline{\boldsymbol{J}}_N \end{bmatrix}
$$

则含理想约束条件的系统动力学方程可写为

$$
\delta\boldsymbol{r}^{\mathrm{T}}(\boldsymbol{m}\ddot{\boldsymbol{r}} - \boldsymbol{F}) + \delta\boldsymbol{\pi}^{\mathrm{T}}(\boldsymbol{J}\dot{\boldsymbol{\omega}} + \widetilde{\boldsymbol{\omega}}\boldsymbol{J}\boldsymbol{\omega} - \boldsymbol{T}) = \boldsymbol{0} \tag{10.99}
$$

其中

$$
\boldsymbol{\omega} = [\overline{\boldsymbol{\omega}}_1^{\mathrm{T}} \ \ \overline{\boldsymbol{\omega}}_2^{\mathrm{T}} \ \ \cdots \ \ \overline{\boldsymbol{\omega}}_N^{\mathrm{T}}]^{\mathrm{T}}
$$

$$
\widetilde{\boldsymbol{\omega}} = \begin{bmatrix} \widetilde{\boldsymbol{\omega}}_1^{\mathrm{T}} & & & & & \\ & \widetilde{\boldsymbol{\omega}}_2^{\mathrm{T}} & & & \boldsymbol{0} & \\ & & \ddots & & & \\ & & & \widetilde{\boldsymbol{\omega}}_i^{\mathrm{T}} & & \\ & \boldsymbol{0} & & & \ddots & \\ & & & & & \widetilde{\boldsymbol{\omega}}_N^{\mathrm{T}} \end{bmatrix}
$$

考虑约束方程

$$
\boldsymbol{\Phi} = \boldsymbol{\Phi}(\boldsymbol{q}, t) = \boldsymbol{0}
$$

的等时变分

$$
\boldsymbol{\Phi}_q\delta\boldsymbol{q} = \boldsymbol{\Phi}_r\delta\boldsymbol{r} + \boldsymbol{\Phi}_\pi\delta\boldsymbol{\pi} = \boldsymbol{0} \tag{10.100}
$$

其中 $\boldsymbol{\Phi}_q$ 为约束的雅可比矩阵。

运用拉格朗日乘子定理可得

$$\delta \boldsymbol{r}^{\mathrm{T}}(m\ddot{\boldsymbol{r}} - \boldsymbol{F} + \boldsymbol{\Phi}_r^{\mathrm{T}}\boldsymbol{\lambda}) + \delta \boldsymbol{\pi}^{\mathrm{T}}(\boldsymbol{J}\dot{\boldsymbol{\omega}} + \widetilde{\boldsymbol{\omega}}\boldsymbol{J}\boldsymbol{\omega} - \boldsymbol{T} + \boldsymbol{\Phi}_\pi^{\mathrm{T}}\boldsymbol{\lambda}) = \boldsymbol{0} \tag{10.101}$$

该方程对于任意的虚位移均成立, 因此

$$\begin{aligned} \boldsymbol{m}\ddot{\boldsymbol{r}} + \boldsymbol{\Phi}_r^{\mathrm{T}}\boldsymbol{\lambda} &= \boldsymbol{F} \\ \boldsymbol{J}\dot{\boldsymbol{\omega}} + \boldsymbol{\Phi}_\pi^{\mathrm{T}}\boldsymbol{\lambda} &= \boldsymbol{T} - \widetilde{\boldsymbol{\omega}}\boldsymbol{J}\boldsymbol{\omega} \end{aligned} \tag{10.102}$$

将约束方程对时间求导得速度约束方程:

$$\boldsymbol{\Phi}_r\dot{\boldsymbol{r}} + \boldsymbol{\Phi}_\pi\boldsymbol{\omega} = -\boldsymbol{\Phi}_t \tag{10.103}$$

将速度约束方程对时间求导得加速度约束方程:

$$\boldsymbol{\Phi}_r\ddot{\boldsymbol{r}} + \boldsymbol{\Phi}_\pi\dot{\boldsymbol{\omega}} = \boldsymbol{\gamma} \tag{10.104}$$

合并式 (10.102) 和式 (10.104) 得约束多刚体系统增广型的动力学方程

$$\begin{bmatrix} \boldsymbol{m} & \boldsymbol{0} & \boldsymbol{\Phi}_r^{\mathrm{T}} \\ \boldsymbol{0} & \boldsymbol{J} & \boldsymbol{\Phi}_\pi^{\mathrm{T}} \\ \boldsymbol{\Phi}_r & \boldsymbol{\Phi}_\pi & \boldsymbol{0} \end{bmatrix} \begin{bmatrix} \ddot{\boldsymbol{r}} \\ \dot{\boldsymbol{\omega}} \\ \boldsymbol{\lambda} \end{bmatrix} = \begin{bmatrix} \boldsymbol{F} \\ \boldsymbol{T} - \widetilde{\boldsymbol{\omega}}\boldsymbol{J}\boldsymbol{\omega} \\ \boldsymbol{\gamma} \end{bmatrix} \tag{10.105}$$

10.5 多刚体系统动力学方程的数值求解

如前所述, 采用笛卡儿模型的多刚体系统动力学方程是一个微分–代数混合方程组, 其通用形式如下:

$$\boldsymbol{M}\ddot{\boldsymbol{q}} + \boldsymbol{\Phi}_q^{\mathrm{T}}\boldsymbol{\lambda} = \boldsymbol{Z} \tag{10.106}$$

$$\boldsymbol{\Phi}(\boldsymbol{q}, t) = \boldsymbol{0} \tag{10.107}$$

其中

$$\boldsymbol{q} = [\,\boldsymbol{q}_1 \;\; \boldsymbol{q}_2 \;\; \cdots \;\; \boldsymbol{q}_N\,]^{\mathrm{T}}$$

为系统的广义坐标, 共 n 个, N 为系统中刚体的个数。约束方程为

$$\boldsymbol{\Phi} = [\,\Phi_1 \;\; \Phi_2 \;\; \cdots \;\; \Phi_s\,]^{\mathrm{T}}$$

式中, s 为约束方程的个数。$\boldsymbol{\Phi}_q$ 为约束方程的雅可比矩阵, 相应的拉格朗日乘子列矩阵为

$$\boldsymbol{\lambda} = [\,\boldsymbol{\lambda}_1 \;\; \boldsymbol{\lambda}_2 \;\; \cdots \;\; \boldsymbol{\lambda}_s\,]^{\mathrm{T}}$$

这类方程的求解方法有两大类 ——增广法和缩并法, 下面分别对其进行介绍。

10.5.1 增广法

增广法就是将广义坐标和拉格朗日乘子均作为未知量, 共有 $n+s$ 个, 方程除了式 (10.106) 所示的 n 个方程以外, 还需要 s 个方程才能封闭, 这 s 个方程由约束方程提供。将约束方程 (10.107) 对时间求导得到速度约束方程, 再将速度约束方程对时间求导得到加速度约束方程

$$\boldsymbol{\Phi}_q\ddot{\boldsymbol{q}}=\boldsymbol{\gamma}$$

其中 $\boldsymbol{\gamma}=-(\boldsymbol{\Phi}_q\dot{\boldsymbol{q}})_q\dot{\boldsymbol{q}}-2\boldsymbol{\Phi}_{qt}\dot{\boldsymbol{q}}-\boldsymbol{\Phi}_{tt}$ 是加速度右项。将加速度约束方程和式 (10.106) 合并得到增广型方程

$$\begin{bmatrix}\boldsymbol{M} & \boldsymbol{\Phi}_q^{\mathrm{T}}\\ \boldsymbol{\Phi}_q & \boldsymbol{0}\end{bmatrix}\begin{bmatrix}\ddot{\boldsymbol{q}}\\ \boldsymbol{\lambda}\end{bmatrix}=\begin{bmatrix}\boldsymbol{Z}\\ \gamma\end{bmatrix} \tag{10.108}$$

这包含了 $n+s$ 个方程, 方程数量与未知量的个数相等, 方程封闭, 而方程的可解性取决于其系数矩阵的非奇异性。如果质量矩阵是正定矩阵, 而且约束是独立的, 那么方程就存在唯一解, 这可以通过下面的等价命题进行证明[9, 10]。

命题: 齐次方程

$$\begin{bmatrix}\boldsymbol{M} & \boldsymbol{\Phi}_q^{\mathrm{T}}\\ \boldsymbol{\Phi}_q & \boldsymbol{0}\end{bmatrix}\begin{bmatrix}\overline{\boldsymbol{x}}\\ \overline{\boldsymbol{y}}\end{bmatrix}=\begin{bmatrix}\boldsymbol{0}\\ \boldsymbol{0}\end{bmatrix} \tag{10.109}$$

只有 0 解。

将式 (10.109) 可写成下面两个独立的方程

$$\boldsymbol{M}\overline{\boldsymbol{x}}+\boldsymbol{\Phi}_q^{\mathrm{T}}\overline{\boldsymbol{y}}=\boldsymbol{0} \tag{10.110}$$

$$\boldsymbol{\Phi}_q\overline{\boldsymbol{x}}=\boldsymbol{0} \tag{10.111}$$

用 $\overline{\boldsymbol{x}}^{\mathrm{T}}$ 左乘式 (10.110) 的两边并考虑式 (10.111), 得

$$\overline{\boldsymbol{x}}^{\mathrm{T}}\boldsymbol{M}\overline{\boldsymbol{x}}=\boldsymbol{0} \tag{10.112}$$

由于质量矩阵是正定矩阵, 那么由式 (10.112) 得到的解为 $\overline{\boldsymbol{x}}=\boldsymbol{0}$。将 $\overline{\boldsymbol{x}}=\boldsymbol{0}$ 代入式 (10.110), 得到

$$\boldsymbol{\Phi}_q^{\mathrm{T}}\overline{\boldsymbol{y}}=\boldsymbol{0} \tag{10.113}$$

由于约束是独立的, $\boldsymbol{\Phi}_q^{\mathrm{T}}$ 是满秩矩阵, 满足式 (10.113) 的解为 $\overline{\boldsymbol{y}}=\boldsymbol{0}$。

由此可见, 式 (10.109) 只有唯一的零解: $\overline{\boldsymbol{x}}=\overline{\boldsymbol{y}}=\boldsymbol{0}$, 因此其系数矩阵 $\begin{bmatrix}\boldsymbol{M} & \boldsymbol{\Phi}_q^{\mathrm{T}}\\ \boldsymbol{\Phi}_q & \boldsymbol{0}\end{bmatrix}$ 是非奇异的。

求解方程 (10.108) 可以采用直接法, 其基本步骤如下:

(1) 预估确定系统初始构形的初始广义坐标 $\boldsymbol{q}^{(0)}$ 和广义速度 $\dot{\boldsymbol{q}}^{(0)}$ 值;

(2) 计算进行到第 k 步, 根据广义坐标 $\boldsymbol{q}^{(k)}$ 和广义速度 $\dot{\boldsymbol{q}}^{(k)}$ 值求解方程 (10.108) 中的系数和加速度方程的右项;

(3) 求解方程 (10.108), 得到广义加速度 $\ddot{\boldsymbol{q}}^{(k)}$ 和拉格朗日乘子 $\boldsymbol{\lambda}^{(k)}$ 的值;

(4) 对广义加速度 $\ddot{\boldsymbol{q}}^{(k)}$ 进行数值积分, 得到 $\boldsymbol{q}^{(k+1)}$ 和 $\dot{\boldsymbol{q}}^{(k+1)}$ 的值;

(5) 重复步骤 (2)、(3)、(4), 直到计算收敛。

从上述计算过程可知, 参与求解方程 (10.108) 的是加速度约束方程, 广义坐标 $\boldsymbol{q}^{(k)}$ 和广义速度 $\dot{\boldsymbol{q}}^{(k)}$ 是对广义加速度 $\ddot{\boldsymbol{q}}^{(k)}$ 进行数值积分得到的, 不一定满足约束方程 $\boldsymbol{\Phi}(\boldsymbol{q},t)=\mathbf{0}$ 和速度约束方程 $\dot{\boldsymbol{\Phi}}=\boldsymbol{\Phi}_q\dot{\boldsymbol{q}}+\boldsymbol{\Phi}_t=\mathbf{0}$, 即

$$\boldsymbol{\Phi}^{(k)}=\varepsilon_1\neq\mathbf{0}$$
$$\dot{\boldsymbol{\Phi}}^{(k)}=\varepsilon_2\neq\mathbf{0}$$

这就是所谓的违约现象。随着计算步数的增加, 误差累积会造成数值解的发散, 因此需要改进, 也就是所谓的违约修正。

违约修正法的思想来源于控制反馈原理。如有一扰动方程

$$\ddot{y}=0$$

所描述的开环系统是不稳定的, 当受到扰动后, 解可能发散。但加上反馈回路的闭环系统是稳定的, 这时的方程变为

$$\ddot{y}+2a\dot{y}+\beta^2y=0$$

式中, α、β 为正的非零常数, 适当选择这两个参数可保证解渐近稳定。

运用上述思想, 将数值积分的误差看作外界的干扰, 将违约 $\boldsymbol{\Phi}^{(k)}=\varepsilon_1\neq\mathbf{0}$、$\dot{\boldsymbol{\Phi}}^{(k)}=\varepsilon_2\neq\mathbf{0}$ 看作由数值积分引起的, 将加速度约束方程改为

$$\boldsymbol{\Phi}_q\ddot{\boldsymbol{q}}=\boldsymbol{\gamma}-2\alpha\boldsymbol{\varepsilon}_1-\beta^2\boldsymbol{\varepsilon}_2$$

约束多刚体系统运动方程修正为

$$\begin{bmatrix}\boldsymbol{M} & \boldsymbol{\Phi}_q^{\mathrm{T}}\\ \boldsymbol{\Phi}_q & \mathbf{0}\end{bmatrix}\begin{bmatrix}\ddot{\boldsymbol{q}}\\ \boldsymbol{\lambda}\end{bmatrix}=\begin{bmatrix}\boldsymbol{Q}\\ \boldsymbol{\gamma}-2\alpha\boldsymbol{\varepsilon}_1-\beta^2\boldsymbol{\varepsilon}_2\end{bmatrix}\tag{10.114}$$

在第 k 步迭代时, 如果求得的 $\boldsymbol{q}^{(k)}$ 和 $\dot{\boldsymbol{q}}^{(k)}$ 值能够使约束方程和速度约束方程得到满足, 即 $\boldsymbol{\Phi}^{(k)}=\mathbf{0}$, $\dot{\boldsymbol{\Phi}}^{(k)}=\mathbf{0}$, 那么式 (10.114) 和式 (10.108) 是等价的; 否则出现违约, 式 (10.114) 的修正项就通过修正广义加速度起作用, 使得积分得到的 $\boldsymbol{q}^{(k+1)}$ 和 $\dot{\boldsymbol{q}}^{(k+1)}$ 值朝着满足约束的方向移动, 数值结果在精确解附近摆动, 摆动的幅值和频率取决于 α 和 β 的大小, α、β 的经验值在 5 到 50 之间。

10.5.2 缩并法

缩并法是利用适当的算法选择独立的广义坐标, 找到独立坐标与非独立坐标之间的关系, 将动力学方程缩并为关于独立广义坐标的纯微分方程进行积分, 具体过程如下[11]:

将广义坐标 $\boldsymbol{q}$ 分为非独立坐标 $\boldsymbol{q}_{\mathrm{d}}$ 与独立坐标 $\boldsymbol{q}_{\mathrm{i}}$, 即

$$\boldsymbol{q}=[\,\boldsymbol{q}_{\mathrm{d}}^{\mathrm{T}}\;\;\boldsymbol{q}_{\mathrm{i}}^{\mathrm{T}}\,]^{\mathrm{T}}\tag{10.115}$$

相应的速度约束方程和加速度约束方程也可以写成分项的形式

$$\boldsymbol{\Phi}_{q_{\rm d}}\dot{\boldsymbol{q}}_{\rm d}+\boldsymbol{\Phi}_{q_{\rm i}}\dot{\boldsymbol{q}}_{\rm i}=-\boldsymbol{\Phi}_t \tag{10.116}$$

$$\boldsymbol{\Phi}_{q_{\rm d}}\ddot{\boldsymbol{q}}_{\rm d}+\boldsymbol{\Phi}_{q_{\rm i}}\ddot{\boldsymbol{q}}_{\rm i}=\boldsymbol{\gamma} \tag{10.117}$$

由于约束方程之间是线性独立的, 因此总可以选取合适的非独立坐标 $\boldsymbol{q}_{\rm d}$ 使得矩阵 $\boldsymbol{\Phi}_{q_{\rm d}}$ 是非奇异的, 则

$$\dot{\boldsymbol{q}}_{\rm d}=\boldsymbol{\Phi}_{\rm di}\dot{\boldsymbol{q}}_{\rm i}-\boldsymbol{\Phi}_{q_{\rm d}}^{-1}\boldsymbol{\Phi}_t \tag{10.118}$$

$$\ddot{\boldsymbol{q}}_{\rm d}=\boldsymbol{\Phi}_{\rm di}\ddot{\boldsymbol{q}}_{\rm i}+\boldsymbol{\Phi}_{q_{\rm d}}^{-1}\boldsymbol{\gamma} \tag{10.119}$$

其中

$$\boldsymbol{\Phi}_{\rm di}=-\boldsymbol{\Phi}_{\boldsymbol{q}_{\rm d}}^{-1}\boldsymbol{\Phi}_{\boldsymbol{q}_{\rm i}} \tag{10.120}$$

将式 (10.118)、式 (10.119) 进一步写为

$$\dot{\boldsymbol{q}}=\boldsymbol{C}_i\dot{\boldsymbol{q}}_{\rm i}+\boldsymbol{\alpha} \tag{10.121}$$

$$\ddot{\boldsymbol{q}}=\boldsymbol{C}_i\ddot{\boldsymbol{q}}_{\rm i}+\boldsymbol{\beta} \tag{10.122}$$

其中

$$\boldsymbol{C}_i=\begin{bmatrix}\boldsymbol{\Phi}_{\rm di}\\ \boldsymbol{I}\end{bmatrix},\quad \boldsymbol{\alpha}=\begin{bmatrix}-\boldsymbol{\Phi}_{q_{\rm d}}^{-1}\boldsymbol{\Phi}_t\\ \boldsymbol{0}\end{bmatrix},\quad \boldsymbol{\beta}=\begin{bmatrix}\boldsymbol{\Phi}_{q_{\rm d}}^{-1}\boldsymbol{\gamma}\\ \boldsymbol{0}\end{bmatrix}$$

再将式 (10.122) 代入式 (10.106) 可得

$$\boldsymbol{M}(\boldsymbol{C}_i\ddot{\boldsymbol{q}}_{\rm i}+\boldsymbol{\beta})+\boldsymbol{\Phi}_q^{\rm T}\boldsymbol{\lambda}=\boldsymbol{Z}$$

上式两边同时左乘 $\boldsymbol{C}_i^{\rm T}$, 得

$$\widehat{\boldsymbol{M}}_i\ddot{\boldsymbol{q}}_{\rm i}+\boldsymbol{C}_i^{\rm T}\boldsymbol{\Phi}_q^{\rm T}\boldsymbol{\lambda}=\widehat{\boldsymbol{Z}}_i \tag{10.123}$$

其中

$$\widehat{\boldsymbol{M}}_i=\boldsymbol{C}_i^{\rm T}\boldsymbol{M}\boldsymbol{C}_i$$

$$\widehat{\boldsymbol{Z}}_i=\boldsymbol{C}_i^{\rm T}\boldsymbol{Z}-\boldsymbol{C}_i^{\rm T}\boldsymbol{M}\boldsymbol{\beta}$$

而

$$\boldsymbol{C}_i^{\rm T}\boldsymbol{\Phi}_q^{\rm T}\boldsymbol{\lambda}=(\boldsymbol{\Phi}_{\rm di}^{\rm T}\boldsymbol{\Phi}_{q_{\rm d}}^{\rm T}+\boldsymbol{\Phi}_{q_{\rm i}}^{\rm T})\boldsymbol{\lambda}=[(-\boldsymbol{\Phi}_{q_{\rm d}}^{-1}\boldsymbol{\Phi}_{\boldsymbol{q}_{\rm i}})^{\rm T}\boldsymbol{\Phi}_{q_{\rm d}}^{\rm T}+\boldsymbol{\Phi}_{q_{\rm i}}^{\rm T}]\boldsymbol{\lambda}=\boldsymbol{0}$$

因此式 (10.123) 变为

$$\widehat{\boldsymbol{M}}_{\rm i}\ddot{\boldsymbol{q}}_{\rm i}=\widehat{\boldsymbol{Z}}_i \tag{10.124}$$

这就是缩并后以独立广义坐标表示的系统动力学方程。

[例 10–7] 对于例 10–3 中的单摆, 铰 O 的驱动约束方程为 $\boldsymbol{\Phi}^{\rm d}=\theta_1-2\pi t=0$, 试建立以独立广义坐标表示的单摆动力学方程。

解: 建立如图 10.4 所示的参考坐标系和连体坐标系, 其中连体坐标系的原点位于摆杆的质心, 该系统的广义坐标为 $\boldsymbol{q} = [x_1 \quad y_1 \quad \theta_1]^{\mathrm{T}}$, 其质量矩阵为

$$\boldsymbol{M} = \begin{bmatrix} m & 0 & 0 \\ 0 & m & 0 \\ 0 & 0 & \dfrac{1}{3}ml^2 \end{bmatrix}$$

广义外力列矩阵为

$$\boldsymbol{Z} = \begin{bmatrix} 0 & -mg & 0 \end{bmatrix}^{\mathrm{T}}$$

系统的约束方程为

$$\boldsymbol{\Phi} = \begin{bmatrix} x_1 - l\cos\theta_1 \\ y_1 - l\sin\theta_1 \\ \theta_1 - 2\pi t_0 \end{bmatrix} = \boldsymbol{0}$$

加速度方程的右项为

$$\boldsymbol{\gamma} = -l\dot{\theta}_1^2 \begin{bmatrix} \cos\theta_1 \\ \sin\theta_1 \\ 0 \end{bmatrix}$$

系统的独立广义坐标是 $q_{\mathrm{i}} = \theta_1$, 非独立广义坐标是 $\boldsymbol{q} = [x_1 \quad y_1]^{\mathrm{T}}$, 因此

$$\boldsymbol{\Phi}_{q_{\mathrm{d}}} = \boldsymbol{I}, \quad \boldsymbol{\Phi}_{q_{\mathrm{i}}} = \begin{bmatrix} l\sin\theta_1 \\ -l\cos\theta_1 \end{bmatrix}$$

则

$$\boldsymbol{\Phi}_{\mathrm{di}} = -\boldsymbol{\Phi}_{q_{\mathrm{d}}}^{-1}\boldsymbol{\Phi}_{q_{\mathrm{i}}} = \begin{bmatrix} -l\sin\theta_1 \\ l\cos\theta_1 \end{bmatrix}$$

由此得到

$$\boldsymbol{C}_i = \begin{bmatrix} -l\sin\theta_1 \\ l\cos\theta_1 \\ 1 \end{bmatrix}, \quad \boldsymbol{\beta} = -l\dot{\theta}_1^2 \begin{bmatrix} \cos\theta_1 \\ \sin\theta_1 \\ 0 \end{bmatrix}$$

$$\widehat{\boldsymbol{M}}_i = \boldsymbol{C}_i^{\mathrm{T}}\boldsymbol{M}\boldsymbol{C}_i = \begin{bmatrix} -l\sin\theta_1 & l\cos\theta_1 & 1 \end{bmatrix} \begin{bmatrix} m & 0 & 0 \\ 0 & m & 0 \\ 0 & 0 & \dfrac{1}{3}ml^2 \end{bmatrix} \begin{bmatrix} -l\sin\theta_1 \\ l\cos\theta_1 \\ 1 \end{bmatrix} = \frac{4}{3}ml^2$$

$$\widehat{\boldsymbol{Z}}_i = \boldsymbol{C}_i^{\mathrm{T}}\boldsymbol{Z} - \boldsymbol{C}_i^{\mathrm{T}}\boldsymbol{M}\boldsymbol{\beta} = \begin{bmatrix} -l\sin\theta_1 & l\cos\theta_1 & 1 \end{bmatrix} \begin{bmatrix} 0 \\ mg \\ 0 \end{bmatrix} +$$

$$l\dot{\theta}_1^2 \begin{bmatrix} -l\sin\theta_1 & l\cos\theta_1 & 1 \end{bmatrix} \begin{bmatrix} m & 0 & 0 \\ 0 & m & 0 \\ 0 & 0 & \dfrac{1}{3}ml^2 \end{bmatrix} \begin{bmatrix} \cos\theta_1 \\ \sin\theta_1 \\ 0 \end{bmatrix} = -mgl\cos\theta_1$$

代入式 (10.124) 得到以独立广义坐标表示的单摆动力学方程

$$\frac{4}{3}ml^2\ddot{\theta}_1 = -mgl\cos\theta_1$$

得到以独立广义坐标表示的系统动力学方程 (10.124) 后, 就可解得独立的广义加速度

$$\ddot{\boldsymbol{q}}_{\mathrm{i}} = \widehat{\boldsymbol{M}}_i^{-1}\widehat{\boldsymbol{Z}}_i \tag{10.125}$$

对独立的广义加速度进行积分, 就可得到独立的广义速度和独立的广义坐标, 然后由式 (10.119)、式 (10.118) 和式 (10.107) 可以分别求出非独立的广义加速度、广义速度和广义坐标。

缩并法得到的方程数小于增广法中的方程数, 且为纯微分方程, 但需要采用矩阵分离的方法选取独立的广义坐标, 如 LU 分解法、QR 分解法和奇异值分解法 (SVD 法)。

第 11 章　柔性多体系统动力学建模方法

随着部件尺寸的增大, 质量的减小, 刚度就会减弱, 再加上运行速度的提高, 使得物体的变形不容忽视, 如国际空间站安装的长达 17 m 的柔性机械臂 (图 11.1) 和由波音公司制造的美国宽带全球卫星通信系列卫星安装的超大太阳翼 (太阳能帆板, 图 11.2) 等, 尺寸都非常大, 有的甚至占据航天器整体的绝大部分, 是典型的柔性结构[12–14]。物体的变形会对刚性运动产生影响, 如柔性抓取机械臂会使被抓取物体的运动轨迹出现偏差, 柔性太阳能帆板的扭振与驱动系统发生谐振会导致帆板停转或打滑, 这都促使人们注意到采用柔性多体系统动力学模型的必要性。

图 11.1　柔性机械臂[15]

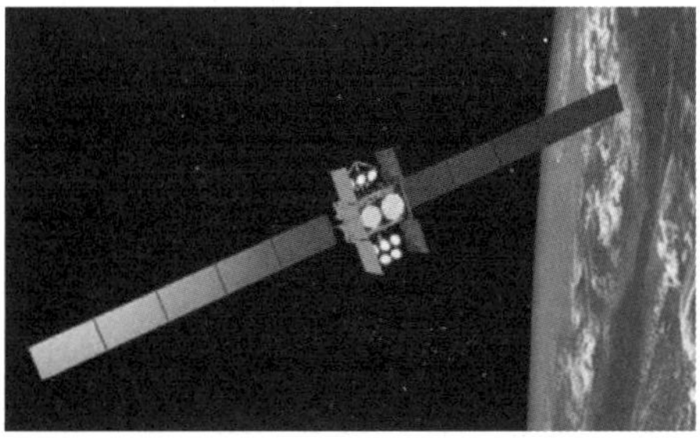

图 11.2　卫星的太阳翼[14]

柔性多体系统动力学研究的是由刚体和柔性体组成的复杂机械系统在经历大范围空间运动时的动力学行为, 是多刚体系统动力学的自然延伸和发展。它主要研究柔性体的变形与其大范围空间运动之间的相互作用或相互耦合, 以及这种耦合所导致的动力学效应。

11.1 柔性体的运动描述

柔性多体系统动力学建模的主要问题是如何描述柔性体的运动。按照选取的参考坐标系不同, 描述柔性体运动的方式可分为相对描述和绝对描述两种[16]。相对描述是目前最常采用的, 这种方法是对每个物体按某种方式选定一个物体坐标系, 物体的位形是相对于自己的物体坐标系来确定的, 其运动可以看成物体坐标系的大范围运动和相对于该物体坐标系变形的叠加。对于小变形的物体, 通过选取适当的物体坐标系, 使得物体相对于物体坐标系的运动在任何时刻都是小的, 这样就可以采用瑞利–里茨法、模态分析法、有限元法等方法将物体离散成有限自由度来近似描述其变形。对于大变形问题, 相对描述方法将失去优势, 因为无论选取什么样的物体坐标系, 都不能保证物体的相对运动总是小的。此时需要采用绝对描述的方法, 即以某个指定的总体坐标系为参考坐标系, 系统中每个物体在每一时刻的位形都在此总体坐标系中确定, 如 Shabana 提出的绝对节点坐标法[17]。

11.1.1 浮动坐标系

在相对描述法中, 为了确定柔性体的位置和姿态, 需要建立一个适当的物体坐标系, 而由于柔性体在运动过程中各质点之间有相对位移, 任何坐标系都不可能与柔性体完全固结, 因此这个坐标系只能 “浮动” 在柔性体内 ——称为*浮动坐标系*。选取浮动坐标系的要求是既要能准确地反映柔性体的大位移运动, 又要能使柔性体相对该坐标系的弹性变形为小变形, 同时还能简化系数矩阵, 减少耦合项, 方便数值计算[18–20]。对于不同的应用情况, 可以采用不同的浮动坐标系, 常用的浮动坐标系有:

(1) 蒂塞朗 (Tisserand) 坐标系: 使得柔性体相对于浮动坐标系的相对运动动能最小。

(2) 巴肯思 (Buckens) 坐标系: 使得柔性体相对于浮动坐标系的变形位移模值的平方取最小值。

(3) 中心惯性主轴框架坐标系: 浮动坐标系的原点为柔性体的质心, 各坐标轴始终与物体的中心惯性主轴重合。

浮动坐标系的选择决定了系统动力学方程的耦合程度, 同时还需要考虑柔性体变形模式的选取, 这是决定计算效率和精度的两个方面。

11.1.2 瑞利–里茨法

对于弹性变形的物体, 可构造一个满足相容性和完备性要求的位移模式来描述物体的变形。在瑞利–里茨法中是用里茨基函数矩阵 $\boldsymbol{\Psi} = [\boldsymbol{\Psi}_1 \quad \boldsymbol{\Psi}_2 \quad \cdots \quad \boldsymbol{\Psi}_n]$ 来表示位移场, 其中 $\boldsymbol{\Psi}_1, \boldsymbol{\Psi}_2, \cdots, \boldsymbol{\Psi}_n$ 为 n 个线性独立的矢量, 称为里茨基矢量, 这样物体上各点的变形量可表示为

$$\boldsymbol{u}_{\mathrm{f}} = \boldsymbol{\Psi} \boldsymbol{q}_{\mathrm{f}} \tag{11.1}$$

式中 $\boldsymbol{q}_{\mathrm{f}} = \boldsymbol{q}_{\mathrm{f}}(t)$ 为表示物体弹性变形的广义坐标矢量。

瑞利–里茨法的结果取决于里茨基函数的选取, 对于复杂形状、复杂边界条件的情况, 要构造合适的位移场是非常困难的, 甚至可能是做不到的。

11.1.3 模态分析法

柔性体的弹性变形还可以采用模态矩阵及相应的模态坐标进行描述, 即

$$\boldsymbol{u}_{\mathrm{f}}=\boldsymbol{\varPsi}\boldsymbol{q}_{\mathrm{f}} \tag{11.2}$$

式中, $\boldsymbol{\varPsi}$ 为模态矩阵; $\boldsymbol{q}_{\mathrm{f}}=[q_{\mathrm{f}1} \quad q_{\mathrm{f}2} \quad \cdots \quad q_{\mathrm{f}M}]^{\mathrm{T}}$ 为模态坐标列矩阵 (M 为模态坐标数)。

物体的模态集有各种不同的类型, 可采用固定界面主模态和约束模态作为部件的模态集, 这样构件的弹性变形就可表示为[21]

$$\boldsymbol{u}_{\mathrm{f}}=\begin{bmatrix}\boldsymbol{u}_{\mathrm{B}}\\ \boldsymbol{u}_{\mathrm{I}}\end{bmatrix}=\begin{bmatrix}\boldsymbol{I} & \boldsymbol{0}\\ \boldsymbol{\varPsi}_{\mathrm{IC}} & \boldsymbol{\varPsi}_{\mathrm{IN}}\end{bmatrix}\begin{bmatrix}\boldsymbol{q}_{\mathrm{C}}\\ \boldsymbol{q}_{\mathrm{N}}\end{bmatrix} \tag{11.3}$$

式中, $\boldsymbol{u}_{\mathrm{B}}$ 为边界自由度; $\boldsymbol{u}_{\mathrm{I}}$ 为内部自由度; $\boldsymbol{\varPsi}_{\mathrm{IC}}$ 为约束模态; $\boldsymbol{\varPsi}_{\mathrm{IN}}$ 为固定界面主模态; $\boldsymbol{q}_{\mathrm{C}}$ 为约束模态坐标; $\boldsymbol{q}_{\mathrm{N}}$ 为固定界面主模态坐标。

运用模态分析法, 按照适当的模态截断准则, 可以在保证一定精度的要求下, 尽可能地降低分析的自由度数以减少求解工作量, 还可以运用有限元法来进行复杂形状物体的模态分析, 因此采用模态矩阵及相应的模态坐标来描述物体的弹性变形被广泛用于柔性多体系统动力学建模。

11.1.4 有限元法

有限元法可以将复杂形状和边界的变形体分割为一些形状规则的单元, 而每个单元的变形模式则很容易选取。

如图 11.3 所示的变形体 i, $OXYZ$ 为总体参考坐标系, $O_iX_iY_iZ_i$ 为变形体的物体坐标系 (浮动坐标系), $O_i^jX_i^jY_i^jZ_i^j$ 为变形体中单元 j 的单元局部坐标系。单元 j 中任意点的位移在单元局部坐标系下的坐标列矩阵 $\overline{\boldsymbol{u}}_i^j$ 可以用该单元的节点位移 $\boldsymbol{w}_i^j$ 表示为

$$\overline{\boldsymbol{u}}_i^j=\boldsymbol{\varPsi}^j\boldsymbol{w}_i^j \tag{11.4}$$

此处 $\boldsymbol{\varPsi}^j$ 为单元 j 在单元局部坐标系下的形函数。

设 $\boldsymbol{A}_i^j$ 为单元 j 的单元局部坐标系到物体坐标系的方向余弦矩阵, 则单元 j 中任意点的位移在单元局部坐标系下的坐标列矩阵 $\overline{\boldsymbol{u}}_i^j$ 变换到物体坐标系下的坐标列矩阵为

$$\overline{\boldsymbol{u}}_i=\boldsymbol{A}_i^j\overline{\boldsymbol{u}}_i^j=\boldsymbol{A}_i^j\boldsymbol{\varPsi}^j\boldsymbol{w}_i^j \tag{11.5}$$

而单元的节点位移在单元局部坐标系与物体坐标系之间的转换关系为

$$\boldsymbol{w}_i^j=\widehat{\boldsymbol{A}}_i^j\boldsymbol{w}_i \tag{11.6}$$

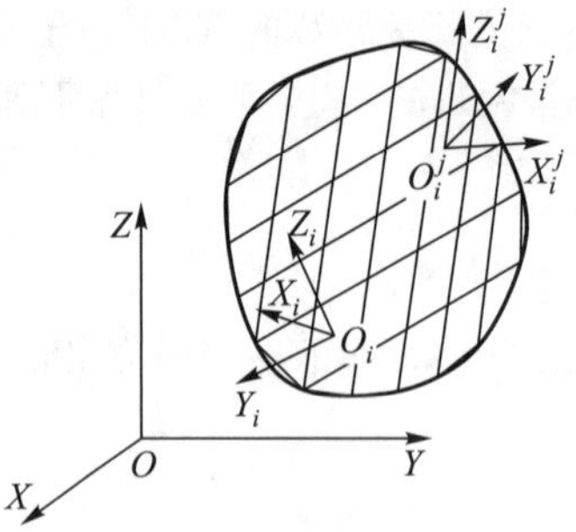

图 11.3 变形体 i

式中, $\widehat{\boldsymbol{A}}_i^j$ 为单元的节点位移列矩阵在单元局部坐标系与物体坐标系之间的转换矩阵; $\boldsymbol{w}_i$ 为单元节点位移在物体坐标系下的坐标列矩阵。如果单元 j 有 $n_{\mathrm{d}j}$ 个节点, $\widehat{\boldsymbol{A}}_i^j$ 就是沿对角排列的 $n_{\mathrm{d}j}$ 个 $\boldsymbol{A}_i^{j\mathrm{T}}$ 组成的方阵, 其维数等于单元节点的总自由度数。比如对于两个节点的梁单元, $\boldsymbol{A}_i^j=\begin{bmatrix}\cos\theta_i^j & -\sin\theta_i^j\\ \sin\theta_i^j & \cos\theta_i^j\end{bmatrix}$ (θ_i^j 为单元局部坐标系的基矢量与物体坐标系的基矢量之间的夹角), $\widehat{\boldsymbol{A}}_i^j=\begin{bmatrix}\boldsymbol{A}_i^{j\mathrm{T}} & 0 & & & & \\ & 0 & & & \boldsymbol{0} & \\ 0 & 0 & 1 & & & \\ & & & \boldsymbol{A}_i^{j\mathrm{T}} & & 0\\ & \boldsymbol{0} & & & & 0\\ & & & 0 & 0 & 1\end{bmatrix}$ 是一个 6×6 阶的矩阵。

于是

$$\overline{\boldsymbol{u}}_i=\boldsymbol{A}_i^j\boldsymbol{\Psi}^j\widehat{\boldsymbol{A}}_i^j\boldsymbol{w}_i \tag{11.7}$$

将单元 j 组装到变形体 i 中时, 节点位移要按变形体 i 上的所有节点重新排序, 即

$$\boldsymbol{w}_i=\boldsymbol{L}_i^j\boldsymbol{q}_{\mathrm{f}i} \tag{11.8}$$

式中, $\boldsymbol{q}_{\mathrm{f}i}$ 表示变形体 i 的节点位移, $\boldsymbol{L}_i^j$ 为布尔指示矩阵, 这样

$$\overline{\boldsymbol{u}}_i=\boldsymbol{A}_i^j\boldsymbol{\Psi}^j\widehat{\boldsymbol{A}}_i^j\boldsymbol{L}_i^j\boldsymbol{q}_{\mathrm{f}i}=\boldsymbol{N}_i^j\boldsymbol{q}_{\mathrm{f}i} \tag{11.9}$$

其中

$$\boldsymbol{N}_i^j=\boldsymbol{A}_i^j\boldsymbol{\Psi}^j\widehat{\boldsymbol{A}}_i^j\boldsymbol{L}_i^j \tag{11.10}$$

为单元 j 在物体 i 的物体坐标系下的形函数矩阵。

11.1.5 绝对节点坐标法

绝对节点坐标法是将单元节点坐标用定义在总体参考系中的绝对坐标进行描述, 用斜率矢量代替传统有限元法中的节点转换坐标, 具有常值质量矩阵。单元上任意点 P 的全局位置向量可以用全局形函数 $\boldsymbol{\Psi}$ 和绝对节点坐标 $\boldsymbol{e}$ 来描述

$$\overline{\boldsymbol{r}}=\boldsymbol{\Psi}\boldsymbol{e} \tag{11.11}$$

比如对于做平面运动的二节点梁单元 (如图 11.4 所示), 任意点的坐标可以用其位置矢径 $\boldsymbol{r}(\bar{\boldsymbol{r}}=[X\ \ Y]^{\mathrm{T}})$ 和中心线的切线矢量 $\boldsymbol{t}\left(\bar{\boldsymbol{t}}=\left[\dfrac{\partial X}{\partial s}\ \ \dfrac{\partial Y}{\partial s}\right]^{\mathrm{T}}\right)$ 来表示, 其中 s 为任意点中心线的弧坐标, $s\in[0,l]$, l 为单元初始长度, 这样绝对坐标中就不含转角坐标。梁单元的全局形函数为

$$\boldsymbol{\Psi}=\begin{bmatrix}1-3\xi^2+2\xi^3 & 0 & l(\xi-2\xi^2+\xi^3) & 0 & 3\xi^2-2\xi^3 & 0 & -l(\xi^2-\xi^3) & 0\\ 0 & 1-3\xi^2+2\xi^3 & 0 & l(\xi-2\xi^2+\xi^3) & 0 & 3\xi^2-2\xi^3 & 0 & -l(\xi^2-\xi^3)\end{bmatrix} \tag{11.12}$$

其中 $\xi=s/l$。绝对节点坐标 $\boldsymbol{e}$ 为

$$\begin{aligned}\boldsymbol{e}&=\left[\bar{\boldsymbol{r}}_1^{\mathrm{T}}\ \ \bar{\boldsymbol{t}}_1^{\mathrm{T}}\ \ \bar{\boldsymbol{r}}_2^{\mathrm{T}}\ \ \bar{\boldsymbol{t}}_2^{\mathrm{T}}\right]^{\mathrm{T}}\\&=\left[X_1\ \ Y_1\ \ \frac{\partial X_1}{\partial s}\ \ \frac{\partial Y_1}{\partial s}\ \ X_2\ \ Y_2\ \ \frac{\partial X_2}{\partial s}\ \ \frac{\partial Y_2}{\partial s}\right]^{\mathrm{T}}\end{aligned} \tag{11.13}$$

其中 $\bar{\boldsymbol{r}}_i=[X_i\ \ Y_i]^{\mathrm{T}}$ (i=1, 2) 为单元节点的位置坐标列矩阵, $\bar{\boldsymbol{t}}_i=\left[\dfrac{\partial X_i}{\partial s}\ \ \dfrac{\partial Y_i}{\partial s}\right]^{\mathrm{T}}$ $(i=1,2)$ 为单元节点中心线斜率矢量的坐标列矩阵。

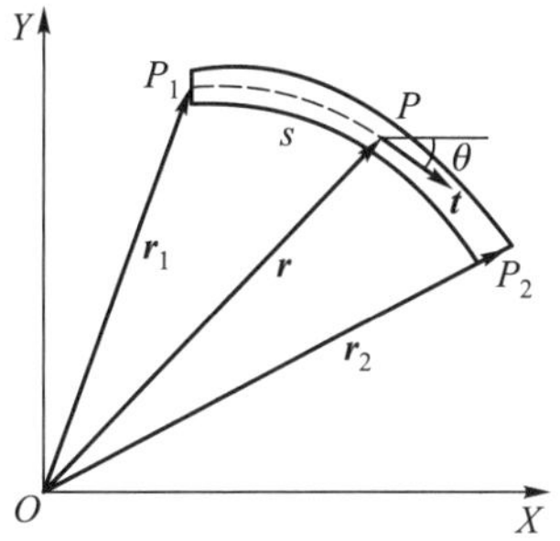

图 11.4 梁单元的绝对坐标

本章主要针对含小变形柔性体的多体系统, 介绍采用相对描述法进行动力学建模的基本原理。

11.2 平面运动柔性多体系统运动学

11.2.1 柔性体上任一点的位置、速度和加速度

考虑如图 11.5 所示的柔性体 i, 在其上建立物体坐标系 $O_iX_iY_i$, 其原点在总体参考坐标系 OXY 的位置矢量为 $\boldsymbol{r}$, 其 X_i 轴相对于总体参考坐标系 X 轴的转角为 θ。设柔性体未变形时其上任意一点 (P 点) 在物体坐标系中的位置矢量为 $\boldsymbol{u}^P$, 考虑 P 点的变形矢量 $\boldsymbol{u}_{\mathrm{f}}^P$, 则变形后 P 点在物体坐标系中的位置矢量为

$$\boldsymbol{u}^{P'}=\boldsymbol{u}^P+\boldsymbol{u}_{\mathrm{f}}^P \tag{11.14}$$

如果采用瑞利–里茨法来描述柔性体变形, 即

$$\overline{\boldsymbol{u}}_{\mathrm{f}}^{P}=\boldsymbol{\Psi}\boldsymbol{q}_{\mathrm{f}} \tag{11.15}$$

式中, $\boldsymbol{\Psi}$ 为里茨基函数矩阵, 采用模态分析法则为模态矩阵, 采用有限元法为形函数矩阵; $\boldsymbol{q}_{\mathrm{f}}$ 为表示物体弹性变形的广义坐标矢量, 采用模态分析法则为模态坐标列矩阵, 采用有限元法为节点位移矢量的坐标列矩阵。

这样变形后 P 点在总体参考坐标系下位置矢量的坐标列矩阵为

$$\overline{\boldsymbol{r}}^{P}=\overline{\boldsymbol{r}}+\boldsymbol{A}\overline{\boldsymbol{u}}^{P'}=\overline{\boldsymbol{r}}+\boldsymbol{A}(\overline{\boldsymbol{u}}^{P}+\overline{\boldsymbol{u}}_{\mathrm{f}}^{P}) \tag{11.16}$$

其中 $\boldsymbol{A}$ 是柔性体的物体坐标系到总体参考坐标系的转换矩阵。

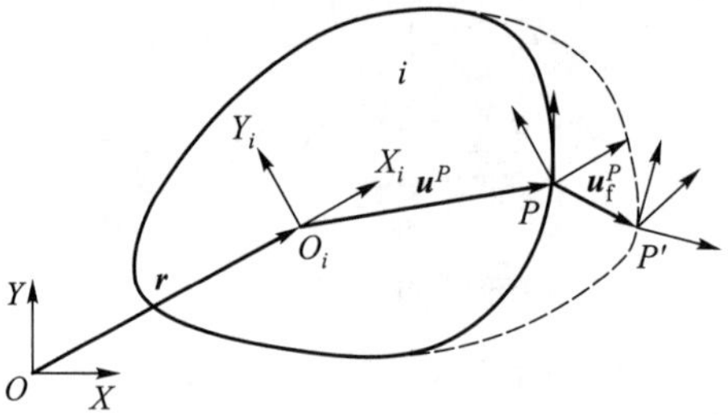

图 11.5 柔性体上的一点

将式 (11.16) 对时间求导, 得柔性体上任一点的速度矢量坐标为

$$\dot{\overline{\boldsymbol{r}}}^{P}=\dot{\overline{\boldsymbol{r}}}+\dot{\boldsymbol{A}}\overline{\boldsymbol{u}}^{P'}+\boldsymbol{A}\dot{\overline{\boldsymbol{u}}}_{\mathrm{f}}^{P} \tag{11.17}$$

其中

$$\boldsymbol{A}=\begin{bmatrix}\cos\theta & -\sin\theta\\ \sin\theta & \cos\theta\end{bmatrix},\quad \dot{\boldsymbol{A}}=\frac{\partial\boldsymbol{A}}{\partial\theta}\dot{\theta}=\boldsymbol{A}_{\theta}\dot{\theta}$$

则

$$\begin{aligned}\dot{\overline{\boldsymbol{r}}}^{P}&=\dot{\overline{\boldsymbol{r}}}+\boldsymbol{A}_{\theta}\overline{\boldsymbol{u}}^{P'}\dot{\theta}+\boldsymbol{A}\dot{\overline{\boldsymbol{u}}}_{\mathrm{f}}^{P}\\&=[\boldsymbol{I}\ \ \boldsymbol{A}_{\theta}\overline{\boldsymbol{u}}^{P'}\ \ \boldsymbol{A}]\begin{bmatrix}\dot{\overline{\boldsymbol{r}}}\\ \dot{\theta}\\ \dot{\overline{\boldsymbol{u}}}_{\mathrm{f}}^{P}\end{bmatrix}\end{aligned} \tag{11.18}$$

令

$$\boldsymbol{H}=\boldsymbol{A}_{\theta}\overline{\boldsymbol{u}}^{P'} \tag{11.19}$$

式 (11.18) 可写为

$$\dot{\overline{\boldsymbol{r}}}^{P}=[\boldsymbol{I}\ \ \boldsymbol{H}\ \ \boldsymbol{A}\boldsymbol{\Psi}]\begin{bmatrix}\dot{\overline{\boldsymbol{r}}}\\ \dot{\theta}\\ \dot{\boldsymbol{q}}_{\mathrm{f}}\end{bmatrix} \tag{11.20}$$

将速度矢量坐标式 (11.17) 对时间求导, 得柔性体上任一点的加速度矢量坐标为

$$\ddot{\overline{\boldsymbol{r}}}^P = \ddot{\overline{\boldsymbol{r}}} + \boldsymbol{A}\ddot{\overline{\boldsymbol{u}}}_{\mathrm{f}}^P + \boldsymbol{A}_\theta \overline{\boldsymbol{u}}^{P'}\ddot{\theta} - \boldsymbol{A}\overline{\boldsymbol{u}}^{P'}\dot{\theta}^2 + 2\boldsymbol{A}_\theta\dot{\theta}\dot{\overline{\boldsymbol{u}}}_{\mathrm{f}}^P \tag{11.21}$$

在平面运动的情况下, 角速度矢量 $\boldsymbol{\omega} = \dot{\theta}\boldsymbol{e}_3$, 角加速度矢量为 $\boldsymbol{\varepsilon} = \ddot{\theta}\boldsymbol{e}_3$, $\boldsymbol{e}_3$ 是沿垂直于运动平面的坐标轴的单位矢量, 则式 (11.21) 可以写为

$$\ddot{\overline{\boldsymbol{r}}}^P = \ddot{\overline{\boldsymbol{r}}} + \boldsymbol{A}\ddot{\overline{\boldsymbol{u}}}_{\mathrm{f}}^P + \boldsymbol{A}_\theta \overline{\boldsymbol{u}}^{P'}\varepsilon - \boldsymbol{A}\overline{\boldsymbol{u}}^{P'}\omega^2 + 2\boldsymbol{A}_\theta\dot{\theta}\dot{\overline{\boldsymbol{u}}}_{\mathrm{f}}^P \tag{11.22}$$

式中, $\ddot{\overline{\boldsymbol{r}}}$ 为物体坐标系原点的移动加速度 (P 点的牵连移动加速度); $\boldsymbol{A}\ddot{\overline{\boldsymbol{u}}}_{\mathrm{f}}^P$ 是 P 点的相对变形加速度; $\boldsymbol{A}_\theta \overline{\boldsymbol{u}}^{P'}\varepsilon$ 是 P 点的牵连转动切向加速度; $-\boldsymbol{A}\overline{\boldsymbol{u}}^{P'}\omega^2$ 是 P 点的牵连转动法向加速度; $2\boldsymbol{A}_\theta\dot{\theta}\dot{\overline{\boldsymbol{u}}}_{\mathrm{f}}^P$ 是 P 点的科氏加速度。

11.2.2 约束方程

柔性多体系统完整约束的约束方程一般表示为

$$\boldsymbol{\Phi} = \boldsymbol{\Phi}(\boldsymbol{q}, t) = \boldsymbol{0} \tag{11.23}$$

建立柔性多体系统约束方程的原理与建立多刚体系统约束方程的原理类似, 比如图 11.6 中连接柔性体 i、j 上两点 P 和 Q 的矢量 $\boldsymbol{h}_{ij}$ 的在总体参考坐标系下的坐标列矩阵可表示为

$$\overline{\boldsymbol{h}}_{ij} = \overline{\boldsymbol{r}}_j + \boldsymbol{A}_j\overline{\boldsymbol{u}}_j^{Q'} - \overline{\boldsymbol{r}}_i - \boldsymbol{A}_i\overline{\boldsymbol{u}}_i^{P'} \tag{11.24}$$

式中, $\boldsymbol{r}_i$、$\boldsymbol{r}_j$ 分别是柔性体 i、j 上物体坐标系原点在总体参考坐标系下的位置矢量; $\boldsymbol{A}_i$、$\boldsymbol{A}_j$ 分别是柔性体 i、j 的物体坐标系到总体参考坐标系的坐标转换矩阵; $\boldsymbol{u}_i^{P'}$、$\boldsymbol{u}_j^{Q'}$ 分别是变形后 P 点和 Q 点在物体坐标系中的位置矢量。

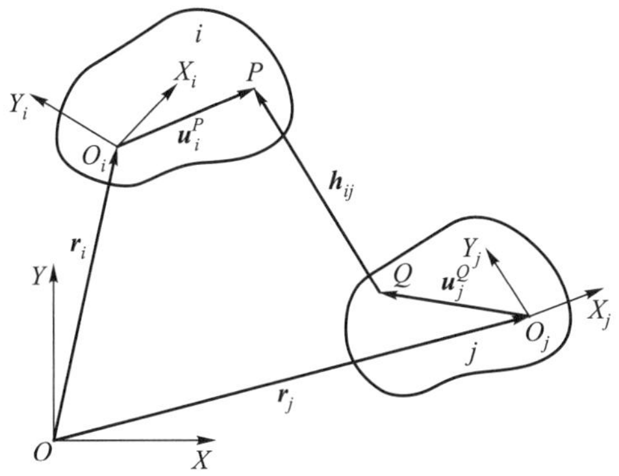

图 11.6 连接柔性体的矢量

设 $\boldsymbol{u}_i^P$、$\boldsymbol{u}_j^Q$ 分别是柔性体 i、j 上未变形时的 P 点和 Q 点在其物体坐标系中的位置矢量, $\boldsymbol{u}_{\mathrm{f}}^P$、$\boldsymbol{u}_{\mathrm{f}}^Q$ 分别是 P 点和 Q 点的变形矢量, 则

$$\overline{\boldsymbol{u}}_i^{P'} = \overline{\boldsymbol{u}}_i^P + \overline{\boldsymbol{u}}_{\mathrm{f}}^P$$
$$\overline{\boldsymbol{u}}_j^{Q'} = \overline{\boldsymbol{u}}_j^Q + \overline{\boldsymbol{u}}_{\mathrm{f}}^Q$$

式 (11.24) 可进一步写为

$$\overline{\boldsymbol{h}}_{ij}=\overline{\boldsymbol{r}}_j+\boldsymbol{A}_j(\overline{\boldsymbol{u}}_j^Q+\overline{\boldsymbol{u}}_{\mathrm{f}}^Q)-\overline{\boldsymbol{r}}_i-\boldsymbol{A}_i(\overline{\boldsymbol{u}}_i^P+\overline{\boldsymbol{u}}_{\mathrm{f}}^P) \tag{11.25}$$

如果约束条件是

$$\overline{\boldsymbol{h}}_{ij}=\overline{\boldsymbol{h}}_{ij}(t)$$

那么约束方程就可以写成

$$\boldsymbol{\varPhi}=\overline{\boldsymbol{r}}_j+\boldsymbol{A}_j(\overline{\boldsymbol{u}}_j^Q+\overline{\boldsymbol{u}}_{\mathrm{f}}^Q)-\overline{\boldsymbol{r}}_i-\boldsymbol{A}_i(\overline{\boldsymbol{u}}_i^P+\overline{\boldsymbol{u}}_{\mathrm{f}}^P)=\overline{\boldsymbol{h}}_{ij}(t) \tag{11.26}$$

比如 P、Q 两点由转动铰连接, 则两点始终重合, 相应的位置约束方程为

$$\boldsymbol{\varPhi}=\overline{\boldsymbol{r}}_j+\boldsymbol{A}_j(\overline{\boldsymbol{u}}_j^Q+\overline{\boldsymbol{u}}_{\mathrm{f}}^Q)-\overline{\boldsymbol{r}}_i-\boldsymbol{A}_i(\overline{\boldsymbol{u}}_i^P+\overline{\boldsymbol{u}}_{\mathrm{f}}^P)=\mathbf{0} \tag{11.27}$$

或

$$\boldsymbol{\varPhi}=\overline{\boldsymbol{r}}_i+\boldsymbol{A}_i(\overline{\boldsymbol{u}}_i^P+\overline{\boldsymbol{u}}_{\mathrm{f}}^P)-\overline{\boldsymbol{r}}_j-\boldsymbol{A}_j(\overline{\boldsymbol{u}}_j^Q+\overline{\boldsymbol{u}}_{\mathrm{f}}^Q)=\mathbf{0}$$

其变分形式为

$$\delta\boldsymbol{\varPhi}=\delta\overline{\boldsymbol{r}}_i+\delta\boldsymbol{A}_i(\overline{\boldsymbol{u}}_i^P+\overline{\boldsymbol{u}}_{\mathrm{f}}^P)+\boldsymbol{A}_i\delta\overline{\boldsymbol{u}}_{\mathrm{f}}^P-\delta\overline{\boldsymbol{r}}_j-\delta\boldsymbol{A}_j(\overline{\boldsymbol{u}}_j^Q+\overline{\boldsymbol{u}}_{\mathrm{f}}^Q)-\boldsymbol{A}_j\delta\overline{\boldsymbol{u}}_{\mathrm{f}}^Q=\mathbf{0}$$

写成矩阵的形式为

$$\begin{bmatrix}\boldsymbol{I} & \boldsymbol{H}_i & \boldsymbol{A}_i\boldsymbol{\varPsi}_i\end{bmatrix}\begin{bmatrix}\delta\overline{\boldsymbol{r}}_i\\ \delta\theta_i\\ \delta\boldsymbol{q}_{\mathrm{f}i}\end{bmatrix}-\begin{bmatrix}\boldsymbol{I} & \boldsymbol{H}_j & \boldsymbol{A}_j\boldsymbol{\varPsi}_j\end{bmatrix}\begin{bmatrix}\delta\overline{\boldsymbol{r}}_j\\ \delta\theta_j\\ \delta\boldsymbol{q}_{\mathrm{f}j}\end{bmatrix}=\mathbf{0} \tag{11.28}$$

其中 $\boldsymbol{q}_{\mathrm{f}i}$、$\boldsymbol{q}_{\mathrm{f}j}$ 分别为表示物体 i、j 弹性变形的广义坐标矢量。

令

$$\delta\boldsymbol{q}=\begin{bmatrix}\delta\boldsymbol{q}_i\\ \delta\boldsymbol{q}_j\end{bmatrix}=\begin{bmatrix}\delta\overline{\boldsymbol{r}}_i\\ \delta\theta_i\\ \delta\boldsymbol{q}_{\mathrm{f}i}\\ \delta\overline{\boldsymbol{r}}_j\\ \delta\theta_j\\ \delta\boldsymbol{q}_{\mathrm{f}j}\end{bmatrix}$$

约束方程的雅可比矩阵为

$$\boldsymbol{\varPhi}_q=\begin{bmatrix}\boldsymbol{I} & \boldsymbol{H}_i & \boldsymbol{A}_i\boldsymbol{\varPsi}_i & -\boldsymbol{I} & -\boldsymbol{H}_j & -\boldsymbol{A}_j\boldsymbol{\varPsi}_j\end{bmatrix} \tag{11.29}$$

则约束方程的变分形式可简单地写为

$$\boldsymbol{\varPhi}=\boldsymbol{\varPhi}_q\delta\boldsymbol{q}=\mathbf{0} \tag{11.30}$$

将式 (11.23) 对时间求导, 速度约束方程为

$$\boldsymbol{\varPhi}_q\dot{\boldsymbol{q}}+\boldsymbol{\varPhi}_t=\mathbf{0} \tag{11.31}$$

进一步将速度约束方程 (11.31) 对时间进行求导, 得到加速度约束方程为

$$\boldsymbol{\Phi}_q\ddot{\boldsymbol{q}}=\boldsymbol{\gamma} \tag{11.32}$$

其中

$$\boldsymbol{\gamma}=-(\boldsymbol{\Phi}_q\dot{\boldsymbol{q}})_q\dot{\boldsymbol{q}}-2\boldsymbol{\Phi}_{qt}\dot{\boldsymbol{q}}-\boldsymbol{\Phi}_{tt}$$

[例 11–1] 如图 11.7(a) 所示的平面运动曲柄滑块机构, 机架、曲柄 OA 和滑块 B 都是刚体, 连杆 AB 为弹性体, 其长度为 l, 一端 (A 点) 通过转动铰与曲柄相连, 另一端 (B 点) 通过转动铰与滑块相连。试写出转动铰 B 的约束方程及其雅可比矩阵。

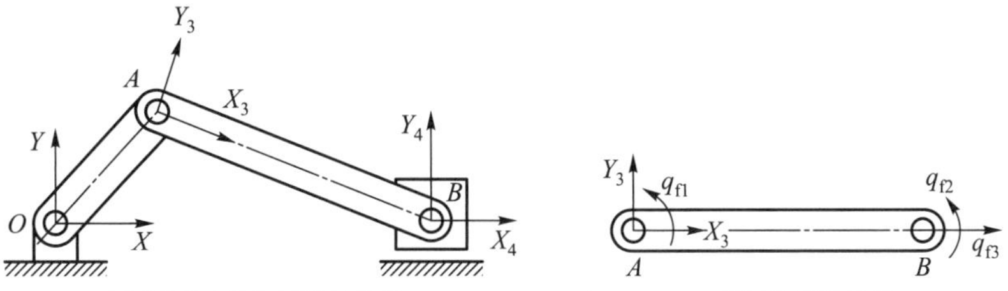

图 11.7 例 11–1 图

解: 以 O 点为原点建立总体参考坐标系 OXY, 对于连杆 AB, 选取 A 点为原点, 连杆未变形时的两个端点的连线为 X 轴, 建立物体坐标系 AX_3Y_3[如图 11.7(a) 所示], 则相对于连杆物体坐标系的弹性变形运动相当于一个简支梁的振动, 其里茨基函数可选为

$$\boldsymbol{\Psi}=\begin{bmatrix}0 & \xi & 0\\ l(\xi-2\xi^2+\xi^3) & 0 & l(\xi^3-\xi^2)\end{bmatrix}$$

其中 $\xi=s/l$。令相对于物体坐标系的表示物体弹性变形的广义坐标矢量为

$$\boldsymbol{q}_\mathrm{f}=\begin{bmatrix}q_{\mathrm{f}1} & q_{\mathrm{f}2} & q_{\mathrm{f}3}\end{bmatrix}^\mathrm{T}$$

其中 $q_{\mathrm{f}1}$、$q_{\mathrm{f}2}$、$q_{\mathrm{f}3}$ 分别为 A 点的转角和 B 点 X 的方向位移和转角 [如图 11.7(b) 所示]。

在滑块上以 B 点为原点建立与总体参考坐标系平行的连体坐标系 BX_4Y_4。设连杆物体坐标系以及滑块连体坐标系的原点在总体参考坐标系中的位置矢量为 $\boldsymbol{r}_3$、$\boldsymbol{r}_4$, 其坐标列矩阵分别为 $[x_3\quad y_3]^\mathrm{T}$、$[x_4\quad y_4]^\mathrm{T}$, 连杆物体坐标系的 X_3 轴以及滑块连体坐标系的 X_4 轴与总体参考坐标系 X 轴之间的夹角分别为 θ_3、θ_4, 物体坐标系到总体参考坐标系的坐标转换矩阵分别为 $\boldsymbol{A}_3$、$\boldsymbol{A}_4$, 根据式 (11.27) 可得转动铰 B 的约束方程为

$$\boldsymbol{\Phi}=\overline{\boldsymbol{r}}_3+\boldsymbol{A}_3(\overline{\boldsymbol{u}}_3^B+\overline{\boldsymbol{u}}_{\mathrm{f}3}^B)-\overline{\boldsymbol{r}}_4-\boldsymbol{A}_4(\overline{\boldsymbol{u}}_4^B+\overline{\boldsymbol{u}}_{\mathrm{f}4}^B)=\boldsymbol{0}$$

其中

$$\overline{\boldsymbol{u}}_3^B=[l\ \ 0]^{\mathrm{T}}$$

$$\overline{\boldsymbol{u}}_{\mathrm{f}3}^B=\boldsymbol{\Psi}(\xi=1)\boldsymbol{q}_{\mathrm{f}}=\begin{bmatrix}0&1&0\\0&0&0\end{bmatrix}\begin{bmatrix}q_{\mathrm{f}1}\\q_{\mathrm{f}2}\\q_{\mathrm{f}3}\end{bmatrix}=\begin{bmatrix}q_{\mathrm{f}2}\\0\end{bmatrix}$$

$$\theta_4=0,\quad \boldsymbol{A}_4=\boldsymbol{I},\quad \overline{\boldsymbol{u}}_4^B=\boldsymbol{0},\quad \overline{\boldsymbol{u}}_{\mathrm{f}4}^B=\boldsymbol{0}$$

$$\boldsymbol{A}_3=\begin{bmatrix}\cos\theta_3&-\sin\theta_3\\\sin\theta_3&\cos\theta_3\end{bmatrix}$$

因此转动铰 B 的约束方程为

$$\begin{bmatrix}x_3\\y_3\end{bmatrix}+\begin{bmatrix}\cos\theta_3&-\sin\theta_3\\\sin\theta_3&\cos\theta_3\end{bmatrix}\begin{bmatrix}l+q_{\mathrm{f}2}\\0\end{bmatrix}-\begin{bmatrix}x_4\\y_4\end{bmatrix}=\boldsymbol{0}$$

对应于转动铰 B 的约束方程的广义坐标为

$$\boldsymbol{q}=\begin{bmatrix}x_3&y_3&\theta_3&q_{\mathrm{f}1}&q_{\mathrm{f}2}&q_{\mathrm{f}3}&x_4&y_4\end{bmatrix}^{\mathrm{T}}$$

则其雅可比矩阵为

$$\begin{aligned}\boldsymbol{\Phi}_q&=\begin{bmatrix}\boldsymbol{I}&\boldsymbol{H}_3&\boldsymbol{A}_3\boldsymbol{\Psi}&-\boldsymbol{I}\end{bmatrix}\\&=\begin{bmatrix}1&0&-(l+q_{\mathrm{f}2})\sin\theta_3&0&\cos\theta_3&0&-1&0\\0&1&(l+q_{\mathrm{f}2})\cos\theta_3&0&\sin\theta_3&0&0&-1\end{bmatrix}\end{aligned}$$

11.3 平面运动柔性多体系统动力学方程

11.3.1 柔性体的动能及质量矩阵

根据式 (11.20), 柔性体上任意一点 (P 点) 的速度矢量的坐标列矩阵为

$$\dot{\overline{\boldsymbol{r}}}^P=\begin{bmatrix}\boldsymbol{I}&\boldsymbol{H}&\boldsymbol{A}\boldsymbol{\Psi}\end{bmatrix}\begin{bmatrix}\dot{\overline{\boldsymbol{r}}}\\\dot{\theta}\\\dot{\boldsymbol{q}}_{\mathrm{f}}\end{bmatrix}$$

柔性体的动能为

$$T=\frac{1}{2}\int_V\rho\dot{\overline{\boldsymbol{r}}}^{P\mathrm{T}}\dot{\overline{\boldsymbol{r}}}^P\mathrm{d}V=\frac{1}{2}\dot{\boldsymbol{q}}^{\mathrm{T}}\boldsymbol{M}\dot{\boldsymbol{q}}\tag{11.33}$$

其中, ρ 为物体的密度, $\boldsymbol{q}$ 为柔性体的广义坐标, 且

$$\dot{\boldsymbol{q}}=\begin{bmatrix}\dot{\overline{\boldsymbol{r}}}\\\dot{\theta}\\\dot{\boldsymbol{q}}_{\mathrm{f}}\end{bmatrix}$$

柔性体的质量矩阵为

$$\boldsymbol{M}=\int_V\rho\begin{bmatrix}\boldsymbol{I} & \boldsymbol{H} & \boldsymbol{A\Psi}\\ \boldsymbol{H}^{\mathrm{T}} & \boldsymbol{H}^{\mathrm{T}}\boldsymbol{H} & \boldsymbol{H}^{\mathrm{T}}\boldsymbol{A\Psi}\\ \boldsymbol{\Psi}^{\mathrm{T}}\boldsymbol{A} & \boldsymbol{\Psi}^{\mathrm{T}}\boldsymbol{AH} & \boldsymbol{\Psi}^{\mathrm{T}}\boldsymbol{A}^{\mathrm{T}}\boldsymbol{A\Psi}\end{bmatrix}\mathrm{d}V=\begin{bmatrix}\boldsymbol{m}^{rr} & \boldsymbol{m}^{r\theta} & \boldsymbol{m}^{rf}\\ \boldsymbol{m}^{r\theta} & \boldsymbol{m}^{\theta\theta} & \boldsymbol{m}^{\theta f}\\ \boldsymbol{m}^{rf} & \boldsymbol{m}^{\theta f} & \boldsymbol{m}^{ff}\end{bmatrix}\tag{11.34}$$

质量矩阵中的各分项如下:

(1) $\boldsymbol{m}^{rr}$。

$$\boldsymbol{m}^{rr}=\int_V\rho\boldsymbol{I}\mathrm{d}V=\begin{bmatrix}m & 0\\ 0 & m\end{bmatrix}\tag{11.35}$$

式中, m 为柔性体的质量。

(2) $\boldsymbol{m}^{r\theta}$。

$$\begin{aligned}\boldsymbol{m}^{r\theta}&=\int_V\rho\boldsymbol{H}\mathrm{d}V=\int_V\rho\boldsymbol{A}_\theta\overline{\boldsymbol{u}}^{P'}\mathrm{d}V=\boldsymbol{A}_\theta\int_V\rho(\overline{\boldsymbol{u}}^P+\boldsymbol{\Psi}\boldsymbol{q}_{\mathrm{f}})\mathrm{d}V\\ &=\boldsymbol{A}_\theta(\boldsymbol{J}_1+\boldsymbol{S}\boldsymbol{q}_{\mathrm{f}})\end{aligned}\tag{11.36}$$

式中,

$$\boldsymbol{J}_1=\int_V\rho\overline{\boldsymbol{u}}^P\mathrm{d}V\tag{11.37}$$

为物体未变形时对物体坐标系原点的一次矩, 而

$$\boldsymbol{S}=\int_V\rho\boldsymbol{\Psi}\mathrm{d}V\tag{11.38}$$

(3) $\boldsymbol{m}^{rf}$。

$$\boldsymbol{m}^{rf}=\int_V\rho\boldsymbol{A\Psi}\mathrm{d}V=\boldsymbol{AS}\tag{11.39}$$

(4) $\boldsymbol{m}^{\theta\theta}$。

$$\begin{aligned}\boldsymbol{m}^{\theta\theta}&=\int_V\rho\boldsymbol{H}^{\mathrm{T}}\boldsymbol{H}\mathrm{d}V=\int_V\rho\overline{\boldsymbol{u}}^{P'\mathrm{T}}\boldsymbol{A}_\theta^{\mathrm{T}}\boldsymbol{A}_\theta\overline{\boldsymbol{u}}^{P'}\mathrm{d}V=\int_V\rho\overline{\boldsymbol{u}}^{P'\mathrm{T}}\overline{\boldsymbol{u}}^{P'}\mathrm{d}V\\ &=\int_V\rho(\overline{\boldsymbol{u}}^P+\boldsymbol{\Psi}\boldsymbol{q}_{\mathrm{f}})^{\mathrm{T}}(\overline{\boldsymbol{u}}^P+\boldsymbol{\Psi}\boldsymbol{q}_{\mathrm{f}})\mathrm{d}V\\ &=(m^{\theta\theta})_{rr}+(m^{\theta\theta})_{rf}+(m^{\theta\theta})_{ff}\end{aligned}\tag{11.40}$$

式中,

$$(m^{\theta\theta})_{rr}=\int_V\rho\overline{\boldsymbol{u}}^{P\mathrm{T}}\overline{\boldsymbol{u}}^P\mathrm{d}V=\int_V\rho(x^2+y^2)\mathrm{d}V\tag{11.41}$$

为物体变形前对于物体坐标系原点的极转动惯量, 而

$$(m^{\theta\theta})_{rf}=2\left(\int_V\rho\overline{\boldsymbol{u}}^{P\mathrm{T}}\boldsymbol{\Psi}\right)\mathrm{d}V\boldsymbol{q}_{\mathrm{f}}\tag{11.42}$$

$$(m^{\theta\theta})_{ff}=\int_V\rho\boldsymbol{q}_{\mathrm{f}}^{\mathrm{T}}\boldsymbol{\Psi}^{\mathrm{T}}\boldsymbol{\Psi}\boldsymbol{q}_{\mathrm{f}}\mathrm{d}V=\boldsymbol{q}_{\mathrm{f}}^{\mathrm{T}}\left(\int_V\rho\boldsymbol{\Psi}^{\mathrm{T}}\boldsymbol{\Psi}\mathrm{d}V\right)\boldsymbol{q}_{\mathrm{f}}=\boldsymbol{q}_{\mathrm{f}}^{\mathrm{T}}\boldsymbol{m}^{ff}\boldsymbol{q}_{\mathrm{f}}\tag{11.43}$$

(5) $\boldsymbol{m}^{\theta f}$。

$$\boldsymbol{m}^{\theta f}=\int_V \rho \boldsymbol{H}^{\mathrm{T}} \boldsymbol{A} \boldsymbol{\Psi} \mathrm{d} V=\int_V \rho \overline{\boldsymbol{u}}^{P^{\prime} \mathrm{T}} \boldsymbol{A}_\theta^{\mathrm{T}} \boldsymbol{A} \boldsymbol{\Psi} \mathrm{d} V \tag{11.44}$$

由于 $\boldsymbol{A}_\theta^{\mathrm{T}} \boldsymbol{A}=\begin{bmatrix}0 & 1 \\ -1 & 0\end{bmatrix}=\widetilde{\boldsymbol{I}}$, 因此

$$\boldsymbol{m}^{\theta f}=\int_V \rho \overline{\boldsymbol{u}}^{P^{\prime} \mathrm{T}} \widetilde{\boldsymbol{I}} \boldsymbol{\Psi} \mathrm{d} V=\int_V \rho \overline{\boldsymbol{u}}^{P \mathrm{T}} \widetilde{\boldsymbol{I}} \boldsymbol{\Psi} \mathrm{d} V+\int_V \rho \boldsymbol{q}_{\mathrm{f}}^{\mathrm{T}} \boldsymbol{\Psi}^{\mathrm{T}} \widetilde{\boldsymbol{I}} \boldsymbol{\Psi} \mathrm{d} V=\widetilde{\boldsymbol{S}}^{\prime}+\boldsymbol{q}_{\mathrm{f}}^{\mathrm{T}} \widetilde{\boldsymbol{S}}_{\mathrm{f}} \tag{11.45}$$

式中,

$$\widetilde{\boldsymbol{S}}^{\prime}=\int_V \rho \overline{\boldsymbol{u}}^{P \mathrm{T}} \widetilde{\boldsymbol{I}} \boldsymbol{\Psi} \mathrm{d} V \tag{11.46}$$

$$\widetilde{\boldsymbol{S}}_{\mathrm{f}}=\int_V \rho \boldsymbol{\Psi}^{\mathrm{T}} \widetilde{\boldsymbol{I}} \boldsymbol{\Psi} \mathrm{d} V \tag{11.47}$$

(6) $\boldsymbol{m}^{ff}$。

$$\boldsymbol{m}^{ff}=\int_V \rho \boldsymbol{\Psi}^{\mathrm{T}} \boldsymbol{A}^{\mathrm{T}} \boldsymbol{A} \boldsymbol{\Psi} \mathrm{d} V=\int_V \rho \boldsymbol{\Psi}^{\mathrm{T}} \boldsymbol{\Psi} \mathrm{d} V \tag{11.48}$$

[例 11–2] 试写出例 11–1 中柔性连杆的质量矩阵 (连杆的密度为 ρ, 截面积为 A)。

解: 设连杆的广义坐标为 $\boldsymbol{q}_3=[x_3 \;\; y_3 \;\; \theta_3 \;\; \boldsymbol{q}_{\mathrm{f}}^{\mathrm{T}}]^{\mathrm{T}}$, 对应的质量矩阵为

$$\boldsymbol{M}=\begin{bmatrix}\boldsymbol{m}^{rr} & \boldsymbol{m}^{r\theta} & \boldsymbol{m}^{rf} \\ \boldsymbol{m}^{r\theta} & \boldsymbol{m}^{\theta\theta} & \boldsymbol{m}^{\theta f} \\ \boldsymbol{m}^{rf} & \boldsymbol{m}^{\theta f} & \boldsymbol{m}^{ff}\end{bmatrix}$$

其中

$$\boldsymbol{m}^{rr}=\begin{bmatrix}m & 0 \\ 0 & m\end{bmatrix}, \quad m=\rho A l$$

由

$$\boldsymbol{m}^{r\theta}=\boldsymbol{A}_{3\theta}(\boldsymbol{J}_1+\boldsymbol{S}\boldsymbol{q}_{\mathrm{f}})$$

$$\boldsymbol{J}_1=\int_V \rho \overline{\boldsymbol{u}}_3^B \mathrm{d} V=\int_V \rho\begin{bmatrix}x_3 \\ 0\end{bmatrix} \mathrm{d} V=\begin{bmatrix}\dfrac{ml}{2} \\ 0\end{bmatrix}$$

$$\begin{aligned}\boldsymbol{S}&=\int_V \rho \boldsymbol{\Psi} \mathrm{d} V=\int_0^l \rho A \boldsymbol{\Psi} \mathrm{d} x=\int_0^1 \rho A l \boldsymbol{\Psi} \mathrm{d} \xi \\ &=m \int_0^1\begin{bmatrix}0 & \xi & 0 \\ l(\xi-2\xi^2+\xi^3) & 0 & l(\xi^3-\xi^2)\end{bmatrix} \mathrm{d} \xi=\frac{m}{12}\begin{bmatrix}0 & 6 & 0 \\ l & 0 & -l\end{bmatrix}\end{aligned}$$

$$\boldsymbol{q}_{\mathrm{f}}=\begin{bmatrix}q_{\mathrm{f}1} & q_{\mathrm{f}2} & q_{\mathrm{f}3}\end{bmatrix}^{\mathrm{T}}$$

$$\boldsymbol{A}_{3\theta}=\begin{bmatrix}-\sin\theta_3 & -\cos\theta_3 \\ \cos\theta_3 & -\sin\theta_3\end{bmatrix}$$

得

$$\boldsymbol{m}^{r\theta} = \frac{m}{12}\begin{bmatrix} -6(l+q_{\mathrm{f2}})\sin\theta_3 - l(q_{\mathrm{f1}}-q_{\mathrm{f3}})\cos\theta_3 \\ 6(l+q_{\mathrm{f2}})\cos\theta_3 - l(q_{\mathrm{f1}}-q_{\mathrm{f3}})\sin\theta_3 \end{bmatrix}$$

$$\begin{aligned} \boldsymbol{m}^{rf} = \boldsymbol{A}_3\boldsymbol{S} &= \frac{m}{12}\begin{bmatrix} \cos\theta_3 & -\sin\theta_3 \\ \sin\theta_3 & \cos\theta_3 \end{bmatrix}\begin{bmatrix} 0 & 6 & 0 \\ l & 0 & -l \end{bmatrix} \\ &= \frac{m}{12}\begin{bmatrix} -l\sin\theta_3 & 6\cos\theta_3 & l\sin\theta_3 \\ l\cos\theta_3 & 6\sin\theta_3 & -l\cos\theta_3 \end{bmatrix} \end{aligned}$$

由

$$\boldsymbol{m}^{\theta\theta} = (m^{\theta\theta})_{rr} + (m^{\theta\theta})_{rf} + (m^{\theta\theta})_{ff}$$

$$(m^{\theta\theta})_{rr} = \int_V \rho(x^2+y^2)\mathrm{d}V = \int_0^l \rho x^2 A\mathrm{d}x = \frac{ml^2}{3}$$

$$\begin{aligned} (m^{\theta\theta})_{rf} &= 2\left(\int_V \rho\overline{\boldsymbol{u}}^{P\mathrm{T}}\boldsymbol{\varPsi}\right)\mathrm{d}V\boldsymbol{q}_{\mathrm{f}} = 2\int_0^1 \rho A\begin{bmatrix} x & 0 \end{bmatrix}\boldsymbol{\varPsi}\mathrm{d}x\boldsymbol{q}_{\mathrm{f}} \\ &= 2\int_0^1 \rho Al\begin{bmatrix} \xi & 0 \end{bmatrix}\begin{bmatrix} 0 & \xi & 0 \\ l(\xi-2\xi^2+\xi^3) & 0 & l(\xi^3-\xi^2) \end{bmatrix}\mathrm{d}\xi\begin{bmatrix} q_{\mathrm{f1}} \\ q_{\mathrm{f2}} \\ q_{\mathrm{f3}} \end{bmatrix} = \frac{2}{3}mlq_{\mathrm{f2}} \end{aligned}$$

$$(m^{\theta\theta})_{ff} = \boldsymbol{q}_{\mathrm{f}}^{\mathrm{T}}\boldsymbol{m}^{ff}\boldsymbol{q}_{\mathrm{f}}$$

$$\begin{aligned} \boldsymbol{m}^{ff} &= \int_V \rho\boldsymbol{\varPsi}^{\mathrm{T}}\boldsymbol{\varPsi}\mathrm{d}V = \int_0^1 \rho Al\begin{bmatrix} 0 & l(\xi-2\xi^2+\xi^3) \\ \xi & 0 \\ 0 & l(\xi^3-\xi^2) \end{bmatrix} \\ &\begin{bmatrix} 0 & \xi & 0 \\ l(\xi-2\xi^2+\xi^3) & 0 & l(\xi^3-\xi^2) \end{bmatrix}\mathrm{d}\xi = m\begin{bmatrix} \dfrac{l^2}{105} & 0 & -\dfrac{l^2}{140} \\ 0 & \dfrac{1}{3} & 0 \\ -\dfrac{l^2}{140} & 0 & \dfrac{l^2}{105} \end{bmatrix} \end{aligned}$$

$$\begin{aligned} (m^{\theta\theta})_{ff} &= \boldsymbol{q}_{\mathrm{f}}^{\mathrm{T}}\boldsymbol{m}^{ff}\boldsymbol{q}_{\mathrm{f}} = \begin{bmatrix} q_{\mathrm{f1}} & q_{\mathrm{f2}} & q_{\mathrm{f3}} \end{bmatrix}\begin{bmatrix} \dfrac{l^2}{105} & 0 & -\dfrac{l^2}{140} \\ 0 & \dfrac{1}{3} & 0 \\ -\dfrac{l^2}{140} & 0 & \dfrac{l^2}{105} \end{bmatrix}\begin{bmatrix} q_{\mathrm{f1}} \\ q_{\mathrm{f2}} \\ q_{\mathrm{f3}} \end{bmatrix} \\ &= m\left(\frac{l^2}{105}q_{\mathrm{f1}}^2 + \frac{1}{3}q_{\mathrm{f2}}^2 + \frac{l^2}{105}q_{\mathrm{f3}}^2 - \frac{l^2}{70}q_{\mathrm{f1}}q_{\mathrm{f3}}\right) \end{aligned}$$

最后得

$$\boldsymbol{m}^{\theta\theta} = m\left(\frac{l^2}{3} + \frac{2l}{3}q_{\mathrm{f2}} + \frac{l^2}{105}q_{\mathrm{f1}}^2 + \frac{1}{3}q_{\mathrm{f2}}^2 + \frac{l^2}{105}q_{\mathrm{f3}}^2 - \frac{l^2}{70}q_{\mathrm{f1}}q_{\mathrm{f3}}\right)$$

由

$$\boldsymbol{m}^{\theta f}=\widetilde{\boldsymbol{S}}'+\boldsymbol{q}_{\mathrm{f}}^{\mathrm{T}}\widetilde{\boldsymbol{S}}_{\mathrm{f}}$$

$$\widetilde{\boldsymbol{S}}'=\int_V\rho\overline{\boldsymbol{u}}^{P\mathrm{T}}\widetilde{\boldsymbol{I}}\boldsymbol{\Psi}\mathrm{d}V=\int_0^1\rho Al\begin{bmatrix}\xi & 0\end{bmatrix}\begin{bmatrix}0 & 1\\ -1 & 0\end{bmatrix}$$

$$\begin{bmatrix}0 & \xi & 0\\ l(\xi-2\xi^2+\xi^3) & 0 & l(\xi^3-\xi^2)\end{bmatrix}\mathrm{d}\xi=ml^2\begin{bmatrix}\dfrac{1}{30} & 0 & -\dfrac{1}{20}\end{bmatrix}$$

$$\widetilde{\boldsymbol{S}}_{\mathrm{f}}=\int_V\rho\boldsymbol{\Psi}^{\mathrm{T}}\widetilde{\boldsymbol{I}}\boldsymbol{\Psi}\mathrm{d}V=\int_0^1\rho Al\begin{bmatrix}0 & l(\xi-2\xi^2+\xi^3)\\ \xi & 0\\ 0 & l(\xi^3-\xi^2)\end{bmatrix}\begin{bmatrix}0 & 1\\ -1 & 0\end{bmatrix}$$

$$\begin{bmatrix}0 & \xi & 0\\ l(\xi-2\xi^2+\xi^3) & 0 & l(\xi^3-\xi^2)\end{bmatrix}\mathrm{d}\xi=\frac{ml}{60}\begin{bmatrix}0 & -2 & 0\\ 2 & 0 & -3\\ 0 & 3 & 0\end{bmatrix}$$

最后得

$$\begin{aligned}\boldsymbol{m}^{\theta f}&=ml^2\begin{bmatrix}\dfrac{1}{30} & 0 & -\dfrac{1}{20}\end{bmatrix}+\frac{ml}{60}\begin{bmatrix}q_{\mathrm{f1}} & q_{\mathrm{f2}} & q_{\mathrm{f3}}\end{bmatrix}\begin{bmatrix}0 & -2 & 0\\ 2 & 0 & -3\\ 0 & 3 & 0\end{bmatrix}\\ &=\begin{bmatrix}\dfrac{ml}{30}(l+q_{\mathrm{f2}}) & \dfrac{ml}{60}(3q_{\mathrm{f3}}-2q_{\mathrm{f2}}) & -\dfrac{ml}{20}(l+q_{\mathrm{f2}})\end{bmatrix}\end{aligned}$$

把求得的各质量矩阵分项代入总矩阵中就可得到柔性连杆的质量矩阵。

11.3.2 广义弹性力及刚度矩阵

物体由于弹性变形引起的内力虚功为

$$\delta W^{\mathrm{e}}=-\int_V\boldsymbol{\sigma}^{\mathrm{T}}\delta\boldsymbol{\varepsilon}\mathrm{d}V \tag{11.49}$$

中 $\boldsymbol{\sigma}$、$\boldsymbol{\varepsilon}$ 分别为应力和应变列矩阵。

在小应变的条件下, 对于各向同性的线弹性材料有

$$\begin{aligned}\boldsymbol{\varepsilon}&=\boldsymbol{D}\overline{\boldsymbol{u}}_{\mathrm{f}}=\boldsymbol{D}\boldsymbol{\Psi}\boldsymbol{q}_{\mathrm{f}}\\ \boldsymbol{\sigma}&=\boldsymbol{E}\boldsymbol{\varepsilon}=\boldsymbol{E}\boldsymbol{D}\boldsymbol{\Psi}\boldsymbol{q}_{\mathrm{f}}\end{aligned} \tag{11.50}$$

式中, $\boldsymbol{D}$ 为由位移计算应变的微分算子矩阵; $\boldsymbol{E}$ 为弹性矩阵。

$$\boldsymbol{D}=\frac{1}{2}\begin{bmatrix}2\dfrac{\partial}{\partial x} & 0 & 0 & \dfrac{\partial}{\partial y} & \dfrac{\partial}{\partial z} & 0\\ 0 & 2\dfrac{\partial}{\partial y} & 0 & \dfrac{\partial}{\partial x} & 0 & \dfrac{\partial}{\partial z}\\ 0 & 0 & 2\dfrac{\partial}{\partial z} & 0 & \dfrac{\partial}{\partial x} & \dfrac{\partial}{\partial y}\end{bmatrix}^{\mathrm{T}}$$

$$
\boldsymbol{E}=\frac{E(1-\nu)}{(1+\nu)(1-2\nu)}\begin{bmatrix}1 & \dfrac{\nu}{1-\nu} & \dfrac{\nu}{1-\nu} & 0 & 0 & 0\\ 0 & 1 & \dfrac{\nu}{1-\nu} & 0 & 0 & 0\\ 0 & 0 & 1 & 0 & 0 & 0\\ 0 & 0 & 0 & \dfrac{1-2\nu}{2(1-\nu)} & 0 & 0\\ 0 & 0 & 0 & 0 & \dfrac{1-2\nu}{2(1-\nu)} & 0\\ 0 & 0 & 0 & 0 & 0 & \dfrac{1-2\nu}{2(1-\nu)}\end{bmatrix} \tag{11.51}
$$

式中, E 为杨氏弹性模量; ν 为泊松比。

于是弹性力的虚功为

$$
\begin{aligned}
\delta W^{\mathrm{e}} &= -\int_V \boldsymbol{q}_{\mathrm{f}}^{\mathrm{T}}(\boldsymbol{D\Psi})^{\mathrm{T}}\boldsymbol{E}(\boldsymbol{D\Psi})\delta\boldsymbol{q}_{\mathrm{f}}\mathrm{d}V \\
&= -\boldsymbol{q}_{\mathrm{f}}^{\mathrm{T}}\int_V [(\boldsymbol{D\Psi})^{\mathrm{T}}\boldsymbol{E}(\boldsymbol{D\Psi})\mathrm{d}V]\delta\boldsymbol{q}_{\mathrm{f}} \\
&= -\boldsymbol{q}_{\mathrm{f}}^{\mathrm{T}}\boldsymbol{K}^{ff}\delta\boldsymbol{q}_{\mathrm{f}}
\end{aligned} \tag{11.52}
$$

其中 $\boldsymbol{K}^{ff}$ 是对应于 $\boldsymbol{q}_{\mathrm{f}}$ 的弹性体的刚度矩阵

$$
\boldsymbol{K}^{ff}=\int_V (\boldsymbol{D\Psi})^{\mathrm{T}}\boldsymbol{E}(\boldsymbol{D\Psi})\mathrm{d}V \tag{11.53}
$$

由于柔性体的广义坐标为

$$
\boldsymbol{q}=\left[\overline{\boldsymbol{r}}^{\mathrm{T}}\ \ \theta\ \ \boldsymbol{q}_{\mathrm{f}}^{\mathrm{T}}\right]^{\mathrm{T}}
$$

因此

$$
\delta W^{\mathrm{e}}=-\boldsymbol{q}^{\mathrm{T}}\boldsymbol{K}\delta\boldsymbol{q}
$$

其中对应于广义坐标 $\boldsymbol{q}$ 的刚度矩阵为

$$
\boldsymbol{K}=\begin{bmatrix}\boldsymbol{0} & \boldsymbol{0} & \boldsymbol{0}\\ \boldsymbol{0} & \boldsymbol{0} & \boldsymbol{0}\\ \boldsymbol{0} & \boldsymbol{0} & \boldsymbol{K}^{ff}\end{bmatrix} \tag{11.54}
$$

则作用于物体的广义弹性力为

$$
\boldsymbol{Q}^{\mathrm{e}}=\boldsymbol{K}\boldsymbol{q} \tag{11.55}
$$

[例 11–3] 试写出例 11–1 中柔性连杆的刚度矩阵 (连杆的截面惯性矩为 I, 连杆材料的弹性模量为 E)。

解: 忽略剪切变形, 运用欧拉–伯努利梁理论[22], 连杆的变形为 $\overline{\boldsymbol{u}}_{\mathrm{f}}=[u_{\mathrm{f}x}\ \ u_{\mathrm{f}y}]^{\mathrm{T}}$, 其中 $u_{\mathrm{f}x}$、$u_{\mathrm{f}y}$ 分别是梁的中性轴的轴向和横向位移, 则连杆的弹性应变能为

$$
U=\frac{1}{2}\int_0^l \left[EA(u'_{\mathrm{f}x})^2+EI(u''_{\mathrm{f}y})^2\right]\mathrm{d}x
$$

式中 u'_{fx}、u''_{fy} 表示对 x 的一阶、二阶偏导数, 上式写成矩阵形式为

$$U=\frac{1}{2}\int_0^l \begin{bmatrix} u'_{fx} & u''_{fy} \end{bmatrix} \begin{bmatrix} EA & 0 \\ 0 & EI \end{bmatrix} \begin{bmatrix} u'_{fx} \\ u''_{fy} \end{bmatrix} \mathrm{d}x$$

由 $\overline{\boldsymbol{u}}_{\mathrm{f}}=\boldsymbol{\Psi}\boldsymbol{q}_{\mathrm{f}}$ 得

$$u'_{fx}=\begin{bmatrix} 0 & \frac{1}{l} & 0 \end{bmatrix} \begin{bmatrix} q_{f1} \\ q_{f2} \\ q_{f3} \end{bmatrix}$$

$$u''_{fy}=\begin{bmatrix} \frac{6x}{l^2}-\frac{4}{l} & 0 & \frac{6x}{l^2}-\frac{2}{l} \end{bmatrix} \begin{bmatrix} q_{f1} \\ q_{f2} \\ q_{f3} \end{bmatrix}$$

则连杆的弹性应变能又可写为

$$\begin{aligned} U &= \frac{1}{2}\begin{bmatrix} q_{f1} & q_{f2} & q_{f3} \end{bmatrix} \int_0^l \begin{bmatrix} 0 & \frac{6x}{l^2}-\frac{4}{l} \\ \frac{1}{l} & 0 \\ 0 & \frac{6x}{l^2}-\frac{2}{l} \end{bmatrix} \begin{bmatrix} EA & 0 \\ 0 & EI \end{bmatrix} \begin{bmatrix} 0 & \frac{1}{l} & 0 \\ \frac{6x}{l^2}-\frac{4}{l} & 0 & \frac{6x}{l^2}-\frac{2}{l} \end{bmatrix} \mathrm{d}x \begin{bmatrix} q_{f1} \\ q_{f2} \\ q_{f3} \end{bmatrix} \\ &= \frac{1}{2}\boldsymbol{q}_{\mathrm{f}}^{\mathrm{T}}\boldsymbol{K}^{ff}\boldsymbol{q}_{\mathrm{f}} \end{aligned}$$

其中对应于物体弹性变形广义坐标 $\boldsymbol{q}_{\mathrm{f}}$ 的刚度矩阵为

$$\boldsymbol{K}^{ff}=\begin{bmatrix} \frac{4EI}{l} & 0 & \frac{2EI}{l} \\ 0 & \frac{EA}{l} & 0 \\ \frac{2EI}{l} & 0 & \frac{4EI}{l} \end{bmatrix}$$

而对应于物体体广义坐标 $\boldsymbol{q}=[\overline{\boldsymbol{r}}^{\mathrm{T}} \ \ \theta \ \ \boldsymbol{q}_{\mathrm{f}}^{\mathrm{T}}]^{\mathrm{T}}$ 的刚度矩阵为

$$\boldsymbol{K}=\begin{bmatrix} 0 & & & & & \\ 0 & 0 & & & \text{对称} & \\ 0 & 0 & 0 & & & \\ 0 & 0 & 0 & \frac{4EI}{l} & & \\ 0 & 0 & 0 & 0 & \frac{EA}{l} & \\ 0 & 0 & 0 & \frac{2EI}{l} & 0 & \frac{4EI}{l} \end{bmatrix}$$

11.3.3 广义主动力

设作用在柔性上除弹性力以外的主动力为 $\boldsymbol{Q}^{\mathrm{F}}$, 其在物体广义虚位移上的虚功为

$$\delta W^{\mathrm{F}}=\boldsymbol{Q}^{\mathrm{FT}}\delta\boldsymbol{q}=\begin{bmatrix}\boldsymbol{Q}^{r\mathrm{T}} & \boldsymbol{Q}^{\theta} & \boldsymbol{Q}^{f\mathrm{T}}\end{bmatrix}\begin{bmatrix}\delta\overline{\boldsymbol{r}}\\ \delta\theta\\ \delta\boldsymbol{q}_{\mathrm{f}}\end{bmatrix} \tag{11.56}$$

式中, $\boldsymbol{Q}^{r}$、$\boldsymbol{Q}^{\theta}$、$\boldsymbol{Q}^{f}$ 分别为对应于物体移动广义坐标的广义主动力、对应于物体转动广义坐标的广义主动力和对应于物体弹性变形广义坐标的广义主动力。

如作用在柔性上 P 点的集中力为 $\boldsymbol{F}$, 其虚功为

$$\delta W^{\mathrm{F}}=\overline{\boldsymbol{F}}^{\mathrm{T}}\delta\overline{\boldsymbol{r}}^{P}$$

而

$$\delta\overline{\boldsymbol{r}}^{P}=\begin{bmatrix}\boldsymbol{I} & \boldsymbol{H} & \boldsymbol{A\Psi}\end{bmatrix}\begin{bmatrix}\delta\overline{\boldsymbol{r}}\\ \delta\theta\\ \delta\boldsymbol{q}_{\mathrm{f}}\end{bmatrix}$$

因此

$$\delta W^{\mathrm{F}}=\overline{\boldsymbol{F}}^{\mathrm{T}}\delta\overline{\boldsymbol{r}}^{P}=\overline{\boldsymbol{F}}^{\mathrm{T}}\begin{bmatrix}\boldsymbol{I} & \boldsymbol{H} & \boldsymbol{A\Psi}\end{bmatrix}\begin{bmatrix}\delta\overline{\boldsymbol{r}}\\ \delta\theta\\ \delta\boldsymbol{q}_{\mathrm{f}}\end{bmatrix}=\begin{bmatrix}\boldsymbol{Q}^{r\mathrm{T}} & \boldsymbol{Q}^{\theta} & \boldsymbol{Q}^{f\mathrm{T}}\end{bmatrix}\begin{bmatrix}\delta\overline{\boldsymbol{r}}\\ \delta\theta\\ \delta\boldsymbol{q}_{\mathrm{f}}\end{bmatrix}$$

这样集中力对应的广义力为

$$\begin{aligned}\boldsymbol{Q}^{r\mathrm{T}}&=\overline{\boldsymbol{F}}^{\mathrm{T}}\\ \boldsymbol{Q}^{\theta}&=\overline{\boldsymbol{F}}^{\mathrm{T}}\boldsymbol{H}\\ \boldsymbol{Q}^{f\mathrm{T}}&=\overline{\boldsymbol{F}}^{\mathrm{T}}\boldsymbol{A\Psi}\end{aligned} \tag{11.57}$$

[例 11–4] 例 11–1 中柔性连杆所受的外力为重力, 试求该重力对应于物体广义坐标的广义力。

解: 连杆所受的外力矢量的坐标列矩阵为

$$\overline{\boldsymbol{F}}=[0\ \ -mg]^{\mathrm{T}}$$

设连杆的质心为 C 点, 在总体参考坐标系下的位置向量为 $\boldsymbol{r}^{C}$, 则重力的虚功为

$$\delta W^{\mathrm{F}}=\overline{\boldsymbol{F}}^{\mathrm{T}}\delta\overline{\boldsymbol{r}}^{C}$$

由于

$$\overline{\boldsymbol{r}}^{C}=\overline{\boldsymbol{r}}_3+\boldsymbol{A}_3\overline{\boldsymbol{u}}_3^{C'}=\overline{\boldsymbol{r}}_3+\boldsymbol{A}_3(\overline{\boldsymbol{u}}_3^{C}+\overline{\boldsymbol{u}}_{\mathrm{f}}^{C})$$

则

$$\delta\overline{\boldsymbol{r}}^C = [\boldsymbol{I} \ \ \boldsymbol{H}_3 \ \ \boldsymbol{A}_3\boldsymbol{\Psi}(\xi=0.5)]\begin{bmatrix}\delta\overline{\boldsymbol{r}}_3\\ \delta\theta_3\\ \delta\boldsymbol{q}_{\mathrm{f}}\end{bmatrix}$$

$$W^{\mathrm{F}} = \overline{\boldsymbol{F}}^{\mathrm{T}}\delta\overline{\boldsymbol{r}}^C = \overline{\boldsymbol{F}}^{\mathrm{T}}[\boldsymbol{I} \ \ \boldsymbol{H}_3 \ \ \boldsymbol{A}_3\boldsymbol{\Psi}(\xi=0.5)]\begin{bmatrix}\delta\overline{\boldsymbol{r}}_3\\ \delta\theta_3\\ \delta\boldsymbol{q}_{\mathrm{f}}\end{bmatrix} = [\boldsymbol{Q}^{r\mathrm{T}} \ \ \boldsymbol{Q}^{\theta} \ \ \boldsymbol{Q}^{f\mathrm{T}}]\begin{bmatrix}\delta\overline{\boldsymbol{r}}_3\\ \delta\theta_3\\ \delta\boldsymbol{q}_{\mathrm{f}}\end{bmatrix}$$

其中

$$\boldsymbol{H}_3 = \boldsymbol{A}_{3\theta}\overline{\boldsymbol{u}}_3^{C'}$$

$$\boldsymbol{A}_3 = \begin{bmatrix}\cos\theta_3 & -\sin\theta_3\\ \sin\theta_3 & \cos\theta_3\end{bmatrix}$$

$$\boldsymbol{\Psi}(\xi=0.5) = \begin{bmatrix}0 & \xi & 0\\ l(\xi-2\xi^2+\xi^3) & 0 & l(\xi^3-\xi^2)\end{bmatrix}\Bigg|_{\xi=0.5} = \begin{bmatrix}0 & 0.5 & 0\\ 0.125l & 0 & -0.125l\end{bmatrix}$$

而

$$\overline{\boldsymbol{u}}_3^C = \begin{bmatrix}\dfrac{l}{2} & 0\end{bmatrix}^{\mathrm{T}}$$

$$\overline{\boldsymbol{u}}_{\mathrm{f}}^C = \boldsymbol{\Psi}(\xi=0.5)\boldsymbol{q}_{\mathrm{f}} = \begin{bmatrix}0 & 0.5 & 0\\ 0.125l & 0 & -0.125l\end{bmatrix}\begin{bmatrix}q_{\mathrm{f}1}\\ q_{\mathrm{f}2}\\ q_{\mathrm{f}3}\end{bmatrix}$$

$$\overline{\boldsymbol{u}}_3^{C'} = \overline{\boldsymbol{u}}_3^C + \overline{\boldsymbol{u}}_{\mathrm{f}}^C = \begin{bmatrix}\dfrac{l}{2}+0.5q_{\mathrm{f}2}\\ 0.125l(q_{\mathrm{f}1}-q_{\mathrm{f}3})\end{bmatrix}$$

因此重力对应于物体移动、转动和弹性变形广义坐标的广义力分别为

$$\boldsymbol{Q}^{r\mathrm{T}} = \overline{\boldsymbol{F}}^{\mathrm{T}} = [0 \ \ -mg]$$

$$\begin{aligned}Q^{\theta} &= \overline{\boldsymbol{F}}^{\mathrm{T}}\boldsymbol{H}_3 = [0 \ \ -mg]\begin{bmatrix}-\sin\theta_3 & -\cos\theta_3\\ \cos\theta_3 & -\sin\theta_3\end{bmatrix}\begin{bmatrix}\dfrac{l}{2}+0.5q_{\mathrm{f}2}\\ 0.125l(q_{\mathrm{f}1}-q_{\mathrm{f}3})\end{bmatrix}\\ &= mg[0.125l(q_{\mathrm{f}1}-q_{\mathrm{f}3})\sin\theta_3 - 0.5(l+q_{\mathrm{f}2})\cos\theta_3]\end{aligned}$$

$$\begin{aligned}\boldsymbol{Q}^{f\mathrm{T}} &= \overline{\boldsymbol{F}}^{\mathrm{T}}\boldsymbol{A}_3\boldsymbol{\Psi}(\xi=0.5) = [0 \ \ -mg]\begin{bmatrix}\cos\theta_3 & -\sin\theta_3\\ \sin\theta_3 & \cos\theta_3\end{bmatrix}\begin{bmatrix}0 & 0.5 & 0\\ 0.125l & 0 & -0.125l\end{bmatrix}\\ &= mg[-0.125l\cos\theta_3 \ \ -0.5\sin\theta_3 \ \ 0.125l\cos\theta_3]\end{aligned}$$

[例 11–5] 图 11.8 所示的连接柔性体 i 和 j 上两点 P 和 Q 的弹簧–阻尼–致动器所产生的力由

$$f = k(l-l_0) + c\dot{l} + f_{\mathrm{a}}$$

确定, 该力以拉力为正。式中, k 是弹簧的刚度系数; l 是弹簧长度; l_0 是弹簧未变形时的长度; c 是弹簧的阻尼系数; f_a 是致动器产生的力, 试求该弹簧力对应于物体广义坐标的广义力。

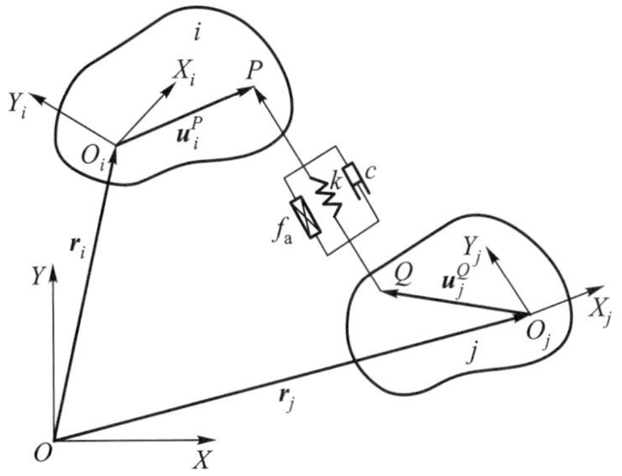

图 11.8 连接柔性体的弹簧–阻尼–致动器

解: 连接 P、Q 两点的矢量 $\boldsymbol{h}_{ij}$ 在总体参考坐标系下的坐标列矩阵为

$$\overline{\boldsymbol{h}}_{ij}=\overline{\boldsymbol{r}}_j+\boldsymbol{A}_j(\overline{\boldsymbol{u}}_j^Q+\overline{\boldsymbol{u}}_\mathrm{f}^Q)-\overline{\boldsymbol{r}}_i-\boldsymbol{A}_i(\overline{\boldsymbol{u}}_i^P+\overline{\boldsymbol{u}}_\mathrm{f}^P)$$

则弹簧长度为

$$l=(\overline{\boldsymbol{h}}_{ij}^\mathrm{T}\overline{\boldsymbol{h}}_{ij})^{1/2}$$

令沿矢量 $\boldsymbol{h}_{ij}$ 的单位矢量为 $\boldsymbol{h}$, 即

$$\boldsymbol{h}=\frac{\boldsymbol{h}_{ij}}{(\overline{\boldsymbol{h}}_{ij}^\mathrm{T}\overline{\boldsymbol{h}}_{ij})^{1/2}}$$

则

$$\dot{l}=\overline{\boldsymbol{h}}^\mathrm{T}\dot{\boldsymbol{h}}_{ij}=\overline{\boldsymbol{h}}^\mathrm{T}\left(\dot{\overline{\boldsymbol{r}}}_j+\boldsymbol{H}_j\dot{\theta}_j+\boldsymbol{A}_j\boldsymbol{\varPsi}_j\dot{\boldsymbol{q}}_{\mathrm{f}j}-\dot{\overline{\boldsymbol{r}}}_i-\boldsymbol{H}_i\dot{\theta}_i-\boldsymbol{A}_i\boldsymbol{\varPsi}_i\dot{\boldsymbol{q}}_{\mathrm{f}i}\right)$$

由此可以求得弹簧–阻尼–致动器所产生的力 f。

柔性体 i 和 j 的广义坐标为

$$\boldsymbol{q}=\begin{bmatrix}\boldsymbol{q}_i^\mathrm{T} & \boldsymbol{q}_j^\mathrm{T}\end{bmatrix}^\mathrm{T}=\begin{bmatrix}\overline{\boldsymbol{r}}_i^\mathrm{T} & \theta_i & \boldsymbol{q}_{\mathrm{f}i} & \overline{\boldsymbol{r}}_j^\mathrm{T} & \theta_j & \boldsymbol{q}_{\mathrm{f}j}\end{bmatrix}^\mathrm{T}$$

则

$$\begin{aligned}\delta l&=\frac{\partial l}{\partial \boldsymbol{q}}\delta\boldsymbol{q}=(\overline{\boldsymbol{h}}_{ij}^\mathrm{T}\overline{\boldsymbol{h}}_{ij})^{-1/2}\overline{\boldsymbol{h}}_{ij}^\mathrm{T}\frac{\partial\overline{\boldsymbol{h}}_{ij}}{\partial\boldsymbol{q}}\delta\boldsymbol{q}\\&=\overline{\boldsymbol{h}}^\mathrm{T}\begin{bmatrix}\dfrac{\partial\overline{\boldsymbol{h}}_{ij}}{\partial\boldsymbol{q}_i} & \dfrac{\partial\overline{\boldsymbol{h}}_{ij}}{\partial\boldsymbol{q}_j}\end{bmatrix}\begin{bmatrix}\delta\boldsymbol{q}_i\\\delta\boldsymbol{q}_j\end{bmatrix}\end{aligned}$$

$$=\overline{\boldsymbol{h}}^{\mathrm{T}}\begin{bmatrix}-\boldsymbol{I} & -\boldsymbol{H}_i & -\boldsymbol{A}_i\boldsymbol{\Psi}_i & \boldsymbol{I} & \boldsymbol{H}_j & \boldsymbol{A}_j\boldsymbol{\Psi}_j\end{bmatrix}\begin{bmatrix}\delta\overline{\boldsymbol{r}}_i\\ \delta\theta_i\\ \delta\boldsymbol{q}_{\mathrm{f}i}\\ \delta\overline{\boldsymbol{r}}_j\\ \delta\theta_j\\ \delta\boldsymbol{q}_{\mathrm{f}j}\end{bmatrix}$$

弹簧–阻尼–致动器所做的虚功为

$$\delta W^{\mathrm{F}}=-f\delta l=-f\overline{\boldsymbol{h}}^{\mathrm{T}}\begin{bmatrix}-\boldsymbol{I} & -\boldsymbol{H}_i & -\boldsymbol{A}_i\boldsymbol{\Psi}_i & \boldsymbol{I} & \boldsymbol{H}_j & \boldsymbol{A}_j\boldsymbol{\Psi}_j\end{bmatrix}\begin{bmatrix}\delta\overline{\boldsymbol{r}}_i\\ \delta\theta_i\\ \delta\boldsymbol{q}_{\mathrm{f}i}\\ \delta\overline{\boldsymbol{r}}_j\\ \delta\theta_j\\ \delta\boldsymbol{q}_{\mathrm{f}j}\end{bmatrix}$$

$$=\begin{bmatrix}\boldsymbol{Q}_i^{\mathrm{FT}} & \boldsymbol{Q}_j^{\mathrm{FT}}\end{bmatrix}\begin{bmatrix}\delta\boldsymbol{q}_i\\ \delta\boldsymbol{q}_j\end{bmatrix}$$

则弹簧–阻尼–致动器作用在刚体 i、j 上的广义力为

$$\boldsymbol{Q}_i^{\mathrm{F}}=\begin{bmatrix}\boldsymbol{Q}_i^{r}\\ \boldsymbol{Q}_i^{\theta}\\ \boldsymbol{Q}_i^{f}\end{bmatrix}=f\overline{\boldsymbol{h}}^{\mathrm{T}}\begin{bmatrix}\boldsymbol{I}\\ \boldsymbol{H}_i\\ \boldsymbol{A}_i\boldsymbol{\Psi}_i\end{bmatrix}$$

$$\boldsymbol{Q}_j^{\mathrm{F}}=\begin{bmatrix}\boldsymbol{Q}_j^{r}\\ \boldsymbol{Q}_j^{\theta}\\ \boldsymbol{Q}_j^{f}\end{bmatrix}=-f\overline{\boldsymbol{h}}^{\mathrm{T}}\begin{bmatrix}\boldsymbol{I}\\ \boldsymbol{H}_j\\ \boldsymbol{A}_j\boldsymbol{\Psi}_j\end{bmatrix}$$

11.3.4 系统动力学方程

1. 自由柔性体的动力学方程

根据第二类拉格朗日方程的矩阵形式:

$$\frac{\mathrm{d}}{\mathrm{d}t}\left(\frac{\partial T}{\partial\dot{\boldsymbol{q}}}\right)-\frac{\partial T}{\partial\boldsymbol{q}}=\boldsymbol{Q}\tag{11.58}$$

其中

$$\boldsymbol{q}=\begin{bmatrix}\overline{\boldsymbol{r}}^{\mathrm{T}} & \theta & \boldsymbol{q}_{\mathrm{f}}^{\mathrm{T}}\end{bmatrix}^{\mathrm{T}}$$
$$\boldsymbol{Q}=-\boldsymbol{K}\boldsymbol{q}+\boldsymbol{Q}^{\mathrm{F}}$$

式中，$-\boldsymbol{K}\boldsymbol{q}$ 为弹性力对应的广义力; $\boldsymbol{Q}^{\mathrm{F}}$ 为除变形引起的弹性力以外的全部主动力对应的广义力。

将物体的动能表达式 (11.33) 代入式 (11.58), 得

$$\boldsymbol{M}\ddot{\boldsymbol{q}}+\dot{\boldsymbol{M}}\dot{\boldsymbol{q}}-\frac{1}{2}\frac{\partial}{\partial \boldsymbol{q}}\left(\dot{\boldsymbol{q}}^{\mathrm{T}}\boldsymbol{M}\dot{\boldsymbol{q}}\right)+\boldsymbol{K}\boldsymbol{q}=\boldsymbol{Q}^{\mathrm{F}} \tag{11.59}$$

令其中与速度二次项有关的广义力 (包含离心惯性力和科氏惯性力) 为

$$\boldsymbol{Q}^{\mathrm{v}}=-\dot{\boldsymbol{M}}\dot{\boldsymbol{q}}+\frac{1}{2}\frac{\partial}{\partial \boldsymbol{q}}\left(\dot{\boldsymbol{q}}^{\mathrm{T}}\boldsymbol{M}\dot{\boldsymbol{q}}\right) \tag{11.60}$$

则式 (11.59) 可写为

$$\boldsymbol{M}\ddot{\boldsymbol{q}}+\boldsymbol{K}\boldsymbol{q}=\boldsymbol{Q}^{\mathrm{F}}+\boldsymbol{Q}^{\mathrm{v}} \tag{11.61}$$

写成分项矩阵形式为

$$\begin{bmatrix}\boldsymbol{m}^{rr} & \boldsymbol{m}^{r\theta} & \boldsymbol{m}^{rf}\\ \boldsymbol{m}^{r\theta} & \boldsymbol{m}^{\theta\theta} & \boldsymbol{m}^{\theta f}\\ \boldsymbol{m}^{rf} & \boldsymbol{m}^{\theta f} & \boldsymbol{m}^{ff}\end{bmatrix}\begin{bmatrix}\ddot{\overline{\boldsymbol{r}}}\\ \ddot{\theta}\\ \ddot{\boldsymbol{q}}_{\mathrm{f}}\end{bmatrix}+\begin{bmatrix}\boldsymbol{0} & \boldsymbol{0} & \boldsymbol{0}\\ \boldsymbol{0} & \boldsymbol{0} & \boldsymbol{0}\\ \boldsymbol{0} & \boldsymbol{0} & \boldsymbol{K}^{ff}\end{bmatrix}\begin{bmatrix}\overline{\boldsymbol{r}}\\ \theta\\ \boldsymbol{q}_{\mathrm{f}}\end{bmatrix}=\begin{bmatrix}\boldsymbol{Q}^{r}\\ \boldsymbol{Q}^{\theta}\\ \boldsymbol{Q}^{f}\end{bmatrix}+\begin{bmatrix}\boldsymbol{Q}^{\mathrm{v}r}\\ \boldsymbol{Q}^{\mathrm{v}\theta}\\ \boldsymbol{Q}^{\mathrm{v}f}\end{bmatrix} \tag{11.62}$$

这就是自由柔性体的动力学方程。其中与速度二次项有关的广义力 $\boldsymbol{Q}^{\mathrm{v}}$ 中对应于物体移动、转动和弹性变形广义坐标的分项分别为

$$\boldsymbol{Q}^{\mathrm{v}r}=\dot{\theta}^{2}\boldsymbol{A}(\boldsymbol{J}_{1}+\boldsymbol{S}\boldsymbol{q}_{\mathrm{f}})-2\dot{\theta}\boldsymbol{A}_{\theta}\boldsymbol{S}\dot{\boldsymbol{q}}_{\mathrm{f}} \tag{11.63}$$

$$\boldsymbol{Q}^{\mathrm{v}\theta}=-2\dot{\theta}\dot{\boldsymbol{q}}_{\mathrm{f}}^{\mathrm{T}}(\boldsymbol{J}'+\boldsymbol{m}^{ff}\boldsymbol{q}_{\mathrm{f}}) \tag{11.64}$$

$$\boldsymbol{Q}^{\mathrm{v}f}=\dot{\theta}^{2}(\boldsymbol{J}'+\boldsymbol{m}^{ff}\boldsymbol{q}_{\mathrm{f}})+2\dot{\theta}\widetilde{\boldsymbol{S}}_{\mathrm{f}}\dot{\boldsymbol{q}}_{\mathrm{f}} \tag{11.65}$$

其中

$$\boldsymbol{J}'=\int_{V}\rho\boldsymbol{\varPsi}^{\mathrm{T}}\overline{\boldsymbol{u}}^{P}\mathrm{d}V \tag{11.66}$$

[例 11–6] 试写出例 11–1 中柔性连杆与速度二次项有关的广义力矢量。

解: 由式 (11.63) 得

$$\begin{aligned}\boldsymbol{Q}^{\mathrm{v}r}&=\dot{\theta}_{3}^{2}\boldsymbol{A}_{3}(\boldsymbol{J}_{1}+\boldsymbol{S}\boldsymbol{q}_{\mathrm{f}})-2\dot{\theta}_{3}\boldsymbol{A}_{3\theta}\boldsymbol{S}\dot{\boldsymbol{q}}_{\mathrm{f}}\\ &=\dot{\theta}_{3}^{2}\begin{bmatrix}\cos\theta_{3} & -\sin\theta_{3}\\ \sin\theta_{3} & \cos\theta_{3}\end{bmatrix}\left(\begin{bmatrix}\dfrac{ml}{2}\\ 0\end{bmatrix}+\frac{m}{12}\begin{bmatrix}0 & 6 & 0\\ l & 0 & -l\end{bmatrix}\begin{bmatrix}q_{\mathrm{f}1}\\ q_{\mathrm{f}2}\\ q_{\mathrm{f}3}\end{bmatrix}\right)\\ &\quad -2\dot{\theta}_{3}\begin{bmatrix}-\sin\theta_{3} & -\cos\theta_{3}\\ \cos\theta_{3} & -\sin\theta_{3}\end{bmatrix}\frac{m}{12}\begin{bmatrix}0 & 6 & 0\\ l & 0 & -l\end{bmatrix}\begin{bmatrix}\dot{q}_{\mathrm{f}1}\\ \dot{q}_{\mathrm{f}2}\\ \dot{q}_{\mathrm{f}3}\end{bmatrix}\\ &=\frac{m\dot{\theta}_{3}^{2}}{2}\begin{bmatrix}(l+q_{\mathrm{f}2})\cos\theta_{3}-\dfrac{l(q_{\mathrm{f}1}-q_{\mathrm{f}3})\sin\theta_{3}}{6}\\ (l+q_{\mathrm{f}2})\sin\theta_{3}+\dfrac{l(q_{\mathrm{f}1}-q_{\mathrm{f}3})\cos\theta_{3}}{6}\end{bmatrix}-\\ &\quad\frac{m\dot{\theta}_{3}}{6}\begin{bmatrix}-6\dot{q}_{\mathrm{f}2}\sin\theta_{3}-l(\dot{q}_{\mathrm{f}1}-\dot{q}_{\mathrm{f}3})\cos\theta_{3}\\ 6\dot{q}_{\mathrm{f}2}\cos\theta_{3}-l(\dot{q}_{\mathrm{f}1}-\dot{q}_{\mathrm{f}3})\sin\theta_{3}\end{bmatrix}\end{aligned}$$

由式 (11.64) 得

$$\boldsymbol{Q}^{\mathrm{v}\theta}=-2\dot{\theta}_3\dot{\boldsymbol{q}}_{\mathrm{f}}^{\mathrm{T}}(\boldsymbol{J}'+\boldsymbol{m}^{ff}\boldsymbol{q}_{\mathrm{f}})$$

其中

$$\boldsymbol{J}'=\int_V\rho\boldsymbol{\Psi}^{\mathrm{T}}\overline{\boldsymbol{u}}_3^B\mathrm{d}V=\int_0^1\rho Al\begin{bmatrix}0 & l(\xi-2\xi^2+\xi^3)\\ \xi & 0\\ 0 & l(\xi^3-\xi^2)\end{bmatrix}\begin{bmatrix}l\xi\\ 0\end{bmatrix}\mathrm{d}\xi=\frac{ml}{3}\begin{bmatrix}0\\ 1\\ 0\end{bmatrix}$$

$$\boldsymbol{m}^{ff}=\int_V\rho\boldsymbol{\Psi}^{\mathrm{T}}\boldsymbol{\Psi}\mathrm{d}V=m\begin{bmatrix}\dfrac{l^2}{105} & 0 & -\dfrac{l^2}{140}\\ 0 & \dfrac{1}{3} & 0\\ -\dfrac{l^2}{140} & 0 & \dfrac{l^2}{105}\end{bmatrix}$$

则

$$\begin{aligned}\boldsymbol{Q}^{\mathrm{v}\theta}&=-2\dot{\theta}_3\dot{\boldsymbol{q}}_{\mathrm{f}}^{\mathrm{T}}(\boldsymbol{J}'+\boldsymbol{m}^{ff}\boldsymbol{q}_{\mathrm{f}})\\ &=-2\dot{\theta}_3\begin{bmatrix}\dot{q}_{\mathrm{f}1} & \dot{q}_{\mathrm{f}2} & \dot{q}_{\mathrm{f}3}\end{bmatrix}\left(\frac{ml}{3}\begin{bmatrix}0\\ 1\\ 0\end{bmatrix}+m\begin{bmatrix}\dfrac{l^2}{105} & 0 & -\dfrac{l^2}{140}\\ 0 & \dfrac{1}{3} & 0\\ -\dfrac{l^2}{140} & 0 & \dfrac{l^2}{105}\end{bmatrix}\begin{bmatrix}q_{\mathrm{f}1}\\ q_{\mathrm{f}2}\\ q_{\mathrm{f}3}\end{bmatrix}\right)\\ &=-2\dot{\theta}_3m\left(\frac{l}{3}\dot{q}_{\mathrm{f}2}+\frac{l^2}{105}q_{\mathrm{f}1}\dot{q}_{\mathrm{f}1}+\frac{1}{3}q_{\mathrm{f}2}\dot{q}_{\mathrm{f}2}+\frac{l^2}{105}q_{\mathrm{f}3}\dot{q}_{\mathrm{f}3}-\frac{l^2}{140}q_{\mathrm{f}1}\dot{q}_{\mathrm{f}3}-\frac{l^2}{140}\dot{q}_{\mathrm{f}1}q_{\mathrm{f}3}\right)\end{aligned}$$

由式 (11.65) 得

$$\boldsymbol{Q}^{\mathrm{v}f}=\dot{\theta}_3^2(\boldsymbol{J}'+\boldsymbol{m}^{ff}\boldsymbol{q}_{\mathrm{f}})+2\dot{\theta}_3\widetilde{\boldsymbol{S}}_{\mathrm{f}}\dot{\boldsymbol{q}}_{\mathrm{f}}$$

其中

$$\widetilde{\boldsymbol{S}}_{\mathrm{f}}=\int_V\rho\boldsymbol{\Psi}^{\mathrm{T}}\widetilde{\boldsymbol{I}}\boldsymbol{\Psi}\mathrm{d}V=\frac{ml}{60}\begin{bmatrix}0 & -2 & 0\\ 2 & 0 & -3\\ 0 & 3 & 0\end{bmatrix}$$

则

$$\begin{aligned}\boldsymbol{Q}^{\mathrm{v}f}&=\dot{\theta}_3^2\left(\frac{ml}{3}\begin{bmatrix}0\\ 1\\ 0\end{bmatrix}+m\begin{bmatrix}\dfrac{l^2}{105} & 0 & -\dfrac{l^2}{140}\\ 0 & \dfrac{1}{3} & 0\\ -\dfrac{l^2}{140} & 0 & \dfrac{l^2}{105}\end{bmatrix}\begin{bmatrix}q_{\mathrm{f}1}\\ q_{\mathrm{f}2}\\ q_{\mathrm{f}3}\end{bmatrix}\right)+2\dot{\theta}_3\frac{ml}{60}\begin{bmatrix}0 & -2 & 0\\ 2 & 0 & -3\\ 0 & 3 & 0\end{bmatrix}\begin{bmatrix}\dot{q}_{\mathrm{f}1}\\ \dot{q}_{\mathrm{f}2}\\ \dot{q}_{\mathrm{f}3}\end{bmatrix}\\ &=m\dot{\theta}_3\begin{bmatrix}\dot{\theta}_3l^2\left(\dfrac{q_{\mathrm{f}1}}{105}-\dfrac{q_{\mathrm{f}3}}{140}\right)-\dfrac{l}{15}\dot{q}_{\mathrm{f}2}\\ \dfrac{\dot{\theta}_3}{3}(q_{\mathrm{f}2}+l)-\dfrac{l}{30}(3\dot{q}_{\mathrm{f}3}-2\dot{q}_{\mathrm{f}1})\\ \dot{\theta}_3l^2\left(\dfrac{q_{\mathrm{f}3}}{105}-\dfrac{q_{\mathrm{f}1}}{140}\right)+\dfrac{l}{10}\dot{q}_{\mathrm{f}2}\end{bmatrix}\end{aligned}$$

这样就得到了连杆与速度二次项有关的广义力矢量对应于物体移动、转动和弹性变形广义坐标的各个分项。

2. 约束柔性多体系统的动力学方程

对于由 N 个物体组成的系统, 由式 (11.61) 可得每个物体的动力学方程

$$\boldsymbol{M}_i\ddot{\boldsymbol{q}}_i+\boldsymbol{K}_i\boldsymbol{q}_i=\boldsymbol{Q}_i^{\mathrm{F}}+\boldsymbol{Q}_i^{\mathrm{v}}$$

将对应矩阵组装起来, 考虑运动约束, 利用拉格朗日乘子定理, 得到约束柔性多体系统的动力学方程

$$\boldsymbol{M}\ddot{\boldsymbol{q}}+\boldsymbol{K}\boldsymbol{q}+\boldsymbol{\Phi}_q^{\mathrm{T}}\boldsymbol{\lambda}=\boldsymbol{Q}^{\mathrm{F}}+\boldsymbol{Q}^{\mathrm{v}} \tag{11.67}$$

以及约束方程

$$\boldsymbol{\Phi}(\boldsymbol{q},t)=\boldsymbol{0} \tag{11.68}$$

其中系统的质量矩阵为

$$\boldsymbol{M}=\begin{bmatrix}\boldsymbol{M}_1 & & & & & \\ & \boldsymbol{M}_2 & & & \boldsymbol{0} & \\ & & \ddots & & & \\ & & & \boldsymbol{M}_i & & \\ & \boldsymbol{0} & & & \ddots & \\ & & & & & \boldsymbol{M}_N\end{bmatrix} \tag{11.69}$$

刚度矩阵为

$$\boldsymbol{K}=\begin{bmatrix}\boldsymbol{K}_1 & & & & & \\ & \boldsymbol{K}_2 & & & \boldsymbol{0} & \\ & & \ddots & & & \\ & & & \boldsymbol{K}_i & & \\ & \boldsymbol{0} & & & \ddots & \\ & & & & & \boldsymbol{K}_N\end{bmatrix} \tag{11.70}$$

广义坐标列矩阵为

$$\boldsymbol{q}=\begin{bmatrix}\boldsymbol{q}_1^{\mathrm{T}} & \boldsymbol{q}_2^{\mathrm{T}} & \cdots & \boldsymbol{q}_i^{\mathrm{T}} & \cdots & \boldsymbol{q}_N^{\mathrm{T}}\end{bmatrix}^{\mathrm{T}} \tag{11.71}$$

广义力列矩阵为

$$\boldsymbol{Q}^{\mathrm{F}}=\begin{bmatrix}\boldsymbol{Q}_1^{\mathrm{F}}\\ \boldsymbol{Q}_2^{\mathrm{F}}\\ \vdots\\ \boldsymbol{Q}_i^{\mathrm{F}}\\ \vdots\\ \boldsymbol{Q}_N^{\mathrm{F}}\end{bmatrix},\quad \boldsymbol{Q}^{\mathrm{v}}=\begin{bmatrix}\boldsymbol{Q}_1^{\mathrm{v}}\\ \boldsymbol{Q}_2^{\mathrm{v}}\\ \vdots\\ \boldsymbol{Q}_i^{\mathrm{v}}\\ \vdots\\ \boldsymbol{Q}_N^{\mathrm{v}}\end{bmatrix} \tag{11.72}$$

约束方程的雅可比矩阵及拉格朗日乘子矢量为

$$\boldsymbol{\lambda}=\begin{bmatrix}\boldsymbol{\lambda}_1\\\boldsymbol{\lambda}_2\\\vdots\\\boldsymbol{\lambda}_s\end{bmatrix},\quad \boldsymbol{\Phi}_q=\begin{bmatrix}\boldsymbol{\Phi}_{1q}\\\boldsymbol{\Phi}_{2q}\\\vdots\\\boldsymbol{\Phi}_{sq}\end{bmatrix} \tag{11.73}$$

其中 s 是约束的个数。

11.4 空间运动柔性多体系统运动学

11.4.1 柔性体上任一点的位置、速度和加速度

考虑如图 11.9 所示的空间运动柔性体 i, 在其上建立物体坐标系 $O_iX_iY_iZ_i$, 其原点在总体参考坐标系 $OXYZ$ 的位置矢量为 $\boldsymbol{r}$。设柔性体未变形时其上任意一点 (P 点) 在物体坐标系中的位置矢量为 $\boldsymbol{u}^P$, 考虑 P 点的变形矢量 $\boldsymbol{u}_{\mathrm{f}}^P$, 变形后 P 点在物体坐标系中的位置矢量为

$$\boldsymbol{u}^{P'}=\boldsymbol{u}^P+\boldsymbol{u}_{\mathrm{f}}^P$$

其中

$$\overline{\boldsymbol{u}}_{\mathrm{f}}^P=\boldsymbol{\Psi}\boldsymbol{q}_{\mathrm{f}}$$

式中, $\boldsymbol{\Psi}$ 为里茨基函数矩阵, 采用模态分析法则为模态矩阵, 采用有限元法为形函数矩阵; $\boldsymbol{q}_{\mathrm{f}}$ 为表示物体弹性变形的广义坐标矢量, 采用模态分析法则为模态坐标列矩阵, 采用有限元法为节点位移矢量的坐标列矩阵。

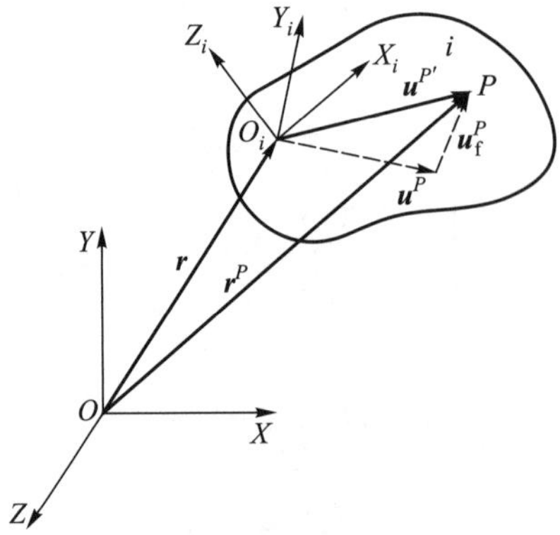

图 11.9 空间柔性体上的一点

这样 P 点在总体参考坐标系下位置矢量的坐标列矩阵为

$$\overline{\boldsymbol{r}}^P=\overline{\boldsymbol{r}}+\boldsymbol{A}\overline{\boldsymbol{u}}^{P'}=\overline{\boldsymbol{r}}+\boldsymbol{A}(\overline{\boldsymbol{u}}^P+\overline{\boldsymbol{u}}_{\mathrm{f}}^P) \tag{11.74}$$

其中 $\boldsymbol{A}$ 是柔性体的物体坐标系到总体参考坐标系的转换矩阵。

将式 (11.74) 对时间求导, 得柔性体上任一点的速度矢量坐标为

$$\dot{\overline{\boldsymbol{r}}}^{P}=\dot{\overline{\boldsymbol{r}}}+\dot{\boldsymbol{A}}\overline{\boldsymbol{u}}^{P'}+\boldsymbol{A}\dot{\overline{\boldsymbol{u}}}_{\mathrm{f}}^{P}=\dot{\overline{\boldsymbol{r}}}+\dot{\boldsymbol{A}}\overline{\boldsymbol{u}}^{P'}+\boldsymbol{A}\boldsymbol{\Psi}\dot{\boldsymbol{q}}_{\mathrm{f}} \tag{11.75}$$

由式 (8.37) 可得

$$\dot{\boldsymbol{A}}=\boldsymbol{A}\widetilde{\boldsymbol{\omega}}^{\mathrm{b}} \tag{11.76}$$

式中, $\widetilde{\boldsymbol{\omega}}^{\mathrm{b}}$ 是物体角速度矢量在物体坐标系上的坐标方阵。

将 (11.76) 代入式 (11.75) 得

$$\dot{\overline{\boldsymbol{r}}}^{P}=\dot{\overline{\boldsymbol{r}}}+\boldsymbol{A}\widetilde{\boldsymbol{\omega}}^{\mathrm{b}}\overline{\boldsymbol{u}}^{P'}+\boldsymbol{A}\boldsymbol{\Psi}\dot{\boldsymbol{q}}_{\mathrm{f}}=\dot{\overline{\boldsymbol{r}}}-\boldsymbol{A}\widetilde{\boldsymbol{u}}^{P'}\overline{\boldsymbol{\omega}}^{\mathrm{b}}+\boldsymbol{A}\boldsymbol{\Psi}\dot{\boldsymbol{q}}_{\mathrm{f}} \tag{11.77}$$

写成矩阵形式为

$$\dot{\overline{\boldsymbol{r}}}^{P}=\begin{bmatrix}\boldsymbol{I} & -\boldsymbol{A}\widetilde{\boldsymbol{u}}^{P'} & \boldsymbol{A}\boldsymbol{\Psi}\end{bmatrix}\begin{bmatrix}\dot{\overline{\boldsymbol{r}}}\\ \overline{\boldsymbol{\omega}}^{\mathrm{b}}\\ \dot{\boldsymbol{q}}_{\mathrm{f}}\end{bmatrix}=\boldsymbol{B}\dot{\boldsymbol{q}} \tag{11.78}$$

如果采用欧拉角$\overline{\boldsymbol{\pi}}=[\psi\ \ \theta\ \ \varphi]^{\mathrm{T}}$ 表示物体的方位, 物体 i 的广义坐标为

$$\boldsymbol{q}=\begin{bmatrix}\overline{\boldsymbol{r}}^{\mathrm{T}} & \overline{\boldsymbol{\pi}}^{\mathrm{T}} & \boldsymbol{q}_{\mathrm{f}}^{\mathrm{T}}\end{bmatrix}^{\mathrm{T}} \tag{11.79}$$

则

$$\boldsymbol{B}=\begin{bmatrix}\boldsymbol{I} & -\boldsymbol{A}\widetilde{\boldsymbol{u}}^{P'}\boldsymbol{G}^{\mathrm{b}} & \boldsymbol{A}\boldsymbol{\Psi}\end{bmatrix} \tag{11.80}$$

其中

$$\boldsymbol{G}^{\mathrm{b}}=\begin{bmatrix}S_{\theta}S_{\varphi} & C_{\varphi} & 0\\ S_{\theta}C_{\varphi} & -S_{\varphi} & 0\\ C_{\theta} & 0 & 1\end{bmatrix}$$

将速度矢量坐标式 (11.75) 对时间求导, 得柔性体上任一点的加速度矢量坐标为

$$\ddot{\overline{\boldsymbol{r}}}^{P}=\ddot{\overline{\boldsymbol{r}}}+\ddot{\boldsymbol{A}}\overline{\boldsymbol{u}}^{P'}+2\dot{\boldsymbol{A}}\dot{\overline{\boldsymbol{u}}}^{P'}+\boldsymbol{A}\ddot{\overline{\boldsymbol{u}}}^{P'} \tag{11.81}$$

设物体坐标系的角速度矢量为 $\boldsymbol{\omega}$, 角加速度矢量为 $\boldsymbol{\varepsilon}$, 由于 $\overline{\boldsymbol{\omega}}^{\mathrm{b}}=\boldsymbol{G}^{\mathrm{b}}\dot{\overline{\boldsymbol{\pi}}}$, 则 $\overline{\boldsymbol{\varepsilon}}^{\mathrm{b}}=\dot{\overline{\boldsymbol{\omega}}}^{\mathrm{b}}=\dot{\boldsymbol{G}}^{\mathrm{b}}\dot{\overline{\boldsymbol{\pi}}}+\boldsymbol{G}^{\mathrm{b}}\ddot{\overline{\boldsymbol{\pi}}}$, 由式 (11.76) 可得

$$\ddot{\boldsymbol{A}}=\dot{\boldsymbol{A}}\widetilde{\boldsymbol{\omega}}^{\mathrm{b}}+\boldsymbol{A}\dot{\widetilde{\boldsymbol{\omega}}}^{\mathrm{b}}=\boldsymbol{A}\widetilde{\boldsymbol{\omega}}^{\mathrm{b}}\widetilde{\boldsymbol{\omega}}^{\mathrm{b}}+\boldsymbol{A}\widetilde{\boldsymbol{\varepsilon}}^{\mathrm{b}} \tag{11.82}$$

则式 (11.81) 还可以写为

$$\begin{aligned}\ddot{\overline{\boldsymbol{r}}}^{P}&=\ddot{\overline{\boldsymbol{r}}}+\boldsymbol{A}\widetilde{\boldsymbol{\omega}}^{\mathrm{b}}\widetilde{\boldsymbol{\omega}}^{\mathrm{b}}\overline{\boldsymbol{u}}^{P'}+\boldsymbol{A}\widetilde{\boldsymbol{\varepsilon}}^{\mathrm{b}}\overline{\boldsymbol{u}}^{P'}+2\dot{\boldsymbol{A}}\dot{\overline{u}}^{P'}+\boldsymbol{A}\ddot{\overline{\boldsymbol{u}}}^{P'}\\&=\ddot{\overline{\boldsymbol{r}}}-\boldsymbol{A}\widetilde{\boldsymbol{u}}^{P'}\boldsymbol{\varepsilon}^{\mathrm{b}}+\boldsymbol{A}\widetilde{\boldsymbol{\omega}}^{\mathrm{b}}\widetilde{\boldsymbol{\omega}}^{\mathrm{b}}\overline{\boldsymbol{u}}^{P'}+2\dot{\boldsymbol{A}}\boldsymbol{\Psi}\dot{\boldsymbol{q}}_{\mathrm{f}}+\boldsymbol{A}\boldsymbol{\Psi}\ddot{\boldsymbol{q}}_{\mathrm{f}}\\&=\ddot{\overline{\boldsymbol{r}}}-\boldsymbol{A}\widetilde{\boldsymbol{u}}^{P'}\boldsymbol{G}^{\mathrm{b}}\ddot{\overline{\boldsymbol{\pi}}}+\boldsymbol{A}\boldsymbol{\Psi}\ddot{\boldsymbol{q}}_{\mathrm{f}}-\boldsymbol{A}\widetilde{\boldsymbol{u}}^{P'}\dot{\boldsymbol{G}}^{\mathrm{b}}\dot{\overline{\boldsymbol{\pi}}}+\boldsymbol{A}\widetilde{\boldsymbol{\omega}}^{\mathrm{b}}\widetilde{\boldsymbol{\omega}}^{\mathrm{b}}\overline{\boldsymbol{u}}^{P'}+2\boldsymbol{A}\widetilde{\boldsymbol{\omega}}^{\mathrm{b}}\boldsymbol{\Psi}\dot{\boldsymbol{q}}_{\mathrm{f}}\end{aligned} \tag{11.83}$$

写成矩阵形式为

$$\ddot{\overline{\boldsymbol{r}}}^{P}=\boldsymbol{B}\ddot{\boldsymbol{q}}+\boldsymbol{\zeta} \tag{11.84}$$

其中

$$\boldsymbol{\zeta}=-\boldsymbol{A}\widetilde{\boldsymbol{u}}^{P'}\dot{\boldsymbol{G}}^{\mathrm{b}}\dot{\overline{\boldsymbol{\pi}}}+\boldsymbol{A}\widetilde{\boldsymbol{\omega}}^{\mathrm{b}}\widetilde{\boldsymbol{\omega}}^{\mathrm{b}}\overline{\boldsymbol{u}}^{P'}+2\boldsymbol{A}\widetilde{\boldsymbol{\omega}}^{\mathrm{b}}\boldsymbol{\Psi}\dot{\boldsymbol{q}}_{\mathrm{f}} \tag{11.85}$$

11.4.2 约束方程

如图 11.10 所示的两个柔性体 i 和 j, $\boldsymbol{h}_{ij}$ 为连接两个刚体上两点 P 和 Q 的矢量, $\boldsymbol{h}_{ij}$ 在总体参考坐标系下的坐标列矩阵可表示为

$$\begin{aligned}\overline{\boldsymbol{h}}_{ij} &= \overline{\boldsymbol{r}}_j + \boldsymbol{A}_j\overline{\boldsymbol{u}}_j^{Q'} - \overline{\boldsymbol{r}}_i - \boldsymbol{A}_i\overline{\boldsymbol{u}}_i^{P'} \\ &= \overline{\boldsymbol{r}}_j + \boldsymbol{A}_j(\overline{\boldsymbol{u}}_j^{Q} + \overline{\boldsymbol{u}}_{\mathrm{f}}^{Q}) - \overline{\boldsymbol{r}}_i - \boldsymbol{A}_i(\overline{\boldsymbol{u}}_i^{P} + \overline{\boldsymbol{u}}_{\mathrm{f}}^{P})\end{aligned} \tag{11.86}$$

式中, $\boldsymbol{r}_i$、$\boldsymbol{r}_j$ 分别是柔性体 i、j 上物体坐标系原点在总体参考坐标系下的位置矢量; $\boldsymbol{A}_i$、$\boldsymbol{A}_j$ 分别是柔性体 i、j 的物体坐标系到总体参考坐标系的坐标转换矩阵; $\boldsymbol{u}_i^{P'}$、$\boldsymbol{u}_j^{Q'}$ 分别为变形后 P 点和 Q 点在物体坐标系中的位置矢量; $\boldsymbol{u}_i^{P}$、$\boldsymbol{u}_j^{Q}$ 分别是柔性体 i、j 上未变形时的 P 点和 Q 点在其物体坐标系中的位置矢量; $\overline{\boldsymbol{u}}_{\mathrm{f}}^{P}$、$\overline{\boldsymbol{u}}_{\mathrm{f}}^{Q}$ 分别是 P 点和 Q 点的变形矢量。

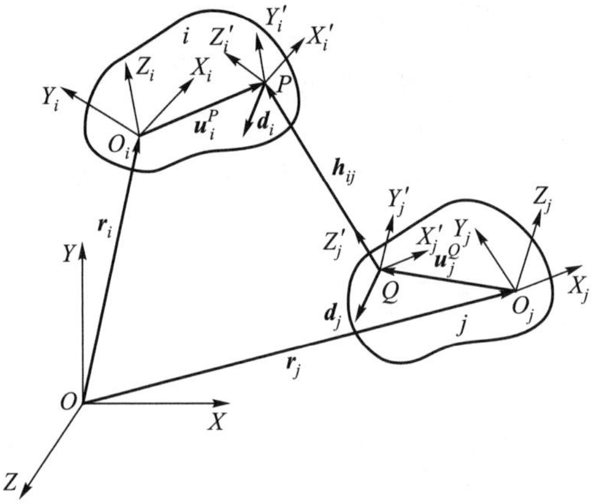

图 11.10 连接空间柔性体的矢量

将式 (11.86) 对时间求导得

$$\dot{\overline{\boldsymbol{h}}}_{ij} = \boldsymbol{B}_i\dot{\boldsymbol{q}}_i - \boldsymbol{B}_j\dot{\boldsymbol{q}}_j \tag{11.87}$$

将式 (11.87) 再对时间求导得

$$\ddot{\overline{\boldsymbol{h}}}_{ij} = \boldsymbol{B}_i\ddot{\boldsymbol{q}}_i - \boldsymbol{B}_j\ddot{\boldsymbol{q}}_j + \boldsymbol{\zeta}_i - \boldsymbol{\zeta}_j \tag{11.88}$$

考虑建立在 P 点和 Q 点的铰坐标系相对于物体坐标系的微小转动, 设 P、Q 点的转动模态分别为 $\boldsymbol{\Psi}_i^{\theta P}$、$\boldsymbol{\Psi}_j^{\theta Q}$, 则铰坐标系相对于物体坐标系的转动变形量为

$$\begin{aligned}\boldsymbol{\theta}_i^P &= \begin{bmatrix}\theta_x\\ \theta_y\\ \theta_z\end{bmatrix}_i^P = \boldsymbol{\Psi}_i^{\theta P}\boldsymbol{q}_{\mathrm{f}i} \\ \boldsymbol{\theta}_j^Q &= \begin{bmatrix}\theta_x\\ \theta_y\\ \theta_z\end{bmatrix}_j^Q = \boldsymbol{\Psi}_j^{\theta Q}\boldsymbol{q}_{\mathrm{f}j}\end{aligned} \tag{11.89}$$

变形后铰坐标系相对于物体坐标系的方向余弦矩阵可近似为[11]

$$\begin{aligned}\boldsymbol{A}_i' &= \boldsymbol{I} + \widetilde{\boldsymbol{\theta}}_i^P \\ \boldsymbol{A}_j' &= \boldsymbol{I} + \widetilde{\boldsymbol{\theta}}_j^Q\end{aligned} \tag{11.90}$$

铰坐标系相对于总体参考坐标系的角速度矢量的坐标列矩阵分别为

$$\begin{aligned}\overline{\boldsymbol{\omega}}_i' &= \overline{\boldsymbol{\omega}}_i + \boldsymbol{A}_i \boldsymbol{\Psi}_i^{\theta P} \dot{\boldsymbol{q}}_{\mathrm{f}i} \\ \overline{\boldsymbol{\omega}}_j' &= \overline{\boldsymbol{\omega}}_j + \boldsymbol{A}_j \boldsymbol{\Psi}_j^{\theta Q} \dot{\boldsymbol{q}}_{\mathrm{f}j}\end{aligned} \tag{11.91}$$

式中, $\boldsymbol{\omega}_i$、$\boldsymbol{\omega}_j$ 分别为柔性体 i、j 上物体坐标系相对于总体参考坐标系的角速度矢量。

在 P 点和 Q 点上分别建立铰坐标系 $PX_i'Y_i'Z_i'$ 和 $QX_j'Y_j'Z_j'$, $\boldsymbol{d}_i$、$\boldsymbol{d}_j$ 分别为固结在其上的两个单位矢量, 它们在物体未变形时的铰坐标系中的坐标列矩阵为 $\overline{\boldsymbol{d}}_i'$、$\overline{\boldsymbol{d}}_j'$, 在总体参考坐标系中的坐标列矩阵为

$$\begin{aligned}\overline{\boldsymbol{d}}_i &= \boldsymbol{A}_i \boldsymbol{A}_i' \overline{\boldsymbol{d}}_i' \\ \overline{\boldsymbol{d}}_j &= \boldsymbol{A}_j \boldsymbol{A}_j' \overline{\boldsymbol{d}}_j'\end{aligned} \tag{11.92}$$

两个矢量 $\boldsymbol{d}_i$、$\boldsymbol{d}_j$ 的速度为

$$\begin{aligned}\dot{\boldsymbol{d}}_i &= \boldsymbol{\omega}_i' \times \boldsymbol{d}_i \\ \dot{\boldsymbol{d}}_j &= \boldsymbol{\omega}_j' \times \boldsymbol{d}_j\end{aligned} \tag{11.93}$$

如果采用欧拉角表示物体的方位, 则

$$\begin{aligned}\dot{\boldsymbol{q}}_i &= \begin{bmatrix}\dot{\overline{\boldsymbol{r}}}_i^{\mathrm{T}} & \dot{\overline{\boldsymbol{\pi}}}_i^{\mathrm{T}} & \dot{\boldsymbol{q}}_{\mathrm{f}i}^{\mathrm{T}}\end{bmatrix}^{\mathrm{T}} \\ \dot{\boldsymbol{q}}_j &= \begin{bmatrix}\dot{\overline{\boldsymbol{r}}}_j^{\mathrm{T}} & \dot{\overline{\boldsymbol{\pi}}}_j^{\mathrm{T}} & \dot{\boldsymbol{q}}_{\mathrm{f}j}^{\mathrm{T}}\end{bmatrix}^{\mathrm{T}}\end{aligned} \tag{11.94}$$

$\dot{\boldsymbol{d}}_i$、$\dot{\boldsymbol{d}}_j$ 在总体参考坐标系中的坐标列矩阵为

$$\begin{aligned}\dot{\overline{\boldsymbol{d}}}_i &= \boldsymbol{L}_i \dot{\boldsymbol{q}}_i \\ \dot{\overline{\boldsymbol{d}}}_j &= \boldsymbol{L}_j \dot{\boldsymbol{q}}_j\end{aligned} \tag{11.95}$$

其中

$$\begin{aligned}\boldsymbol{L}_i &= \begin{bmatrix}\boldsymbol{0} & -\widetilde{\boldsymbol{d}}_i \boldsymbol{G}_i^{\mathrm{r}} & \widetilde{\boldsymbol{d}}_i \boldsymbol{A}_i \boldsymbol{\Psi}_i^{\theta P}\end{bmatrix} \\ \boldsymbol{L}_j &= \begin{bmatrix}\boldsymbol{0} & -\widetilde{\boldsymbol{d}}_j \boldsymbol{G}_j^{\mathrm{r}} & \widetilde{\boldsymbol{d}}_j \boldsymbol{A}_j \boldsymbol{\Psi}_j^{\theta Q}\end{bmatrix}\end{aligned} \tag{11.96}$$

矢量 $\boldsymbol{d}_i$、$\boldsymbol{d}_j$ 的加速度在总体参考坐标系中的坐标列矩阵为

$$\begin{aligned}\ddot{\overline{\boldsymbol{d}}}_i &= \boldsymbol{L}_i \ddot{\boldsymbol{q}}_i + \widetilde{\boldsymbol{\omega}}_i' \widetilde{\boldsymbol{\omega}}_i' \overline{\boldsymbol{d}}_i \\ \ddot{\overline{\boldsymbol{d}}}_j &= \boldsymbol{L}_j \ddot{\boldsymbol{q}}_j + \widetilde{\boldsymbol{\omega}}_j' \widetilde{\boldsymbol{\omega}}_j' \overline{\boldsymbol{d}}_j\end{aligned} \tag{11.97}$$

利用 $\boldsymbol{d}_i$、$\boldsymbol{d}_j$ 和 $\boldsymbol{h}_{ij}$ 可以定义一些基本约束方程。

(1) 两点重合的约束方程。

如果点 P 和点 Q 始终重合，其位置约束方程可写为

$$\boldsymbol{\Phi} = \overline{\boldsymbol{h}}_{ij} = \overline{\boldsymbol{r}}_i + \boldsymbol{A}_i\overline{\boldsymbol{u}}_i^P - \overline{\boldsymbol{r}}_j - \boldsymbol{A}_j\overline{\boldsymbol{u}}_j^Q = \boldsymbol{0} \tag{11.98}$$

速度约束方程为

$$\dot{\boldsymbol{\Phi}} = \dot{\overline{\boldsymbol{h}}}_{ij} = \boldsymbol{B}_i\dot{\boldsymbol{q}}_i - \boldsymbol{B}_j\dot{\boldsymbol{q}}_j = \boldsymbol{0} \tag{11.99}$$

加速度约束方程为

$$\ddot{\boldsymbol{\Phi}} = \ddot{\overline{\boldsymbol{h}}}_{ij} = \boldsymbol{B}_i\ddot{\boldsymbol{q}}_i - \boldsymbol{B}_j\ddot{\boldsymbol{q}}_j + \boldsymbol{\zeta}_i - \boldsymbol{\zeta}_j = \boldsymbol{0} \tag{11.100}$$

(2) 矢量 $\boldsymbol{d}_i$、$\boldsymbol{d}_j$ 垂直的约束方程。

矢量 $\boldsymbol{d}_i$、$\boldsymbol{d}_j$ 互相垂直的约束方程可写成

$$\boldsymbol{\Phi} = \overline{\boldsymbol{d}}_i^{\mathrm{T}}\overline{\boldsymbol{d}}_j = 0 \tag{11.101}$$

速度约束方程为

$$\dot{\boldsymbol{\Phi}} = \overline{\boldsymbol{d}}_j^{\mathrm{T}}\boldsymbol{L}_i\dot{\boldsymbol{q}}_i + \overline{\boldsymbol{d}}_i^{\mathrm{T}}\boldsymbol{L}_j\dot{\boldsymbol{q}}_j = 0 \tag{11.102}$$

加速度约束方程为

$$\ddot{\boldsymbol{\Phi}} = \overline{\boldsymbol{d}}_j^{\mathrm{T}}\boldsymbol{L}_i\ddot{\boldsymbol{q}}_i + \overline{\boldsymbol{d}}_i^{\mathrm{T}}\boldsymbol{L}_j\ddot{\boldsymbol{q}}_j + \overline{\boldsymbol{d}}_j^{\mathrm{T}}\widetilde{\boldsymbol{\omega}}_i'\widetilde{\boldsymbol{\omega}}_i'\overline{\boldsymbol{d}}_i + \overline{\mathrm{d}}_i^{\mathrm{T}}\widetilde{\boldsymbol{\omega}}_j'\widetilde{\boldsymbol{\omega}}_j'\overline{\boldsymbol{d}}_j + 2\dot{\overline{\boldsymbol{d}}}_j^{\mathrm{T}}\dot{\overline{\boldsymbol{d}}}_i = 0 \tag{11.103}$$

(3) 矢量 $\boldsymbol{d}_i$ 与 $\boldsymbol{h}_{ij}$ 垂直的约束方程。

矢量 $\boldsymbol{d}_i$ 与连接刚体 i 和 j 上两点的矢量 $\boldsymbol{h}_{ij}$ 垂直的约束方程可写成

$$\boldsymbol{\Phi} = \overline{\boldsymbol{d}}_i^{\mathrm{T}}\overline{\boldsymbol{h}}_{ij} = 0 \tag{11.104}$$

速度约束方程为

$$\dot{\boldsymbol{\Phi}} = (\overline{\boldsymbol{d}}_i^{\mathrm{T}}\boldsymbol{B}_i + \overline{\boldsymbol{h}}_{ij}^{\mathrm{T}}\boldsymbol{L}_i)\dot{\boldsymbol{q}}_i - \overline{\boldsymbol{d}}_i^{\mathrm{T}}\boldsymbol{B}_j\dot{\boldsymbol{q}}_j = 0 \tag{11.105}$$

加速度约束方程为

$$\ddot{\boldsymbol{\Phi}} = (\overline{\boldsymbol{d}}_i^{\mathrm{T}}\boldsymbol{B}_i + \overline{\boldsymbol{h}}_{ij}^{\mathrm{T}}\boldsymbol{L}_i)\ddot{\boldsymbol{q}}_i - \overline{\boldsymbol{d}}_i^{\mathrm{T}}\boldsymbol{B}_j\ddot{\boldsymbol{q}}_j + \overline{\boldsymbol{d}}_i^{\mathrm{T}}(\boldsymbol{\zeta}_i - \boldsymbol{\zeta}_j) + \overline{\boldsymbol{h}}_{ij}^{\mathrm{T}}\widetilde{\boldsymbol{\omega}}_i'\widetilde{\boldsymbol{\omega}}_i'\overline{\boldsymbol{d}}_i + 2\dot{\overline{\boldsymbol{d}}}_i^{\mathrm{T}}\dot{\overline{\boldsymbol{h}}}_{ij} = 0 \tag{11.106}$$

选择合适的物体间矢量或连体矢量，利用上述基本约束方程，就可以组合生成不同铰的约束方程。比如连接两个物体的万向节，就可以定义点 P 和点 Q 为十字轴的两个轴的交点且分别位于物体 i 和 j 上，矢量 $\boldsymbol{d}_i$ 和 $\boldsymbol{d}_j$ 分别沿十字轴的两个轴的方向，万向节约束应该是点 P 和点 Q 重合且矢量 $\boldsymbol{d}_i$ 和 $\boldsymbol{d}_j$ 互相垂直，其位置约束方程为

$$\boldsymbol{\Phi} = \begin{bmatrix} \overline{\boldsymbol{r}}_i + \boldsymbol{A}_i\overline{\boldsymbol{u}}_i^P - \overline{\boldsymbol{r}}_j - \boldsymbol{A}_j\overline{\boldsymbol{u}}_j^Q \\ \overline{\boldsymbol{d}}_i^{\mathrm{T}}\overline{\boldsymbol{d}}_j \end{bmatrix} = \boldsymbol{0}$$

11.5 空间运动柔性多体系统动力学方程

11.5.1 柔性体的动能与质量矩阵

柔性体上任意一点 (P 点) 的速度矢量可表示为

$$\dot{\overline{\boldsymbol{r}}}^{P}=\boldsymbol{B}\dot{\boldsymbol{q}}$$

则柔性体的动能为

$$T=\frac{1}{2}\int_V \rho\dot{\overline{\boldsymbol{r}}}^{P\mathrm{T}}\dot{\overline{\boldsymbol{r}}}^{P}\mathrm{d}V=\frac{1}{2}\dot{\boldsymbol{q}}^{\mathrm{T}}\boldsymbol{M}\dot{\boldsymbol{q}} \tag{11.107}$$

式中, ρ 为物体的密度; $\boldsymbol{q}$ 为柔性体的广义坐标。如果采用欧拉角 $\boldsymbol{\overline{\pi}}=[\psi\ \ \theta\ \ \varphi]^{\mathrm{T}}$ 表示物体的方位, 则物体 i 的广义坐标为

$$\boldsymbol{q}=\begin{bmatrix}\overline{\boldsymbol{r}}^{\mathrm{T}} & \boldsymbol{\overline{\pi}}^{\mathrm{T}} & \boldsymbol{q}_{\mathrm{f}}^{\mathrm{T}}\end{bmatrix}^{\mathrm{T}}$$

而

$$\boldsymbol{B}=\begin{bmatrix}\boldsymbol{I} & -\boldsymbol{A}\widetilde{\boldsymbol{u}}^{P'}\boldsymbol{G}^{\mathrm{b}} & \boldsymbol{A\Psi}\end{bmatrix}$$

则柔性体的质量矩阵为

$$\boldsymbol{M}=\int_V \rho\boldsymbol{B}^{\mathrm{T}}\boldsymbol{B}\mathrm{d}V=\begin{bmatrix}\boldsymbol{m}^{rr} & \boldsymbol{m}^{r\pi} & \boldsymbol{m}^{rf}\\ \boldsymbol{m}^{r\pi} & \boldsymbol{m}^{\pi\pi} & \boldsymbol{m}^{\pi f}\\ \boldsymbol{m}^{rf} & \boldsymbol{m}^{\pi f} & \boldsymbol{m}^{ff}\end{bmatrix} \tag{11.108}$$

其中各分项如下:

(1) $\boldsymbol{m}^{rr}$。

$$\boldsymbol{m}^{rr}=\int_V \rho\boldsymbol{I}\mathrm{d}V=\begin{bmatrix}m & 0 & 0\\ 0 & m & 0\\ 0 & 0 & m\end{bmatrix} \tag{11.109}$$

式中, m 为柔性体的质量。

(2) $\boldsymbol{m}^{r\pi}$。

$$\boldsymbol{m}^{r\pi}=-\int_V \rho\boldsymbol{A}\widetilde{\boldsymbol{u}}^{P'}\boldsymbol{G}^{\mathrm{b}}\mathrm{d}V \tag{11.110}$$

由于 $\boldsymbol{A}$、$\boldsymbol{G}^{\mathrm{b}}$ 与体积积分无关, 因此

$$\boldsymbol{m}^{r\pi}=-\boldsymbol{A}\int_V \rho\widetilde{\boldsymbol{u}}^{P'}\mathrm{d}V\boldsymbol{G}^{\mathrm{b}}=-\boldsymbol{A}\widetilde{\boldsymbol{S}}^{\mathrm{t}}\boldsymbol{G}^{\mathrm{b}} \tag{11.111}$$

$$\begin{aligned}\boldsymbol{S}^{\mathrm{t}}&=-\int_V \rho\boldsymbol{u}^{P'}\mathrm{d}V=-\int_V \rho(\overline{\boldsymbol{u}}^{P}+\boldsymbol{\Psi}\boldsymbol{q}_{\mathrm{f}})\mathrm{d}V\\ &=\boldsymbol{J}_1+\boldsymbol{S}\boldsymbol{q}_{\mathrm{f}}\end{aligned} \tag{11.112}$$

式中,

$$\boldsymbol{J}_1=\int_V \rho\overline{\boldsymbol{u}}^{P}\mathrm{d}V \tag{11.113}$$

为物体未变形时对物体坐标系原点的一次矩, 而

$$\boldsymbol{S}=\int_V \rho\boldsymbol{\Psi}\mathrm{d}V \tag{11.114}$$

(3) $\boldsymbol{m}^{rf}$。

$$\boldsymbol{m}^{rf}=\int_V \rho\boldsymbol{A}\boldsymbol{\Psi}\mathrm{d}V=\boldsymbol{A}\boldsymbol{S} \tag{11.115}$$

(4) $\boldsymbol{m}^{\pi\pi}$。

$$\boldsymbol{m}^{\pi\pi}=\int_V \rho\boldsymbol{G}^{\mathrm{bT}}\widetilde{\boldsymbol{u}}^{P'\mathrm{T}}\widetilde{\boldsymbol{u}}^{P'}\boldsymbol{G}^{\mathrm{b}}\mathrm{d}V=\boldsymbol{G}^{\mathrm{bT}}\overline{\boldsymbol{J}}\boldsymbol{G}^{\mathrm{b}} \tag{11.116}$$

式中, $\boldsymbol{J}$ 为柔性体在物体坐标系中的惯性张量。

(5) $\boldsymbol{m}^{\pi f}$。

$$\boldsymbol{m}^{\pi f}=-\boldsymbol{G}^{\mathrm{bT}}\int_V \rho\widetilde{\boldsymbol{u}}^{P'\mathrm{T}}\boldsymbol{\Psi}\mathrm{d}V=\boldsymbol{G}^{\mathrm{bT}}\boldsymbol{J}_{\pi f} \tag{11.117}$$

式中

$$\boldsymbol{J}_{\pi f}=\int_V \rho\widetilde{\boldsymbol{u}}^{P'}\boldsymbol{\Psi}\mathrm{d}V \tag{11.118}$$

(6) $\boldsymbol{m}^{ff}$。

$$\boldsymbol{m}^{ff}=\int_V \rho\boldsymbol{\Psi}^{\mathrm{T}}\boldsymbol{A}^{\mathrm{T}}\boldsymbol{A}\boldsymbol{\Psi}\mathrm{d}V=\int_V \rho\boldsymbol{\Psi}^{\mathrm{T}}\boldsymbol{\Psi}\mathrm{d}V \tag{11.119}$$

11.5.2 广义弹性力

与平面运动系统的情况类似, 对于空间线弹性物体, 弹性力的虚功为

$$\begin{aligned}\delta W^{\mathrm{e}}&=-\int_V \boldsymbol{\sigma}^{\mathrm{T}}\delta\boldsymbol{\varepsilon}\mathrm{d}V=-\int_V \boldsymbol{q}_{\mathrm{f}}^{\mathrm{T}}(\boldsymbol{D}\boldsymbol{\Psi})^{\mathrm{T}}\boldsymbol{E}(\boldsymbol{D}\boldsymbol{\Psi})\delta\boldsymbol{q}_{\mathrm{f}}\mathrm{d}V\\&=-\boldsymbol{q}_{\mathrm{f}}^{\mathrm{T}}\int_V [(\boldsymbol{D}\boldsymbol{\Psi})^{\mathrm{T}}\boldsymbol{E}(\boldsymbol{D}\boldsymbol{\Psi})\mathrm{d}V]\delta\boldsymbol{q}_{\mathrm{f}}\\&=-\boldsymbol{q}_{\mathrm{f}}^{\mathrm{T}}\boldsymbol{K}^{ff}\delta\boldsymbol{q}_{\mathrm{f}}\end{aligned} \tag{11.120}$$

其中 $\boldsymbol{K}^{ff}$ 是对应于 $\boldsymbol{q}_{\mathrm{f}}$ 的弹性体的刚度矩阵, 对应柔性体的广义坐标, $\boldsymbol{q}=[\overline{\boldsymbol{r}}^{\mathrm{T}}\quad \overline{\boldsymbol{\pi}}^{\mathrm{T}}\quad \boldsymbol{q}_{\mathrm{f}}^{\mathrm{T}}]^{\mathrm{T}}$。

刚度矩阵为

$$\boldsymbol{K}=\begin{bmatrix}\boldsymbol{0}&\boldsymbol{0}&\boldsymbol{0}\\\boldsymbol{0}&\boldsymbol{0}&\boldsymbol{0}\\\boldsymbol{0}&\boldsymbol{0}&\boldsymbol{K}^{ff}\end{bmatrix}$$

因此作用于物体的广义弹性力为

$$\boldsymbol{Q}^{\mathrm{e}}=\boldsymbol{K}\boldsymbol{q} \tag{11.121}$$

11.5.3 广义主动力

设作用在柔性上除弹性力以外的主动力为 $\boldsymbol{Q}^{\mathrm{F}}$, 其在物体广义虚位移上的虚功为

$$\delta W^{\mathrm{F}}=\boldsymbol{Q}^{\mathrm{FT}}\delta\boldsymbol{q}=\begin{bmatrix}\boldsymbol{Q}^{r\mathrm{T}}&\boldsymbol{Q}^{\pi}&\boldsymbol{Q}^{f\mathrm{T}}\end{bmatrix}\begin{bmatrix}\delta\overline{\boldsymbol{r}}\\\delta\overline{\boldsymbol{\pi}}\\\delta\boldsymbol{q}_{\mathrm{f}}\end{bmatrix} \tag{11.122}$$

式中, $\boldsymbol{Q}^r$、$\boldsymbol{Q}^\pi$、$\boldsymbol{Q}^f$ 分别为对应于物体移动广义坐标的广义主动力、对应于物体转动广义坐标的广义主动力和对应于物体弹性变形广义坐标的广义主动力。

如作用在柔性上 P 点的集中力为 $\boldsymbol{F}$, 其虚功为

$$\delta W^{\mathrm{F}} = \overline{\boldsymbol{F}}^{\mathrm{T}} \delta \overline{\boldsymbol{r}}^P$$

而

$$\delta \overline{\boldsymbol{r}}^P = \boldsymbol{B} \delta \boldsymbol{q}$$

因此

$$W^{\mathrm{F}} = \overline{\boldsymbol{F}}^{\mathrm{T}} \delta \overline{\boldsymbol{r}}^P = \overline{\boldsymbol{F}}^{\mathrm{T}} \begin{bmatrix} \boldsymbol{I} & -\boldsymbol{A}\widetilde{\boldsymbol{u}}^{P'}\boldsymbol{G}^{\mathrm{b}} & \boldsymbol{A}\boldsymbol{\Psi} \end{bmatrix} \begin{bmatrix} \delta \overline{\boldsymbol{r}} \\ \delta \overline{\boldsymbol{\pi}} \\ \delta \boldsymbol{q}_f \end{bmatrix} = \begin{bmatrix} \boldsymbol{Q}^{r\mathrm{T}} & \boldsymbol{Q}^{\pi\mathrm{T}} & \boldsymbol{Q}^{f\mathrm{T}} \end{bmatrix} \begin{bmatrix} \delta \overline{\boldsymbol{r}} \\ \delta \overline{\boldsymbol{\pi}} \\ \delta \boldsymbol{q}_{\mathrm{f}} \end{bmatrix}$$

则集中力对应的广义力为

$$\begin{aligned} \boldsymbol{Q}^{r\mathrm{T}} &= \overline{\boldsymbol{F}}^{\mathrm{T}} \\ \boldsymbol{Q}^{\pi\mathrm{T}} &= -\overline{\boldsymbol{F}}^{\mathrm{T}} \boldsymbol{A}\widetilde{\boldsymbol{u}}^{P'}\boldsymbol{G}^{\mathrm{b}} \\ \boldsymbol{Q}^{f\mathrm{T}} &= \overline{\boldsymbol{F}}^{\mathrm{T}} \boldsymbol{A}\boldsymbol{\Psi} \end{aligned} \tag{11.123}$$

11.5.4 系统动力学方程

考虑由 N 个物体组成的系统, 根据第二类拉格朗日方程可得其中第 i 个柔性体的动力学方程为

$$\boldsymbol{M}_i \ddot{\boldsymbol{q}}_i + \boldsymbol{K}_i \boldsymbol{q}_i = \boldsymbol{Q}_i^{\mathrm{F}} + \boldsymbol{Q}_i^{\mathrm{v}} \tag{11.124}$$

式中, $\boldsymbol{M}_i$、$\boldsymbol{K}_i$、$\boldsymbol{q}_i$、$\boldsymbol{Q}_i^{\mathrm{F}}$、$\boldsymbol{Q}_i^{\mathrm{v}}$ 分别是第 i 个柔性体的质量矩阵、刚度矩阵、广义坐标、除变形引起的弹性力以外的广义主动力列矩阵以及与速度二次项有关广义力列矩阵。

采用欧拉角作为物体的姿态坐标时, $\boldsymbol{Q}_i^{\mathrm{v}}$ 中对应于物体对应于物体移动、转动和弹性变形广义坐标的分项分别为

$$\begin{aligned} \boldsymbol{Q}_i^{\mathrm{v}r} &= -\boldsymbol{A}_i(-\boldsymbol{S}_i^{\mathrm{t}}\boldsymbol{G}_i^{\mathrm{b}}\dot{\overline{\boldsymbol{\pi}}}_i + \widetilde{\boldsymbol{\omega}}_i^{\mathrm{b}}\widetilde{\boldsymbol{\omega}}_i^{\mathrm{b}}\boldsymbol{S}_i^t + 2\widetilde{\boldsymbol{\omega}}_i^{\mathrm{b}}\boldsymbol{S}_i\dot{\boldsymbol{q}}_{\mathrm{f}}^i) \\ \boldsymbol{Q}_i^{\mathrm{v}\pi} &= -\boldsymbol{G}_i^{\mathrm{bT}}(\overline{\boldsymbol{J}}\dot{\boldsymbol{G}}_i^{\mathrm{b}}\dot{\overline{\boldsymbol{\pi}}}_i + \widetilde{\boldsymbol{\omega}}_i^{\mathrm{b}}\overline{\boldsymbol{J}}\overline{\boldsymbol{\omega}}_i^{\mathrm{b}} + 2\int_{V_i}\rho\widetilde{\boldsymbol{u}}_i^{P'\mathrm{T}}\widetilde{\boldsymbol{\omega}}_i^{\mathrm{b}}\boldsymbol{\Psi}_i\mathrm{d}V_i\dot{\boldsymbol{q}}_{\mathrm{f}i}) \\ \boldsymbol{Q}_i^{\mathrm{v}f} &= -\int_{V_i}\rho\boldsymbol{\Psi}_i^{\mathrm{T}}(-\widetilde{\boldsymbol{u}}_i^{P'\mathrm{T}}\dot{\boldsymbol{G}}_i^{\mathrm{b}}\dot{\overline{\boldsymbol{\pi}}}_i + \widetilde{\boldsymbol{\omega}}_i^{\mathrm{b}}\widetilde{\boldsymbol{\omega}}_i^{\mathrm{b}}\widetilde{\boldsymbol{u}}_i^{P'} + 2\widetilde{\boldsymbol{\omega}}_i^{\mathrm{b}}\boldsymbol{\Psi}_i\dot{\boldsymbol{q}}_{\mathrm{f}i})\mathrm{d}V_i \end{aligned} \tag{11.125}$$

设系统的约束方程为

$$\boldsymbol{\Phi}(\boldsymbol{q}, t) = \boldsymbol{0}$$

将系统中每个物体的动力学方程的对应矩阵组装起来, 利用拉格朗日乘子定理, 得到约束柔性多体系统的动力学方程为

$$\boldsymbol{M}\ddot{\boldsymbol{q}} + \boldsymbol{K}\boldsymbol{q} + \boldsymbol{\Phi}_q^{\mathrm{T}}\boldsymbol{\lambda} = \boldsymbol{Q}^{\mathrm{F}} + \boldsymbol{Q}^{\mathrm{v}} \tag{11.126}$$

其中

$$\boldsymbol{q}=\begin{bmatrix}\boldsymbol{q}_1^{\mathrm{T}} & \boldsymbol{q}_2^{\mathrm{T}} & \cdots & \boldsymbol{q}_i^{\mathrm{T}} & \cdots & \boldsymbol{q}_N^{\mathrm{T}}\end{bmatrix}^{\mathrm{T}}$$

$$\boldsymbol{M}=\begin{bmatrix}\boldsymbol{M}_1 & & & & \\ & \boldsymbol{M}_2 & & \boldsymbol{0} & \\ & & \ddots & & \\ & & & \boldsymbol{M}_i & \\ & \boldsymbol{0} & & & \ddots \\ & & & & & \boldsymbol{M}_N\end{bmatrix}$$

$$\boldsymbol{K}=\begin{bmatrix}\boldsymbol{K}_1 & & & & \\ & \boldsymbol{K}_2 & & \boldsymbol{0} & \\ & & \ddots & & \\ & & & \boldsymbol{K}_i & \\ & \boldsymbol{0} & & & \ddots \\ & & & & & \boldsymbol{K}_N\end{bmatrix}$$

$$\boldsymbol{Q}^{\mathrm{F}}=\begin{bmatrix}\boldsymbol{Q}_1^{\mathrm{F}}\\ \boldsymbol{Q}_2^{\mathrm{F}}\\ \vdots\\ \boldsymbol{Q}_i^{\mathrm{F}}\\ \vdots\\ \boldsymbol{Q}_N^{\mathrm{F}}\end{bmatrix},\quad \boldsymbol{Q}^{\mathrm{v}}=\begin{bmatrix}\boldsymbol{Q}_1^{\mathrm{v}}\\ \boldsymbol{Q}_2^{\mathrm{v}}\\ \vdots\\ \boldsymbol{Q}_i^{\mathrm{v}}\\ \vdots\\ \boldsymbol{Q}_N^{\mathrm{v}}\end{bmatrix}$$

$$\boldsymbol{\lambda}=\begin{bmatrix}\boldsymbol{\lambda}_1\\ \boldsymbol{\lambda}_2\\ \vdots\\ \boldsymbol{\lambda}_s\end{bmatrix},\quad \boldsymbol{\Phi}_q=\begin{bmatrix}\boldsymbol{\Phi}_{1q}\\ \boldsymbol{\Phi}_{2q}\\ \vdots\\ \boldsymbol{\Phi}_{sq}\end{bmatrix} \tag{11.127}$$

式中 s 是约束的个数。

11.6 柔性多体系统动力学方程的有限元格式

11.6.1 柔性体上任一点的运动

设柔性体的某单元上任意一点 (P 点) 在物体坐标系中的位置矢量为 $\boldsymbol{u}^P$, 变形矢量为 $\boldsymbol{u}_{\mathrm{f}}^P$, 根据式 (11.9), 在有限元格式中

$$\overline{\boldsymbol{u}}_{\mathrm{f}}^P=\boldsymbol{N}\boldsymbol{q}_{\mathrm{f}} \tag{11.128}$$

式中, $\boldsymbol{N}$ 是单元在物体坐标系下的形函数矩阵; $\boldsymbol{q}_{\mathrm{f}}$ 是柔性体节点位移矢量的坐标列矩阵。

变形后 P 点在物体坐标系中的位置矢量为

$$\boldsymbol{u}^{P'}=\boldsymbol{u}^P+\boldsymbol{u}_{\rm f}^P=\boldsymbol{u}^P+\boldsymbol{N}\boldsymbol{q}_{\rm f} \tag{11.129}$$

根据式 (11.74), P 点在总体参考坐标系下位置矢量的坐标列矩阵为

$$\overline{\boldsymbol{r}}^P=\overline{\boldsymbol{r}}+\boldsymbol{A}\overline{u}^{P'}=\overline{\boldsymbol{r}}+\boldsymbol{A}(\boldsymbol{u}^P+\boldsymbol{N}\boldsymbol{q}_{\rm f}) \tag{11.130}$$

式中, $\boldsymbol{r}$ 是柔性体上物体坐标系原点在总体参考坐标系下的位置矢量; $\boldsymbol{A}$ 是柔性体的物体坐标系到总体参考坐标系的转换矩阵。

将式 (11.130) 对时间求导, 并采用欧拉角 $\boldsymbol{\pi}=[\psi\ \ \theta\ \ \varphi]^{\rm T}$ 表示物体的方位, 设物体坐标系的角速度矢量为 $\boldsymbol{\omega}$, 且 $\overline{\boldsymbol{\omega}}^{\rm b}=\boldsymbol{G}^{\rm b}\dot{\overline{\boldsymbol{\pi}}}$, 则柔性体上任一点的速度矢量坐标列矩阵为

$$\dot{\overline{\boldsymbol{r}}}^P=\boldsymbol{B}\dot{\boldsymbol{q}} \tag{11.131}$$

其中

$$\boldsymbol{B}=\begin{bmatrix}\boldsymbol{I} & -\boldsymbol{A}\widetilde{\boldsymbol{u}}^{P'}\boldsymbol{G}^{\rm b} & \boldsymbol{A}\boldsymbol{N}\end{bmatrix} \tag{11.132}$$

将式 (11.131) 进一步对时间求导, 得柔性体上任一点的速度矢量坐标列矩阵为

$$\ddot{\overline{\boldsymbol{r}}}^P=\boldsymbol{B}\ddot{\boldsymbol{q}}+\boldsymbol{\zeta} \tag{11.133}$$

其中

$$\boldsymbol{\zeta}=-\boldsymbol{A}\widetilde{\boldsymbol{u}}^{P'}\dot{\boldsymbol{G}}^{\rm b}\dot{\overline{\boldsymbol{\pi}}}+\boldsymbol{A}\widetilde{\boldsymbol{\omega}}^{\rm b}\widetilde{\boldsymbol{\omega}}^{\rm b}\overline{\boldsymbol{u}}^{P'}+2\boldsymbol{A}\widetilde{\boldsymbol{\omega}}^{\rm b}\boldsymbol{N}\dot{\boldsymbol{q}}_{\rm f} \tag{11.134}$$

11.6.2 质量矩阵

单元 j 的动能为

$$T^j=\frac{1}{2}\int_{V^j}\rho\dot{\overline{\boldsymbol{r}}}^{jP\rm T}\dot{\overline{\boldsymbol{r}}}^{jP}{\rm d}V^j=\frac{1}{2}\dot{\boldsymbol{q}}^{j\rm T}\boldsymbol{M}^j\dot{\boldsymbol{q}}^j$$

式中, ρ 为物体的密度; $\boldsymbol{q}^j$ 为单元 j 的广义坐标。则单元 j 的质量矩阵为

$$\boldsymbol{M}^j=\int_{V^j}\rho\boldsymbol{B}^{j\rm T}\boldsymbol{B}^j{\rm d}V^j=\begin{bmatrix}\boldsymbol{m}^{rrj} & \boldsymbol{m}^{r\pi j} & \boldsymbol{m}^{rfj}\\ \boldsymbol{m}^{r\pi j} & \boldsymbol{m}^{\pi\pi j} & \boldsymbol{m}^{\pi fj}\\ \boldsymbol{m}^{rfj} & \boldsymbol{m}^{\pi fj} & \boldsymbol{m}^{ffj}\end{bmatrix} \tag{11.135}$$

其中各分项为

$$\begin{aligned}
\boldsymbol{m}^{rrj}&=\int_{V^j}\rho\boldsymbol{I}{\rm d}V_j=m^j\boldsymbol{I}\\
\boldsymbol{m}^{r\pi j}&=-\int_{V^j}\rho\boldsymbol{A}^j\widetilde{\boldsymbol{u}}^{jP'}\boldsymbol{G}^{{\rm b}j}{\rm d}V^j=-\boldsymbol{A}^j\int_{V^j}\rho\widetilde{\boldsymbol{u}}^{jP'}{\rm d}V^j\boldsymbol{G}^{{\rm b}j}\\
\boldsymbol{m}^{rfj}&=\int_{V^j}\rho\boldsymbol{A}^j\boldsymbol{N}^j{\rm d}V^j\\
\boldsymbol{m}^{\pi\pi j}&=\int_{V^j}\rho\boldsymbol{G}^{{\rm b}j\rm T}\widetilde{\boldsymbol{u}}^{jP'\rm T}\widetilde{\boldsymbol{u}}^{jP'}\boldsymbol{G}^{{\rm b}j}{\rm d}V^j=\boldsymbol{G}^{{\rm b}j\rm T}\overline{\boldsymbol{J}}^j\boldsymbol{G}^{{\rm b}j}\\
\boldsymbol{m}^{\pi fj}&=\boldsymbol{G}^{{\rm b}j\rm T}\int_{V^j}\rho\widetilde{\boldsymbol{u}}^{jP'}\boldsymbol{N}^j{\rm d}V^j\\
\boldsymbol{m}^{ffj}&=\int_{V^j}\rho\boldsymbol{N}^{j\rm T}\boldsymbol{N}^j{\rm d}V^j
\end{aligned} \tag{11.136}$$

式中, m^j 为单元 j 的质量; $\boldsymbol{J}^j$ 为单元 j 在物体坐标系中的惯性张量。

将物体所有单元的质量矩阵组装起来, 可得到物体的质量矩阵

$$\boldsymbol{M}=\sum_{j=1}^{n_\mathrm{e}}\boldsymbol{M}^j \tag{11.137}$$

式中, n_e 为物体的单元个数。

11.6.3 刚度矩阵

物体中单元 j 的弹性力虚功为

$$\delta W^{j\mathrm{e}}=-\int_{V^j}\boldsymbol{\sigma}^{j\mathrm{T}}\delta\boldsymbol{\varepsilon}^j\mathrm{d}V^j \tag{11.138}$$

对于各向同性的线弹性材料有

$$\boldsymbol{\varepsilon}^j=\boldsymbol{D}^j\overline{\boldsymbol{u}}_\mathrm{f}^j=\boldsymbol{D}^j\boldsymbol{N}^j\boldsymbol{q}_\mathrm{f}^j \tag{11.139}$$

则弹性力的虚功为

$$\delta W^{j\mathrm{e}}=-\boldsymbol{q}_\mathrm{f}^{j\mathrm{T}}\boldsymbol{K}^{ffj}\delta\boldsymbol{q}_\mathrm{f}^j \tag{11.140}$$

其中 $\boldsymbol{K}^{ffj}$ 是单元 j 的刚度矩阵

$$\boldsymbol{K}^{ffj}=\int_{V^j}(\boldsymbol{D}^j\boldsymbol{N}^j)^\mathrm{T}\boldsymbol{E}^j(\boldsymbol{D}^j\boldsymbol{N}^j)\mathrm{d}V^j \tag{11.141}$$

将物体所有单元的刚度矩阵组装起来, 可得到物体的刚度矩阵

$$\boldsymbol{K}^{ff}=\sum_{j=1}^{n_\mathrm{e}}\boldsymbol{K}^{ffj} \tag{11.142}$$

对应于广义坐标 $\boldsymbol{q}=[\overline{\boldsymbol{r}}^\mathrm{T}\ \ \overline{\boldsymbol{\pi}}^\mathrm{T}\ \ \boldsymbol{q}_\mathrm{f}^\mathrm{T}]^\mathrm{T}$ 的刚度矩阵为

$$\boldsymbol{K}=\begin{bmatrix}\boldsymbol{0}&\boldsymbol{0}&\boldsymbol{0}\\\boldsymbol{0}&\boldsymbol{0}&\boldsymbol{0}\\\boldsymbol{0}&\boldsymbol{0}&\boldsymbol{K}^{ff}\end{bmatrix} \tag{11.143}$$

则作用于物体的广义弹性力为

$$\boldsymbol{Q}^\mathrm{e}=\boldsymbol{K}\boldsymbol{q}$$

11.6.4 系统动力学方程

与 11.5.4 节类似, 考虑由 N 个物体组成的系统, 根据第二类拉格朗日方程可得其中第 i 个柔性体的动力学方程为

$$\boldsymbol{M}_i\ddot{\boldsymbol{q}}_i+\boldsymbol{K}_i\boldsymbol{q}_i=\boldsymbol{Q}_i^\mathrm{F}+\boldsymbol{Q}_i^\mathrm{v}$$

其中 $\boldsymbol{M}_i$、$\boldsymbol{K}_i$、$\boldsymbol{q}_i$、$\boldsymbol{Q}_i^{\mathrm{F}}$、$\boldsymbol{Q}_i^{\mathrm{v}}$ 分别是第 i 个柔性体的质量矩阵、刚度矩阵、广义坐标、除变形引起的弹性力以外的广义主动力列矩阵以及与速度二次项有关的广义力列矩阵，且

$$\boldsymbol{Q}_i^{\mathrm{F}}=\sum_{j=1}^{n_{\mathrm{e}}}\int_{V^j}\boldsymbol{B}^{j\mathrm{T}}\overline{\boldsymbol{F}}^j\mathrm{d}V^j \tag{11.144}$$

$$\boldsymbol{Q}_i^{\mathrm{v}}=\sum_{j=1}^{n_{\mathrm{e}}}\int_{V^j}\rho\boldsymbol{B}^{j\mathrm{T}}\boldsymbol{\zeta}^j\mathrm{d}V^j \tag{11.145}$$

其中 $\boldsymbol{F}^j$ 是作用在单元 j 上的主动力。

考虑系统的约束方程

$$\boldsymbol{\Phi}(\boldsymbol{q},t)=\boldsymbol{0}$$

将系统中每个物体的动力学方程的对应矩阵组装起来，利用拉格朗日乘子定理，得到约束柔性多体系统的动力学方程为

$$\boldsymbol{M}\ddot{\boldsymbol{q}}+\boldsymbol{K}\boldsymbol{q}+\boldsymbol{\Phi}_q^{\mathrm{T}}\boldsymbol{\lambda}=\boldsymbol{Q}^{\mathrm{F}}+\boldsymbol{Q}^{\mathrm{v}} \tag{11.146}$$

其中

$$\boldsymbol{q}=\begin{bmatrix}\boldsymbol{q}_1^{\mathrm{T}} & \boldsymbol{q}_2^{\mathrm{T}} & \cdots & \boldsymbol{q}_i^{\mathrm{T}} & \cdots & \boldsymbol{q}_N^{\mathrm{T}}\end{bmatrix}^{\mathrm{T}}$$

$$\boldsymbol{M}=\begin{bmatrix}\boldsymbol{M}_1 & & & & & \\ & \boldsymbol{M}_2 & & & \boldsymbol{0} & \\ & & \ddots & & & \\ & & & \boldsymbol{M}_i & & \\ & \boldsymbol{0} & & & \ddots & \\ & & & & & \boldsymbol{M}_N\end{bmatrix}$$

$$\boldsymbol{K}=\begin{bmatrix}\boldsymbol{K}_1 & & & & & \\ & \boldsymbol{K}_2 & & & \boldsymbol{0} & \\ & & \ddots & & & \\ & & & \boldsymbol{K}_i & & \\ & \boldsymbol{0} & & & \ddots & \\ & & & & & \boldsymbol{K}_N\end{bmatrix}$$

$$\boldsymbol{Q}^{\mathrm{F}}=\begin{bmatrix}\boldsymbol{Q}_1^{\mathrm{F}}\\ \boldsymbol{Q}_2^{\mathrm{F}}\\ \vdots\\ \boldsymbol{Q}_i^{\mathrm{F}}\\ \vdots\\ \boldsymbol{Q}_N^{\mathrm{F}}\end{bmatrix},\quad \boldsymbol{Q}^{\mathrm{v}}=\begin{bmatrix}\boldsymbol{Q}_1^{\mathrm{v}}\\ \boldsymbol{Q}_2^{\mathrm{v}}\\ \vdots\\ \boldsymbol{Q}_i^{\mathrm{v}}\\ \vdots\\ \boldsymbol{Q}_N^{\mathrm{v}}\end{bmatrix}$$

$$\lambda = \begin{bmatrix} \lambda_1 \\ \lambda_2 \\ \vdots \\ \lambda_s \end{bmatrix}, \quad \boldsymbol{\Phi}_q = \begin{bmatrix} \boldsymbol{\Phi}_{1q} \\ \boldsymbol{\Phi}_{2q} \\ \vdots \\ \boldsymbol{\Phi}_{sq} \end{bmatrix} \tag{11.147}$$

式中, $\boldsymbol{M}_i$、$\boldsymbol{K}_i$ $(i = 1, 2, \cdots, N)$ 分别按式 (11.135)、式 (11.143) 计算, s 是约束的个数。

11.6.5 坐标缩减

运用有限元法对物体进行离散后, 得到的系统自由度可能很大, 为了降低计算量, 可以通过坐标缩减减少自由度数。如对于柔性体 i, 可将其广义坐标写成

$$\boldsymbol{q}_i = \begin{bmatrix} \boldsymbol{q}_{\mathrm{R}i}^{\mathrm{T}} & \boldsymbol{q}_{\mathrm{f}i}^{\mathrm{T}} \end{bmatrix}^{\mathrm{T}} \tag{11.148}$$

其中

$$\boldsymbol{q}_{\mathrm{R}i} = \begin{bmatrix} \bar{\boldsymbol{r}}_i^{\mathrm{T}} & \bar{\boldsymbol{\pi}}_i^{\mathrm{T}} \end{bmatrix}^{\mathrm{T}} \tag{11.149}$$

为描述物体坐标系刚体运动的广义坐标, 这样其约束动力学方程

$$\boldsymbol{M}_i \ddot{\boldsymbol{q}}_i + \boldsymbol{K}_i \boldsymbol{q}_i + \boldsymbol{\Phi}_{q_i}^{\mathrm{T}} \boldsymbol{\lambda} = \boldsymbol{Q}_i^{\mathrm{F}} + \boldsymbol{Q}_i^{\mathrm{v}}$$

就可以写成如下的分项形式:

$$\begin{bmatrix} \boldsymbol{m}_i^{\mathrm{RR}} & \boldsymbol{m}_i^{\mathrm{Rf}} \\ \boldsymbol{m}_i^{\mathrm{fR}} & \boldsymbol{m}_i^{\mathrm{ff}} \end{bmatrix} \begin{bmatrix} \ddot{\boldsymbol{q}}_{\mathrm{R}i} \\ \ddot{\boldsymbol{q}}_{\mathrm{f}i} \end{bmatrix} + \begin{bmatrix} \boldsymbol{0} & \boldsymbol{0} \\ \boldsymbol{0} & \boldsymbol{K}_i^{\mathrm{ff}} \end{bmatrix} \begin{bmatrix} \boldsymbol{q}_{\mathrm{R}i} \\ \boldsymbol{q}_{\mathrm{f}i} \end{bmatrix} + \begin{bmatrix} \boldsymbol{\Phi}_{q_{\mathrm{R}i}}^{\mathrm{T}} \\ \boldsymbol{\Phi}_{q_{\mathrm{f}i}}^{\mathrm{T}} \end{bmatrix} \boldsymbol{\lambda} = \begin{bmatrix} \boldsymbol{Q}_{\mathrm{R}i}^{\mathrm{F}} \\ \boldsymbol{Q}_{\mathrm{f}i}^{\mathrm{F}} \end{bmatrix} + \begin{bmatrix} \boldsymbol{Q}_{\mathrm{R}i}^{\mathrm{v}} \\ \boldsymbol{Q}_{\mathrm{f}i}^{\mathrm{v}} \end{bmatrix} \tag{11.150}$$

如果柔性体 i 相对于其物体坐标系做自由振动, 则

$$\boldsymbol{m}_i^{\mathrm{ff}} \ddot{\boldsymbol{q}}_{\mathrm{f}i} + \boldsymbol{K}_i^{\mathrm{ff}} \boldsymbol{q}_{\mathrm{f}i} = \boldsymbol{0} \tag{11.151}$$

求解式 (11.151) 对应的广义特征值问题, 可得柔性体 i 的各阶振型, 取其前 m 阶 (远小于柔性体的离散自由度数) 振型构成坐标变换矩阵 $\boldsymbol{\Psi}_i^{\mathrm{f}m}$, 则

$$\boldsymbol{q}_{\mathrm{f}i} = \boldsymbol{\Psi}_i^{\mathrm{f}m} \boldsymbol{p}_{\mathrm{f}i} \tag{11.152}$$

其中 $\boldsymbol{p}_{\mathrm{f}i}$ 为模态坐标。则广义坐标为

$$\boldsymbol{q}_i = \boldsymbol{\Psi}_i^m \boldsymbol{p}_i \tag{11.153}$$

其中

$$\boldsymbol{\Psi}_i^m = \begin{bmatrix} \boldsymbol{I} & \boldsymbol{0} \\ \boldsymbol{0} & \boldsymbol{\Psi}_i^{\mathrm{f}m} \end{bmatrix} \tag{11.154}$$

$$\boldsymbol{p}_i = \begin{bmatrix} \boldsymbol{q}_{\mathrm{R}i} \\ \boldsymbol{p}_{\mathrm{f}i} \end{bmatrix} \tag{11.155}$$

将式 (11.153) 代入式 (11.150), 两边同时左乘 $\boldsymbol{\Psi}_i^{m\mathrm{T}}$, 得

$$\begin{bmatrix} \boldsymbol{m}_i^{\mathrm{RR}m} & \boldsymbol{m}_i^{\mathrm{Rf}m} \\ \boldsymbol{m}_i^{\mathrm{fR}m} & \boldsymbol{m}_i^{\mathrm{ff}m} \end{bmatrix} \begin{bmatrix} \ddot{\boldsymbol{q}}_{\mathrm{R}i} \\ \ddot{\boldsymbol{p}}_{\mathrm{f}i} \end{bmatrix} + \begin{bmatrix} \boldsymbol{0} & \boldsymbol{0} \\ \boldsymbol{0} & \boldsymbol{K}_i^{\mathrm{ff}m} \end{bmatrix} \begin{bmatrix} \boldsymbol{q}_{\mathrm{R}i} \\ \boldsymbol{p}_{\mathrm{f}i} \end{bmatrix} + \begin{bmatrix} \boldsymbol{\Phi}_{q_{\mathrm{R}i}}^{\mathrm{T}} \\ \boldsymbol{\Phi}_{p_{\mathrm{f}i}}^{\mathrm{T}} \end{bmatrix} \boldsymbol{\lambda} = \begin{bmatrix} \boldsymbol{Q}_{\mathrm{R}i}^{\mathrm{F}m} \\ \boldsymbol{Q}_{\mathrm{f}i}^{\mathrm{F}m} \end{bmatrix} + \begin{bmatrix} \boldsymbol{Q}_{\mathrm{R}i}^{\mathrm{v}m} \\ \boldsymbol{Q}_{\mathrm{f}i}^{\mathrm{v}m} \end{bmatrix} \tag{11.156}$$

其中

$$\begin{cases} \boldsymbol{m}_i^{\mathrm{RR}m} = \boldsymbol{m}_i^{\mathrm{RR}}, \boldsymbol{m}_i^{\mathrm{Rf}m} = \boldsymbol{m}_i^{\mathrm{fR}m\mathrm{T}} = \boldsymbol{m}_i^{\mathrm{Rf}} \boldsymbol{\Psi}_i^{\mathrm{f}m}, \boldsymbol{m}_i^{\mathrm{ff}m} = \boldsymbol{\Psi}_i^{\mathrm{f}m\mathrm{T}} \boldsymbol{m}_i^{\mathrm{ff}} \boldsymbol{\Psi}_i^{\mathrm{f}m} \\ \boldsymbol{K}_i^{\mathrm{ff}m} = \boldsymbol{\Psi}_i^{\mathrm{f}m\mathrm{T}} \boldsymbol{K}_i^{\mathrm{ff}} \boldsymbol{\Psi}_i^{\mathrm{f}m} \\ \boldsymbol{Q}_{\mathrm{R}i}^{\mathrm{F}m} = \boldsymbol{Q}_{\mathrm{R}i}^{\mathrm{F}}, \boldsymbol{Q}_{\mathrm{f}i}^{\mathrm{F}m} = \boldsymbol{\Psi}_i^{\mathrm{f}m\mathrm{T}} \boldsymbol{Q}_{\mathrm{f}i}^{\mathrm{F}} \\ \boldsymbol{Q}_{\mathrm{R}i}^{\mathrm{v}m} = \boldsymbol{Q}_{\mathrm{R}i}^{\mathrm{v}}, \boldsymbol{Q}_{\mathrm{f}i}^{\mathrm{v}m} = \boldsymbol{\Psi}_i^{\mathrm{f}m\mathrm{T}} \boldsymbol{Q}_{\mathrm{f}i}^{\mathrm{v}} \end{cases} \tag{11.157}$$

而约束方程的雅可比矩阵为

$$\boldsymbol{\Phi}_{q_{\mathrm{R}i}} = \frac{\partial \boldsymbol{\Phi}}{\partial \boldsymbol{q}_{\mathrm{R}i}}, \quad \boldsymbol{\Phi}_{p_{\mathrm{f}i}} = \frac{\partial \boldsymbol{\Phi}}{\partial \boldsymbol{p}_{\mathrm{f}i}} = \frac{\partial \boldsymbol{\Phi}}{\partial \boldsymbol{q}_{\mathrm{f}i}} \frac{\partial \boldsymbol{q}_{\mathrm{f}i}}{\partial \boldsymbol{p}_{\mathrm{f}i}} = \boldsymbol{\Phi}_{q_{\mathrm{f}i}} \boldsymbol{\Psi}_i^{\mathrm{f}m} \tag{11.158}$$

思考题

1. 图 T3.1 为一后轮驱动的轿车, 质量为 1 800 kg, 质心距前轮、后轮和地面的距离分别为 L_A, L_B 和 H, 假设车轮质量比整车质量小很多, 忽略悬架的作用 (忽略车轮的转动和轿车的垂直运动), 把轿车看作一个刚体, 设轮胎与地面的摩擦系数为 μ_s, 试写出该轿车的运动微分方程, 并求解其最大加速度。

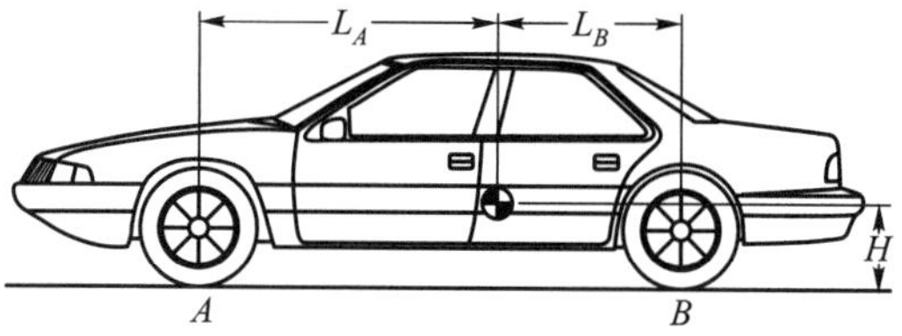

图 T3.1

2. 试写出刚体 i 上连体坐标系原点的运动轨迹由函数 $\boldsymbol{f}(t) = [f_1(t) \quad f_2(t)]^{\mathrm{T}}$ 确定的驱动约束方程。

3. 试写出刚体上一点 P 固定的约束方程。

4. 请写出图 T3.2 所示机构的约束方程。

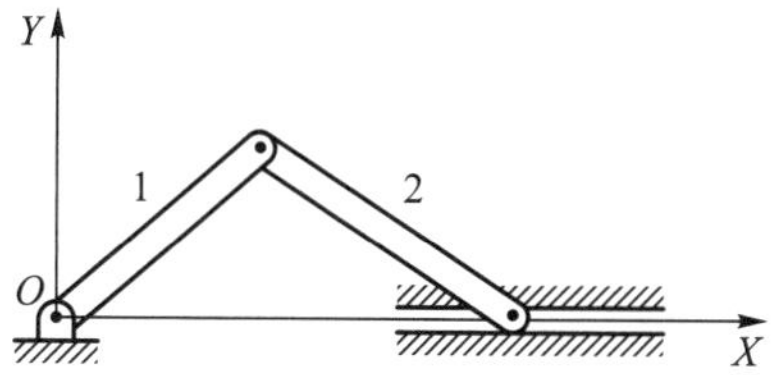

图 T3.2

5. 请写出连接两个刚体的球铰的约束方程。

6. 如果将例 10–2 中的连体坐标系原点定义在其质心上, 试写出此时细长杆件的质量矩阵。

7. 图 T3.2 的机构中连杆 1 的长度为 $2l_1$, 质量为 m_1, 连杆 2 的长度为 $2l_2$, 质量为 m_2, 分别在其质心建立连体坐标系, 试写出系统的增广型动力学方程。

8. 试写出例 11–1 中连杆为弹性体的平面运动曲柄滑块机构的约束方程及其雅可比矩阵。

9. 有一平面运动的梁, 初始时刻是直的, 建立如图 T3.3 所示的物体坐标系, 取形函数矩阵为 $\boldsymbol{\Psi} = \begin{bmatrix} \xi & 0 \\ 0 & 3\xi^2 - 2\xi^3 \end{bmatrix}$, 试写出该梁的质量矩阵。

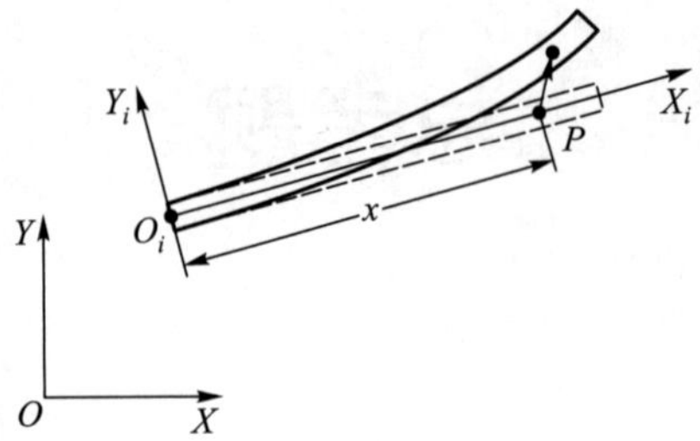

图 T3.3

参考文献

[1] Shabana A A. Dynamics of Multibody Systems[M]. Cambridge: Cambridge University Press, 2013.

[2] 洪嘉振. 计算多体系统动力学 [M]. 北京: 高等教育出版社, 1999.

[3] Persson A. The Coriolis Effect: Four centuries of conflict between common sense and mathematics, Part I: A history to 1885 [J]. History of Meteorology, 2005, 2: 1-24.

[4] Ginsberg J. Engineering Dynamics [M]. New York: Cambridge University Press, 2008.

[5] Blundell M, Harty D. Multibody Systems Approach to Vehicle Dynamics [M]. Oxford: Elsevier, 2004.

[6] Palm III W J. System Dynamics [M]. New York: McGraw-Hill, 2009.

[7] Luo H T, Zhao J S Synthesis and kinematics of a double-lock over constrained landing gear mechanism [J]. Mechanism and Machine Theory, 2018, 121: 245-258.

[8] Shabana A A. Computational Dynamics [M]. New York: John Wiley & Sons, Inc., 2001.

[9] Haug E J. Computer Aided Kinematics and Dynamics of Mechanical System, Volume 1: Basic Methods [M]. Boston: Allyn and Bacon, 1989.

[10] Strang G. Linear Algebra and Its Application [M]. New York: Academic Press, 1980.

[11] 张雄, 王天舒, 刘岩. 计算动力学 [M]. 北京: 清华大学出版社 2015.

[12] 陆佑方. 柔性多体系统动力学 [M]. 北京: 高等教育出版社, 1996.

[13] Flores-Abad A, Ma O, Pham K, Ulrich S. A review of space robotics technologies for on-orbit servicing [J]. Progress in Aerospace Sciences, 2014, 68: 1-26.

[14] 曹登庆, 白坤朝, 丁虎, 等. 大型柔性航天器动力学与振动控制研究进展 [J]. 力学学报, 2019, 51(1): 1-13.

[15] Williams M. SpaceXcapsule: NASA astronauts enter the dragon after historic docking. 2012.

[16] 于清, 洪嘉振. 柔性多体系统动力学的若干热点问题 [J]. 力学进展, 1999, 29(2): 145-154.

[17] Shabana A A. Flexible multibody dynamics: Review of past and recent developments [J]. Multibody System Dynamics, 1997 1: 189-222.

[18] 刘延柱, 潘振宽, 戈新生. 多体系统动力学 [M]. 北京: 高等教育出版社, 2014.

[19] Agrawal O P, Shabana A A. Application of deformable body mean axis to flexible multibody dynamics [J]. Computer Methods in Applied Mechanics and Engineering, 1986, 56: 217-245.

[20] Shabana A A, Wang G, Kulkarni S. Further investigation on the coupling between the reference and elastic displacements in flexible body dynamics [J]. Journal of Sound and Vibration, 2018, 427: 159-177.

[21] MSC 公司. Theory of Flexible bodies [Z]. ADAMS, 2017.

[22] S. Timoshenko. History of Strength of Materials [M]. New York: McGraw-Hill, 1953.

第四篇　应用篇

第 12 章 应用 ADAMS 进行机械系统动力学建模及分析

12.1 机械系统仿真软件 ADAMS 简介

ADAMS (Automatic Dynamic Analysis of Mechanical Systems), 原由美国 MDI 公司开发, 现已被美国 MSC 公司收购, 成为 MSC/ADAMS, 是最著名的虚拟样机分析软件。目前, ADAMS 已在汽车、飞机、铁路、工程机械、一般机械、航天机械等领域得到广泛应用。该软件具有以下功能特点:

(1) 利用交互式图形环境和零件库、约束库、力库建立机械系统三维参数化模型;

(2) 可以进行机械系统的运动学、静力学和准静力学分析以及线性和非线性动力学分析, 零件可以是刚体或柔性体;

(3) 具有组装、分析和动态显示计算结果的能力, 提供多种 “虚拟样机” 方案;

(4) 具有一个强大的函数库供用户自定义力和运动发生器;

(5) 具有开放式结构, 允许用户集成自己的子程序;

(6) 自动输出位移速度、加速度和反作用力曲线, 仿真结果可显示为动画;

(7) 具有组装、分析和动态显示计算结果的能力, 可预测机械系统性能, 提供多种 “虚拟样机” 方案;

(8) 支持与大多数 CAD、FEA 和控制设计软件包之间的双向通信。

ADAMS 软件由多个模块共同实现上述功能, 包括基本模块、扩展模块、接口模块、专业模块等[1]。其中基本模块包括 ADAMS/View、ADAMS/Solver、ADAMS/PostProcessor 和 ADAMS /Insight。ADAMS/View 是 ADAMS 的核心模块之一, 是以用户为中心的交互式图形环境, 将图标操作、菜单操作与交互式图形建模、仿真计算、动画显示、图形输出等功能集成在一起。ADAMS/Solver 是 ADAMS 的另一核心模块, 也是软件仿真的 “发动机”, 它能自动形成机械系统的动力学方程, 提供静力学、运动学和动力学的解算结果。ADAMS/PostProcessor 是后处理模块, 用来处理仿真结果数据, 显示仿真结果等。ADAMS/Insight 是仿真实验设计模块, 用于进行虚拟样机的实验分析。

扩展模块包括 ADAMS/Vibration、ADAMS/Durability 等, 其中 ADAMS/Vibration 是振动分析模块, 可在频域或时域范围计算系统的模态和响应。ADAMS/Durability 是耐久性分析模块, 是按工业标准的耐久性文件格式的时间历程数据接口。

接口模块包括 ADAMS/Flex、ADAMS/Control 、ADAMS/Exchange 等, 其中 ADAMS/Flex 是柔性分析模块, 可以实现与有限元软件如 NASTRAN、ANSYS、ABAQUS 的接口连接, 将部件在受到外载荷作用下的变形按照模态综合法进行分析。ADAMS/Control 是控制模块, 可以建立简单的控制机构, 也可以利用通用控制系统软件 (如 MATLAB、MATRIX、EASY5) 建立更完善的控制系统进行仿真。ADAMS/Exchange 是数据交互模块, 可利用 IGES、STEP、STL 等产品数据交换的标准文件格式完成 ADAMS 与其他 CAD/CAM/CAE 软件之间数据的双向传输。

专业模块包括 ADAMS/Car、ADAMS/Driveline 等, 其中 ADAMS/Car 是汽车模块, 能够帮助工程师快速建造包括车身、悬架、传动系统、发动机、转向机构、制动系统等的整车虚拟样机, 再现多种试验工况下整车的动力学响应。ADAMS/Driveline 是汽车传动系统模块, 利用此模块, 用户可以快速地建立、测试具有完整传动系统或传动系统部件的数字化虚拟样机, 也可以把建立的数字化虚拟样机加入 ADAMS /Car 中进行整车动力学性能的研究。

运用 ADAMS 软件进行机械系统动力学分析的基本步骤如图 12.1 所示。

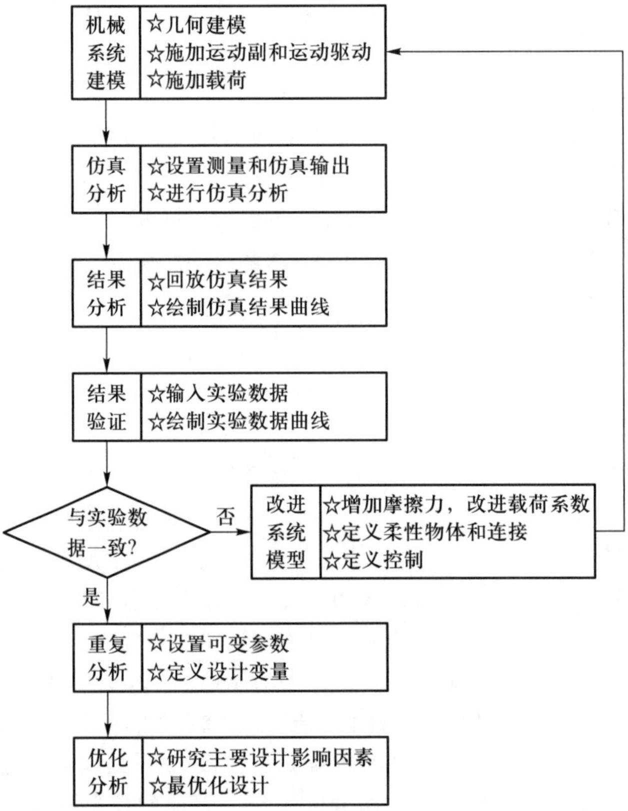

图 12.1 运用 ADAMS 软件进行机械系统动力学分析的基本步骤

下面先介绍运用 ADAMS/View 进行通用机械系统动力学建模及分析的基本方法, 然后再专门介绍在 ADAMS 中进行柔性体建模及振动分析的基本方法。

12.2 ADAMS/View 建模及分析

1. ADAMS/View 的建模环境

ADAMS/View 的工作界面包括主菜单、常用按钮、模型树、可视化图形区和状态工作条等, 如图 12.2 所示。

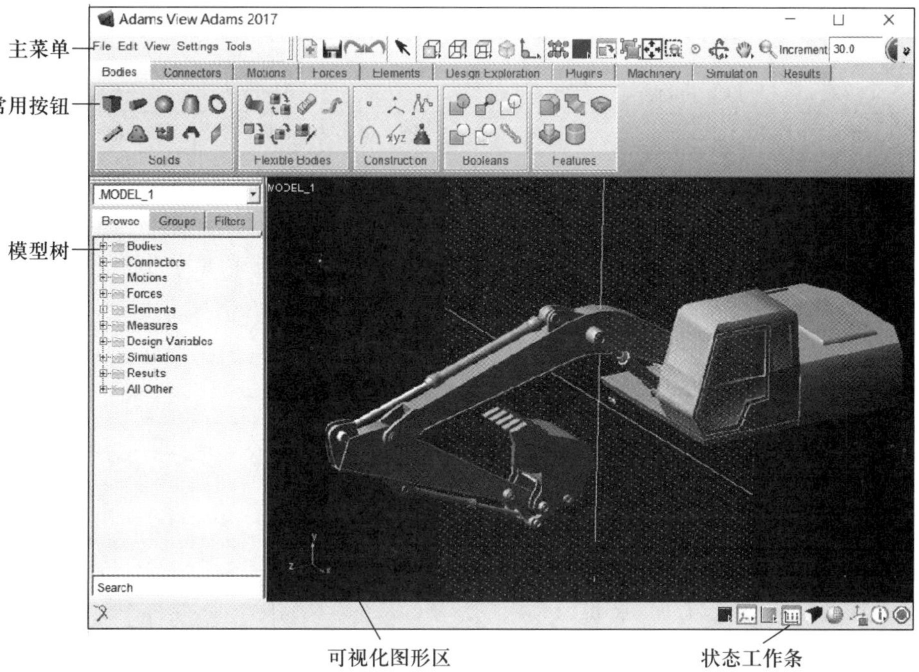

图 12.2　ADAMS/View 的工作界面

在 ADAMS/View 中建模需要进行坐标系、单位及重力设置。

1) 坐标系设置

总体坐标系: 启动 ADAMS/View 时, 在窗口左下角显示的一个三视坐标轴就是模型的总体坐标系, 也叫全局坐标系。缺省情况下, 总体坐标系采用笛卡儿坐标系, 它固定在大地上。

连体坐标系: 创建零件时, ADAMS/View 会在零件的质心上固定一个连体坐标系, 通过描述连体坐标系在总体坐标系的方位, 可以完全地定义零件在总体坐标系中的方位。

标架坐标系 (Marker): 为了方便建模和分析在构件上设立的辅助坐标系, 有两种类型的标架坐标系: 固定标架和浮动标架。固定标架固定在构件上, 可以用来定义构件的形状、质心位置、作用力和反作用力的作用点、构件之间的连接位置等。浮动标架可相对于构件运动, 在机械系统的运动分析过程中, 有些力和约束需要使用浮动标架来定位。

在 ADAMS 中可以采用 3 种形式的坐标系: 笛卡儿坐标系 (Cartesian coordinate)、柱坐标系 (cylindrical coordinate) 和球坐标系 (spherical coordinate)。

2) 单位设置

在 ADAMS 中可以设置长度、质量、力、时间、角度和频率的单位, ADAMS 也提供几种常用单位制, 如表 12.1 所示。

表 12.1　ADAMS 中的常用单位制

常用单位制	长度	质量	力	时间	角度	频率
MMKS	Millimeter	Kilogram	Newton	Second	Degree	Hz
MKS	Meter	Kilogram	Newton	Second	Degree	Hz
CGS	Centimeter	Gram	Dyne	Second	Degree	Hz
IPS	Inch	Pound	Pound	Second	Degree	Hz

3) 重力设置

在 ADAMS 中可以设置重力加速度矢量在总体坐标系中 3 个坐标轴上的分量, ADAMS 默认的重力加速度矢量是沿总体坐标系的负 Y 方向。

用户也可以利用重力设置设定某工况下的系统加速度。

2. ADAMS/View 零件建模

在 ADAMS 中可以建立以下 5 种零件:

(1) 刚体零件: 没有变形, 具有质量与惯性张量;

(2) 柔性零件: 可发生变形, 具有质量与惯性张量;

(3) 点质量: 只有质量, 没有惯性张量;

(4) 哑物体: 既没有质量, 也没有惯性张量;

(5) 大地: 在建模时会软件会自动建立, 在每一个模型中都会存在, 永远保持固定不动, 不会增加模型的自由度。

ADAMS 提供了几何造型功能 (表 12.2 和表 12.3), 用于建立刚体零件的几何模型,

表 12.2　ADAMS/View 中的几何元素

名称	快捷图标	属性
点	 Point	① 定义在大地上或一个零件上 ② 是否要将附近的对象同点关联
标架坐标	 Marker	① 加到大地上或一个零件上 ② 坐标的方向
多义线	 Polyline	① 产生新零件或添加到已有零件或大地上 ② 线型: 直线、开口多义线、封闭多义线 ③ 线段的长度
圆弧和圆	 Arc	① 产生新零件或添加到已有零件或大地上 ② 半径 ③ 圆或圆弧的夹角
样条曲线	 Spline	① 产生新零件或添加到已有零件或大地上 ② 开口曲线还是封闭曲线

此外还提供了简单形状的零件库 (表 12.4) 和布尔运算, 在此基础上定义相关零件的属性 (密度、质量、惯性张量、质心位置等), 就可得到零件的刚体模型。

表 12.3 ADAMS/View 中的几何特征

名称	快捷图标	属性
倒圆角	Fillet	① 圆角半径 ② 对于变半径圆角: 终点的圆角半径
倒直角	Chamfer	直角边宽度
打孔	Hole	① 孔的半径 ② 孔的深度
凸台	Boss	① 凸台半径 ② 凸台高度
抽壳	Shell	①抽壳厚度 ② 抽壳方向

表 12.4 ADAMS/View 中的零件库

名称	快捷图标	属性
长方体	Box	① 产生新零件或添加到已有零件或大地上 ② 长、宽、高
圆柱体	Cylinder	① 产生新零件或添加到已有零件或大地上 ② 半径、长度
圆台	Frustum	① 产生新零件或添加到已有零件或大地上 ② 长度、下底半径、上底半径
圆环	Torus	① 产生新零件或添加到已有零件或大地上 ② 截面半径、轮廓半径
杆	Link	① 产生新零件或添加到已有零件或大地上 ② 长度、宽度、厚度
带圆角平板	Plate	① 产生新零件或添加到已有零件或大地上 ② 厚度、圆角半径
拉伸体	Extrusion	① 产生新零件或添加到已有零件或大地上 ② 定义型线: 用型值点还是曲线 ③ 拉伸方向: 向前、向后、从中间拉伸或沿某条路径拉伸 ④ 拉伸长度
回转体	Revolution	① 产生新零件或添加到已有零件或大地上 ② 定义回转轴 ③ 定义型线: 用型值点还是曲线 ④ 是否封闭
刚性平面	Plate	产生新零件或添加到已有零件或大地上

3. ADAMS/View 约束建模

ADAMS 中的约束分为以下几种:

(1) 铰: 定义零件之间的相对约束, 如转动铰 (Revolute Joint)、滑移铰 (Translational Joint)、球铰 (Spherical Joint) 等, 见表 12.5。

表 12.5　ADAMS/View 中的铰

名称	快捷图标	约束关系
固定铰	 Fixed Joint	两个零件之间没有相对运动
转动铰	 Revolute Joint	两个零件之间只有一个绕旋转轴的转动自由度
滑移铰	 Translational Joint	两个零件之间只有一个沿移动轴的移动自由度
圆柱铰	 Cylinder Joint	两个零件之间有一个绕旋转轴的转动自由度和一个沿移动轴的移动自由度
球铰	 Spherical Joint	两个零件之间只能旋转, 不能移动, 有 3 个转动自由度
恒速铰	 Common Velocity Joint	两个零件在两个方向的转动速度相等
万向铰	 Hook Joint	约束两个零件之间的 3 个移动自由度和一个转动自由度, 两个零件之间只有两个转动自由度
螺纹铰	 Screw Joint	约束两个零件之间的两个移动自由度和两个转动自由度, 两个零件之间只有一个移动自由度和一个转动自由度
平面铰	 Planar Joint	约束一个零件只能在另一个零件的平面内运动, 两个零件之间只有两个移动自由度和一个转动自由度

(2) 虚约束: 用于限制零件之间的相对运动, 如限制一个零件的运动轨迹与另一个零件运动轨迹平行。

(3) 驱动约束: 定义零件之间按一定规律运动, ADAMS/View 提供了以下两种驱动。

i. 铰驱动: 定义旋转副、平移副和圆柱副中的移动和转动, 每一个驱动约束了一个自由度, 使系统自由度减少一个。

ii. 点驱动: 定义点的运动规律, 还需指明运动的方向。点驱动可以应用于任何典型的运动副。通过定义点驱动以在不增加额外约束或构件的情况下, 构造复杂的运动。

4. ADAMS/View 载荷建模

ADAMS 中的载荷分为以下 3 种:

(1) 外载荷: 是系统外部施加在系统内零件上的力, 直接作用在零件的一个点上, 其方向可以相对总体坐标系不变或相对于零件连体坐标系不变。外载荷的形式比较简单, 可以是单分量的力或力矩, 也可以是多分量的力或力矩 (表 12.6)。

表 12.6 ADAMS/View 中的外载荷

名称	快捷图标	属性
单向力	 Force	① 施加方式: 空间固定, 或相对于零件连体坐标系不变, 或施加在两个零件之间 ② 方向定义: 垂直于工作平面或手动定义 ③ 大小: 常量或由函数定义
单向力矩	 Torque	① 施加方式: 空间固定, 或相对于零件连体坐标系不变, 或施加在两个零件之间 ② 方向定义: 垂直于工作平面或手动定义 ③ 大小: 常量或由函数定义
三分量力	 Force (3 Comps)	① 施加方式: 施加在一个位置上, 或施加在两个零件之间的一个位置上, 或施加在两个零件之间的两个位置上 ② 方向定义:X 轴垂直于工作平面或手动定义 ③ 大小: 常量, 或由函数定义, 或定义为弹簧阻尼器
三分量力矩	 Torque (3 Comps)	① 施加方式: 施加在一个位置上, 或施加在两个零件之间的一个位置上, 或施加在两个零件之间的两个位置上 ② 方向定义:X 轴垂直于工作平面或手动定义 ③ 大小: 常量, 或由函数定义, 或定义为弹簧阻尼器
广义力	 General force	① 施加方式: 施加在一个位置上, 或施加在两个零件之间的一个位置上, 或施加在两个零件之间的两个位置上 ② 方向定义:X 轴垂直于工作平面或手动定义 ③ 大小: 常量, 或由函数定义, 或定义为弹簧阻尼器

(2) 柔性连接: 只在两个零件之间有相对运动时产生相应的力或力矩, 并不减少两个零件之间的相对自由度, ADAMS/View 中的柔性连接如表 12.7 所示。

表 12.7　ADAMS/View 中的柔性连接

名称	快捷图标	属性
衬套	 Bushing	① 施加方式: 施加在一个位置上, 或施加在两个零件之间的一个位置上, 或施加在两个零件之间的两个位置上 ② 方向定义: 垂直于工作平面或手动定义 ③ 大小: $\begin{bmatrix} F_x \\ F_y \\ F_z \\ T_x \\ T_y \\ T_z \end{bmatrix} = -\begin{bmatrix} K_1 & 0 & 0 & 0 & 0 & 0 \\ 0 & K_2 & 0 & 0 & 0 & 0 \\ 0 & 0 & K_3 & 0 & 0 & 0 \\ 0 & 0 & 0 & K_4 & 0 & 0 \\ 0 & 0 & 0 & 0 & K_5 & 0 \\ 0 & 0 & 0 & 0 & 0 & K_6 \end{bmatrix} \begin{bmatrix} x \\ y \\ z \\ \alpha \\ \beta \\ \gamma \end{bmatrix} - \begin{bmatrix} C_1 & 0 & 0 & 0 & 0 & 0 \\ 0 & C_2 & 0 & 0 & 0 & 0 \\ 0 & 0 & C_3 & 0 & 0 & 0 \\ 0 & 0 & 0 & C_4 & 0 & 0 \\ 0 & 0 & 0 & 0 & C_5 & 0 \\ 0 & 0 & 0 & 0 & 0 & C_6 \end{bmatrix} \begin{bmatrix} \nu_x \\ \nu_y \\ \nu_z \\ \omega_x \\ \omega_y \\ \omega_z \end{bmatrix} + \begin{bmatrix} F_{x0} \\ F_{y0} \\ F_{z0} \\ T_{x0} \\ T_{y0} \\ T_{z0} \end{bmatrix}$ 其中, F_x、F_y、F_z、T_x、T_y、T_z 和 F_{x0}、F_{y0}、F_{z0}、T_{x0}、T_{y0}、T_{z0} 分别是局部坐标系下的力和力矩及其初值; x、y、z 和 α、β、γ 是在局部坐标系下的相对位移和相对转角; ν_x、ν_y、ν_z 和 ω_x、ω_y、ω_z 是相应的线速度和角速度; $K_1 \sim K_6$ 和 $C_1 \sim C_6$ 为刚度和阻尼系数
弹簧	 Spring	① 施加方式: 施加在一个位置上, 或施加在两个零件之间的一个位置上, 或施加在两个零件之间的两个位置上 ② 方向定义: 垂直于工作平面或手动定义 ③ 大小: 由刚度阻尼系数定义
卷簧	 Torsion spring	① 施加方式: 施加在一个位置上, 或施加在两个零件之间的一个位置上, 或施加在两个零件之间的两个位置上 ② 方向定义: 垂直于工作平面或手动定义 ③ 大小: 由刚度阻尼系数定义
无质量梁	 Beam	① 施加方式: 施加在两个零件之间 ② 方向定义: 由两个零件上的两个位置定义 ③ 大小: $\begin{bmatrix} F_x \\ F_y \\ F_z \\ T_x \\ T_y \\ T_z \end{bmatrix} = -\begin{bmatrix} K_{11} & 0 & 0 & 0 & 0 & 0 \\ 0 & K_{22} & 0 & 0 & 0 & K_{26} \\ 0 & 0 & K_{33} & 0 & K_{35} & 0 \\ 0 & 0 & 0 & K_{44} & 0 & 0 \\ 0 & 0 & K_{53} & 0 & K_{55} & 0 \\ 0 & K_{62} & 0 & 0 & 0 & K_{66} \end{bmatrix} \begin{bmatrix} x-L \\ y \\ z \\ \alpha \\ \beta \\ \gamma \end{bmatrix}$

续表

名称	快捷图标	属性
无质量梁	 Beam	$-\begin{bmatrix} C_{11} & C_{12} & C_{13} & C_{14} & C_{15} & C_{16} \\ C_{21} & C_{22} & C_{23} & C_{24} & C_{25} & C_{26} \\ C_{31} & C_{32} & C_{33} & C_{34} & C_{35} & C_{36} \\ C_{41} & C_{42} & C_{43} & C_{44} & C_{45} & C_{46} \\ C_{51} & C_{52} & C_{53} & C_{54} & C_{55} & C_{56} \\ C_{61} & C_{62} & C_{63} & C_{64} & C_{65} & C_{66} \end{bmatrix} \begin{bmatrix} \nu_x \\ \nu_y \\ \nu_z \\ \omega_x \\ \omega_y \\ \omega_z \end{bmatrix} + \begin{bmatrix} F_{x0} \\ F_{y0} \\ F_{z0} \\ T_{x0} \\ T_{y0} \\ T_{z0} \end{bmatrix}$ 其中, L 是梁段的长度。
力场	(6x6) Field	① 施加方式: 施加在两个零件之间 ② 方向定义: 由两个零件上的两个位置定义 ③ 大小[2]: $\begin{bmatrix} F_x \\ F_y \\ F_z \\ T_x \\ T_y \\ T_z \end{bmatrix} = -\begin{bmatrix} K_{11} & K_{12} & K_{13} & K_{14} & K_{15} & K_{16} \\ K_{21} & K_{22} & K_{23} & K_{24} & K_{25} & K_{26} \\ K_{31} & K_{32} & K_{33} & K_{34} & K_{35} & K_{36} \\ K_{41} & K_{42} & K_{43} & K_{44} & K_{45} & K_{46} \\ K_{51} & K_{52} & K_{53} & K_{54} & K_{55} & K_{56} \\ K_{61} & K_{62} & K_{63} & K_{64} & K_{65} & K_{66} \end{bmatrix} \begin{bmatrix} x - x_0 \\ y - y_0 \\ z - z_0 \\ \alpha - \alpha_0 \\ \beta - \beta_0 \\ \gamma - \gamma_0 \end{bmatrix}$ $-\begin{bmatrix} C_{11} & C_{12} & C_{13} & C_{14} & C_{15} & C_{16} \\ C_{21} & C_{22} & C_{23} & C_{24} & C_{25} & C_{26} \\ C_{31} & C_{32} & C_{33} & C_{34} & C_{35} & C_{36} \\ C_{41} & C_{42} & C_{43} & C_{44} & C_{45} & C_{46} \\ C_{51} & C_{52} & C_{53} & C_{54} & C_{55} & C_{56} \\ C_{61} & C_{62} & C_{63} & C_{64} & C_{65} & C_{66} \end{bmatrix} \begin{bmatrix} \nu_x \\ \nu_y \\ \nu_z \\ \omega_x \\ \omega_y \\ \omega_z \end{bmatrix} + \begin{bmatrix} F_{x0} \\ F_{y0} \\ F_{z0} \\ T_{x0} \\ T_{y0} \\ T_{z0} \end{bmatrix}$ 其中, x_0、y_0、z_0、α_0、β_0、γ_0 是两个零件之间的初始位移和初始转角。

(3) 特殊力: 包括重力、模态力和轮胎力等接触力, 其中接触力是在部件发生接触时的相互作用力。

5. ADAMS/View 求解及后处理

ADAMS/View 的求解类型包括以下 3 种:

(1) 运动学分析: 当系统的运动约束和驱动约束的自由度总数与所有零件的自由度总和相等时, 系统的自由度为 0, 系统中各个零件的位形就可以通过运动学分析来确定, 从而求得运动副的相对位移、速度、加速度, 以及任意标架坐标点的位移、速度、加速度等运动学参数。在这种情况下, 系统认为驱动可以提供任意大小的驱动载荷。

(2) 动力学计算: 在考虑力、质量、惯性张量等作用的情况下, 对系统中各零件的位移、速度、加速度、约束力等参数进行计算。

(3) 静平衡计算: 分析系统处于某一平衡状态下, 各种作用力的大小。

在分析过程中, 用户可以看到实时求解的结果, 但求解过程实际上是 ADAMS/Solver 在后台完成的。

ADAMS/View 求解完后, 可以进行以下 4 种后处理:

(1) 模型调试: 通过调整视角, 观看动画等方式, 对模型进行调试。

(2) 试验验证: 可以导入试验测试数据, 以曲线的形式表达出来, 然后与仿真结果进行对比。

(3) 测量功能: 通过将某一测量值作为试验设计变量, 可以在仿真过程中监视变量的变化情况, 跟踪了解仿真分析过程; 在仿真结束后绘制有关变量的变化曲线图; 在建模时用于定义其他的对象, 如: 可以用两个测量来分别定义弹簧力和阻尼力; 在设计研究、试验设计和优化分析中定义对象。

(4) 结果显示: 进入 ADAMS/PostProcessor, 能够生成曲线, 对曲线数值进行数学计算; 生成仿真动画, 完整再现系统的运动过程。

6. 用 ADAMS/View 进行机构运动学/动力学分析实例

下面通过一个夹紧机构 (图 12.3) 的实例来介绍用 ADAMS/View 进行机构的运动学、动力学分析及优化的基本过程。这个机构要求在手柄 (handle) 上施加的力不大于 80 N 的情况下, 在锁钩 (hook) 上产生的夹紧力不小于 800 N[3]。

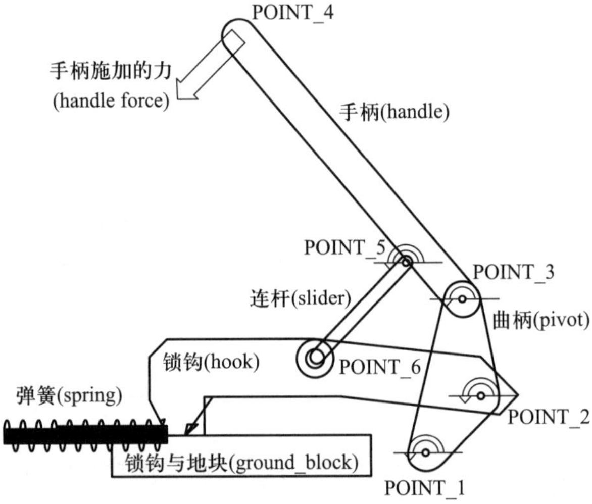

图 12.3 夹紧机构[3]

1) 创建模型

创建模型包括建立零件的刚体模型、建立约束、施加载荷等。

创建刚体模型主要需要确定刚体的质量、惯性张量、质心位置等属性, ADAMS 提供了简单形状的零件库以及几何造型和布尔运算功能用于建立刚体零件的几何模型, ADAMS 会根据零件的密度自动计算零件的相关属性 (质量、惯性张量、质心位置等), 用户也可以自行修改, 从而得到零件的刚体模型。本例中将长度单位设置为厘米 (centimeter), 为了进行优化设计, 采用参数化建模的方法, 先定义 6 个控制点 (其坐标如表 12.8 所示), 通过这些控制点建立简单几何形状零件的刚体模型。

表 12.8　控制点坐标

	X 坐标	Y 坐标	Z 坐标
POINT_1	0	0	0
POINT_2	3	3	0
POINT_3	2	8	0
POINT_4	–10	22	0
POINT_5	–1	10	0
POINT_6	–6	5	0

其中曲柄 (pivot) 建为通过点 POINT_1、POINT_2 和 POINT_3 的带圆角平板 (plate), 厚度与半径均为 1 cm; 手柄 (handle) 建为通过 POINT_3、POINT_4 的杆 (link), 厚度为 1 cm; 锁钩 (hook) 建为通过如表 12.9 所示坐标的 11 个点的拉伸体 (extrusion), 拉伸长度为 1 cm; 连杆 (slider) 建为通过 POINT_5、POINT_6 的杆 (link), 厚度为 1 cm。

表 12.9　锁钩 (hook) 点的坐标

	X 坐标	Y 坐标	Z 坐标
1	5	3	0
2	3	5	0
3	–6	6	0
4	–14	6	0
5	–15	5	0
6	–15	3	0
7	–14	1	0
8	–12	1	0
9	–12	3	0
10	–5	3	0
11	4	2	0

创建约束副需要定义约束相对运动的两个零件、约束副的位置以及方向特征等。在本例中, 在大地与曲柄间的 POINT_1 处、手柄与曲柄之间的 POINT_3 处、手柄与连杆之间的 POINT_5 处、连杆与锁钩之间的 POINT_6 处、锁钩与曲柄之间的 POINT_2 处施加的都是转动铰, 在锁钩与地块之间则施加的是限制锁钩只能在地块平面上运动的约束 (inplane)。

本例中系统的载荷包括施加在手柄上的外力 (80 N), 以及锁钩与大地之间的线弹簧力。

2) 仿真测试

ADAMS/View 可以进行运动学计算、动力学计算及静平衡计算, 求解过程是由 ADAMS/Solver 在后台完成的。分析完成之后, 通过 ADAMS/PostProcessor, 能够生成计算结果曲线，对曲线数值进行数学计算，或生成仿真动画，完整再现系统的运动过程。

(1) 建立测量

通过将某一测量值作为试验设计变量，可以在仿真过程中监视变量的变化情况，跟踪了解仿真分析过程，在仿真结束后绘制有关变量的变化曲线图，在设计研究、试验设计和优化分析中定义对象。

在本例中，需要考察夹紧力的大小，因此建立了弹簧力的测量，图 12.4 所示是该测量在一次时长 0.2 s、50 步仿真后的结果。

又由于在机构运动过程中，手柄不能位于地面以下，因此对 POINT_5 和 POINT_3 连线、POINT_3 和 POINT_6 连线所形成的角度建立了测量 (命名为 overcenter)，以便对其进行限制。图 12.5 所示是该测量在一次时长 0.2 s、50 步仿真后的结果。

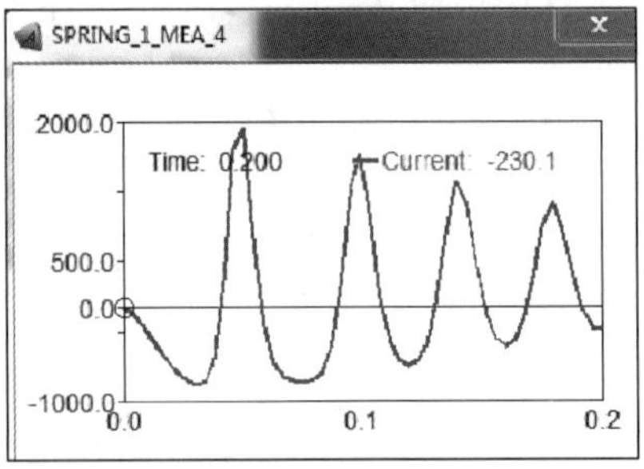

图 12.4 弹簧力测量仿真结果

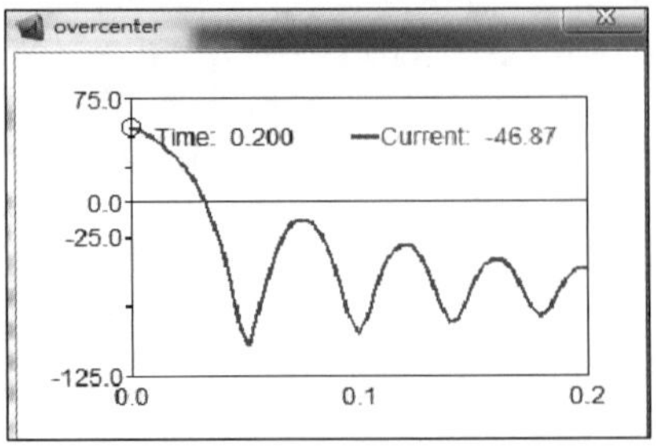

图 12.5 角度测量仿真结果

(2) 建立传感器。

传感器可以用来触发仿真过程中的某个动作，比如终止仿真、改变模型中的参数、改变仿真的输入，甚至改变模型的拓扑结构。在本例中，建立的传感器是当前面建立的角度测量 (overcenter) 小于等于 1° 时就终止仿真，以限制手柄的运动位置。

(3) 仿真结果。

在有传感器的作用下，同样进行一次 0.2 s 的仿真，得到的弹簧力及角度测量结果如图 12.6 所示。

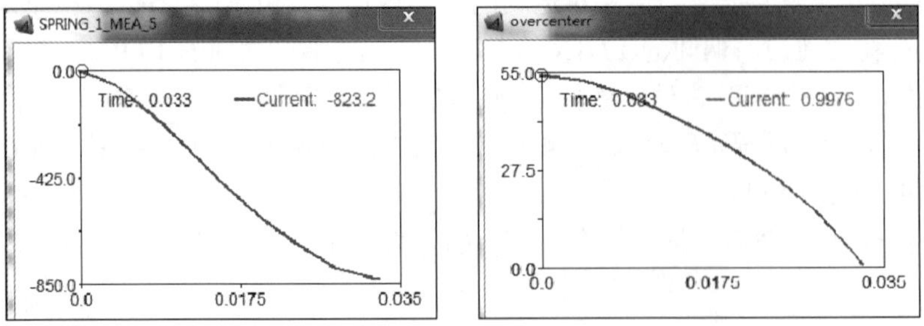

图 12.6 在传感器作用下两个测量的仿真结果

(4) 验证测试结果。

在 ADAMS/PostProcessor 中, 还可以输入实测数据, 通过与仿真数据进行对比, 对仿真模型进行验证。图 12.7 就是弹簧力随手柄角度变化曲线的仿真值与测量值的对比。

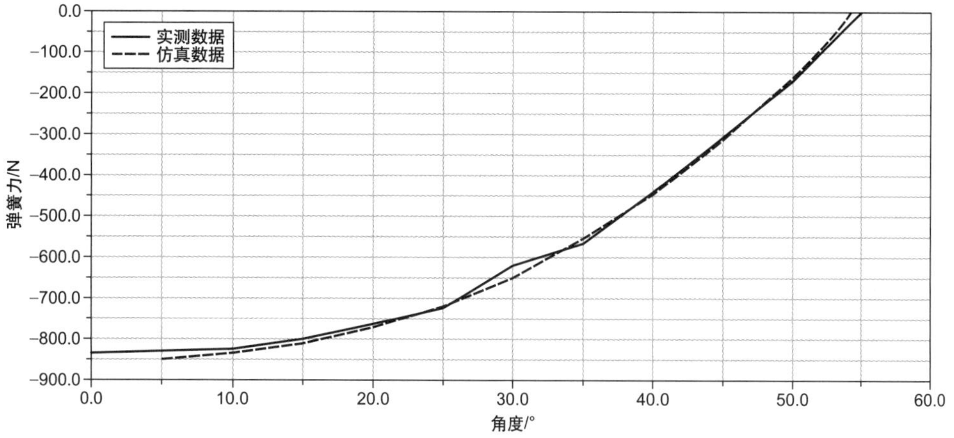

图 12.7 弹簧力的仿真值与测量值对比

3) 参数分析

参数分析主要是研究设计变量对目标函数的影响情况。可以集中考察一个变量在其变化区间内变动时目标函数的变化情况, 即灵敏度分析, 也可以采用实验设计的方法, 对多个变量的显著性进行分析。

在本例中, 首先将前面建立的 6 个控制点中除 POINT_4 之外的其他几个点的坐标进行参数化, 设置其变化范围, 如表 12.10 所示。然后对每个参数进行灵敏度分析, 图 12.8 是对参数 DV_1 在其变化范围内均匀变动 5 次得到的弹簧力即夹紧力的测量结果, 从中可以得出弹簧力在该变量初始值时的灵敏度为 –82 N/cm。

表 12.10 参 数 设 置

参数	设计变量	初始值	上限	下限
DV_1	POINT_1 的 X 坐标	0.0	–1.0	1.0
DV_2	POINT_1 的 Y 坐标	0.0	–1.0	1.0
DV_3	POINT_2 的 X 坐标	3.0	–10.0	10.0
DV_4	POINT_2 的 Y 坐标	3.0	–10.0	10.0
DV_5	POINT_3 的 X 坐标	2.0	–10.0	10.0
DV_6	POINT_3 的 Y 坐标	8.0	–10.0	10.0
DV_7	POINT_5 的 X 坐标	–1.0	–10.0	10.0
DV_8	POINT_5 的 Y 坐标	10.0	–10.0	10.0
DV_9	POINT_6 的 X 坐标	–6.0	–10.0	10.0
DV_10	POINT_6 的 Y 坐标	5.0	–10.0	10.0

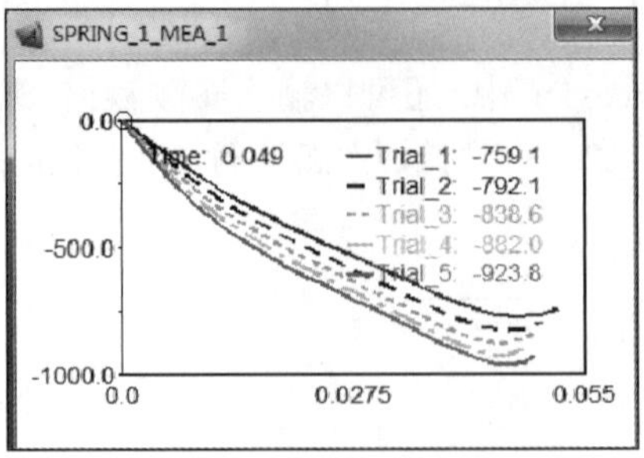

图 12.8 改变参数 DV_1 的弹簧力测量结果

对 10 个参数都进行分析, 得到对弹簧力影响最大的 3 个变量为 DV_4、DV_6、DV_8, 也就是 POINT_2 的 Y 坐标、POINT_3 的 Y 坐标和 POINT_5 的 Y 坐标, 弹簧力在它们初始时刻的灵敏度分别为 –440 N/cm、–281 N/cm 和 –287 N/cm。

4) 优化设计

以 DV_4、DV_6 和 DV_8 为设计变量, 以弹簧力绝对值最大为优化目标, 对该夹紧机构进行优化设计, 迭代过程中弹簧力的变化如图 12.9 所示。

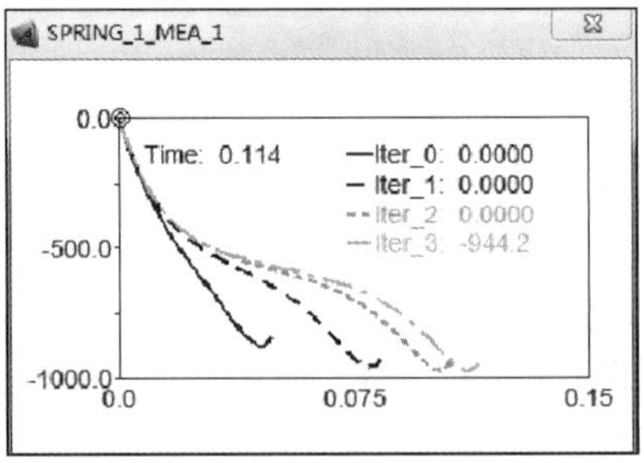

图 12.9 迭代过程中弹簧力的变化

最终得到: 当设计变量 DV_4、DV_6 和 DV_8 的值分别为 3.160 0 cm、7.903 2 cm 和 10.032 cm 时, 机构的夹紧力达到最大, 其值为 971 N。

12.3 ADAMS 柔性体建模

在 ADAMS 软件中, 建立柔性体有两种方法: 一种是离散柔性连接件法; 另一种是采用零件的模态中性文件 (MNF 文件), 并利用 ADAMS/Flex 建立其柔性体, 而模态中性文件可以在 ADAMS/Flex 中直接生成, 也可以使用有限元分析软件进行模态分析生成。下面分别举例进行介绍。

12.3.1 离散柔性连接件法

1. 建模方法

离散柔性连接件法就是将零件分解为有限段刚性杆段或梁段, 并用柔性连接 (表 12.7) 连接起来。在这种方法中, 杆段或梁段仍然是刚体, 本质上属于多刚体系统范畴。

比如对于只有轴向移动自由度的杆件, 建立其动力学方程的过程如下所述。

设每一段刚性杆沿其长度方向是等截面的, 其中任意一段为第 k 段, 前后相邻两段为第 j 段和第 l 段 (如图 12.10 所示), x_j、x_k、x_l 分别为各段质心的轴向位移, L_j、L_k、L_l 分别为各段的长度, K_{j1}、K_{j2}、K_{k1}、K_{k2}、K_{l1}、K_{l2} 分别为各段前后两端连接弹簧的刚度, F_k、F_l 分别为 j、k 段间和 k、l 段间的弹性连接力。根据达朗贝尔原理可得

$$F_k + F_l + F_k^* = 0 \tag{12.1}$$

式中, $F_k = \dfrac{K_{j2}K_{k1}}{K_{j2}+K_{k1}}\left[\left(x_k - \dfrac{L_k}{2}\right) - \left(x_j + \dfrac{L_j}{2}\right)\right]$; $F_l = \dfrac{K_{k2}K_{l1}}{K_{k2}+K_{l1}}\left[\left(x_l - \dfrac{L_l}{2}\right) - \left(x_k + \dfrac{L_k}{2}\right)\right]$; 惯性力 $F_k^* = -m_k\ddot{x}_k$。

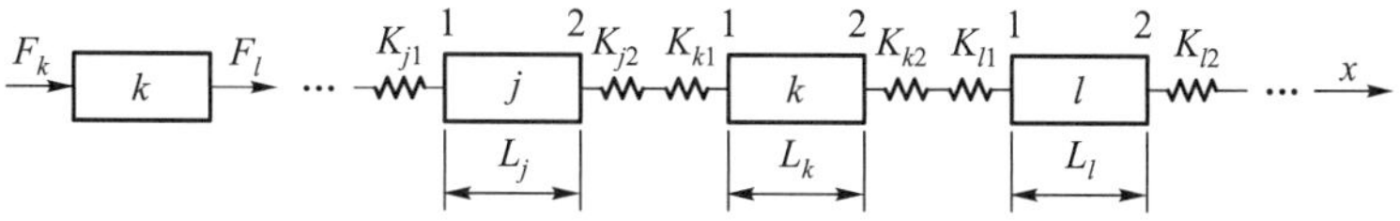

图 12.10 刚性段的前后连接示意图

则考虑弹性连接刚度的动力学方程为

$$\frac{K_{j2}K_{k1}}{K_{j2}+K_{k1}}\left[\left(x_k - \frac{L_k}{2}\right) - \left(x_j + \frac{L_j}{2}\right)\right] + \frac{K_{k2}K_{l1}}{K_{k2}+K_{l1}}\left[\left(x_l - \frac{L_l}{2}\right) - \left(x_k + \frac{L_k}{2}\right)\right] = m_k\ddot{x}_k \tag{12.2}$$

对于等截面杆件, $K_{j1} = K_{j2} = K_{k1} = K_{k2} = K_{l1} = K_{l2} = 2K = \dfrac{2AE}{L}$, 其中 A 为杆的截面积, E 为构件材料的杨氏弹性模量。

对于等截面梁, 每段梁有 6 个自由度, 根据 Timoshenko 梁原理, 考虑截面的转动和剪切的效应, $\boldsymbol{K}$ 为一个 6×6 阶的矩阵[4]:

$$\boldsymbol{K} = \begin{bmatrix} \dfrac{EA}{L} & 0 & 0 & 0 & 0 & 0 \\ 0 & \dfrac{12EI_{ZZ}}{L^3(1+P_Y)} & 0 & 0 & 0 & \dfrac{-6EI_{ZZ}}{L^2(1+P_Y)} \\ 0 & 0 & \dfrac{12EI_{YY}}{L^3(1+P_Z)} & 0 & \dfrac{6EI_{YY}}{L^2(1+P_Z)} & 0 \\ 0 & 0 & 0 & \dfrac{GI_{XX}}{L} & 0 & 0 \\ 0 & 0 & \dfrac{6EI_{YY}}{L^2(1+P_Z)} & 0 & \dfrac{(4+P_Z)EI_{YY}}{L(1+P_Z)} & 0 \\ 0 & \dfrac{-6EI_{ZZ}}{L^2(1+P_Y)} & 0 & 0 & 0 & \dfrac{(4+P_Y)EI_{ZZ}}{L(1+P_Y)} \end{bmatrix} \tag{12.3}$$

式中, E 为材料的杨氏弹性模量; A 为杆或梁的横截面积; L 为梁段的长度; $P_Y = 12EI_{ZZ}ASY/(GAL^2)$; $P_Z = 12EI_{YY}ASZ/(GAL^2)$; G 为剪切模量。其中, ASY 为 Y 方向的截面剪切系数; ASZ 为 Z 方向的截面剪切系数。

ADAMS/View 中的 Discrete Flexible Link 可以用来建立离散柔性连接件模型, 具体方法见下面的例子。

2. 应用举例

建立如图 12.11 所示的曲柄滑块机构。其中, 曲柄长度为 15 cm, 宽度为 2 cm, 厚度为 1 cm; 连杆长度为 35 cm, 宽度为 2 cm, 厚度为 1 cm。材料密度均为 0.007 8 kg/cm^3, 滑块质量为 3 kg。施加相应的运动约束和驱动, 在 ADAMS/View 中进行动力学仿真。

(1) 多刚体系统建模及仿真。

运用 ADAMS/View 的零件库, 建立曲柄、连杆和滑块的刚体模型, 如图 12.11 所示, 并在曲柄与大地之间、曲柄与连杆之间、滑块与连杆之间均建立转动铰, 铰的转动轴线垂直于工作平面即总体坐标系的 XY 平面; 滑块与大地之间建立滑移铰, 滑移轴线沿总体坐标系的 X 轴方向。

曲柄与总体坐标系的 X 轴方向所成的初始角度为 30°, 在曲柄与大地之间的转动铰上施加 7 200°/s 的恒定角速度来驱动。

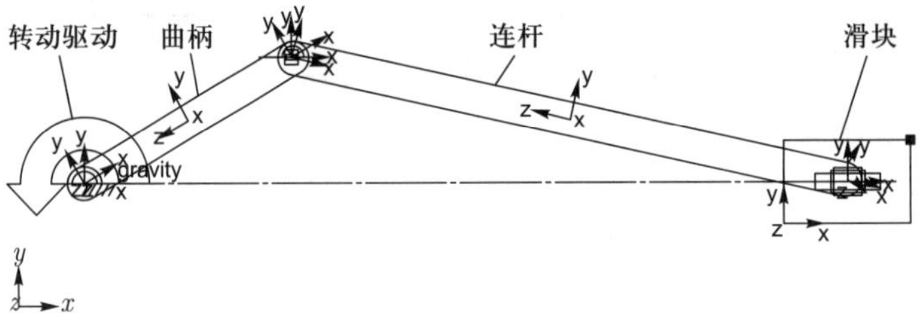

图 12.11 曲柄滑块机构

进行动力学仿真, 运行 0.1 s (曲柄旋转两周), 得到曲柄旋转一周时间内滑块的位移、速度、加速度以及连接曲柄和连杆的转动铰所受的合力, 如图 12.12 所示。

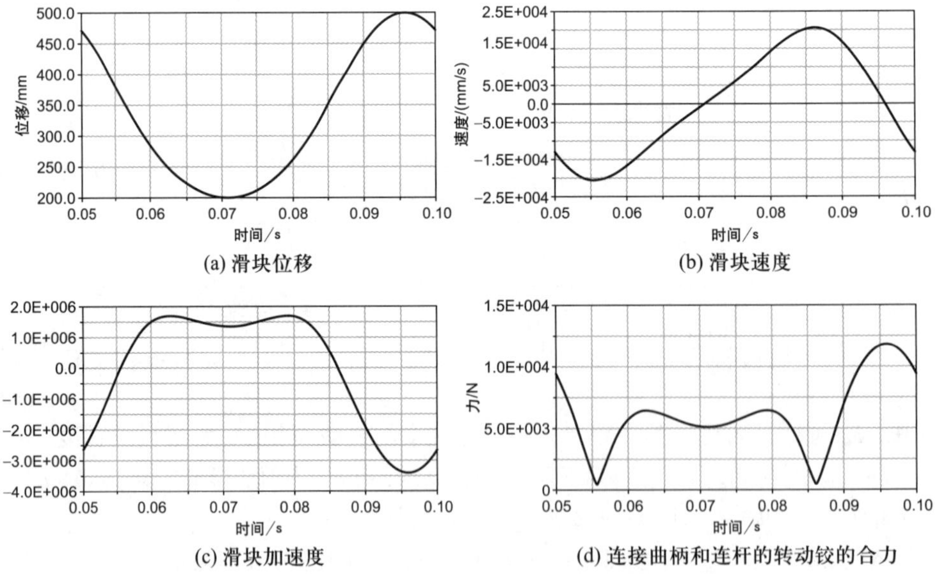

图 12.12 曲柄滑块机构多刚体系统动力学仿真结果

(2) 离散柔性连接件连杆的建模。

利用 ADAMS/View 中的 Discrete Flexible Link (如图 12.13 所示), 在对话框中输入离散连接件的名称、材料、刚性段的数目、阻尼与刚度的比值、颜色、格式、离散连接件的起始端和终止端、离散连接件的起始端和终止端与其他零件之间的连接关系、横截面形状等信息, 建立图 12.11 所示的曲柄滑块机构中连杆的柔性体模型, 并施加连杆与曲柄和滑块之间的运动约束, 删去原来的刚性体连杆, 就得到含离散柔性连接件连杆的曲柄连杆机构多体系统模型, 如图 12.14 所示。

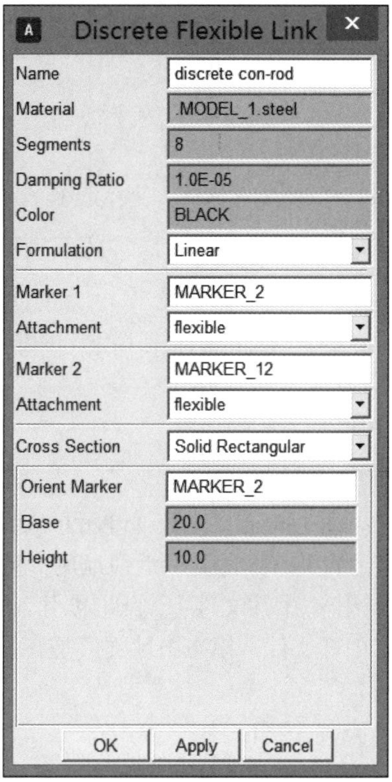

图 12.13 Discrete Flexible Link 对话框

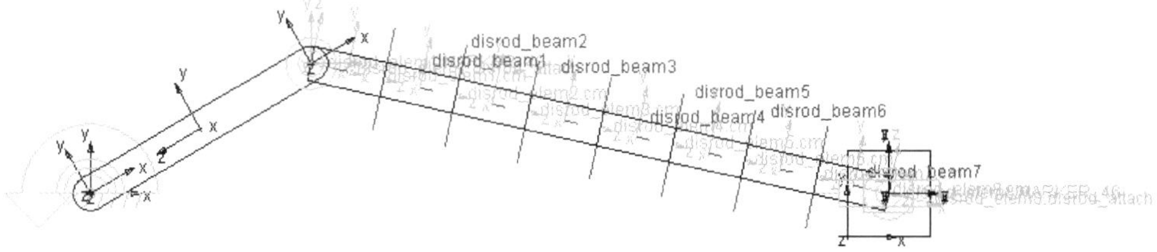

图 12.14 含离散连接件柔性连杆的曲柄连杆机构模型 (见书后彩图)

进行动力学仿真, 运行 0.1 s, 图 12.15 所示是一个周期内滑块的位移、速度、加速度以及连接曲柄和连杆的转动铰所受的合力。可以看出, 滑块的位移、速度与前面的多刚体系统的计算结果没有明显的差别, 滑块的加速度以及连接曲柄和连杆的转动铰所受的合力则出现了较轻微的波动。

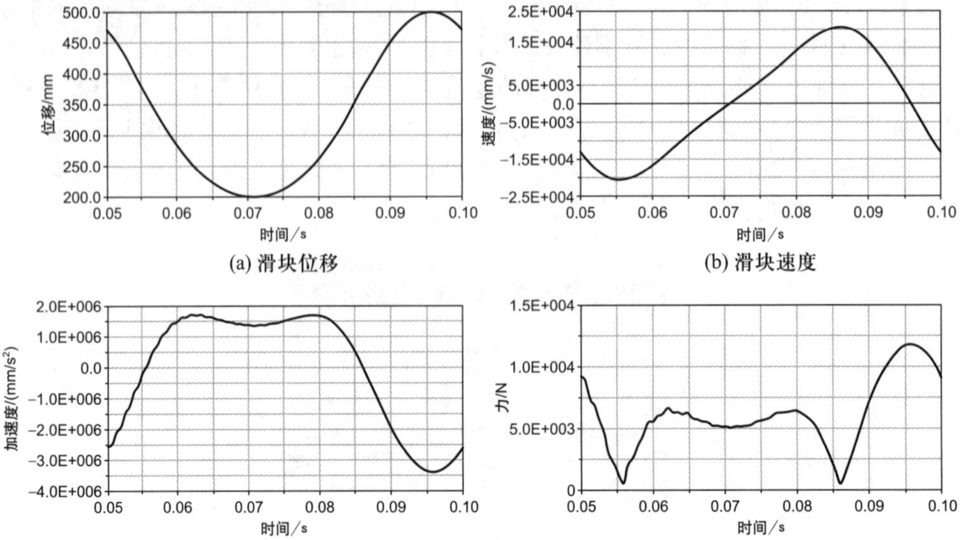

(a) 滑块位移　(b) 滑块速度

(c) 滑块加速度　(d) 连接曲柄和连杆的转动铰的合力

图 12.15　含离散柔性连接件连杆的曲柄连杆机构动力学仿真结果

12.3.2　ADAMS/Flex 柔性体建模

ADAMS/Flex 中的柔性体是用离散的若干个单元的有限个节点自由度来表示物体的无限个自由度的, 这些单元节点的弹性变形近似地用少量模态及相应的模态坐标来表示, 这些信息都包含在一个模态中性文件中, 因此利用 ADAMS/Flex 建立零件的柔性体时首先需要生成其模态中性文件。模态中性文件是一个独立于操作平台的二进制文件, 包含下列信息[5]:

(1) 几何信息 (节点位置及其连接);

(2) 节点质量和惯性张量;

(3) 模态;

(4) 模态质量和模态刚度。

模态中性文件可以在 ADAMS/Flex 中生成, 也可以通过有限元模态分析将结果转换成模态中性文件。本节将介绍利用 ADAMS/Flex 建立零件柔性体的方法; 通过有限元分析生成模态中性文件的方法将在下一节进行介绍。

1. 用拉伸法创建柔性体

用拉伸法创建柔性体主要用于外形简单的零件, 采用这种方法生成柔性体时需定义一个拉伸路径和一个用于拉伸的横截面, 确定单元属性, 最后定义该柔性体与其他零件的连接点, 生成模态中性文件, 下面将图 12.11 所示曲柄滑块机构中的连杆用拉伸法建为柔性体。

用拉伸法创建柔性体的 “ViewFlex” 对话框如图 12.16 所示, 在对话框中输入柔性体的材料、模态数, 在 “FlexBody Type” 中选择 “Extrusion”, 然后进行以下操作:

(1) 定义拉伸路径。

选择 "Centerline" 项, 拉伸路径由几个定义在大地上的 Marker 点来定义, 注意 Marker 点的 Z 轴方向为拉伸方向, 横截面与 XY 平面平行。通过选择 Marker 点之间的插值运算, 可以使拉伸路径更为光滑。

(2) 定义横截面。

选择 "Section" 项, 然后选择 "Elliptical" 或 "Generic" 来定义截面形状。如果选择 "Elliptical", 则截面形状为椭圆, 需要输入椭圆的两个半轴的长度。如果选择 "Generic", 则可以通过输入或者绘制截面形状得到截面顶点的坐标值来定义截面。本例中连杆的截面是矩形, 其顶点坐标为 (−5, −10)、(5, −10)、(5, 10)、(−5, 10)。

(3) 定义单元尺寸和材料属性。

选择 "Mesh/Properties" 项, 在 "Element Type" 中定义单元类型——"Shell Quad" 或 "Solid Hexa"。如果是 "Shell Quad", 则需要输入单元厚度。如果是 "Solid Hexa", 则需要输入单元尺寸。本例中连杆柔性体的单元类型为 "Solid Hexa", 单元尺寸为 5 mm。

(4) 定义外连接点。

选择 "Attachments" 项, 输入柔性体与其他零件之间的连接点以及连接方式。

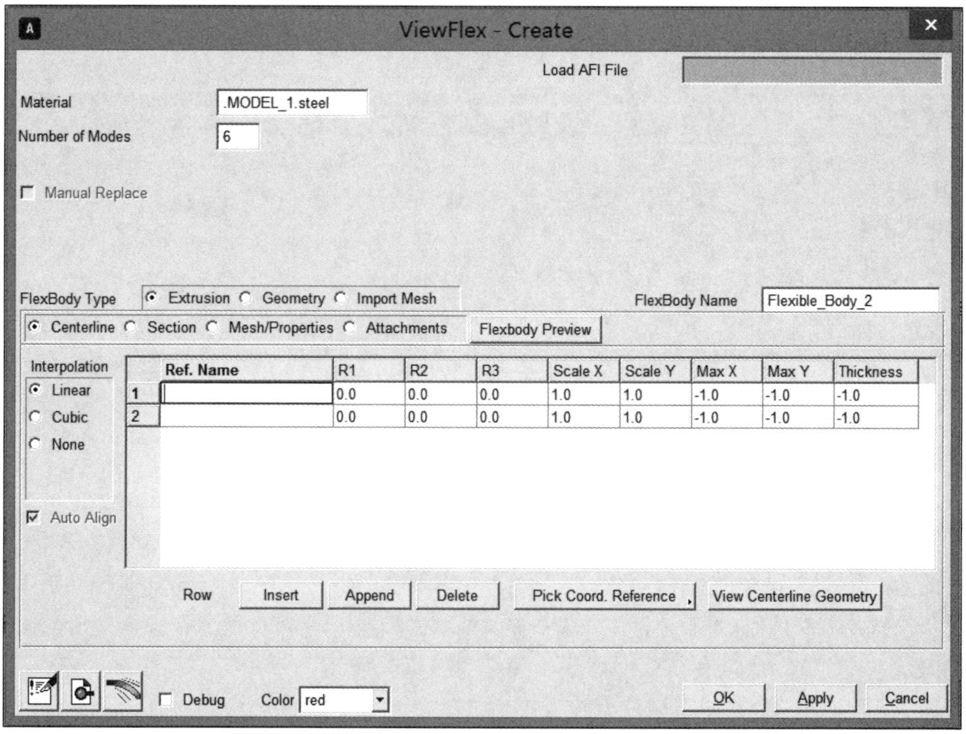

图 12.16 用拉伸法创建柔性体

通过上述步骤, 得到含拉伸法创建的连杆柔性体模型, 然后施加连杆与曲柄和滑块之间的运动约束, 删去原来的刚性体连杆, 得到含连杆柔性体的曲柄连杆机构多体系统动力学模型, 如图 12.17 所示。

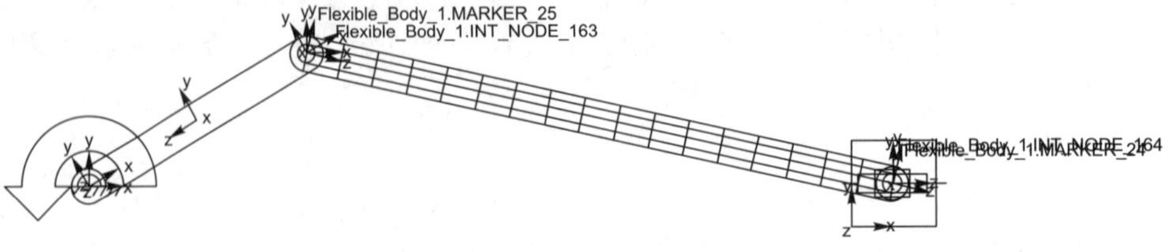

图 12.17 含拉伸法创建的连杆柔性体的曲柄连杆机构多体系统动力学模型

2. 基于零件几何模型生成柔性体

对于结构复杂的零件, 需要先建立零件的几何模型, 再进行网格划分, 定义柔性件的附着点——即柔性件与其他构件的连接点, 最后通过模态分析生成模态中性文件。下面将图 12.11 所示的曲柄滑块机构中的连杆利用零件几何模型建为柔性体, 具体操作阐述如下。

在 "ViewFlex" 对话框中, 将 "FlexBody Type" 设为 "Gemotry" (如图 12.18 所示), 输入要生成柔性体的零件名称、材料和模态数, 用 "Mesh/Properties" 项选择单元类型和尺寸 (本例中连杆的单元尺寸定义为 5 mm), 用 "Attachments" 项输入柔性体与其他零件之间的连接点以及连接方式, 然后施加连杆与曲柄和滑块之间的运动约束, 得到含连杆柔性体的曲柄连杆机构多体系统动力学模型, 如图 12.19 所示。

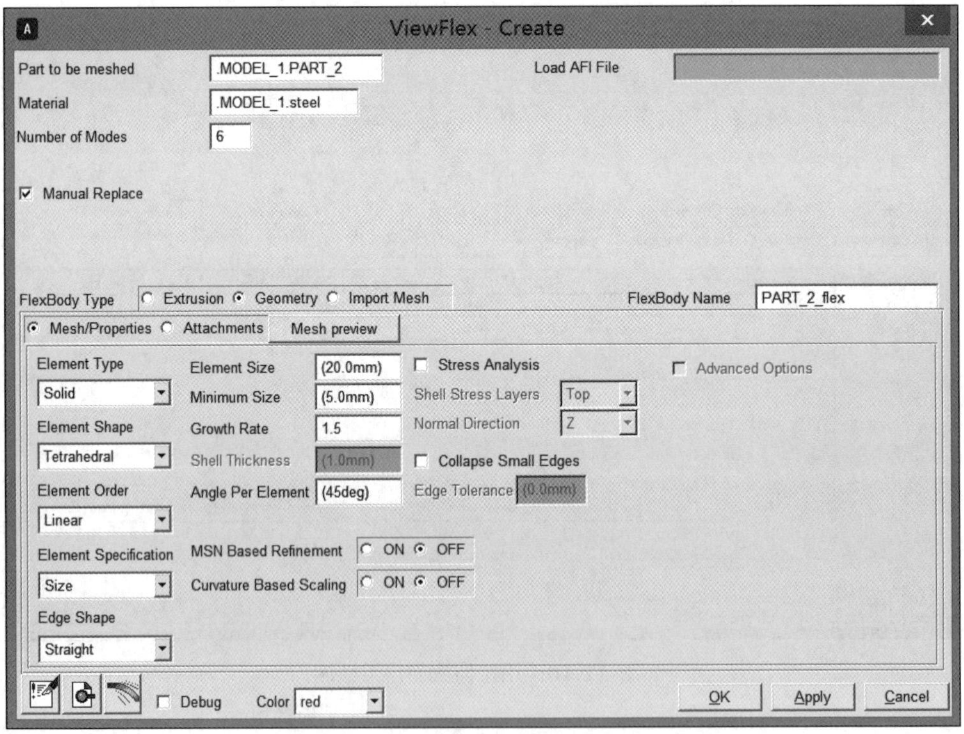

图 12.18 利用零件几何模型生成柔性体

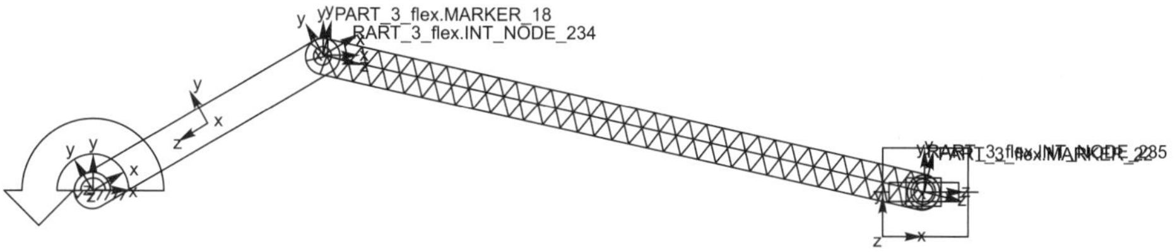

图 12.19 含利用几何模型生成的连杆柔性体的曲柄连杆机构多体系统动力学模型

12.3.3 通过有限元分析生成模态中性文件

从有限元分析生成模态中性文件, 需要进行特定的操作。本节首先介绍生成模态中性文件对有限元模型的要求, 然后介绍利用有限元分析软件 ANSYS 生成模态中性文件的方法。

1. 生成模态中性文件对有限元模型的要求

用有限元模型来建立 ADAMS/Flex 的柔性体, 在将它们传入 ADAMS 软件时需要考虑以下几个方面的问题:

(1) 节点数。

在利用有限元模型生成模态中性文件时对节点数量是没有限制的, 它的多少只会影响数据的存储空间大小以及对显示硬件的性能要求。

(2) 界面点。

在将一个柔性体引入 ADAMS 模型中后, 需要建立它与模型中其他零件的关系, 比如施加约束或作用力。在 ADAMS/Flex 中, 这些边界条件可以施加在界面点上。界面点是保留了 6 个自由度的单元节点, 每个自由度都对应一个约束模态, 即在该自由度上施加单位位移而其他界面点自由度位移均为零时物体的静态变形。如果界面点过多, 就会导致数据文件增大而使运算时间增长。

(3) 模态选择。

ADAMS/Flex 中柔性体的模态是修正的 Craig–Bampton 模态, 它可以分为固定界面主模态和界面约束模态两类。任何模态都可以根据它们在动力响应中的贡献进行取舍。

(4) 单位。

在生成模态中性文件时, 必须为有限元分析指定单位, 这个单位将保存在模态中性文件中。有限元分析使用的单位不必与采用 ADAMS 仿真时使用的单位一致, 只要在模态中性文件中设好了单位, ADAMS 会正确地进行转换。

(5) 约束。

在有限元模型中不用施加约束, 只有在极其特殊的情况下才需要约束, 比如零件上的某个节点如果在 ADAMS 的模型中是与大地固接在一起的, 那么在该节点处施加约束就是有用的。

(6) 刚体模态。

在将一个无约束零件的模态信息读入 ADAMS 中时, 必须确保所有的刚体模态是被关闭的。ADAMS 会自动对每个柔性体添加 6 个刚体自由度。

2. 利用有限元分析软件 ANSYS 生成模态中性文件

ADAMS/ Flex 提供了 ADAMS 与有限元分析软件 ANSYS、NASTRAN、ABAQUS、I-DEAS 之间的双向数据交换接口, 利用这些软件可以建立柔性体零件的有限元模型, 进行特定的有限元分析, 然后生成模态中性文件 (MNF 文件)。下面以 ANSYS 软件为例, 介绍利用该软件生成模态中性文件的方法。

ANSYS 5.3 以上的版本都提供了 ADAMS 宏命令, 该命令可自动计算出所需阶数的固定界面主模态和界面点的约束模态, 并输出模态中性文件, 其过程如下:

(1) 设置单位。

从命令窗口中输入: “/units, <name>”, 其中 <name> 是 SI、CGS、BFT 和 BIN 4 种单位制中之一。

如果所用单位不是上述任一种单位制, 则可以输入命令: “/units, user, L, M, T, ⋯, F”, 其中 L、M、T、F 是长度、质量、时间、力的用户单位与国际单位 (SI) 之间的转换系数。比如如果所用的单位是 mm、mg、s、N、可输入: “/units, user, 1000, 0.001,1, ⋯,1”。

(2) 建立或上传有限元网格, 还包括设定材料参数等。

(3) 建立界面节点选择集。

一般使用 NSEL 命令, 如果是关键点, 可以用 KSEL 和 NSLK 命令。

(4) 生成模态中性文件。

运行 ADAMS 宏命令:

ADAMS, NMODES, KSTRESS, KSHELL(ANSYS 6.0 及以上版本)

ADAMS, NMODES(其他版本)

其中, NMODES 是要计算的模态数。KSTRESS 选项情况如下:KSTRESS=0 时不包含应力、应变模态 (缺省); KSTRESS=1 时包含应力模态; KSTRESS=2 时包含应变模态; KSTRESS=3 时包含应力、应变模态。KSHELL 是针对壳单元模型确定应力、应变结果位置的选项:KSHELL=0, 1 时位置为上表面 (缺省); KSHELL=2 时为中面; KSHELL=3 时为下表面。

或从主菜单上依次选择 “Solution”→“ADAMS Connection”→“Export to ADAMS”, 在相应对话框 (如图 12.20 所示) 中设置单位、模态数目等, 最后点击 “Solve and create export file to ADMAS” 按钮, 输出模态中性文件。

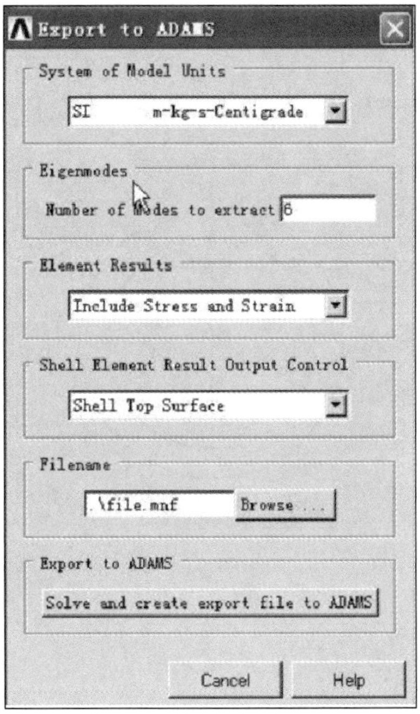

图 12.20 “Export to ADAMS” 对话框

12.4 ADAMS/Vibration 振动分析

ADAMS/Vibration 是在其他模块已经建立起的系统模型基础上, 通过输入通道定义振动激励, 通过输出通道计算系统响应, 在此基础上可对系统的振动特性进行分析优化。

12.4.1 建模

ADAMS/Vibration 建模包括定义输入通道 (Input Channels)、输出通道 (Output Channels) 以及具有频域载荷特性的柔性连接元件 [Frequency-dependent (FD)] 等, 具体建模方法如下。

1. 输入通道

输入通道用以定义振动激励, ADAMS/Vibration 中的激励包括载荷激励 (Force)、运动激励 (Kinematic) 以及用户自定义状态变量激励 (User-specified state variable) 3 种。

(1) 载荷激励。

载荷激励定义为作用在某个 Marker 点上的力或力矩, 表达为振动激励的形式, 即需要定义载荷的大小和相位, 可以由以下的方式进行定义:

① Swept Sine: 简谐函数

$$F(s) = F_{\mathrm{m}}\left(\cos\theta + \mathrm{i}\sin\theta\right) \tag{12.4}$$

式中, F_{m} 是载荷幅值; θ 是相位角, 根据定义输入通道的 Marker 点的正方向来确定; s 是复参变量。

② Rotating Mass: 旋转质量产生的力 (如图 12.21 所示) 或力矩 (如图 12.22 所示)。

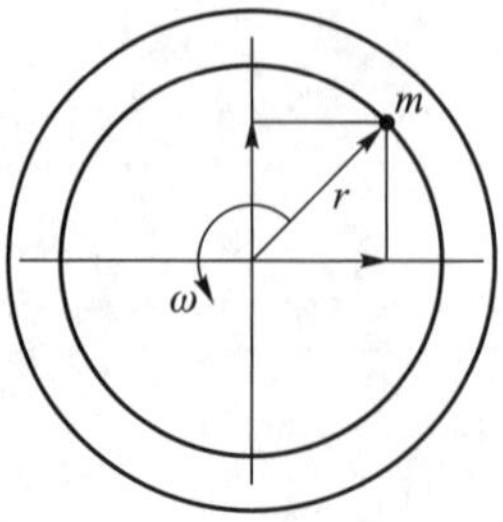

图 12.21　旋转质量产生的力

旋转质量产生的力为

$$
\begin{aligned}
F_{\mathrm{le}}(s) &= mr\omega^2 \\
F_{\mathrm{la}}(s) &= \mathrm{i}mr\omega^2
\end{aligned}
\tag{12.5}
$$

式中, m 是不平衡质量; r 是不平衡质量的偏心距; ω 是激励圆频率。

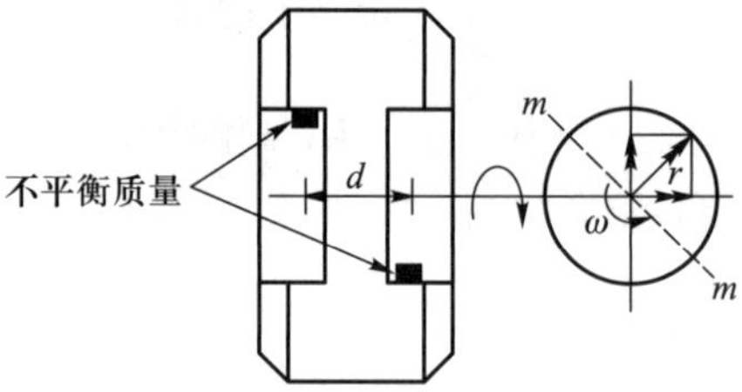

图 12.22　旋转质量产生的力矩

旋转质量产生的力矩为

$$
\begin{aligned}
T_{\mathrm{le}}(s) &= mrd\omega^2 \\
T_{\mathrm{la}}(s) &= \mathrm{i}mrd\omega^2
\end{aligned}
\tag{12.6}
$$

式中, d 是不平衡质量在转轴方向的距离。

③ PSD: 激励的功率谱密度, 由包含功率谱密度的样条曲线、数据间的插值算法以及数据的相位角来定义。

④ User: 用户指定的函数。

(2) 运动激励。

运动激励定义为作用在某个 Marker 点上的定义在频域上的运动约束, 包括位移、速度、加速度约束。运动激励的定义方式有简谐函数 (Swept Sine)、激励的功率谱密度 (PSD)、用户指定的函数 (User) 3 种。

(3) 用户自定义状态变量激励。

间接地给系统施加已经定义了的状态变量作为系统激励。

在 ADAMS/Vibration 中, 一个输入通道只能输入一个激励, 而一个激励可以通过不同的输入通道输入给系统。

2. 输出通道

输出通道用于定义系统的响应, 以运动参数 (位移、速度、加速度)、载荷 (力、力矩) 参数或者系统状态变量的某些组合来表示。

3. 柔性连接元件

柔性连接元件用于定义模型中具有频域载荷特性的柔性构件, 用串联或并联的弹簧–阻尼器组合表示, 如图 12.23 所示。

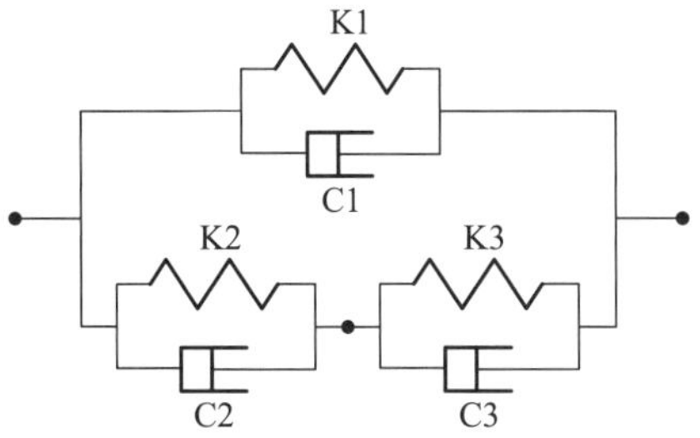

图 12.23 柔性连接元件

ADAMS/Vibration 中的柔性连接元件有 FD 和 FD 3D 两种, FD 只在两个构件的一个自由度上起作用, FD 3D 可在两个构件的多自由度上起作用。

12.4.2 振动分析

ADAMS/Vibration 提供两种振动分析: 模态分析和强迫振动分析[6]。

1. 模态分析

模态分析用于计算系统的特征值和特征向量, 计算得到的特征值可以绘制成如图 12.24 所示的散点图, 进一步可以对系统的稳定性等特性进行分析。

2. 强迫振动分析

强迫振动分析是按照式 (12.7) 计算系统在输入激励后的响应, 可以进行传递函数、功率谱密度 (PDS) 响应、模态坐标、模态能量、应力恢复等计算。

$$\boldsymbol{R}(s_i) = H(s_i)\boldsymbol{F}(s_i) \quad (i = 1, 2, \cdots, n) \tag{12.7}$$

式中, $H(s_i)$ 是系统在 s_i 点的传递函数; $\boldsymbol{F}(s_i)$ 是系统在 s_i 点的激励向量; n 是在频域内的计算步数。

(1) 传递函数。

令所有输入通道中的输入为单位值, 根据式 (12.7) 就可计算得到传递函数。

(2) 功率谱密度响应。

对于以功率谱密度方式输入的激励, 计算相应的功率谱密度响应。

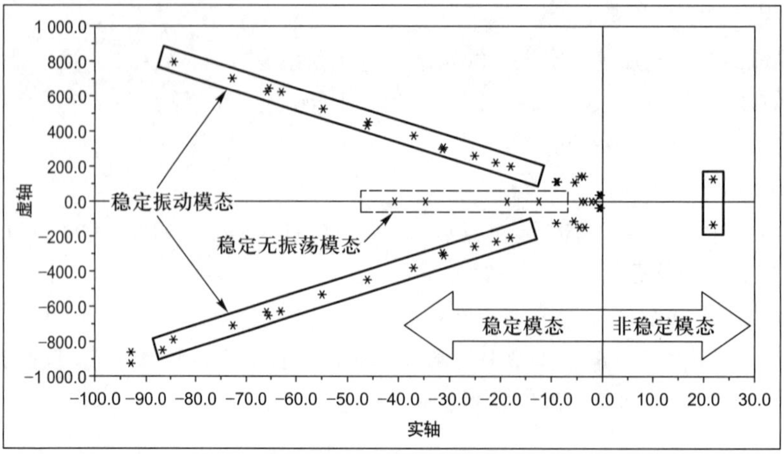

图 12.24 特征值散点图

(3) 模态坐标。

计算模型对应不同模态的坐标响应。对于给定频率, 模态坐标计算给出了系统中各阶模态被激起的程度。

(4) 模态参与因子。

当模态坐标给出了某个模态在给定频率下的激起程度时, 模态参与因子会给出该模态在指定频率下对响应的贡献。

(5) 模态能量。

① 动能: 有质量的零件都可计算动能, 系统的第 i 阶模态动能计算如下:

$$T_i = \frac{\omega_i^2}{2}\boldsymbol{\xi}_i^{\mathrm{T}}\boldsymbol{M}\boldsymbol{\xi}_i \tag{12.8}$$

式中, $\boldsymbol{\xi}_i$ 是系统模态矩阵中的第 i 列模态向量; $\boldsymbol{M}$ 是系统的质量矩阵。

其中第 j 个零件第 i 阶模态的动能可计算如下:

$$T_i^j = \frac{\omega_i^2}{2}\boldsymbol{\xi}_i^{j\mathrm{T}}\boldsymbol{M}_j\boldsymbol{\xi}_i^j \tag{12.9}$$

式中, $\boldsymbol{\xi}_i^j$ 是对应于零件 j 的自由度的模态矩阵的第 i 列模态向量; $\boldsymbol{M}_j$ 是零件 j 的质量矩阵。

② 应变能: 弹簧–阻尼器、衬套这样的柔性元件在模态中都会产生应变能, 如第 k 个柔性元件的应变能计算如下:

$$E_i^k = \frac{1}{2}\boldsymbol{\xi}_i^{k\mathrm{T}}\boldsymbol{K}_k\boldsymbol{\xi}_i^k \tag{12.10}$$

式中, $\boldsymbol{K}_k$ 为与系统模态刚度矩阵阶数相同, 且除了与柔性元件 k 相关的元素以外的元素均为 0 的刚度矩阵。

(6) 应力恢复。

ADAMS/Vibration 可以计算柔性体的应力和应变。由于柔性体的变形可以近似

为 m 阶模态向量的线性组合, 即

$$\boldsymbol{u}=\sum_{i=1}^{m}\Psi_i q_i=\boldsymbol{\Psi q} \tag{12.11}$$

式中, $\boldsymbol{\Psi}$ 为模态矩阵; $\boldsymbol{q}$ 为模态坐标列矩阵。则柔性体的应变和应力可计算如下:

$$\begin{aligned}\varepsilon&=\boldsymbol{Du}=\boldsymbol{D\Psi q}\\ \boldsymbol{\sigma}&=\boldsymbol{E}\varepsilon=\boldsymbol{ED\Psi q}\end{aligned} \tag{12.12}$$

式中, $\boldsymbol{D}$ 为由位移计算应变的微分算子矩阵; $\boldsymbol{E}$ 为弹性矩阵。

12.4.3 应用举例

下面以如图 12.25 所示的卫星模型的振动分析为例, 介绍运用 ADAMS/Vibration 进行建模计算的方法。

1. 卫星模型

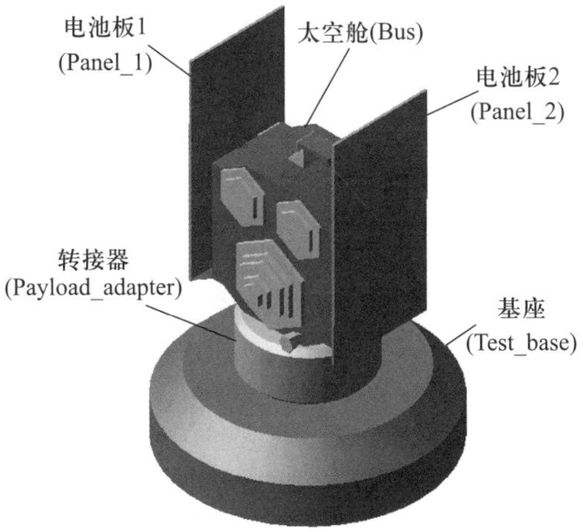

图 12.25 卫星模型[7]

将 ADAMS 安装路径:"\\Vibration\\Examples\\tutorial_satellite" 下的 "satellite.cmd" 文件拷贝到工作路径下, 在 ADAMS/View 中打开该文件, 查看卫星模型 (如图 12.25 所示), 模型包括两个电池板 (Panel_1 和 Panel_2)、太空舱 (Bus)、转接器 (Payload_adapter) 和基座 (Test_base) 等部件。在两个电池板和太空舱之间各有一个转动铰, 在基座和大地之间有一个固定铰。此外模型还有 8 个柔性连接: 在两个电池板和太空舱之间各有一个扭转弹簧 (Deploy_spring_1 和 Deploy_spring_2), 在太空舱和转接器之间以及转接器和大地之间各有 3 个衬套 (Bushing_1~ Bushing_6)。

2. 创建输入通道和激励

在 "Plugins" 菜单中选择 "Vibration" 模块, 依次选择 "Build"→"Input Channel"→"New", 创建以下 3 个激励:

在转接器上创建一个侧向载荷激励, 输入通道名称为 “Input_x”, 类型为 “Force”, 施加位置为转接器上的 “reference_point” 点, 方向为总体 “X” 方向, 激励器参数 (Actuator Parameters) 设为 “Swept Sine”, 幅值为 1, 相角为 0, (如图 12.26 所示)。

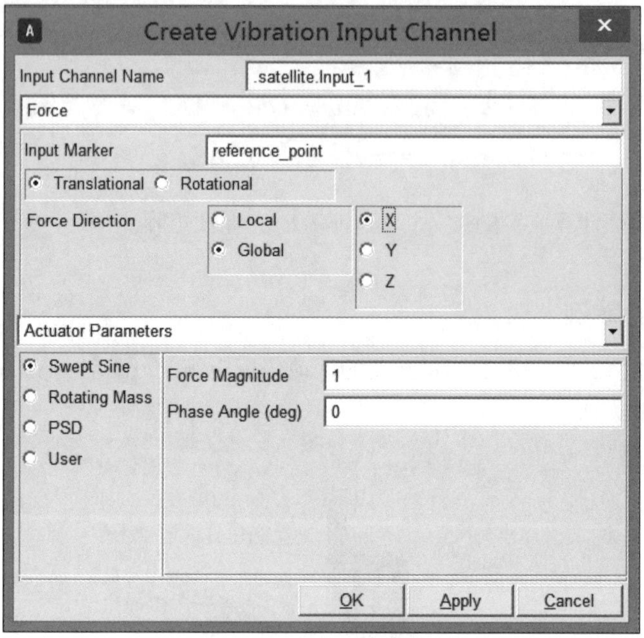

图 12.26 创建侧向载荷激励

再在转接器上创建一个垂直方向的载荷激励 “Input_y”, 创建位置、激励器参数同上, 只是方向改为总体 “Y” 方向。

在转接器上创建一个重力加速度激励 “Input_accel_y”, 类型为 “Kinematic”, 创建位置、方向同上, 激励器设为 “Swept Sine”, 幅值为 9 806.65, 相位角为 0。

3. 创建输出通道

在 “Vibration” 模块中选择 “Build”→“Output Channel”→“New” 创建输出通道。图 12.27 所示是在 Panel_1 上的侧向位移响应输出, 本例中需要创建的输出通道见表 12.11。

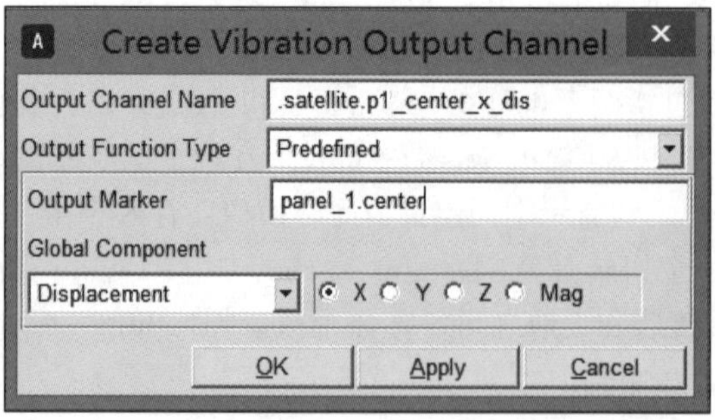

图 12.27 创建输出通道

表 12.11　需要创建的输出通道

Output Channel Name	Output Marker	Global Component	
		Disp/vel/acc	Direction
p1_center_x_dis	panel_1.center	Displacement	X
p2_center_x_dis	panel_2.center	Displacement	X
p1_corner_x_dis	panel_1.corner	Displacement	X
p1_corner_x_vel	panel_1.corner	Velocity	X
p1_corner_x_acc	panel_1.corner	Acceleration	X
p1_corner_y_acc	panel_1.corner	Acceleration	Y
p1_corner_z_acc	panel_1.corner	Acceleration	Z
ref_x_acc	payload_adapter.cm	Acceleration	X
ref_y_acc	payload_adapter.cm	Acceleration	Y
ref_z_acc	payload_adapter.cm	Acceleration	Z

4. 仿真计算

在 “Vibration” 模块中选择 “Test”→“Vibration Analysis” 进行仿真计算。图 12.28

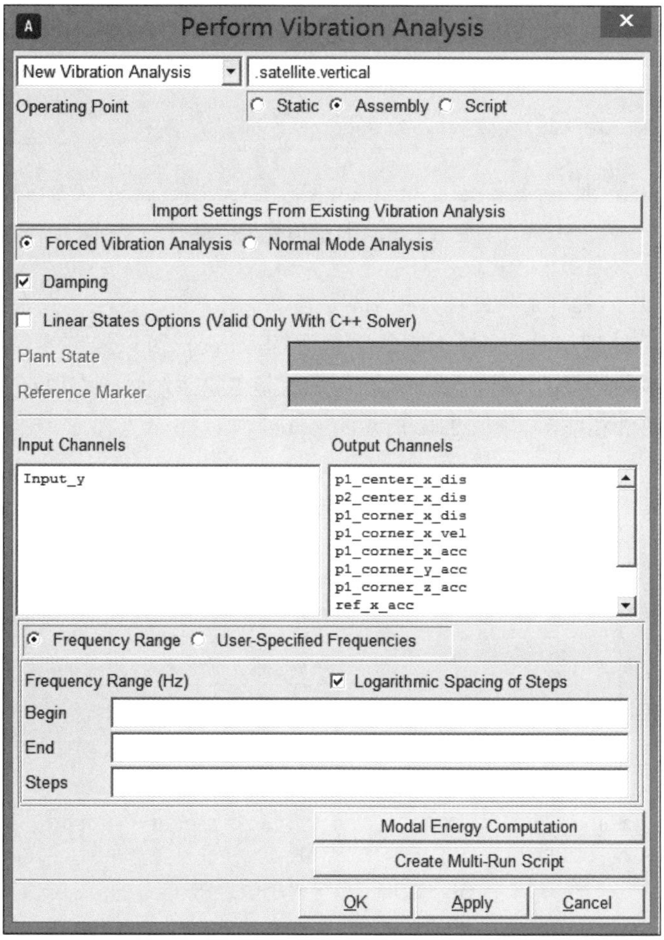

图 12.28　“Perform Vibration Analysis” 对话框

所示是进行一次频域强迫振动计算的对话框设置, 输入激励为 “Input_y”, 输出为表 12.11 中创建的全部输出通道, 计算频率从 0.1 Hz 到 1 000 Hz。

5. 查看结果

(1) 查看列表信息。

在 “Vibration” 模块中选择 “Review”→“Display Eigenvalue Table” 或 “Display Modal Info Table”, 就可以查看系统特征值、模态坐标、模态参与因子、模态能量的列表信息。图 12.29 所示就是卫星系统的特征值列表信息。

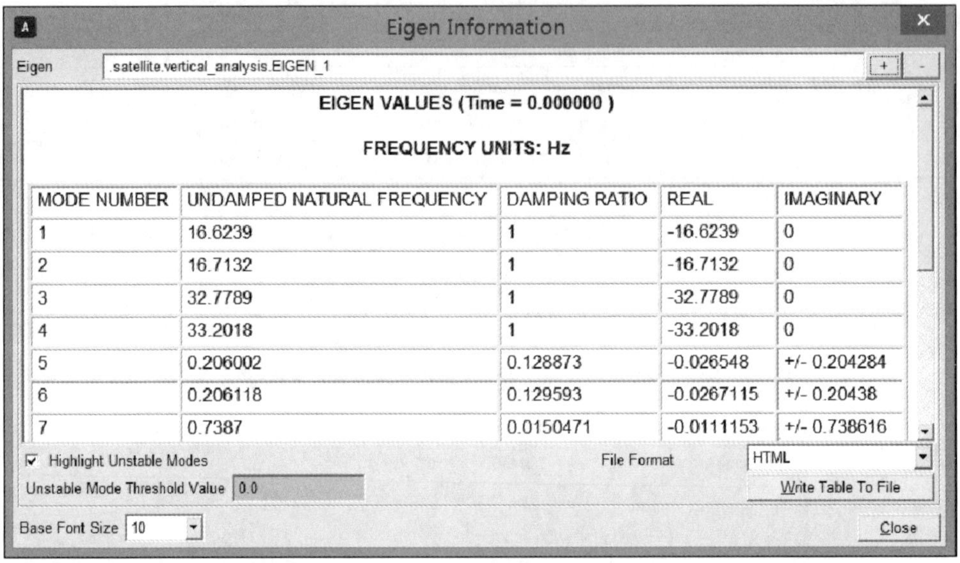
Eigen Information

Eigen .satellite.vertical_analysis.EIGEN_1

EIGEN VALUES (Time = 0.000000)

FREQUENCY UNITS: Hz

MODE NUMBER	UNDAMPED NATURAL FREQUENCY	DAMPING RATIO	REAL	IMAGINARY
1	16.6239	1	-16.6239	0
2	16.7132	1	-16.7132	0
3	32.7789	1	-32.7789	0
4	33.2018	1	-33.2018	0
5	0.206002	0.128873	-0.026548	+/- 0.204284
6	0.206118	0.129593	-0.0267115	+/- 0.20438
7	0.7387	0.0150471	-0.0111153	+/- 0.738616

Highlight Unstable Modes File Format HTML

Unstable Mode Threshold Value 0.0 Write Table To File

Base Font Size 10 Close

图 **12.29** 特征值列表信息

(2) 运用通用后处理工具处理分析结果。

运用通用后处理工具, 选择不同的数据源 (Source), 可以绘制系统模态、频率响应、功率谱等多种结果的图像。图 12.30 所示就是卫星系统的模态散点图, 从中可以查看各阶模态的实部和虚部。图 12.31 所示是 panel_1.corner 点在 Y 方向的加速度频率响应。

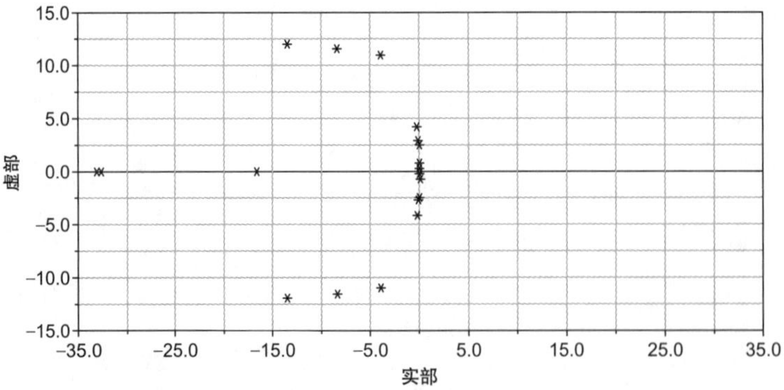

图 **12.30** 系统模态散点图

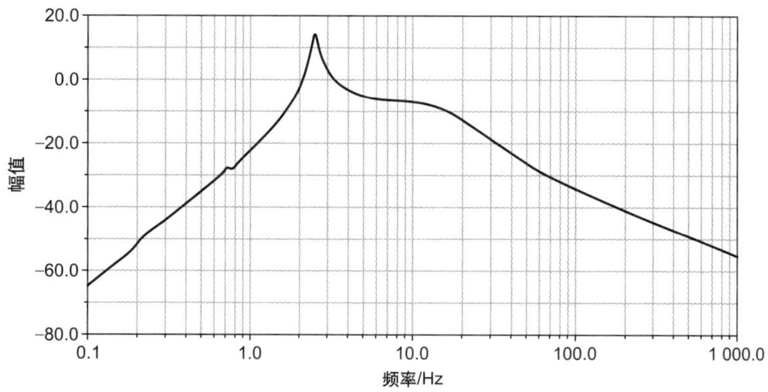

图 12.31 频率响应

6. 设计分析

(1) 设计变量。

ADAMS 安装路径下的卫星模型是一个参数化的模型, 比如在太空舱和转接器之间的衬套 Bushing_1 的阻尼是用变量 “trans_damp” 的函数来定义的, 而 “trans_damp” 又是关于变量 “percent_damping” 的函数, 现把 “percent_damping” 作为设计变量, 将其参数在图 12.32 所示的对话框中进行修改。

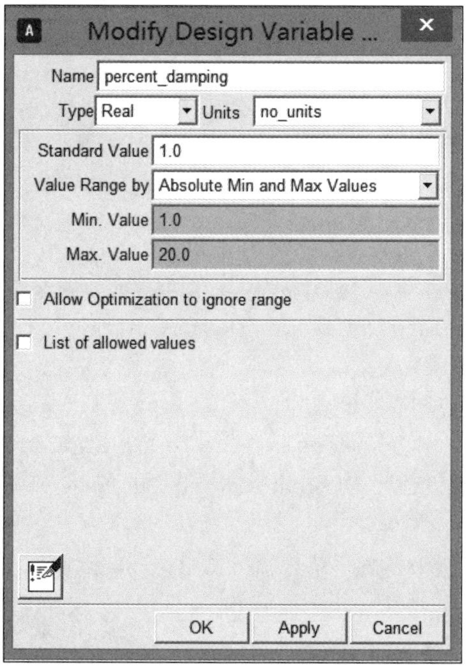

图 12.32 “Modify Design Varialde” 对话框

(2) 定义目标函数。

在 “Vibration” 模块中选择 “Improve”→“Vibration Design Objective” 定义目标

函数。此处定义的目标函数名为 Max_FRF(如图 12.33 所示), 是由输入 “Input_x” 激起的响应 “p1_corner_x_acc” 的最大值, 如图 12.34 所示。

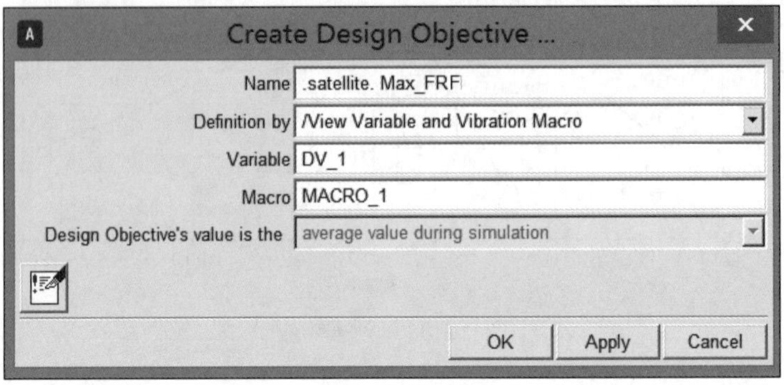

图 12.33 “Create Design Objective” 对话框

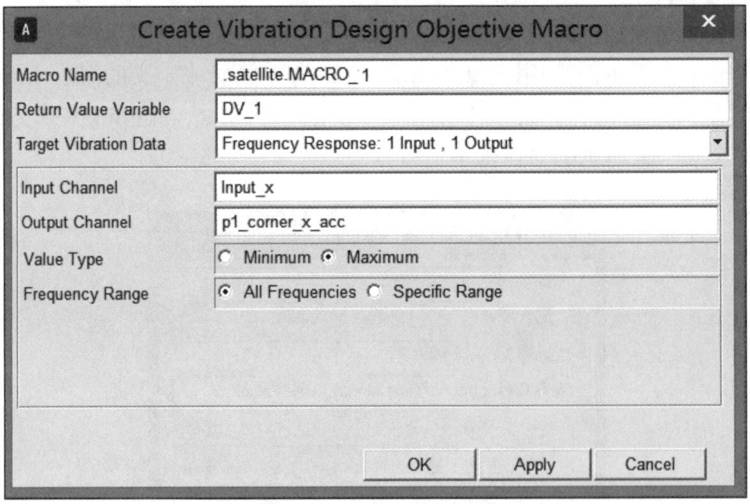

图 12.34 “Create Vibration Design Objective Macro” 对话框

(3) 创建振动分析的运行脚本。

在 “Vibration” 模块中选择 “Test”→“Create Vibration Multi-Run Script” 创建振动分析的运行脚本, 此处创建名为 “multirun_vib” 的脚本, 如图 12.35 所示。

(4) 进行设计分析。

在 “Vibration” 模块中选择 “Improve”→“Design Evaluation” 进行设计分析, 图 12.36 所示就是以 “percent_damping” 为设计变量、针对目标函数 Max_FRF 进行设计分析的对话框, 运行结果如图 12.37 所示。

图 12.37 所示为目标函数值随设计变量 (5 个水平值) 变化的计算值, 而目标函数值随设计变量变化的频率响应曲线如图 12.38 所示, 运用后处理 “Plot3D” 功能绘制的响应曲面如图 12.39 所示。

从频率响应图可以看出, 设计变量在第一水平即 Bushing_1 的阻尼最低时, 系

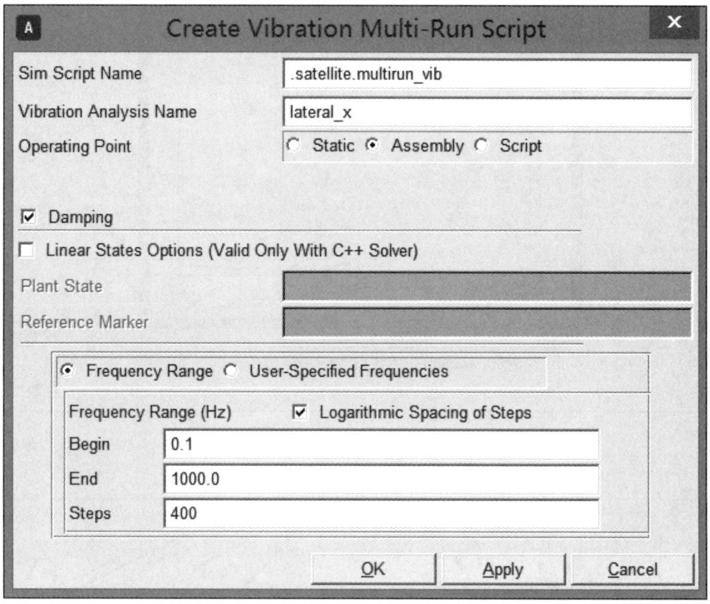

图 **12.35** “Create Vibration Multi-Run Script” 对话框

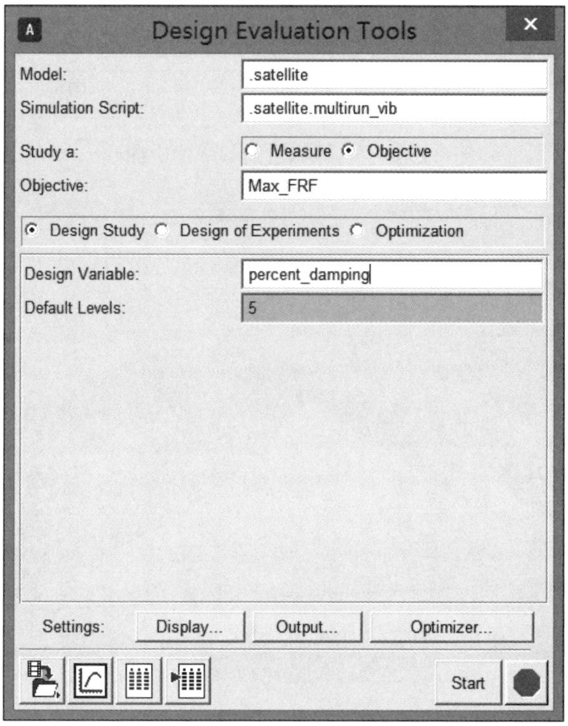

图 **12.36** “Design Evaluation Tools” 对话框

统具有最高的峰值响应。另一方面, 设计变量在第三水平时响应的最大幅值最小, 即 Bushing_1 的阻尼在这个值时系统会产生最低的峰值响应, 但在 100 Hz 以及更高频率

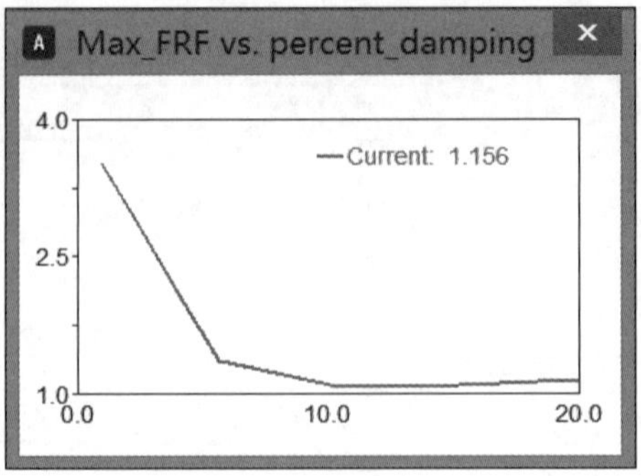

图 12.37　设计分析运行结果

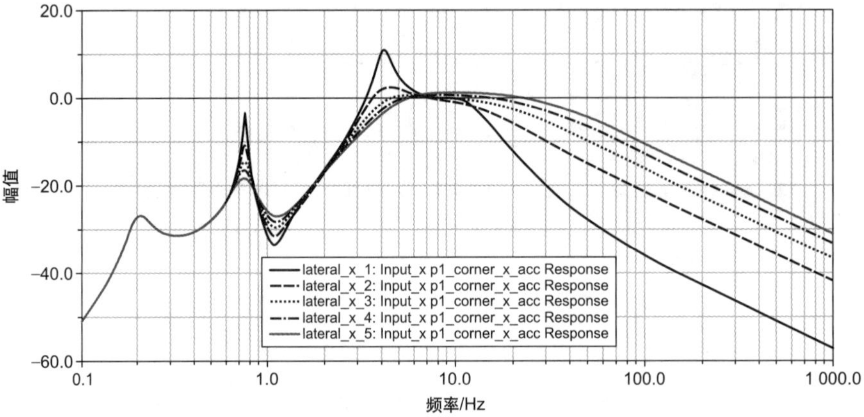

图 12.38　目标函数的频率响应曲线

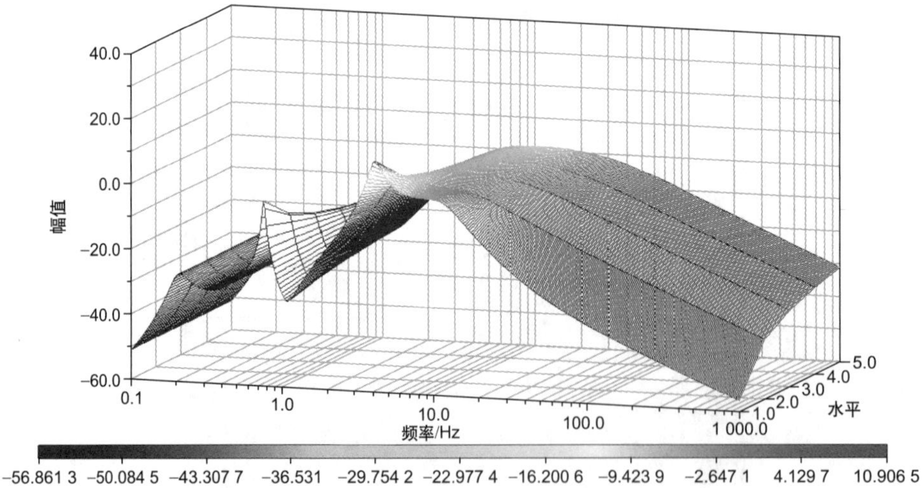

图 12.39　目标函数的频率响应曲面 (见书后彩图)

范围时, 它不会像第一水平时那样迅速衰减。

第 13 章　机械系统动力学分析实例

13.1　汽车二自由度系统的平顺性分析

汽车的平顺性就是保持汽车在行驶过程中乘员所处的振动和冲击环境具有一定舒适度的性能, 对于货车还包括保持货物完好的性能, 是现代高速汽车的主要性能之一[8]。研究汽车平顺性的主要目的就是控制汽车的振动, 主要是指路面不平度引起的车体振动, 使振动的 "输出" 在给定工况的 "输入" 下不超过一定界限, 以保持乘员的舒适性。

汽车平顺性评价方法大致可分为主观评价法和客观评价法。主观评价法依靠评价人员乘坐的主观感觉进行评价, 主要考虑人的因素。客观评价法是借助于仪器设备来完成随机振动数据的采集、记录和处理, 通过得到相关的分析值与对应的限制指标相比较, 做出客观评价, 比如车体质心垂直振动加速度, 反映了乘员乘坐舒适性和车体振动环境; 悬架动行程即车轮相对于车体垂直跳动的动位移, 反映了车轮撞击限位器的概率; 车轮相对动载即相对于静平衡位置时车轮载荷的变化可衡量车轮的抓地能力, 反映了高速车辆的行驶安全性。

影响汽车平顺性的因素比较多, 其中悬架是一个关键部件, 悬架中的弹性元件、减振装置以及簧载质量与非簧载质量都对平顺性有较大影响。下面针对某汽车的平顺性分析, 建立二自由度模型——由悬架连接的车身与车轮的双质量振动系统, 计算其在构造的路面不平度环境下车体质心的垂直振动加速度、悬架动行程及车轮相对动载。

1. 汽车二自由度系统的振动

假定汽车左、右车轮遇到的不平度函数相等, 且汽车对称于其纵向轴线, 则汽车没有横向角振动, 只有垂直振动和绕质心的纵向角振动, 这两种振动对汽车的平顺性影响最大。此时, 汽车的振动系统可简化为簧上质量分别集中在前、后悬架及质心上的平面模型。大部分汽车的测量数据显示, 前、后悬架上质量的垂直振动可以认为是相互独立的, 这样汽车的平顺性分析模型就可以简化为如图 13.1 所示的双质量振动系统, 其中 $M_{\rm b}$ 为簧上质量, $M_{\rm w}$ 为簧下质量, $K_{\rm s}$ 为悬架弹簧刚度, C 为阻尼器阻尼, $K_{\rm t}$ 为轮胎刚度, $x_{\rm r}$ 为车轮的路面不平度输入, $x_{\rm b}$ 为车身在悬架处的垂向位移[9, 10]。

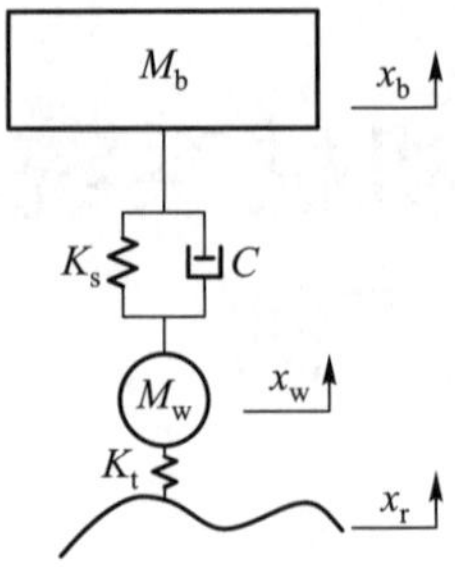

图 13.1 汽车的双质量振动系统

系统的运动微分方程为

$$\begin{cases} M_b\ddot{x}_b + C(\dot{x}_b - \dot{x}_w) + K_s(x_b - x_w) = 0 \\ M_w\ddot{x}_w - C(\dot{x}_b - \dot{x}_w) - K_s(x_b - x_w) + K_t(x_w - x_r) = 0 \end{cases} \tag{13.1}$$

当 $x_r = 0, C = 0$ 时, 式 (13.1) 为无阻尼自由振动方程:

$$\begin{cases} M_b\ddot{x}_b + K_s(x_b - x_w) = 0 \\ M_w\ddot{x}_w - K_s(x_b - x_w) + K_t x_w = 0 \end{cases} \tag{13.2}$$

如果令式 (13.2) 中的耦合项 $-K_s x_w$、$-K_s x_b$ 均为 0, 则式 (13.2) 成为两个独立的单质量无阻尼自由振动方程, 其固有频率为

$$f_b = \frac{1}{2\pi}\sqrt{\frac{K_s}{M_b}} \tag{13.3}$$

$$f_w = \frac{1}{2\pi}\sqrt{\frac{K_s + K_t}{M_w}} \tag{13.4}$$

式中, f_b 代表车轮不动时车身的振动; f_w 代表车身不动时车轮的振动, 是系统中单质量振动的频率, 即部分频率, 又称偏频。

已知某汽车的双质量振动系统参数为: $M_b = 317.5$ kg, $K_s = 22\ 000$ N/m, $C = 1\ 520$ N·s/m, $K_t = 192\ 000$ N/m, $M_w = 45.4$ kg, 则系统的偏频为

$$f_b = 1.32\ \text{Hz}, \quad f_w = 10.93\ \text{Hz}$$

2. 路面不平度的模拟

根据国际标准文件 ISO/TC108/SC2N67, 以及我国制定的标准 GB/T7031—1986《车辆振动输入 路面平度表示方法》, 路面不平度主要采用路面位移功率谱密度描述其统计特性, 采用下面的幂函数形式作为拟合表达式[11, 12]:

$$G_q(n) = G_q(n_0)\left(\frac{n}{n_0}\right)^{-W} \tag{13.5}$$

式中, n 为空间频率 (单位为 m^{-1}), $n \in (0.011, 2.83)$; n_0 为参考空间频率, $n_0 = 0.1\ \text{m}^{-1}$; $G_q(n_0)$ 为参考空间频率 n_0 下的路面功率谱密度, 称为路面不平度系数; W 为分级路面谱的频率指数。通常 W 的值取 2, 路面不平度按照路面功率谱密度分为 A ~ H 8 个等级。

汽车振动系统的输入除了考虑路面不平度以外, 还要考虑车速 u 的影响, 为此将空间功率谱密度 $G_q(n)$ 转换为时间频率谱密度 $G_q(f)$, 并考虑 $W=2$, 则

$$G_q(f)=\frac{1}{u}G_q(n)=G_q(n_0)n_0^2\frac{u}{f^2} \tag{13.6}$$

式中, $f=un$ 为时间频率。

进一步可得速度功率谱密度:

$$G_{\dot{q}}(f)=(2\pi f)^2 G_q(f)=4\pi^2 G_q(n_0)n_0^2 u \tag{13.7}$$

可以看出, 路面的速度功率谱密度在整个频率范围内为一“白噪声”。

路面不平度可以通过实际测量得到, 也可以借助计算机运用白噪声模拟或谐波叠加等方法进行模拟。其中, 白噪声模拟法的基本思想是通过抽象后的白噪声来替代路面高低变化的随机波动, 通过适当的变换拟合出路面的随机不平度的时域模型, 是目前运用得比较普遍的路面不平度模拟方法。采用白噪声模拟法时, 其路面不平度的数学模型为

$$\dot{q}(t)=-2\pi n_l u q(t)+2\pi n_0\sqrt{G_q(n_0)u}s(t) \tag{13.8}$$

式中, n_l 为下截止频率, $n_l=0.011\ \mathrm{m}^{-1}$; $q(t)$ 为路面不平度的位移输入; $s(t)$ 为均值为 0 的高斯白噪声。

据此运用 MATLAB/Simulink 积分单位白噪声 (如图 13.2 所示), 得到车速为 60 km/h 时 C 级路面的不平度, 如图 13.3 所示, 其功率谱密度和标准等级路面谱对比如图 13.4 所示。

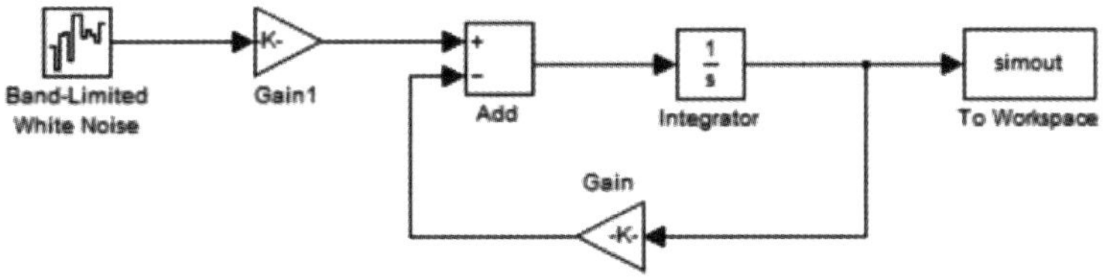

图 13.2 Matlab/Simulink 积分单位白噪声模型

3. 平顺性分析结果

将式 (13.1) 写成状态方程的形式为

$$\begin{cases}\dot{\boldsymbol{x}}=\boldsymbol{A}\boldsymbol{x}+\boldsymbol{B}u\\ \boldsymbol{y}=\boldsymbol{C}\boldsymbol{x}+\boldsymbol{D}u\end{cases} \tag{13.9}$$

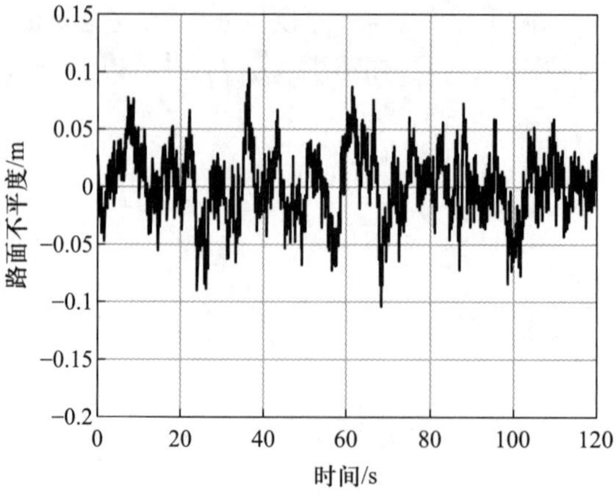

图 13.3 路面不平度

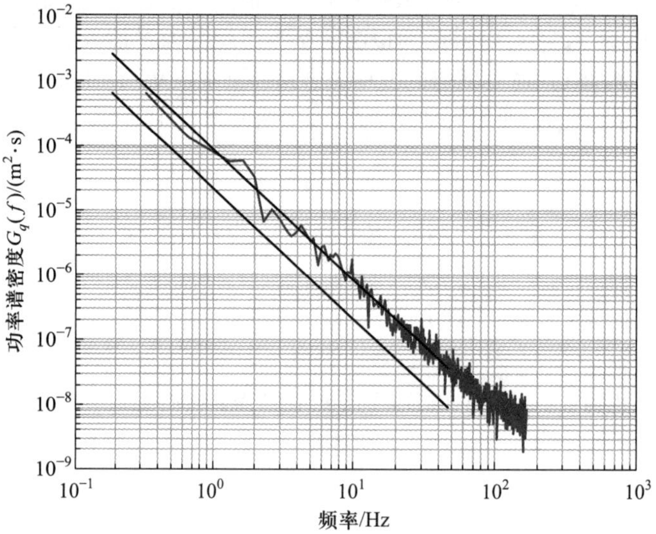

图 13.4 路面不平度功率谱密度对比

其中

$$
\boldsymbol{A}=\begin{bmatrix} 0 & 1 & 0 & 0 \\ -\dfrac{K_{\mathrm{s}}}{M_{\mathrm{b}}} & -\dfrac{C}{M_{\mathrm{b}}} & \dfrac{K_{\mathrm{s}}}{M_{\mathrm{b}}} & \dfrac{C}{M_{\mathrm{b}}} \\ 0 & 0 & 0 & 1 \\ \dfrac{K_{\mathrm{s}}}{M_{\mathrm{w}}} & \dfrac{C}{M_{\mathrm{w}}} & -\dfrac{K_{\mathrm{s}}+K_{\mathrm{t}}}{M_{\mathrm{w}}} & -\dfrac{C}{M_{\mathrm{w}}} \end{bmatrix};\quad \boldsymbol{B}=\begin{bmatrix} 0 \\ 0 \\ 0 \\ \dfrac{K_{\mathrm{t}}}{M_{\mathrm{w}}} \end{bmatrix};
$$

$$
\boldsymbol{C}=\begin{bmatrix} -\dfrac{K_{\mathrm{s}}}{M_{\mathrm{b}}} & -\dfrac{C}{M_{\mathrm{b}}} & \dfrac{K_{\mathrm{s}}}{M_{\mathrm{b}}} & \dfrac{C}{M_{\mathrm{b}}} \\ 1 & 0 & -1 & 0 \\ 0 & 0 & -\dfrac{K_{\mathrm{t}}}{(M_{\mathrm{b}}+M_{\mathrm{w}})g} & 0 \end{bmatrix};\quad \boldsymbol{D}=\begin{bmatrix} 0 \\ 0 \\ -\dfrac{K_{\mathrm{t}}}{(M_{\mathrm{b}}+M_{\mathrm{w}})g} \end{bmatrix};
$$

$\boldsymbol{x}$ 为状态变量, $\boldsymbol{x} = [x_\mathrm{b} \quad \dot{x}_\mathrm{b} \quad x_\mathrm{w} \quad \dot{x}_\mathrm{w}]^\mathrm{T}$; u 为输入变量, $u = x_\mathrm{r}$; $\boldsymbol{y}$ 为输出变量, $\boldsymbol{y} = \left[\ddot{x}_\mathrm{b} \quad x_\mathrm{b} - x_\mathrm{w} \quad \dfrac{K_\mathrm{t}(x_\mathrm{w} - x_r)}{(M_\mathrm{b} + M_\mathrm{w})g}\right]^\mathrm{T}$。

运用 MATLAB/Simulink, 计算前面的汽车二自由度系统在 C 级路面不平度输入下的车体垂直振动加速度的时域响应, 如图 13.5 所示, 功率谱密度如图 13.6 所示。

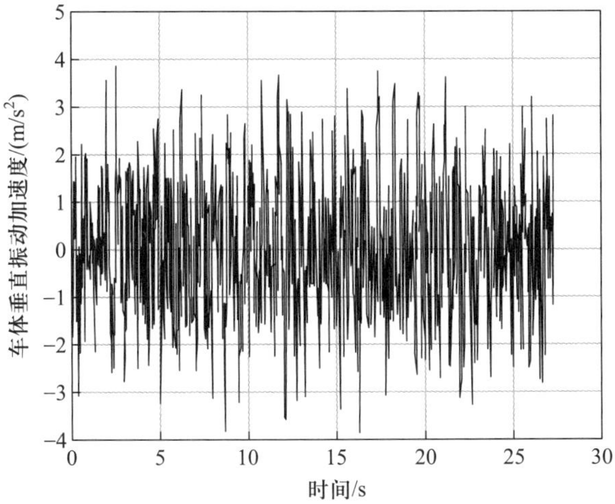

图 13.5　车体垂直振动加速度的时域响应

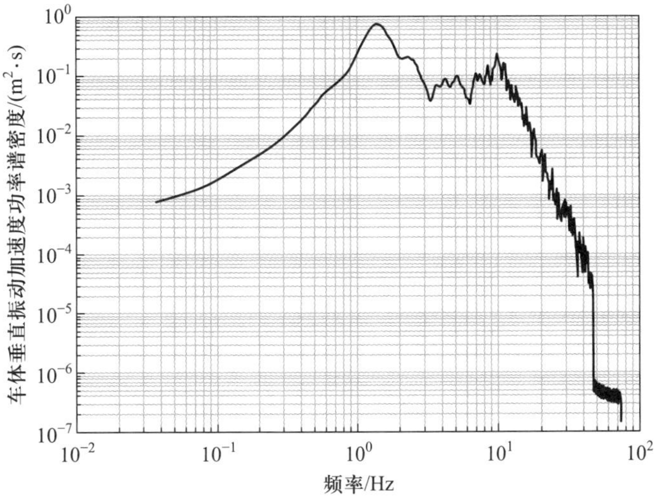

图 13.6　车体垂直振动加速度的功率谱密度

由计算可得, 车体垂直振动加速度的均方根值为 1.30 m/s^2。同时还可计算得到悬架动行程的功率谱密度如图 13.7 所示, 其均方根值为 10.5 mm, 车轮相对动载的功率谱密度如图 13.8 所示, 其均方根值为 0.20。

由图可见, 1.4 Hz 左右频率的激振易使车身发生共振, 10 Hz 左右频率的激振易使车轮发生共振, 这两个频率值与系统的两个偏频值接近。

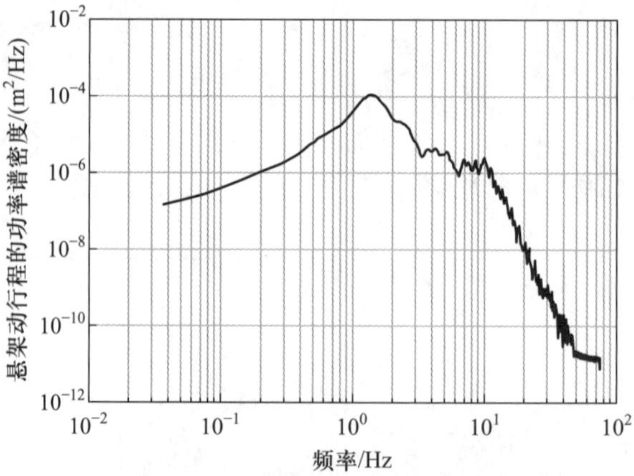

图 13.7　悬架动行程的功率谱密度

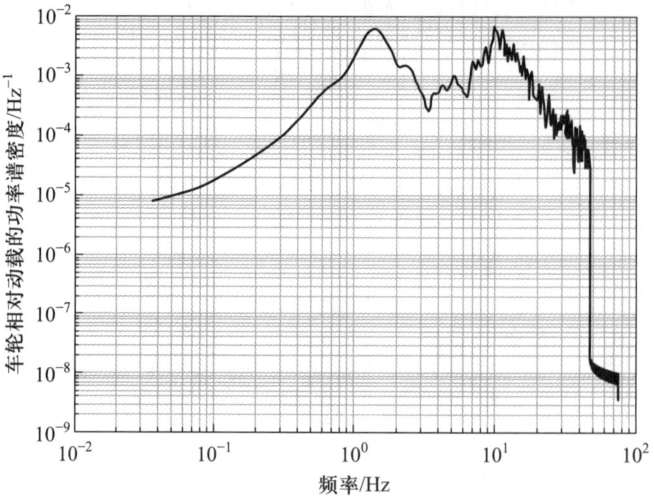

图 13.8　车轮相对动载的功率谱密度

13.2　内燃机配气机构的动力学建模分析

四冲程内燃机均广泛采用气门–凸轮式配气机构来控制进气和排气, 这种配气机构的结构较为复杂, 传动链长 (特别是下置凸轮轴式配气机构)。随着内燃机转速的提高, 配气机构的弹性振动和惯性等动力学因素会对配气机构性能产生重要影响, 造成气门的实际运动规律偏离理论设计规律, 还会使凸轮和挺柱间的接触应力增大, 接触面磨损或疲劳破坏。因此, 对配气机构进行动力学建模分析, 是配气机构设计中的重要环节[13, 14]。

最早运用配气机构动力学仿真分析研究的方法是离散质量法, 它把系统构建的一部分或者几部分等效成一个或者几个集中质量以及与之相连接的弹簧和阻尼器, 然后建立系统微分方程进行求解。配气机构的离散质量模型包括单质量模型和多质量模型。

单质量模型是至今研究最多、最简单而且应用最广泛的配气机构动力学模型[15, 16]。该模型由一个等效集中质量以及与之相连接的弹簧和阻尼器构成, 其结构简单、易于计算。大量实践表明: 根据该种模型, 采用实测值参数进行模拟计算的结果与试验结果比较吻合, 基本能反映气门的动态特性, 所以这种模型得到了广泛的应用。但是, 单质量模型毕竟是一种大大简化的模型, 只能从总体上反映气门运动的大致规律, 无法反映配气机构各部件的具体载荷和运动情况。比如如果需要预测传动链的飞脱究竟发生在哪一环节上, 弹簧的震颤是否会导致过大的应力或某些簧圈相碰, 各接触副和气门杆的动载荷有多大等, 就无法用单质量模型的分析得到, 因而随后出现了多质量动力学模型。

多质量模型由多个等效集中质量以及与之相连接的弹簧和阻尼器构成[17, 18]。利用多质量模型可以研究各集中质量的动载荷和动力学特性, 尤其在气门弹簧振动研究方面有很大优势。由于多质量模型需要把配气机构进行离散化处理, 因此, 如何折算并精确确定众多的参数变得十分困难, 同时其建模的合理性对模型的准确性影响比较大。

配气机构作为一种复杂的机械系统, 采用多体系统动力学建模, 能够更加形象、精细地描述出机构中各个构件的空间运动姿态和规律。运用 ADAMS 等商品化软件进行分析, 在复杂系统模拟以及速度和精度计算等方面的优势日益体现出来[19, 20]。

下面针对某柴油机下置凸轮轴式进气机构 (由凸轮、挺柱、推杆、摇臂、垫块、两个气门及气门弹簧组成), 分别建立系统的单质量模型、多质量模型以及多体动力学模型, 对采用不同模型分析得到的气门速度、加速度、落座速度以及凸轮–挺柱的接触力等动力学结果进行比较。

13.2.1 单质量建模及分析

配气机构单质量模型是将整个系统的质量集中在 M 上, 气门的运动规律就用这个集中质量的运动来描述, 如图 13.9 所示。其中 K_2 表示气门弹簧的刚度, C_2 表示外阻尼系数, 弹簧一端与气缸盖连接, 另一端与气门连接。K_1 表示整个传动链刚度, C_1 表示传动链阻尼系数, 系统由当量凸轮来驱动。

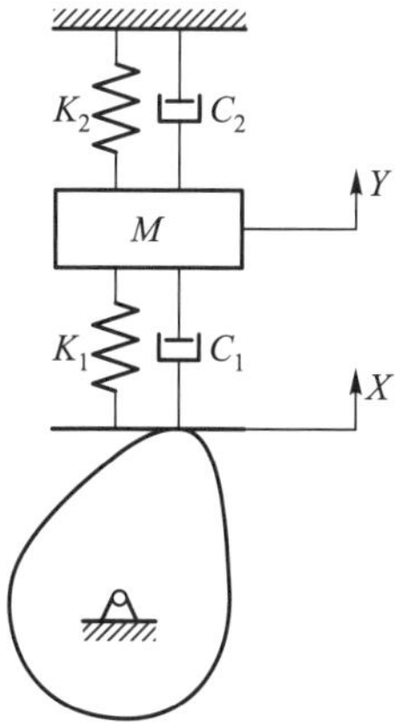

图 13.9 配气机构单质量模型

在这个模型中, 已知凸轮运动规律即气门机构完全刚性时气门的升程随凸轮转角

的函数 $X(\alpha)$(α 为凸轮转角), 又称当量凸轮升程曲线, 求解气门的升程函数, 也就是集中质量 M 的位移 Y 随着凸轮转角变化的函数 $Y(\alpha)$。

1. 单质量模型参数的确定

(1) 集中质量的确定。

可运用能量守恒定理将其他零件的质量换算到气门处, 以获得单质量模型的集中质量。计算公式如下:

$$M = M_{\mathrm{v}} + \frac{1}{3}M_{\mathrm{s}} + \frac{I_0}{l_{\mathrm{v}}^2} + \frac{M_{\mathrm{t}} + M_{\mathrm{p}}}{i^2} \tag{13.10}$$

式中, M_{v} 为气门组件质量, 包括气门、气门弹簧座和气门锁夹的质量; M_{s} 为气门弹簧质量; I_0 为摇臂转动惯量; l_{v} 为摇臂在气门侧的长度; M_{t}、M_{p} 分别为挺柱和推杆的质量; i 为摇臂比。

(2) 机构刚度的确定。

配气机构单质量模型的刚度一般采用实验的方法测定, 但在设计阶段, 则需要先计算出各构件的刚度后再合成得到整个系统的刚度。在计算各个构件的刚度时, 对于形状较复杂的零件可以采用有限元法。图 13.10 就是对气门进行有限元分析的边界条件施加方法和位移结果的示意图, 图 13.10(a) 是边界条件施加方法——在气门头部施加位移约束, 在气门杆的顶面施加载荷 F, 根据有限元分析的位移结果 [图 13.10(b)] 可得气门杆顶面的位移为 δ, 然后用式 (13.11) 计算刚度:

$$K_{\mathrm{v}} = \frac{F}{\delta} \tag{13.11}$$

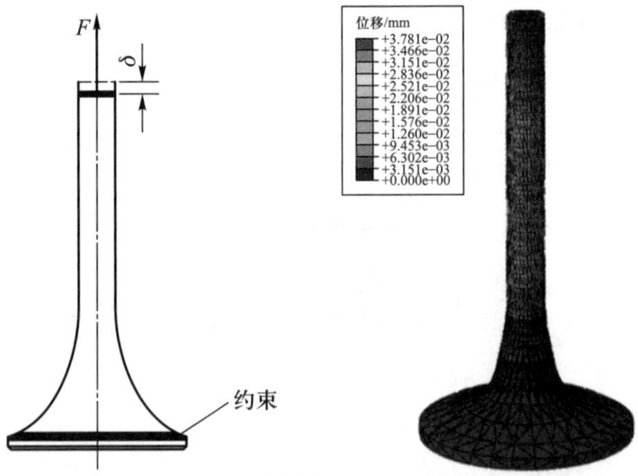

(a) 边界条件施加方法 (b) 位移分析结果

图 13.10 气门有限元分析结果 (见书后彩图)

对于推杆这样的细长直杆, 可用式 (13.12) 计算其刚度:

$$K_{\mathrm{p}} = \frac{EA}{L} \tag{13.12}$$

式中, E 为材料的杨氏弹性模量; A 为杆的截面积; L 为杆的长度。

凸轮和挺柱的接触可简化为线接触, 利用赫兹理论可以推导出接触位置在线载荷 P 作用下的接触变形 δ_c, 并利用式 (13.13) 近似计算刚度:

$$K_c = \frac{Pb}{\delta_c} \tag{13.13}$$

式中, b 为凸轮厚度。

得到气门机构各部件刚度后, 需要将模型中凸轮一侧的刚度按照势能相等的原则转化到气门一侧, 整个配气机构可以看成由气门与其他各个部件串联的机构, 利用各串联构件的刚度就可以计算得到整个传动链的刚度 K_1。

(3) 阻尼的确定。

配气机构阻尼系数的确定比较复杂, 一般有实验法和经验试凑法。这里采用经验公式 (13.14) 进行计算[13]:

$$C_1 = 0.107\sqrt{(K_1 + K_2)M} \tag{13.14}$$

运用上述方法, 计算得到所考察进气机构的单质量模型的相关参数值, 如表 13.1 所示。

表 13.1 单质量模型参数

参数名称	参数值
气门机构集中质量 M/kg	0.853 5
传动链整体刚度 K_1/(N/mm)	10 400
传动链整体阻尼 C_1/(N·s/mm)	10.1
气门弹簧刚度 K_2/(N/mm)	23
气门弹簧阻尼 C_2/(N·s/mm)	0.02

2. 单质量模型动力学方程及求解结果

单质量模型的气门运动微分方程为

$$M \cdot \omega^2 \cdot \frac{\mathrm{d}^2 Y}{\mathrm{d}\alpha^2} = K_1 \cdot J + C_1 \cdot \omega \cdot J_V - K_2 \cdot Y(\alpha) - C_2 \cdot \omega \cdot \frac{\mathrm{d}Y}{\mathrm{d}\alpha} - F_0 \tag{13.15}$$

式中, ω 为凸轮转速; $K_1 \cdot J$ 为配气机构的弹性恢复力, 且

$$J = \begin{cases} X(\alpha) - Y(\alpha), & X(\alpha) - Y(\alpha) > 0 \\ 0, & X(\alpha) - Y(\alpha) \leqslant 0 \end{cases}$$

$C_1 \cdot \omega \cdot J_V$ 为内阻尼力, 且

$$J_V = \begin{cases} \dfrac{\mathrm{d}X}{\mathrm{d}\alpha} - \dfrac{\mathrm{d}Y}{\mathrm{d}\alpha}, & X(\alpha) - Y(\alpha) > 0 \\ 0, & X(\alpha) - Y(\alpha) \leqslant 0 \end{cases}$$

$K_2 \cdot Y(\alpha)$ 为气门弹簧力; $C_2 \cdot \omega \cdot \dfrac{\mathrm{d}Y}{\mathrm{d}\alpha}$ 为外阻尼力; F_0 为气门弹簧预紧力。

对于进气凸轮, 由于进气阶段气缸内气体压力与气门背侧压力十分接近, 可忽略气体对气门的作用力。

式 (13.15) 的初始条件为

$$Y\Big|_{\alpha=\alpha_0} = \frac{\mathrm{d}Y}{\mathrm{d}\alpha}\Big|_{\alpha=\alpha_0} = 0$$

式中, α_0 为气门开启时刻凸轮的转角。

式 (13.15) 可以采用 Runge–Kutta 等数值方法进行求解, 也可以在 ADAMS 软件中建模求解。

针对所考察的进气机构, 除了表 13.1 给出的模型参数外, 还已知气门弹簧的预紧力为 330 N 以及当量凸轮升程曲线 (如图 13.11 所示), 当量凸轮升程曲线实际上是将气门机构当作完全刚性时的气门升程曲线, 可按式 (13.16) 进行计算:

$$X = X(\alpha) = i \cdot h(\alpha) - X_0 \tag{13.16}$$

式中, i 为摇臂比; $h(\alpha)$ 为挺柱升程函数; X_0 为气门间隙。

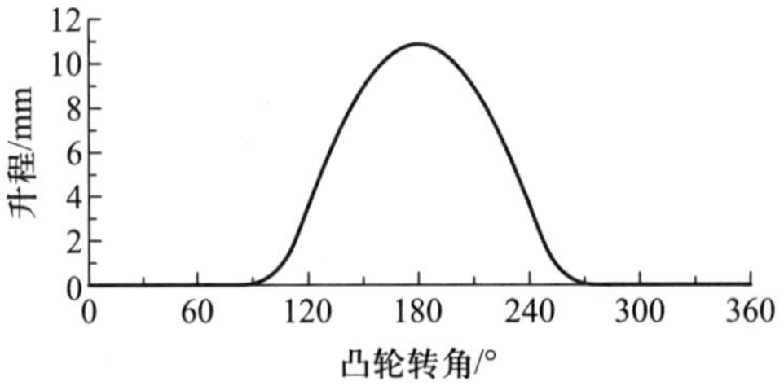

图 13.11 当量凸轮升程曲线

计算得到发动机在标定转速 (2 200 r/min) 下气门的位移、速度、加速度, 如图 13.12 所示。

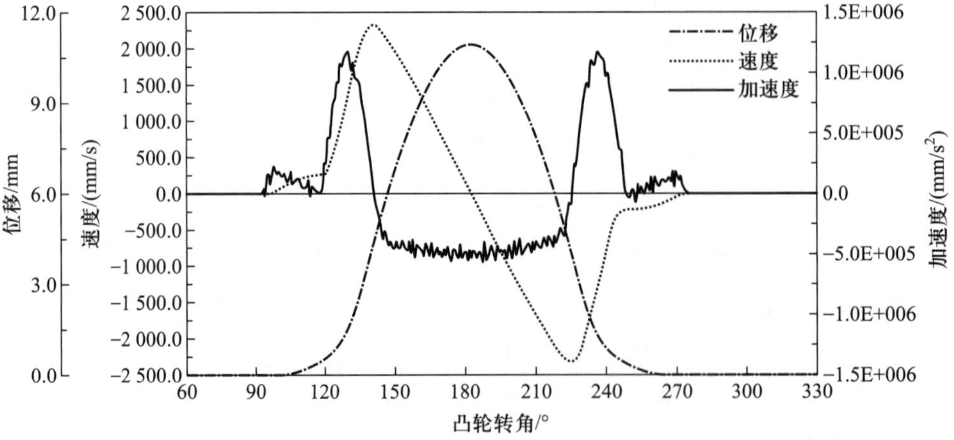

图 13.12 单质量模型计算得到的气门位移、速度、加速度曲线

13.2.2 多质量建模及分析

配气机构多质量模型是把配气机构离散化处理为多个等效集中质量, 然后用相连的弹簧和阻尼器构成。图 13.13 是针对 13.2.1 节所考察的进气机构建立的多质量模型, 各参数的意义如表 13.2 所示, 其中质量、刚度、阻尼值的计算原理与单质量模型类似。

表 13.2 多质量模型相关参数

参数符号	参数意义	参数值
M_1	挺柱质量	0.266 5 kg
M_2	推杆质量	0.233 3 kg
M_3	摇臂折算在推杆侧的集中质量	0.21 kg
M_4	摇臂折算在气门侧的集中质量	0.27 kg
M_{51}、M_{52}	气门质量	0.131 7 kg
$M_{61} \sim M_{64}$	离散弹簧的质量	0.016 kg
$K_{61} \sim K_{64}$, $C_{61} \sim C_{64}$	弹簧的离散刚度和阻尼	46 N/mm, 0.04 N·s/mm
K_0、C_0	凸轮–挺柱接触刚度和阻尼	650 000 N/mm, 50 N·s/mm
K_1、C_1	挺柱刚度和阻尼	65 000 N/mm, 15 N·s/mm
K_2、C_2	推杆刚度和阻尼	54 884 N/mm, 15 N·s/mm
K_3、C_3	摇臂在推杆一端的刚度和阻尼	90 000 N/mm, 15 N·s/mm
K_{41}、C_{41}, K_{42}、C_{42}	摇臂在气门一端的刚度和阻尼	90 000 N/mm, 15 N·s/mm
K_{51}、C_{51}	气门刚度和阻尼	55 000 N/mm, 15 N·s/mm
K_s、C_s	气门座刚度和阻尼	400 000 N/mm, 35 N·s/mm

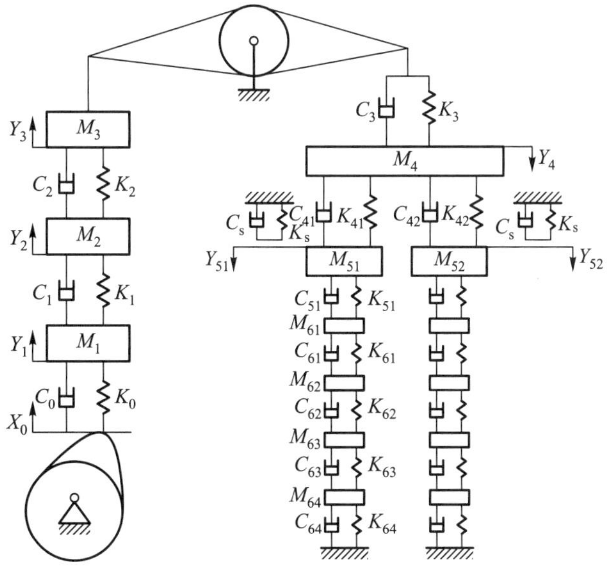

图 13.13 配气机构多质量模型

该多质量模型的运动微分方程如下:

$$\begin{cases}M_1Y_1''=K_0J_0-K_1J_1+\omega C_0J_{\mathrm{V0}}-\omega D_1J_{\mathrm{V1}}\\M_2Y_2''=K_1J_1-K_2J_2+\omega C_1J_{\mathrm{V1}}-\omega C_2J_{\mathrm{V2}}\\M_3Y_3''=K_2J_2-iK_3J_3+\omega C_2J_{\mathrm{V2}}-i\omega C_3J_{\mathrm{V3}}\\M_4Y_4''=K_3J_3-K_{41}J_{41}-K_{42}J_{42}+\omega C_3J_{\mathrm{V3}}-\omega C_{41}J_{\mathrm{V41}}-\omega C_{42}J_{\mathrm{V42}}\\M_{51}Y_{51}''=K_{41}J_{41}-K_{51}J_{51}+\omega C_{41}J_{\mathrm{V41}}-\omega C_{51}J_{\mathrm{V51}}+K_{\mathrm{s}}J_{\mathrm{s}}+\omega C_{\mathrm{s}}J_{\mathrm{Vs}}\\M_{61}Y_{61}''=K_{51}J_{51}-K_{61}J_{61}+\omega C_{51}J_{\mathrm{V51}}-\omega C_{61}J_{\mathrm{V61}}\\M_{62}Y_{62}''=K_{61}J_{61}-K_{62}J_{62}+\omega C_{61}J_{\mathrm{V61}}-\omega C_{62}J_{\mathrm{V62}}\\M_{63}Y_{63}''=K_{62}J_{62}-K_{63}J_{63}+\omega C_{62}J_{\mathrm{V62}}-\omega C_{63}J_{\mathrm{V63}}\\M_{64}Y_{64}''=K_{63}J_{63}-K_{64}J_{64}+\omega C_{63}J_{\mathrm{V63}}-\omega C_{64}J_{\mathrm{V64}}\end{cases}\tag{13.17}$$

式中, $Y''=\dfrac{\mathrm{d}^2Y}{\mathrm{d}\alpha^2}$, 如 $Y_1''=\dfrac{\mathrm{d}^2Y_1}{\mathrm{d}\alpha^2}$ 指挺柱的几何加速度; i 为摇臂比。

考虑凸轮与挺柱之间的接触, 有

$$\begin{cases}J_0=\begin{cases}X_0-Y_1, & X_0-Y_1>0\\0, & X_0-Y\leqslant 0\end{cases}\\J_{\mathrm{V0}}=\begin{cases}X_0'-Y_1', & X_0'-Y_1'>0\\0, & X_0'-Y_1'\leqslant 0\end{cases}\end{cases}\tag{13.18}$$

式中, $Y_1'=\dfrac{\mathrm{d}Y_1}{\mathrm{d}\alpha}$ 指挺柱的几何速度; X_0 为凸轮的当量升程。

挺柱与推杆之间有

$$\begin{cases}J_1=Y_1-Y_2\\J_{V1}=Y_1'-Y_2'\end{cases}\tag{13.19}$$

考虑推杆与摇臂之间的接触, 有

$$\begin{cases}J_2=\begin{cases}Y_2-Y_3, & Y_2-Y_3>0\\0, & Y_2-Y_3\leqslant 0\end{cases}\\J_{\mathrm{V2}}=\begin{cases}Y_2'-Y_3', & Y_2'-Y_3'>0,\\0, & Y_2'-Y_3'\leqslant 0\end{cases}\end{cases}\tag{13.20}$$

考虑摇臂在推杆一侧和气门一侧之间, 有

$$\begin{cases}J_3=iY_3-Y_4\\J_{\mathrm{V3}}=iY_3'-Y_4'\end{cases}\tag{13.21}$$

考虑摇臂转化在气门侧的集中质量和气门之间的接触, 有

$$\begin{cases}J_{41}=\begin{cases}Y_4-Y_{51}, & Y_4-Y_{51}>0,\\0, & Y_4-Y_{51}\leqslant 0\end{cases}\\J_{\mathrm{V41}}=\begin{cases}Y_4'-Y_{51}', & Y_4'-Y_{51}'>0,\\0, & Y_4'-Y_{51}'\leqslant 0\end{cases}\end{cases}\tag{13.22}$$

考虑气门座与气门之间的接触, 有

$$\begin{cases} J_{\mathrm{s}} = \begin{cases} Y_{\mathrm{s}} - Y_5, & Y_{\mathrm{s}} - Y_5 > 0, \\ 0, & Y_{\mathrm{s}} - Y_5 \leqslant 0 \end{cases} \\ J_{\mathrm{Vs}} = \begin{cases} Y_{\mathrm{s}}' - Y_5', & Y_{\mathrm{s}}' - Y_5' > 0, \\ 0, & Y_{\mathrm{s}}' - Y_5' \leqslant 0 \end{cases} \end{cases} \tag{13.23}$$

气门与气门弹簧第一圈之间有

$$\begin{cases} J_{51} = Y_{51} - Y_{61} \\ J_{\mathrm{V}51} = Y_{51}' - Y_{61}' \end{cases} \tag{13.24}$$

对于离散的弹簧, 有

$$\begin{cases} J_{6j} = Y_{6j-1} - Y_{6j} - \varDelta \\ J_{\mathrm{V}6j} = Y_{6j-1}' - Y_{6j}' \end{cases} \tag{13.25}$$

式中, $\varDelta$ 为离散弹簧间允许的最大间距, $j = 2, 3, 4$。

考虑弹簧可能发生碰圈现象, 即 J_{6j}=0, 此时可将相邻的两个集中质量之间的弹簧刚度用一个大得多的弹簧刚度来代替。

运用多质量模型可以考察弹簧的振动情况, 进一步分析弹簧是否发生碰圈现象, 图 13.14 就是计算得到的弹簧离散质量的位移。

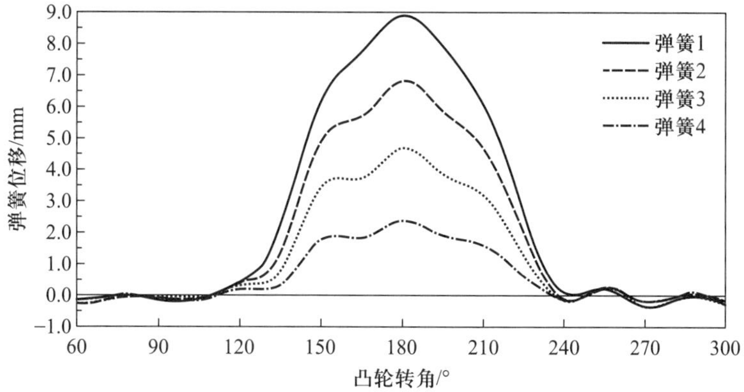

图 13.14 弹簧离散质量的位移

对所建立的多质量模型运动微分方程进行求解, 得到所考察进气机构在发动机标定转速 (2 200 r/min) 下气门的位移、速度、加速度与单质量模型的结果差别不大, 具体比较见 13.2.4 节的相关内容。

13.2.3 多体系统动力学建模及分析

针对所考察的柴油机进气机构, 在 ADAMS 软件中建立其多体系统动力学模型, 构件包括凸轮、挺柱、推杆、摇臂、气门弹簧、气门、垫块、气门弹簧座刚体。施加的运动约束包括: 凸轮轴轴心、摇臂轴轴心与气缸之间施加转动铰, 使凸轮轴和摇臂可分别绕其轴线做旋转运动; 挺柱、气门杆与气缸之间施加滑移铰, 以模拟挺柱和气门杆在导向部件作用下的上下移动; 挺柱与推杆之间施加万向铰; 推杆上部与摇臂之间、摇臂与垫块之间施加球铰; 垫块与气门之间施加平面铰。除此之外, 还在凸轮与挺柱之间、气门与气门座之间施加碰撞力; 在上弹簧座与下弹簧座之间定义弹簧力, 如表 13.3 所示。

表 13.3　构件之间的约束或力

零件 I	零件 J	约束或力
凸轮轴	气缸	转动铰
凸轮	挺柱	碰撞力
挺柱	气缸	滑移铰
挺柱	推杆	万向铰
推杆	摇臂	球铰
摇臂	气缸	转动铰
摇臂	垫块	球铰
垫块	气门	平面铰
气门	气缸	滑移铰
气门	气门座	碰撞力
上弹簧座	气门	固定铰
上弹簧座	下弹簧座	弹簧力
下弹簧座	气缸	固定铰

最后得到的进气机构的多体系统动力学模型, 如图 13.15 所示。

图 13.15　某柴油机进气机构多体系统动力学模型

经过动力学分析, 在 ADAMS 软件中可以方便地考察各个构件的运动、受力以及约束铰的载荷情况。在配气机构中, 凸轮与挺柱间是内燃机中的一对重要摩擦副, 在较大的接触力作用下, 容易发生磨损、擦伤等行为, 图 13.16 就是运用 ADAMS 软件建模分析得到的进气机构在发动机标定转速 (2 200 r/min) 下凸轮–挺柱间接触力随凸轮转角的变化曲线。

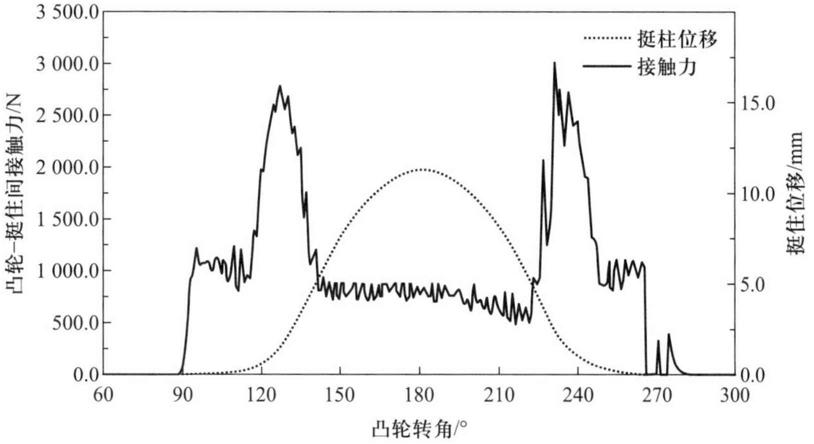

图 13.16 进气机构凸轮–挺柱间接触力

13.2.4 讨论

1. 3 种模型计算结果的比较

表 13.4 是针对所考察的某柴油机进气机构, 分别采用单质量模型、多质量模型和多体系统动力学模型分析得到的一些计算结果的对比, 可以看出:3 种模型计算得到的气门最大速度和最大落座速度差别不大; 对于最大正负加速度, 采用单质量模型分析计算得到的值最小, 采用多体动力学模型得到的值最大, 这也造成了采用多体动力学模型计算得到的凸轮–挺柱间最大接触力值也最大。由于单质量模型没有模拟凸轮、挺柱间的作用, 因此无法计算凸轮–挺柱间的接触力。多质量模型对气门弹簧进行了离散, 可以模拟弹簧有无碰圈现象发生, 而在 13.2.3 节中建立的多体系统动力学模型没有建立离散弹簧的模型, 因此无法模拟弹簧是否发生碰圈现象, 但在多体系统中是可以建立离散弹簧模型的。

表 13.4 3 种动力学模型的一些计算结果对比

参数	单质量模型	多质量模型	多体动力学模型
气门最大速度/(m/s)	2.33	2.39	2.31
气门最大正加速度/(m/s^2)	1 183	1 254	1 326
气门最大负加速度/(m/s^2)	612	652	667
气门弹簧圈振动情况	—	无碰圈	—
气门最大落座速度/(m/s)	0.113 4	0.118 8	0.117 6
凸轮–挺柱间最大接触力/N	—	2 966	3 133

2. 接触刚度

配气机构中有多个接触副, 如凸轮–挺柱、摇臂–从动件、气门–气门座等, 这些接触副的刚度与接触几何、载荷、有无润滑油膜等因素有关, 其确定是建立动力学模型的一个难点。下面以凸轮–挺柱的接触刚度计算为例, 对这些问题进行讨论。

(1) 赫兹接触刚度。

如果不考虑考虑润滑油膜的影响, 凸轮–挺柱在不同位置时的接触可以看作不同曲率半径的线接触, 二者间的接触应力满足椭圆分布形式

$$p(x)=\frac{p_0}{a}\sqrt{a^2-x^2} \tag{13.26}$$

式中, a 为接触半宽:

$$a=\sqrt{\frac{4PR^*}{\pi E^*}} \tag{13.27}$$

p_0 为最大接触应力:

$$p_0=\sqrt{\frac{PE^*}{\pi R^*}} \tag{13.28}$$

P 为接触力; E^* 为接触弹性模量; R 为相对曲率半径。

运用接触力学有关原理可以推导出: 当 $R \gg a$ 时, 线接触区域中心处接触变形为[21]

$$\delta=\frac{p_0a(1-\nu^2)}{E^*}\text{arcsinh}\frac{R}{a}\approx\frac{p_0a(1-\nu^2)}{E^*}\ln\left(2\frac{R}{a}\right) \tag{13.29}$$

接触刚度为

$$K_{\text{h}}=b\frac{\mathrm{d}P}{\mathrm{d}\delta} \tag{13.30}$$

式中, b 为接触长度, 即接触柱体厚度。这里把该接触刚度称为赫兹 (接触) 刚度。

图 13.17 为曲率半径为 25 mm 时的接触刚度随载荷变化曲线。由该图可以看出, 赫兹接触刚度与接触载荷有关, 随着接触载荷增大, 赫兹接触刚度增大[22]。

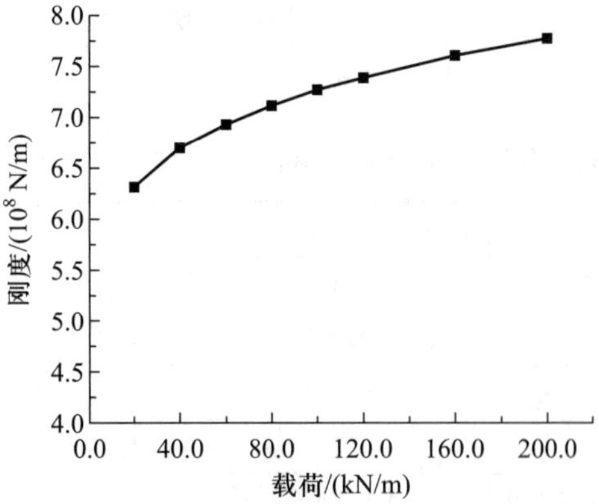

图 13.17 不同曲率下线接触赫兹刚度随载荷变化曲线

(2) 油膜等效刚度。

对于线接触弹流润滑, 在线载荷 ΔP 的作用下, 物体某一点的位移为油膜厚度的改变量与弹性变形的改变量之和, 即 $\varDelta = \Delta h + \Delta\delta$, 则线接触弹流润滑接触刚度可表示为

$$K = \frac{b \times \Delta P}{\Delta h + \Delta\delta}$$

则线接触弹流润滑的接触刚度可以看成由油膜等效刚度和弹性等效刚度两部分串联组成, 即

$$\frac{1}{K} = \frac{1}{K_{\rm s}} + \frac{1}{K_{\rm f}} \tag{13.31}$$

式中, $K_{\rm f} = \dfrac{b \times \Delta P}{\Delta h}$ 为弹流润滑油膜的等效刚度; $K_{\rm s} = \dfrac{b \times \Delta P}{\Delta\delta}$ 为油膜压力下弹性变形部分的等效刚度。弹流润滑接触刚度 (弹流刚度) 与接触载荷、接触几何的曲率半径以及卷吸速度有关。

图 13.18 为作者利用线接触弹流润滑数值计算, 分析了在曲率半径 $R = 85$ mm, 卷吸速度 U 分别为 1 m/s、9 m/s、20 m/s 时的弹流刚度, 并与赫兹刚度进行了对比。从图中可以看出, 在同一卷吸速度下, 随着载荷的增大, 弹流刚度越来越接近于赫兹刚度, 即润滑油膜在低载时对接触刚度有一定影响作用, 而在高载荷下所起的作用较小; 在同一载荷下, 随着卷吸速度的增大, 弹流刚度与赫兹刚度的差别增大, 在卷吸速度较大、载荷较低时, 润滑油膜对接触刚度的影响较大; 随着卷吸速度的增加, 润滑油膜对接触刚度影响的载荷区域也由低载区域向中高载荷区域发展。作者分析了不同接触载荷、曲率半径、卷吸速度下的油膜等效刚度, 以及不同载荷、曲率半径下的赫兹接触刚度, 结果表明: 在重载或低速的情况下, 仅需要考虑赫兹接触刚度; 在轻载高速的情况下, 弹流润滑油膜对接触铰的动力学响应的影响不能被忽略, 需要综合考虑弹性等效刚度和油膜等效刚度[22]。

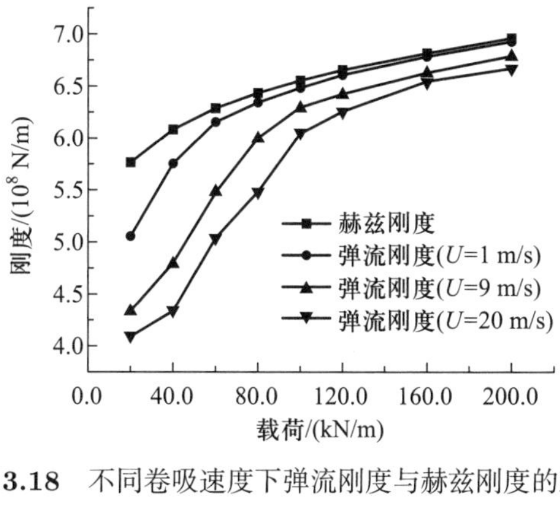

图 13.18 不同卷吸速度下弹流刚度与赫兹刚度的对比

13.3 内燃机连杆的动态变形分析

内燃机连杆小头孔在实际工作过程中要承受周期性变化的爆发压力和运动惯性力作用, 这些作用力会使连杆小头孔出现变形, 而过大的变形会导致衬套相对于连杆出现

旋转、滑出等现象。下面为了模拟某柴油机连杆小头与衬套实际工作时的变形, 建立了曲柄连杆机构的刚柔耦合模型, 将连杆及衬套建为柔性体, 活塞、活塞销和曲轴建为刚体 (所有零件的几何模型均采用软件 Creo 建立), 然后进行刚柔耦合多体动力学仿真计算。

1. 连杆衬套柔性体模型的建立

应用有限元分析软件建立连杆与衬套组合体的有限元网格模型 (如图 13.19 所示), 将连杆与衬套分别赋予不同材料属性, 如表 13.5 所示, 在大头孔中心建立参考点 RP, 并与大头孔内表面节点进行自由度耦合, 约束该参考点的自由度, 进行模态计算, 生成模态中性文件 (MNF 文件)。

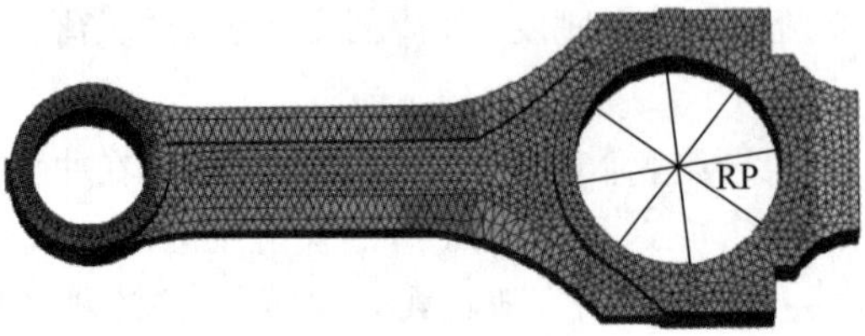

图 13.19 连杆与衬套组合体的有限元网格模型

表 13.5 连杆与衬套的材料参数

参数	连杆	衬套
材料型号	42CrMo	QSn7–0.2
弹性模量/MPa	210 000	129 000
泊松比	0.293	0.32
密度/(kg/m^3)	7 800	8 850

2. 含有柔性体的曲柄连杆机构多体系统动力学模型的建立

将生成的模态中性文件导入 ADAMS 软件, 再将其与从几何建模软件中转入的活塞、活塞销和曲轴刚体模型装配在一起, 建立含连杆柔性体的曲柄连杆机构多体系统动力学模型, 如图 13.20 所示。其中, 各部件之间的连接和约束关系为: 曲轴和大地沿其轴线方向施加转动铰, 并在其上施加驱动转动; 曲轴与连杆大头、活塞销与活塞沿其轴线方向分别施加转动铰, 活塞与大地施加沿其运动方向的移动铰; 在活塞销与连杆小头孔之间施加碰撞力, 在活塞顶部施加随曲轴转角变化的气体压力 (如图 13.21 所示)。

3. 连杆小头孔的变形分析

在连杆小头孔的上下左右 4 个位置建立了 4 个节点对, 分别是 $A(A1-A2)$、$B(B1-B2)$、$C(C1-C2)$、$D(D1-D2)$, 如图 13.22 所示。在曲轴上施加发动机的额定转速为 2 500 r/min, 经过动力学分析后, 得到每个节点对的相对位移变化, 如图 13.23 所示。

由图 13.23 可知, 节点对 A 和 B 的相对位移变化最大, 说明连杆小头孔的上下、左右两个部位变形较大。当曲轴转角接近 0° 和 720° 时 (此时活塞位于排气冲程的上

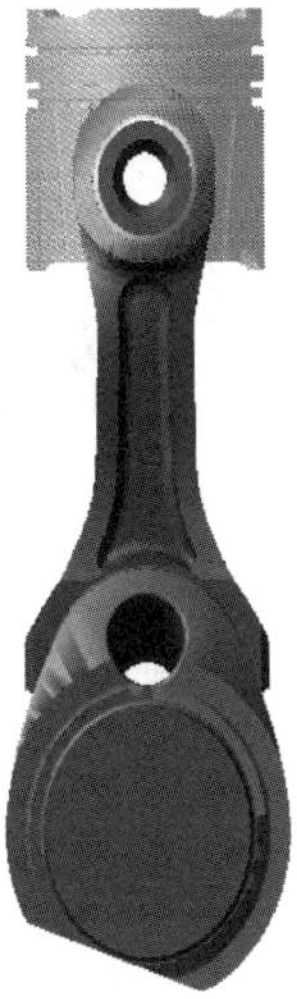

图 13.20 含连杆柔性体的曲柄连杆机构多体系统动力学模型

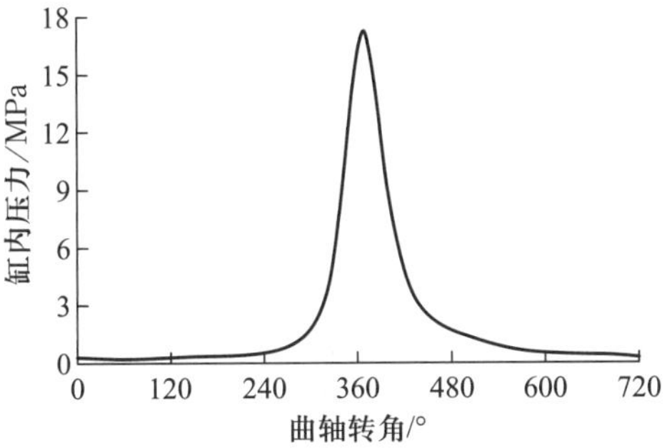

图 13.21 随曲轴转角变化的气体压力

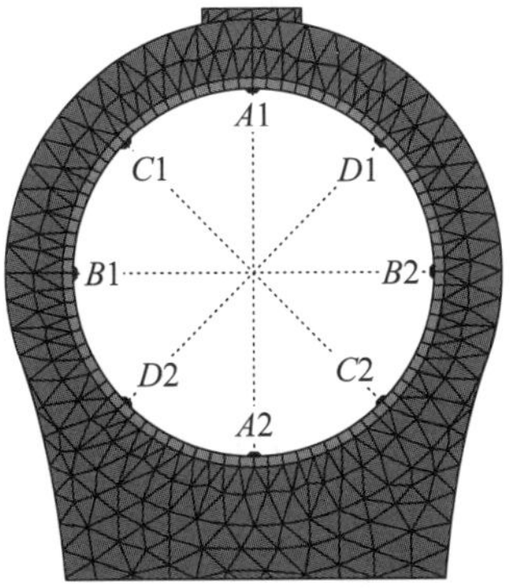

图 13.22 4 个节点对

止点附近), 节点对 A 的相对位移出现最大的正值, 节点对 B 的相对位移出现最小的负值, 说明此时连杆小头孔在 $A1-A2$ 方向被拉长, 在 $B1-B2$ 方向变窄, 拉伸变形较为严重。在曲轴转角为 380° 左右时 (此时活塞位于压缩冲程的上止点附近), 节点对 A、B 的相对位移变化也较大。从图中还可以看出, 节点对 A 和 B 在曲轴转角为 0°

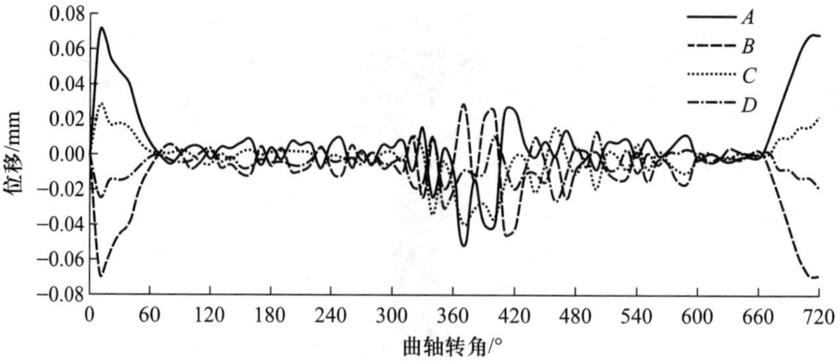

图 13.23 节点对的相对位移变化

和 720° 时的相对位移变化比在 380° 时的变化大，说明连杆小头孔在拉伸工况下的变形比气体爆发时的压缩工况下的更严重。

13.4 乘用车前挡雨刮器的折返冲击分析

汽车雨刷系统在折返时会产生冲击振动，在刮刷过程中压力沿长度方向分布并不均匀，这些都会影响汽车刮刷效果和舒适性能。由于刮片与前挡风玻璃之间的动态接触压力难以测量，运用仿真方法对其动力学特性进行分析预测就显得尤为重要。根据研究目的的不同，研究人员提出了不同的雨刮系统动力学模型，如 Masato 等将刮片简化成与玻璃摩擦接触的杆，并将系统简化为杆–质量–弹簧的模型[23]，用于研究刮片在刮刷过程中的偏转和折返问题；为了考虑刮片不同位置的受力情况，Okura 等进一步完善了刮片模型，将刮片沿长度方向上离散成多个质量[24, 25]。下面针对某乘用车前挡雨刮系统，运用 ADAMS 软件建立刚柔混合多体系统动力学模型，对其折返动力学特性进行分析，并在此基础上对刮片结构作一定的改进，可降低雨刮的折返振动冲击，改善刮刷均匀性。

13.4.1 雨刮系统的多体系统动力学建模

1. 雨刮系统的组成

图 13.24 是所研究的雨刮系统，由电动机通过其输出轴带动一个四连杆机构，通过四连杆机构将电动机的旋转运动转换为刮臂的往复运动，刮臂头与刮臂之间装有预紧

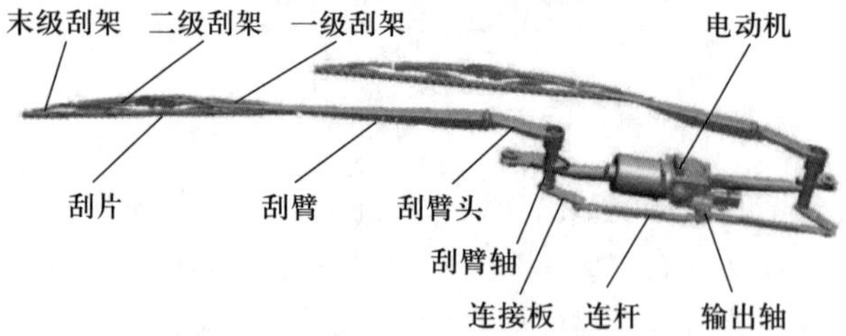

图 13.24 雨刮系统的组成

弹簧，利用弹簧的预紧力使刮臂产生对前挡风玻璃的初始正压力。刮臂与刮刷组件相连，刮刷组件包括刮架和刮片，刮片结构如图 13.25 所示，其中中间最细的部分叫作颈部，为刮片扭转刚度最小的部位，刮片上部 (头部和肩部) 与刮架相连，端部直接与前挡风玻璃接触，是直接刮除雨水或杂物的工具。

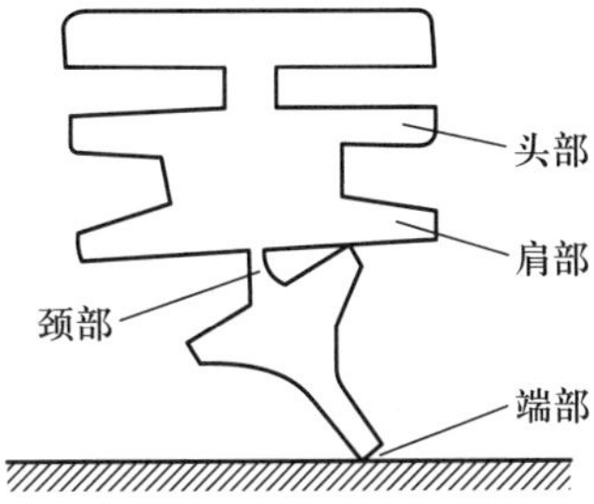

图 13.25　刮片结构

2. 刮片的柔性体模型建立

1) 刮片的柔性体模型

刮片的材料为橡胶，刚度较小，在雨刮器往复摆动过程中，会产生较大的弯曲和扭转变形，这会造成冲击并影响接触力的分布。为了模拟沿刮片长度的弯曲变形，将刮片在长度方向上离散成若干个刚性梁段，梁段之间采用无质量梁连接 [如图 13.26(a) 所示]。为了模拟刮片在刮刷过程中的扭转变形，每个梁段 (一段刮片) 在高度方向上从刚度最小的颈部分为上下两部分，以扭簧和转动铰连接起来 [如图 13.26 (b) 所示]，并在刮片下部与玻璃之间建立弹性接触力[26]。

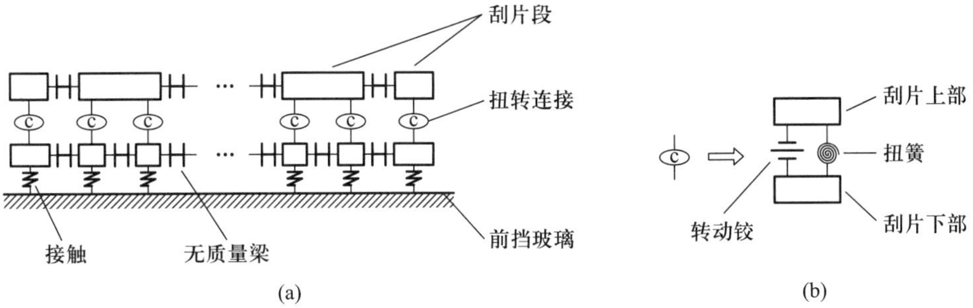

图 13.26　刮片柔性体模型

刮片梁段之间的柔性连接可以表示为

$$\begin{bmatrix} F_x \\ F_y \\ F_z \\ T_x \\ T_y \\ T_z \end{bmatrix} = -\begin{bmatrix} K_1 & 0 & 0 & 0 & 0 & 0 \\ 0 & K_2 & 0 & 0 & 0 & 0 \\ 0 & 0 & K_3 & 0 & 0 & 0 \\ 0 & 0 & 0 & K_4 & 0 & 0 \\ 0 & 0 & 0 & 0 & K_5 & 0 \\ 0 & 0 & 0 & 0 & 0 & K_6 \end{bmatrix} \begin{bmatrix} x \\ y \\ z \\ \alpha \\ \beta \\ \gamma \end{bmatrix}$$

$$-\begin{bmatrix} C_1 & 0 & 0 & 0 & 0 & 0 \\ 0 & C_2 & 0 & 0 & 0 & 0 \\ 0 & 0 & C_3 & 0 & 0 & 0 \\ 0 & 0 & 0 & C_4 & 0 & 0 \\ 0 & 0 & 0 & 0 & C_5 & 0 \\ 0 & 0 & 0 & 0 & 0 & C_6 \end{bmatrix}\begin{bmatrix} v_x \\ v_y \\ v_z \\ \omega_x \\ \omega_y \\ \omega_z \end{bmatrix}+\begin{bmatrix} F_{x0} \\ F_{y0} \\ F_{z0} \\ T_{x0} \\ T_{y0} \\ T_{z0} \end{bmatrix} \tag{13.32}$$

式中, F_x、F_y、F_z、T_x、T_y、T_z 和 F_{x0}、F_{y0}、F_{z0}、T_{x0}、T_{y0}、T_{z0} 分别是局部坐标系下作用在梁段上的力和力矩及其预加值; x、y、z 和 α、β、γ 分别是在局部坐标系下梁段间的相对位移和相对转角; v_x、v_y、v_z 和 ω_x、ω_y、ω_z 分别是相应的线速度和角速度; $K_1 \sim K_6$ 及 $C_1 \sim C_6$ 分别为刚度系统和阻尼系数。

刮片下部与玻璃之间的法向接触力由式 (13.33) 确定

$$F_{\mathrm{n}} = K_{\mathrm{c}}\delta^e + C_{\mathrm{c}}\dot{\delta} \tag{13.33}$$

式中, K_{c} 是接触刚度; δ 表示刮片与玻璃之间的渗入深度; e 是力指数 (正实数); C_{c} 为阻尼系数。

2) 刚度和阻尼参数

刮片柔性体模型的无质量梁的刚度、连接刮片段上下两部分的扭簧刚度以及刮片下部与前挡玻璃的接触刚度均采用有限元分析计算得到。以计算连接刮片段上下两部分的扭簧刚度为例, 建立刮片段的有限元模型, 固定其上部, 在其端部施加一个水平力 F(如图 13.27 所示), 然后运用有限元分析和计算其下部的扭转变形, 最后用式 (13.34) 计算刚度值

$$K_\theta = \frac{Fh}{\Delta\theta} \tag{13.34}$$

式中, h 是刮片段下部的高度——从刮片颈部到端部的距离; $\Delta\theta$ 为刮片段下部的扭转变形。

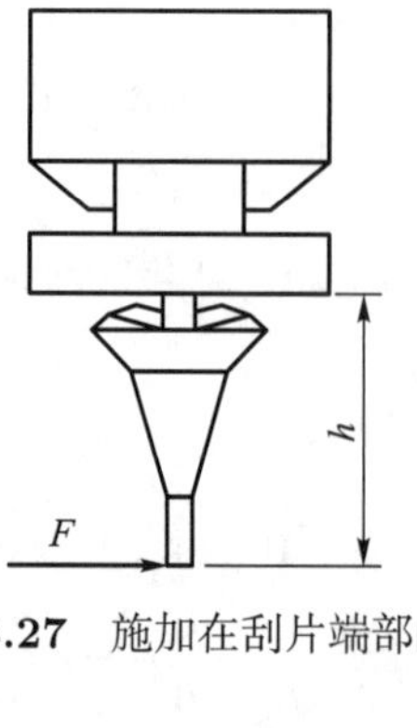

图 13.27 施加在刮片端部的力

确定系统或部件阻尼系数的方法比较复杂, 可通过试验的方法测得材料的损耗因子, 再用损耗因子计算阻尼系数。仍然以刮片的扭转弹簧为例, 试验测得刮片材料的损耗因子为 η, 则刮片材料的阻尼比 $\zeta = \eta/2$, 而刮片的扭转阻尼系数可以由式 (13.35) 计

算得到

$$C = \zeta \cdot C_0 \tag{13.35}$$

其中, C_0 为刮片材料的临界阻尼系数, 由式 (13.36) 计算

$$C_0 = 2\sqrt{I_\theta K_\theta} \tag{13.36}$$

式中, I_θ 为刮片的转动惯量。

表 13.6 给出了此处建立刮片柔性体模型所用到的刚度和阻尼参数。

表 13.6 建立刮片柔性体模型所用到的刚度和阻尼参数

参数	主驾驶侧	副驾驶侧
刮片段的扭簧刚度	6.0×10^{-3} N·m/rad	9.3×10^{-3} N·m/rad
接触刚度	1.6×10^{3} N/m	2.5×10^{3} N/m
刮片段的弯曲刚度	2.4 N·m/rad	2.0 N·m/rad
刮片段的轴向刚度	1.9×10^{3} N/m	1.4×10^{3} N/m
刮片段的扭转阻尼系数	1.5×10^{-2} N·m·s/rad	2.4×10^{-2} N·m·s/rad
接触阻尼系数	0.9 N·s/m	1.4 N·s/m

3. 雨刮系统的多体系统动力学建模

系统中的其他构件包括电动机输出轴、连杆、连接板、刮臂轴、刮臂头、刮臂、刮架、前挡风玻璃, 均视为刚体, 在 ADAMS 软件中建立整个系统的多体系统动力学模型, 各构件之间的运动约束如表 13.7 所示。

表 13.7 构件之间的运动约束

部件 I	部件 J	运动约束
输出轴	连杆	球铰
连杆	连接板	球铰
连接板	刮臂轴	固定铰
刮臂轴	机架	转动铰
刮臂轴	刮臂头	固定铰
刮臂头	刮臂	转动铰
刮臂	一级刮架	转动铰
一级刮架	二级刮架	转动铰
二级刮架	末级刮架	转动铰
末级刮架	刮片	滑移铰

此外, 在刮臂头与刮臂之间施加弹簧力, 主驾驶一侧的力为 8 N, 副驾驶一侧的力为 6 N。系统由施加在输出轴上的旋转运动驱动, 分为高速和低速两个档位, 高速挡的电动机转速为 60 r/min, 低速挡的电动机转速为 40 r/min。

13.4.2 仿真结果及分析

1. 高速小摩擦的情况

下大雨时, 雨刮器通常是在高速、小摩擦的情况下工作, 此处具体为电动机转速是 60 r/min、刮片与前挡玻璃接触的摩擦系数为 0.1。图 13.28 为一个往返过程中主驾驶侧和副驾驶侧的雨刮器作用在前挡玻璃上的压力 (即刮片与前挡玻璃之间的接触总力) 变化。从图中可以看出, 在折返时 (对应的输出轴转角分别为 0°、180°、360°、540° 及 720°) 主驾驶侧雨刮器的压力值最大达到 12.4 N, 而在其他位置的压力则不超过 9.0 N; 同样, 副驾驶侧雨刮器在折返时的最大压力为 9.0 N, 而其他位置的压力大都不超过 8.0 N。

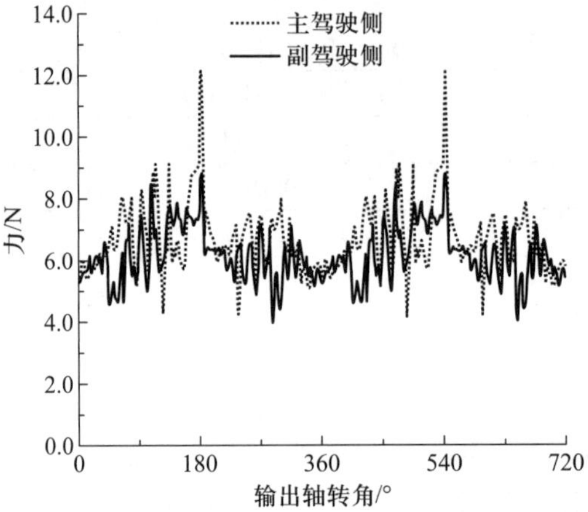

图 13.28 高速小摩擦时雨刮器在一个往反过程中作用在前挡玻璃上的压力

图 13.29、图 13.30 分别为高转速小摩擦情况下主、副驾驶侧雨刮器作用在前挡玻璃上的单位长度压力分布。由于该压力分布的均匀性可以反映雨刮器刮刷的洁净效果, 此处采用压力的均方差 [式 (13.37)] 来表征刮刷的均匀性, 该均方差越小表明刮刷越均

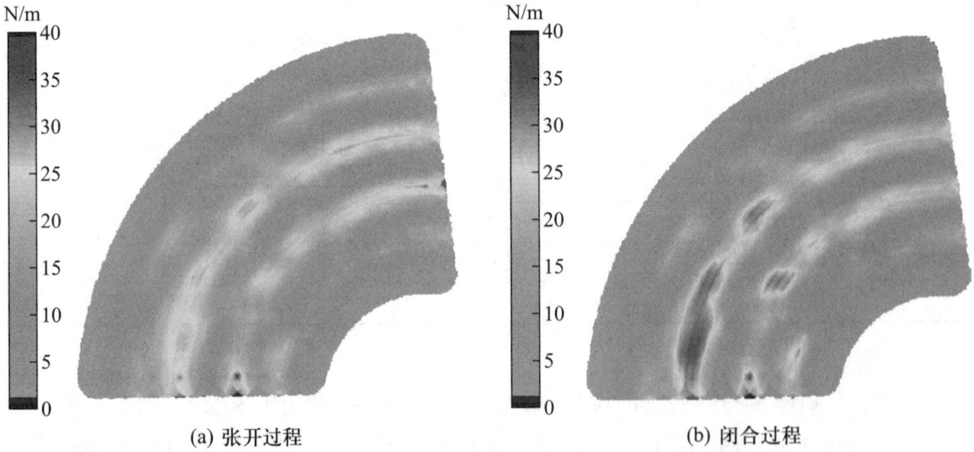

图 13.29 高速小摩擦下主驾驶侧雨刮器作用在前挡玻璃上的单位长度压力分布 (见书后彩图)

匀, 雨刮器的刮刷效果越好。

$$\sigma_{\mathrm{F}}=\sqrt{\frac{1}{n}\sum_{i=1}^{n}\left(F_i-\overline{F}\right)^2} \tag{13.37}$$

式中, F_i 为第 i 段刮片的单位长度压力; $\overline{F}$ 是整个刮片的平均压力; n 是刮片的段数。

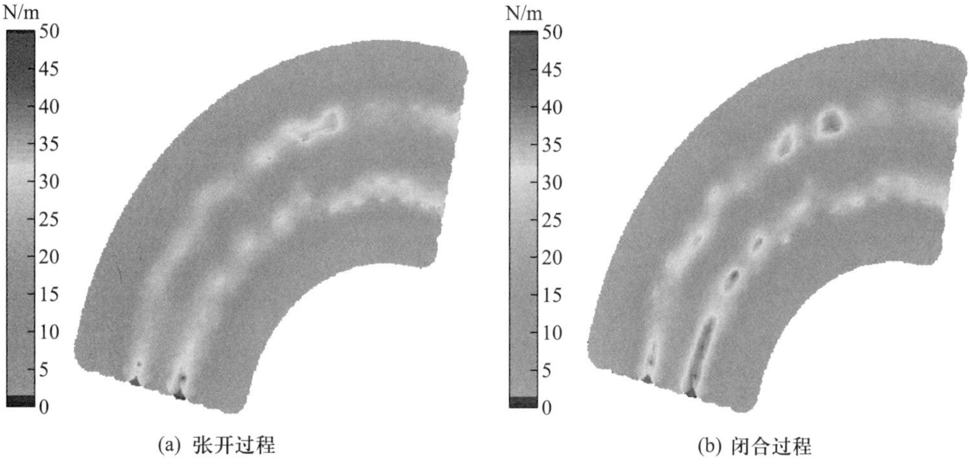

图 13.30 高速小摩擦下副驾驶侧雨刮器作用在前挡玻璃上的单位长度压力分布 (见书后彩图)

根据主驾驶侧雨刮器的压力分布可以计算出主驾驶侧刮片在起始、中间、末端 3 个位置处的刮刷压力均方差分别为 7.01 N/m、7.83 N/m、7.38 N/m; 副驾驶侧刮片在 3 个位置时的刮刷压力均方差分别为 10.93 N/m、9.69 N/m、10.03 N/m。

2. 低速大摩擦的情况

小雨时, 雨刮器通常是在低速、大摩擦的情况下工作, 此处工况具体为: 电动机转速是 40 r/min, 刮片与前挡玻璃接触的摩擦系数为 0.6。图 13.31 为一个往返过程中主驾驶侧和副驾驶侧的雨刮器作用在前挡玻璃上的压力变化。从图中可以看出, 在折返

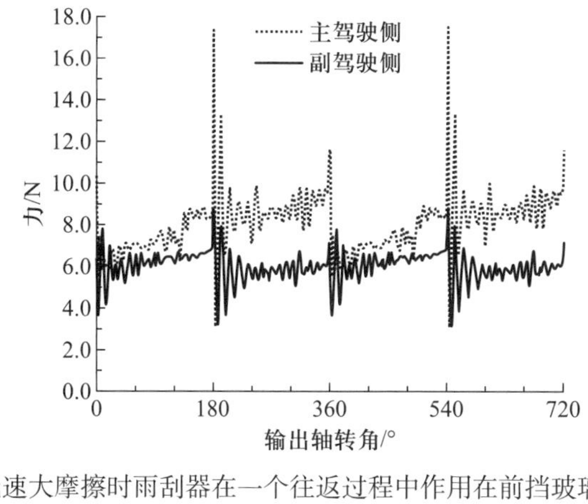

图 13.31 低速大摩擦时雨刮器在一个往返过程中作用在前挡玻璃上的压力变化

时主驾驶侧雨刮器的压力值最大达到 17.8 N, 而在其他位置的压力则不超过 10.0 N; 副驾驶侧雨刮器在折返时的最大压力为 9.0 N, 而其他位置的压力大都不超过 7.0 N。

图 13.32、图 13.33 分别为低速大摩擦情况下主、副驾驶侧雨刮器作用在前挡玻璃上的单位长度压力分布。可以计算出主驾驶侧刮片在起始、中间、末端 3 个位置处的刮刷压力均方差分别为 5.7 N/m、3.6 N/m、5.0 N/m; 副驾驶侧刮片在 3 个位置时的刮刷压力均方差分别为 4.9 N/m、7.9 N/m、9.0 N/m。

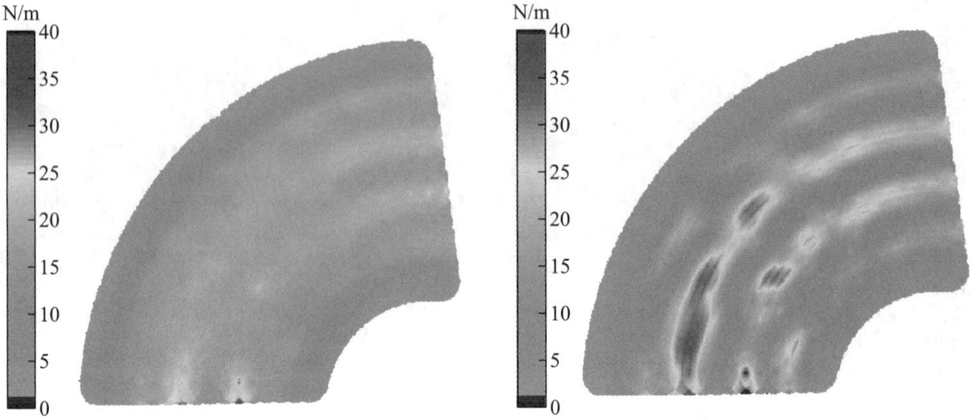

(a) 张开过程　　(b) 闭合过程

图 13.32　低速大摩擦下主驾驶侧雨刮器作用在前挡玻璃上的单位长度压力分布 (见书后彩图)

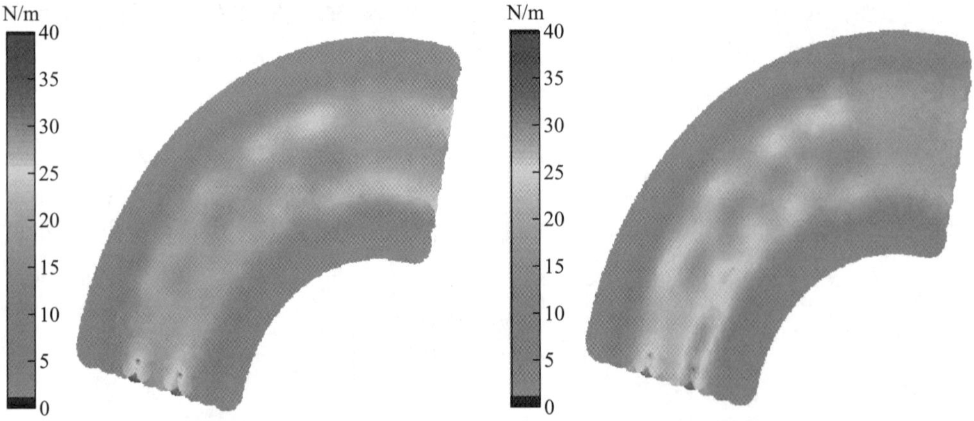

(a) 张开过程　　(b) 闭合过程

图 13.33　低速大摩擦下副驾驶侧雨刮器作用在前挡玻璃上的单位长度的压力分布 (见书后彩图)

3. 刮片扭转刚度对折返冲击的影响

对比高速小摩擦和低速大摩擦时雨刮器作用在前挡玻璃上的压力可以发现, 在低速大摩擦时雨刮器的折返冲击力比高速小摩擦时的冲击力大, 为此针对低速大摩擦的情况, 分析了不同刮片段颈部扭转刚度对主、副驾驶侧雨刮器的最大折返冲击力, 结果如表 13.8 所示。可以看出, 随着刮片扭转刚度的增大, 折返冲击力随之减小, 并在主、副驾驶员侧刮片扭转刚度分别增大到 15 N·mm/rad、20 N·mm/rad 时趋于稳定, 再增大刮片的扭转刚度对减小冲击的作用不大。

表 13.8 不同刮片扭转刚度的最大折返冲击力

主驾驶侧		副驾驶侧	
刮片扭转刚度/(N·mm/rad)	冲击力/N	刮片扭转刚度/(N·mm/rad)	冲击力/N
5	25.90	8	15.80
6	17.90	9	9.47
8	11.80	12	7.83
10	11.21	15	7.03
15	10.53	20	6.28
20	10.49	25	6.31
30	10.51	40	6.28

13.4.3 结构改进

雨刮器的改进目标主要有两个: 一是降低折返噪声; 二是提高刮刷均匀性。通过 13.4.2 节的分析, 可以得出增大刮片的扭转刚度等可以降低雨刮器的折返冲击 (噪声)。雨刮器刮刷不均匀是由刮架支点位置分布不均及玻璃曲率半径变化导致刮片在各个位置的受力不同导致的, 因此使刮架支点位置尽可能地均匀分布有利于提高雨刮器的刮刷均匀性。为此确定雨刮器的改进方案为: 增大刮片的扭转刚度及改变刮架支点位置。

1. 增大刮片的扭转刚度

将主驾驶侧刮片扭转刚度增大到 15 N·mm/rad, 副驾驶侧刮片扭转刚度增大到 20 N·mm/rad, 其他部件及参数保持不变, 计算得到增大刮片扭转刚度后雨刮器在高转速小摩擦及低转速大摩擦工况下刮片对前挡玻璃的最大折返冲击力, 如表 13.9 所示。从表中可以看出, 增大刮片的扭转刚度后, 在两种工况下主、副驾驶侧刮片对前挡风玻璃的折返冲击力都有明显的下降。其中, 在高转速小摩擦工况下, 主驾驶侧刮片对前挡风玻璃的折返冲击力由之前的 12.4 N 降低到 8.9 N, 副驾驶侧刮片对前挡风玻璃的折返冲击力由之前的 9.0 N 降低到 8.5 N, 降幅分别为 28.2%、5.56%; 而在低转速大摩擦工况下, 主驾驶侧刮片对前挡风玻璃的折返冲击力由之前的 17.8 N 降低到 10.5 N, 副驾驶侧刮片对前挡风玻璃的折返冲击力由之前的 9.5 N 降低到 7.5 N, 降幅分别为 41.0%、21.1%。以上说明, 增大刮片扭转刚度对减小雨刮器的折返冲击噪声有很大作用。

表 13.10 为增大刮片扭转刚度前后雨刮器在高转速小摩擦及低转速大摩擦两种工况下主、副驾驶侧的刮刷压力均方差比较。从表中可以看出, 在两种工况下, 主、副驾驶侧刮片在不同位置的刮刷均方差有增有减, 说明增大刮片扭转刚度不能改善雨刮器的刮刷均匀性。

表 13.9　增大刮片扭转刚度前后雨刮器的最大折返冲击力比较　　单位: N

工况	方案	主驾驶侧	副驾驶侧
高速小摩擦	原始	12.4	9.0
	改进	8.9	8.5
低速大摩擦	原始	17.8	9.5
	改进	10.5	7.5

表 13.10　增大刮片扭转刚度前后刮刷压力均方差比较　　单位: N/m

工况	方案	主驾驶侧			副驾驶侧		
		起始	中间	末端	起始	中间	末端
低速大摩擦	原始	7.0	7.8	7.4	10.9	9.7	10.0
	改进	6.1	5.1	5.4	11.2	7.5	11.0
高速小摩擦	原始	5.7	3.9	5.0	4.9	7.9	9.0
	改进	6.5	5.7	5.6	7.9	7.6	9.2

2. 改变刮架支点位置

通过改变刮架长度, 使支点位置分布更均匀, 可以改善刮刷的均匀性。图 13.34 为刮架支点位置改变示意图, 将主驾驶侧雨刮器末级刮架的 3 个支点依次向外移动 5 mm、10 mm、15 mm, 靠近中间的支点位置不变, 与之对称的另一半结构的支点位置做同样改动。将副驾驶侧末级刮架的两个支点都向外移动 5 mm, 将靠近中间的支点向内移动 5 mm, 与之对称的另一半结构的支点位置做同样改动。

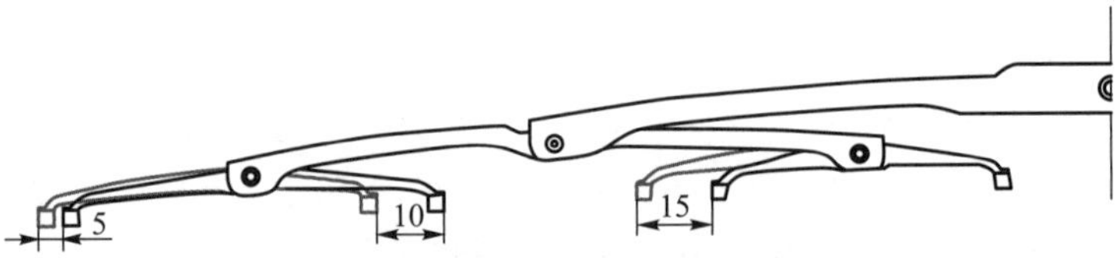

(a) 主驾驶侧

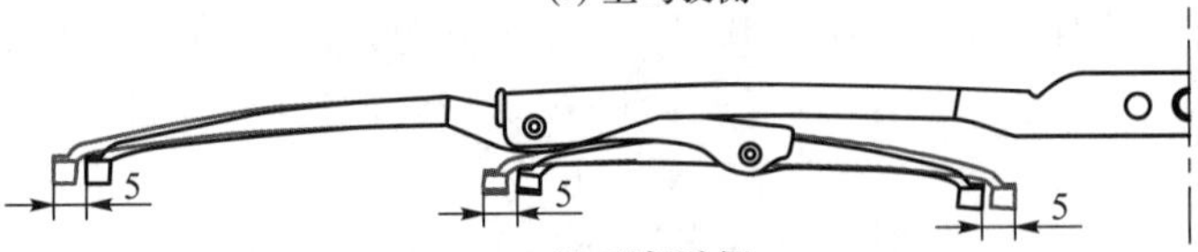

(b) 副驾驶侧

图 13.34　刮架支点位置改变示意图

修改雨刮系统的模型, 计算得到改变刮架支点位置后在高速小摩擦、低速大摩擦两种工况下的刮刷压力均方差结果, 如表 13.11 所示。从表中可以看出, 刮架支点位置改变之后, 在两种工况下, 主、副驾驶侧刮片的刮刷压力均方差在不同位置的刮刷压力均方差大部分都有所减小 (低速大摩擦时主驾驶侧的减小幅度还很大), 说明改变刮架支点位置之后刮刷均匀性得到了提高, 雨刮器的刮刷效果更理想。

表 13.11 改变刮架支点位置前后的刮刷压力均方差比较　　单位: N/m

工况	方案	主驾驶侧			副驾驶侧		
		起始	中间	末端	起始	中间	末端
低速大摩擦	原始	7.0	7.8	7.4	10.9	9.7	10.0
	改进	4.0	3.4	3.8	9.6	8.1	10.0
高速小摩擦	原始	5.7	3.9	5.0	4.9	7.9	9.0
	改进	4.0	3.6	3.3	4.9	5.3	5.8

表 13.12 为雨刮器改变刮架支点位置前后在高速小摩擦、低速大摩擦两种工况下刮片对前挡风玻璃的最大折返冲击力比较。从表中可以看出, 更改刮架支点位置后在两种工况下主、副驾驶侧的最大折返冲击力均有所减小, 说明改变刮架支点位置可以降低刮片在折返时刻对前挡风玻璃的冲击。

表 13.12 改变刮架支点位置前后的最大折返冲击力比较　　单位: N

工况	方案	主驾驶侧	副驾驶侧
高速小摩擦	原始	12.4	9.0
	改进	9.9	8.5
低速大摩擦	原始	17.8	9.5
	改进	14.1	7.5

参考文献

[1] 陈立平, 张云清, 任卫群, 等. 机械系统动力学及 ADAMS 应用教程 [M]. 北京: 清华大学出版社, 2005.

[2] 李增刚. ADAMS 入门详解与实例 [M]. 北京: 国防工业出版社, 2014.

[3] MSC 公司 Getting Started Using Adams View [Z]. ADAMS, 2017.

[4] Oden J T, Ripperger E A. Mechanics of Elastic Structure [M]. New York: McGraw-Hill, 1981.

[5] MSC 公司. Welcom to Adams Flex [Z]. ADAMS, 2017.

[6] MSC 公司. Adams Vibration Theory [Z]. ADAMS, 2017.

[7] MSC 公司. Getting Started Using Adams Vibration [Z]. ADAMS, 2017.

[8] 余志生. 汽车理论 [M]. 北京: 机械工业出版社, 2018.

[9] Maher D, Young P. An insight into linear quarter car model accuracy [J]. Vehicle System Dynamics, 2011, 49(3): 463-480.

[10] 姜正根. 汽车概论 [M]. 北京: 北京理工大学出版社, 1999.

[11] 张国胜, 方宗德, 陈善志, 等. 基于幂函数的路面不平度白噪声激励模拟方法 [J]. 汽车工程, 2008, 30(1): 44-47.

[12] 徐东镇, 张祖芳, 夏公川. 整车路面不平度激励的仿真方法研究 [J]. 图学学报, 2016, 37(5): 668-674.

[13] 尚汉冀. 内燃机配气凸轮机构——设计与计算 [M]. 上海: 复旦大学出版社, 1988.

[14] 陆际清, 沈祖京, 孔宪清, 等. 汽车发动机设计 [M]. 北京: 清华大学出版社, 1993.

[15] Sakai H, Tsuda A K. Analysis of valve motion in overhead valve linkages: 1st report, measurement of valve motion and discussion of single mass system [J]. Bulletin of The JSME, 1970, 13(55): 137-144.

[16] Osorio G, di Bernardo M, Santini S. Corner-impact bifurcations: A novel class of discontinuity-induced bifurcations in cam-follower systems [J]. Siam Journal on Applied Dynamical Systems, 2008, 7: 18-38.

[17] Guo J, Zhang W, Zou D. Investigation of dynamic characteristics of a valve train system [J]. Mechanism and Machine Theory, 2011, 46(12): 1950-1969.

[18] Lee J, Patterson D J. Nonlinear valve train dynamics simulation with a distributed parameter model of valve springs [J]. Transactions of the ASME, Journal of Engineering for Gas Turbines and Power, 1997, 119: 692-698.

[19] McLaughlin S, Haque I. Development of a multi-body simulation model of a Winston Cup valvetrain to study valve bounce [J]. Proceedings of the Institution of Mechanical Engineers, Part K: Journal of Multi-body Dynamics, 2002, 216(3): 237-248.

[20] Kushwaha M, Rahnejat H, Jin Z M. Valve-train dynamics: A simplified tribo-elasto-multi-body analysis [J]. Proceedings of the Institution of Mechanical Engineers, Part K: Journal of Multi-body Dynamics, 2000, 214: 95-110.

[21] 陈友明, 覃文洁, 管彩云, 等. 凸轮与平底从动件的接触变形与接触刚度计算 [J]. 应用力学学报, 2012, (6): 735-740.

[22] Qin W, Chao J, Duan L. Study on stiffness of elastohydrodynamic line contact [J]. Mechanism and Machine Theory, 2015, 86: 36-47.

[23] Masato M, Tsuneo A, Fukuda T. A fundamental study on the reversal behavior of an automobile wiper blade [C]// ASME 2009 International Mechanical Engineering Congress and Exposition, 2009.

[24] Okura S, Sekiguchi T, Oya T. Dynamic analysis of blade reversal behavior in a windshield wiper system [C]//SAE World Congress, 2000.

[25] Okura S, Oya T. Complete 3D dynamic analysis of blade reversal behavior in a windshield wiper system [C]//SAE World Congress, 2003.

[26] Qin W, Yu Z, Hou Q. Investigation of the dynamic behaviour of an automobile wiper system [J]. International Journal of Vehicle Design, 2016, 72(2): 162-174.

索　　引

H

J

K

L

M

N

O

P

Q

R

S

T

W

X

Y

Z

反盗版举报电话　（010）58581999 58582371 58582488

反盗版举报传真　（010）82086060

反盗版举报邮箱　dd@hep.com.cn

通信地址　北京市西城区德外大街 4 号

高等教育出版社法律事务与版权管理部

邮政编码　100120

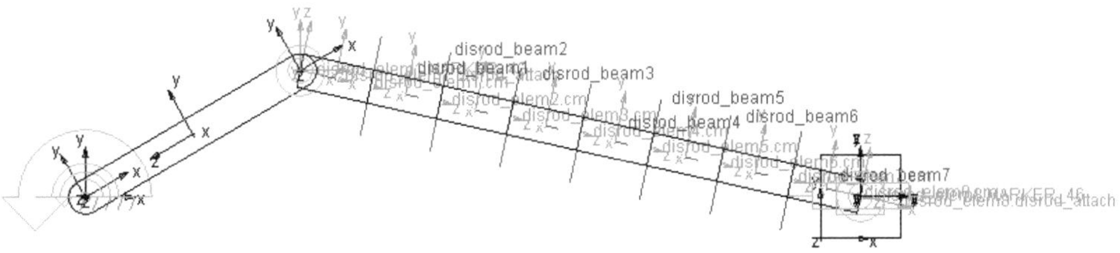

图 12.14 含离散连接件柔性连杆的曲柄连杆机构模型

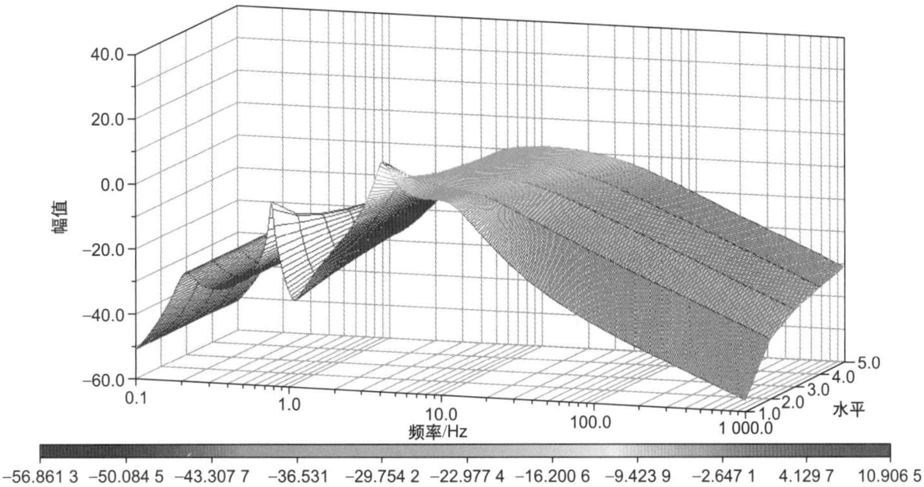

图 12.39 目标函数的频率响应曲面

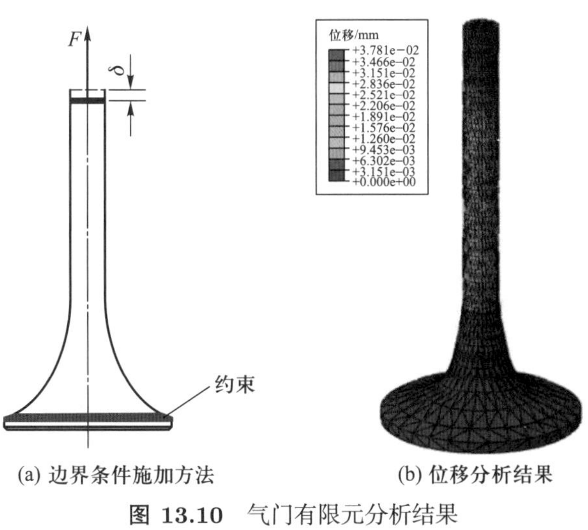

(a) 边界条件施加方法　　(b) 位移分析结果

图 13.10 气门有限元分析结果

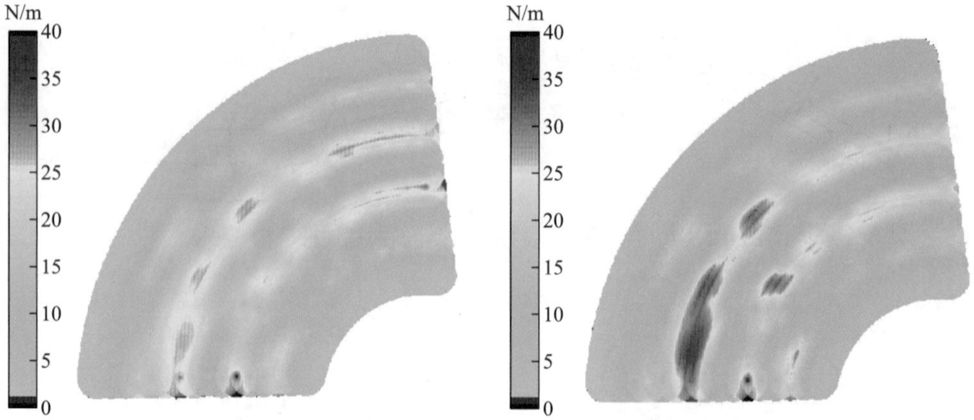

(a) 张开过程 (b) 闭合过程

图 13.29 高速小摩擦下主驾驶侧雨刮器作用在前挡玻璃上的单位长度压力分布

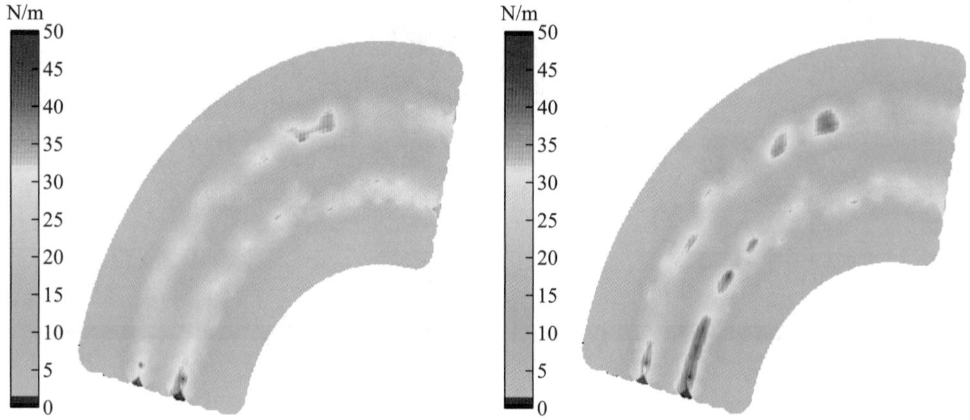

(a) 张开过程 (b) 闭合过程

图 13.30 高速小摩擦下副驾驶侧雨刮器作用在前挡玻璃上的单位长度压力分布

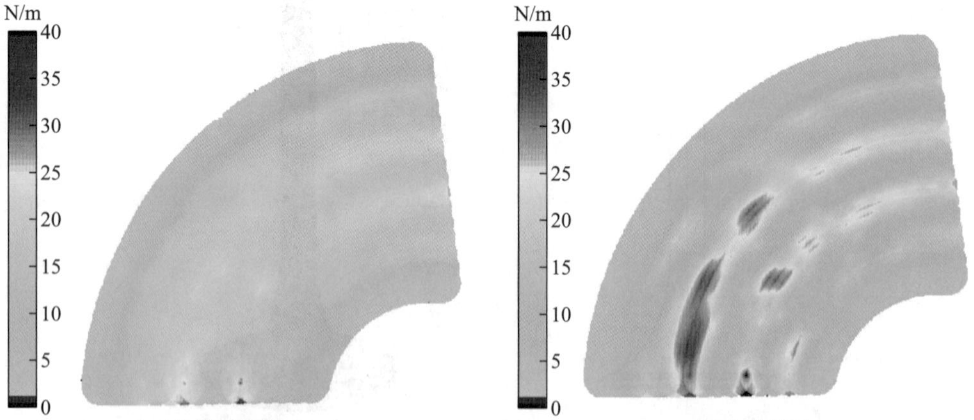

(a) 张开过程 (b) 闭合过程

图 13.32 低速大摩擦下主驾驶侧雨刮器作用前挡玻璃上的单位长度的压力分布

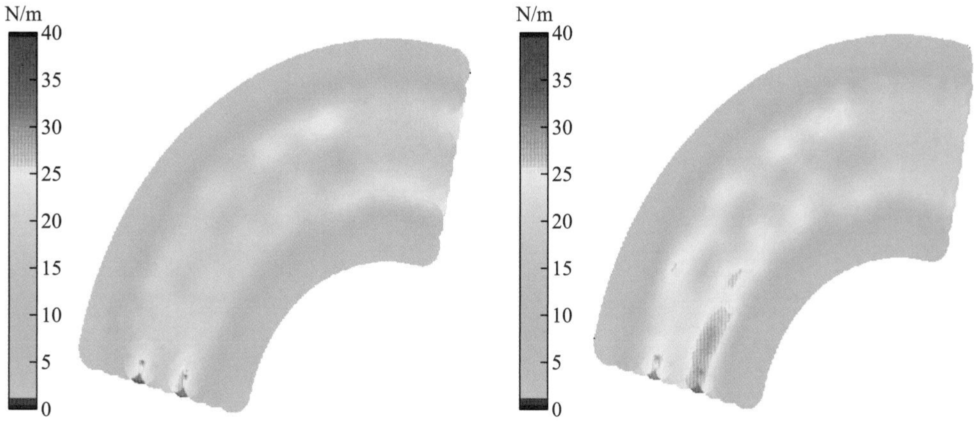

(a) 张开过程　　(b) 闭合过程

图 13.33　低速大摩擦下副驾驶侧雨刮器作用在前挡玻璃上的单位长度的压力分布